新基建核心技术与融合应用丛书

中高电压及绝缘技术

主　编　高崱

副主编　熊义勇　周　屹　吴沛航

参　编　饶　凡　李　达　宋祎轩　安春阳

机械工业出版社

本书在介绍传统高电压技术基本理论、基本试验和应用技术的基础上，加入了中高电压前沿技术、中压岸电技术等相关领域的应用。全书共 11 章，第 1 章为气体的绝缘特性与介质的电气强度；第 2 章为固体的绝缘特性与介质的电气强度；第 3 章为液体的绝缘特性与介质的电气强度；第 4 章为绝缘的预防性试验；第 5 章为绝缘的高电压试验；第 6 章为电气绝缘在线检测；第 7 章为输电线路和绕组中的波过程；第 8 章为雷电放电及防雷保护装置；第 9 章为内部过电压与绝缘配合；第 10 章为高电压与绝缘技术的前沿应用；第 11 章为中压岸电技术概述。

本书可作为电力、电工及其他领域中高电压与绝缘技术从业人员的参考资料，也可作为高等学校电气工程及其自动化专业学生的参考教材。

图书在版编目（CIP）数据

中高电压及绝缘技术/高巍主编. —北京：机械工业出版社，2022.11（2024.11 重印）

（新基建核心技术与融合应用丛书）

ISBN 978-7-111-71829-1

Ⅰ.①中⋯ Ⅱ.①高⋯ Ⅲ.①高电压绝缘技术 Ⅳ.①TM85

中国版本图书馆 CIP 数据核字（2022）第 193935 号

机械工业出版社（北京市百万庄大街 22 号 邮政编码 100037）

策划编辑：罗 莉 责任编辑：罗 莉 赵玲丽

责任校对：梁 静 贾立萍 封面设计：鞠 扬

责任印制：单爱军

北京虎彩文化传播有限公司印刷

2024 年 11 月第 1 版第 3 次印刷

184mm×260mm·21.25 印张·527 千字

标准书号：ISBN 978-7-111-71829-1

定价：88.00 元

电话服务 网络服务

客服电话：010-88361066 机 工 官 网：www.cmpbook.com

010-88379833 机 工 官 博：weibo.com/cmp1952

010-68326294 金 书 网：www.golden-book.com

封底无防伪标均为盗版 机工教育服务网：www.cmpedu.com

前　言

本书在介绍传统高电压技术基本理论、基本试验和应用技术的基础上，结合海军工程大学电气工程学科专业的就业特点，加入了中高电压前沿技术、中压岸电技术等相关领域的应用。

全书共分为11章，前9章内容为高电压技术的传统内容，主要通过介绍高电压技术的基本理论、试验方法和典型现象，使读者能够对高电压技术的基本框架有一个较为系统和全面的认识。第10章主要介绍高电压所涉及的前沿技术应用。第11章为中压岸电技术概述，作为开拓读者视野、提高其对该领域兴趣的基本内容。

本书的第1章由饶凡编写，第2章由安春阳编写，第3章由宋祎轩编写，第4章由周屹编写，第6、10章由吴沛航编写，第7章由李达编写，第11章由熊义勇编写，第5、8、9章由高嵬编写。全书由高嵬和饶凡统稿。

本书主要参考了赵智大老师主编的《高电压技术（第二版）》，在此表示诚挚的感谢。

由于时间仓促和编者水平有限，书中难免有不当之处，望读者不吝赐教。

编　者

目 录

第1章

气体的绝缘特性与介质的电气强度

电介质在电气设备中是作为绝缘材料使用的，按其物质形态，可分为气体介质、液体介质和固体介质。不过在实际绝缘结构中所采用的往往是由几种电介质联合构成的组合绝缘，例如电气设备的外绝缘往往由气体介质（空气）和固体介质（绝缘子）联合组成，而内绝缘则较多地由固体介质和液体介质联合组成。

一切电介质的电气强度都是有限的，超过某种限度，电介质就会逐步丧失其原有的绝缘性能，甚至演变成导体。

在电场的作用下，电介质中出现的电气现象可分为两大类：

1）在弱电场下（当电场强度比击穿场强小得多时），主要是极化、电导、介质损耗等；

2）在强电场下（当电场强度等于或大于放电起始场强或击穿场强时），主要有放电、闪络、击穿等。

1.1 气体放电的基本物理过程

绝大多数电气设备都在不同程度上以不同的形式利用气体介质作为绝缘材料。大自然为我们免费提供了一种相当理想的气体介质——空气。架空输电线路各相导线之间、导线与地线之间、线与杆塔之间的绝缘都利用了空气，高压电气设备的外绝缘也利用空气。

在空气断路器中，压缩空气被用作绝缘媒质和灭弧媒质。在某些类型的高压电缆（充气电缆）和高压电容器中，特别是在现代的气体绝缘组合电器（GIS）中，更采用压缩的高电气强度气体（例如 SF_6）作为绝缘。

假如气体中不存在带电粒子，气体是不导电的。但实际上，由于外界电离因子（宇宙射线和地下放射性物质的高能辐射线等）的作用，地面大气层的空气中不可避免地存在一些带电粒子（每立方厘米体积内有 500～1000 对正、负带电粒子），但即使如此，空气仍不失为相当理想的电介质（电导很小、介质损耗很小，且仍有足够的电气强度）。

在一定条件下，气体中也会出现放电现象，甚至完全丧失其作为电介质而具有的绝缘特性，在本课程中，研究气体放电的主要目的为：了解气体在高电压（强电场）的作用下逐步由电介质演变成导体的物理过程；掌握气体介质的电气强度及其提高的方法。

1.1.1 质点的产生和消失

为了说明气体放电过程，首先必须了解气体中带电粒子产生、运动、消失的过程和

1

条件。

1. 气体中的运动

（1）自由行程长度

当气体中存在电场时，其中的带电粒子将具有复杂的运动轨迹，它们一方面与中性的气体粒子（原子或分子）一样，进行着混乱热运动，另一方面又将沿着电场作定向漂移（见图 1-1）。

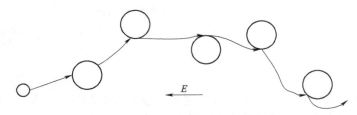

图 1-1　电子在有电场的气体中的运动轨迹

各种粒子在气体中运动时都会不断地互相碰撞，任一粒子在 1cm 的行程中所遭遇的碰撞次数与气体分子的半径和密度有关。单位行程中的碰撞次数 Z 的倒数λ即为该粒子的平均自由行程长度。

实际的自由行程长度是一个随机量，并具有很大的分散性。粒子的自由行程长度等于或大于某一距离 x 的概率为

$$P(x) = \mathrm{e}^{-\frac{x}{\lambda}} \tag{1-1}$$

可见，实际自由行程长度等于或大于平均自由行程长度的概率为 36.8%。由于电子的半径或体积要比离子或气体分子小得多，所以电子的平均自由行程长度要比离子或气体分子大得多。由气体动力学可知，电子的平均自由行程长度为

$$\lambda_{\mathrm{e}} = \frac{1}{\pi r^2 N} \tag{1-2}$$

式中　r——气体分子的半径；

N——气体分子的密度。

由于 $N = \dfrac{p}{kT}$，代入式（1-2）即得

$$\lambda_{\mathrm{e}} = \frac{kT}{\pi r^2 p} \tag{1-3}$$

式中　p——气压（Pa）；

T——气温（K）；

k——玻尔兹曼常数，$k = 1.38 \times 10^{-23} \mathrm{J/K}$。

在大气压和常温下，电子在空气中的平均自由行程长度的数量级为 $10^{-5} \mathrm{cm}$。

（2）带电粒子的迁移率

带电粒子虽然不可避免地要与气体分子不断地发生碰撞，但在电场力的驱动下，仍将沿着电场方向漂移，其速度 v 与场强 E 成正比，其比例系数 $k = v/E$ 称为迁移率，它表示该带电粒子在单位场强（1V/m）下沿电场方向的漂移速度。

由于电子的平均自由行程长度比离子大得多，而电子的质量比离子小得多，更易加速，所以电子的迁移率远大于离子。

（3）扩散

气体中带电粒子和中性粒子的运动还与粒子的浓度有关。在热运动的过程中，粒子会从浓度较大的区域运动到浓度较小的区域，从而使每种粒子的浓度分布均匀化，这种物理过程称为扩散。气压越低或温度越高，则扩散进行得越快。电子的热运动速度大、自由行程长度大，所以其扩散速度也要比离子快得多。

2. 带电粒子的产生

产生带电粒子的物理过程称为电离，它是气体放电的首要前提。

气体原子中的电子沿着原子核周围的圆形或椭圆形轨道，围绕带正电的原子核旋转。在常态下，电子处于离核最近的轨道上，因为这样势能最小。当原子获得外加能量时，一个或若干个电子有可能转移到离核较远的轨道上去，这个现象称为激励，产生激励所需的能量（激励能）等于该轨道和常态轨道的能级差。激励状态存在的时间很短（例如，10^{-8}s），电子将自动返回常态轨道上去，这时产生激励时所吸收的外加能量将以辐射能（光子）的形式放出。如果原子获得的外加能量足够大，电子还可跃迁至离核更远的轨道上去，甚至摆脱原子核的约束而成为自由电子，这时原来中性的原子发生了电离，分解成两种带电粒子——电子和正离子，使基态原子或分子中结合最松弛的那个电子电离出来所需的最小能量称为电离能。

表 1-1 列出了某些常见气体的激励能和电离能之值，它们通常以电子伏（eV）表示。由于电子的电荷 q_e 恒等于 1.6×10^{-19}C，所以有时也可以采用激励电位从（V）和电离电位 U_i（V）来代替激励能和电离能，以便在计算中排除 q_e 值。

表 1-1　某些气体的激励能和电离能

气体	激励能 W_e/eV	电离能 W_i/eV	气体	激励能 W_e/eV	电离能 W_i/eV
N_2	6.1	15.6	CO_2	10.0	13.7
O_2	7.9	12.5	H_2O	7.6	12.8
H_2	11.2	15.4	SF_6	6.8	15.6

引起电离所需的能量可通过不同的形式传递给气体分子，诸如光能、热能、机械（动）能等，对应的电离过程称为光电离、热电离、碰撞电离等。

（1）光电离

频率为 ν 的光子能量为

$$W = h\nu \tag{1-4}$$

式中　h——普朗克常数，$h = 6.63 \times 10^{-34}$J·s $= 4.13 \times 10^{-15}$eV·s。

发生空间光电离的条件应为

$$h\nu \geqslant W_i \tag{1-5}$$

或者

$$\lambda \leqslant \frac{hc}{W_i}$$

式中　λ——光的波长（m）；

c——光速，$c = 3 \times 10^8 \mathrm{m/s}$；

W_i——气体的电离能（eV）。

通过式（1-5）的计算可知，各种可见光都不能使气体直接发生光电离，紫外线也只能使少数几种电离能特别小的金属蒸气发生光电离，只有那些波长更短的高能辐射线（例如，X 射线、γ 射线等）才能使气体发生光电离。

应该指出：在气体放电中，能导致气体光电离的光源不仅有外界的高能辐射线，而且还可能是气体放电本身，例如在后面将要介绍的带电粒子复合的过程中，就会放出辐射能而引起新的光电离。

（2）热电离

在常温下，气体分子发生热电离的概率极小。气体中已发生电离的分子数与总分子数的比值 m 称为该气体的电离度。图 1-2 是空气的电离度 m 与温度 T 的关系曲线，可以看出：只有在温度超过 10000K 时（例如，电弧放电的情况），才需要考虑热电离；而在温度达到 20000K 左右时，几乎全部空气分子都已处于热电离状态。

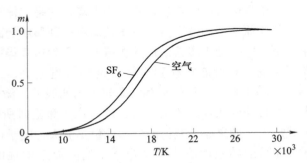

图 1-2　空气的电离度 m 与温度 T 的关系曲线

（3）碰撞电离

在电场中获得加速的电子在和气体分子碰撞时，可以把自己的动能转给后者而引起碰撞电离。

电子在电场强度为 E 的电场中移过 x 的距离时所获得的动能为

$$W = \frac{1}{2}mv^2 = q_\mathrm{e}Ex \qquad (1-6)$$

式中　m——电子的质量；

q_e——电子电荷量。

如果 W 等于或大于气体分子的电离能 W_i，该电子就有足够的能量去完成碰撞电离。由此可以得出电子引起碰撞电离的条件应为

$$q_\mathrm{e}Ex \geqslant W_\mathrm{i} \qquad (1-7)$$

电子为造成碰撞电离而必须飞越的最小距离 $x_\mathrm{i} = \dfrac{W_\mathrm{i}}{q_\mathrm{e}E} = \dfrac{U_\mathrm{i}}{E}$（式中，$U_\mathrm{i}$ 为气体的电离电位，在数值上与以 eV 为单位的 W_i 相等），x_i 的大小取决于场强 E，增大气体中的场强将使 x_i 值减小，可见提高外加电压将使碰撞电离的概率和强度增大。

碰撞电离是气体中产生带电粒子的最重要的方式。应该强调的是，主要的碰撞电离均由电子完成，离子碰撞中性分子并使之电离的概率要比电子小得多，所以在分析气体放电发展过程时，往往只考虑电子所引起的碰撞电离。

（4）电极表面的电离

除了前面所说的发生在气体中的空间电离外，气体中的带电粒子还可能来自电极表面上的电离。

电子从金属表面逸出需要一定的能量，称为逸出功。各种金属的逸出功是不同的，见表 1-2。

表 1-2　某些金属的逸出功

金属	逸出功/eV	金属	逸出功/eV	金属	逸出功/eV
铝	1.8	铜	3.9	氧化铜	5.3
银	3.1	铁	3.9		

将表 1-2 与表 1-1 作比较，就可看出：金属的逸出功要比气体分子的电离能小得多，这表明，金属表面电离比气体空间电离更易发生。在不少场合，阴极表面电离（也可称电子发射）在气体放电过程中起着相当重要的作用。随着外加能批形式的不同，阴极的表面电离可在下列情况下发生：

1）正离子撞击阴极表面：正离子所具有的能量为其动能与势能之和，其势能等于气体的电离能 W_i。通常正离子的动能不大，如忽略不计，那么只有在它的势能等于或大于阴极材料的逸出功的两倍时，才能引起阴极表面的电子发射，因为首先要从金属表面拉出一个电子，使之和正离子结合成一个中性分子，正离子才能释放出全部势能而引起更多的电子从金属表面逸出。比较一下表 1-1 与表 1-2 中的数据，不难看出，这个条件是可能满足的。

2）光电子发射：高能辐射线照射阴极时，会引起光电子发射，其条件是光子的能批应大于金属的逸出功。由于金属的逸出功要比气体的电离能小得多，所以紫外线已能引起阴极的表面电离。

3）热电子发射：金属中的电子在高温下也能获得足够的动能而从金属表面逸出，称为热电子发射。在许多电子和离子器件中常利用加热阴极来实现电子发射。

4）强场发射（冷发射）：当阴极表面附近空间存在很强的电场时（10^6 V/cm 数量级），也能使阴极发射电子。一般常态气隙的击穿场强远小于此值，所以在常态气隙的击穿过程中完全不受强场发射的影响；但在高气压下、特别是在压缩的高电气强度气体的击穿过程中，强场发射也可能会起一定的作用；而在真空的击穿过程中，它更起着决定性作用。

3. 负离子的形成

当电子与气体分子碰撞时，不但有可能引起碰撞电离而产生出正离子和新电子，而且也可能会发生电子与中性分子相结合而形成负离子的情况，这种过程称为附着。

某些气体分子对电子有亲合性，因而在它们与电子结合成负离子时会放出能量（电子亲合能），而另一些气体分子要与电子结成负离子时却必须吸收能量。前者的亲合能为正值，这些易于产生负离子的气体称为电负性气体。亲合性越强的气体分子越易俘获电子而变成负离子。

应该指出：负离子的形成并没有使气体中的带电粒子数改变，但却能使自由电子数减少，因而对气体放电的发展起抑制作用。空气中的氧气和水汽分子对电子都有一定的亲合性，但还不是太强；而后面将要介绍的某些特殊的电负性气体（例如，SF_6）对电子具有很强的亲合性，其电气强度远大于一般气体，因而被称为高电气强度气体。

4. 带电粒子的消失

气体中带电粒子的消失可有下述几种情况：

1）带电粒子在电场的驱动下作定向运动，在到达电极时，消失于电极上而形成外电路中的电流；

2）带电粒子因扩散现象而逸出气体放电空间；

3）带电粒子的复合。

当气体中带异号电荷的粒子相遇时，有可能发生电荷的传递与中和，这种现象称为复合，它是与电离相反的一种物理过程。复合可能发生在电子和正离子之间，称为电子复合，其结果是产生了一个中性分子；复合也可能发生在正离子和负离子之间，称为离子复合，其结果是产生了两个中性分子。上述两种复合都会以光子的形式放出多余的能量，这种光辐射在一定条件下能导致其他气体分子的电离，使气体放电出现跳跃式的发展。

带电粒子的复合强度与正、负带电粒子的浓度有关，浓度越大，则复合也进行得越激烈。每立方厘米的常态空气中经常存在着 500～1000 对正、负带电粒子，它们是外界电离因子（高能辐射线）使空气分子发生电离和产生出来的正、负带电粒子又不断地复合所达到的一种动态平衡。

1.1.2　电子崩与汤逊理论

1. 电子崩

气体放电的现象和发展规律与气体的种类、气压的大小、气隙中的电场型式、电源容量等一系列因素有关。无论何种气体放电，都有一个电子碰撞电离导致电子崩的阶段，它在所加电压（电场强度）达到某数值（例如，图 1-3 中的 U_B）时开始出现。

前面已经提到，各种高能辐射线（外界电离因子）会引起阴极的表面光电离和气体中的空间光电离，从而使空气中存在一定浓度的带电粒子。因而在气隙的两端电极上施加电压时，即可检测到微小的电流。图 1-3 表示实验所得的平板电极间

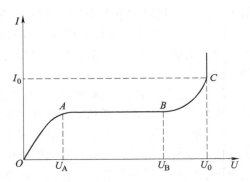

图 1-3　气体间隙中电流与外施电压的关系

（均匀电场）气体中的电流 I 与所加电压 U 的关系（伏安特性）曲线。在曲线的 OA 段，I 随 U 的提高而增大，这是由于电极空间的带电粒子向电极运动的速度加快而导致复合数的减少所致。当电压接近时，电流趋于饱和值 I_a，因为这时由外界电离因子所产生的带电粒子几乎能全部抵达电极，所以电流值仅取决于电离因子的强弱而与所加电压的大小无关。饱和电流 I_0 之值很小，在没有人工照射的情况下，电流密度的数量级仅为 $10^{-19} A/cm^2$，即使采用石英灯照射阴极，其数量级也不会超过 $10^{-2} A/cm$，可见这时气体仍然处于良好的绝缘状态。但当电压提高到 U_B 时，电流又开始随电压的升高而增大，这是由于气隙中开始出现碰撞电离和电子崩。电子崩的形成和带电粒子在电子崩中的分布如图 1-4 所示，设外界电离因子在阴极附近产生了一个初始电子，如果空间的电场强度足够大，该电子在向阳极运动时就会引起碰撞电离，产生出一个新电子，初始电子和新电子继续向阳极运动，又会引起新的碰撞电离，产生出更多的电子。依此类推，电子数将按几何级数不断增多，像雪崩似地发展，因而这种急剧增大的空间电子流被称为电子崩。为了分析碰撞电离和电子崩所引起的电流，需要引入一个系数——电子碰撞电离系数 α，它表示一个电子沿电场方向运动 1cm 的行程中所完成的碰撞电离次数平均值。

在图 1-5 所示的平板电极（均匀电场）气隙中，设外界电离因子每秒钟使阴极表面发射出来的初始电子数为 n_0，由于碰撞电离和电子崩的结果，在它们到达 x 处时，电子数已增加为 n，这 n 个电子在 dx 的距离中又会产生出 dn 个新电子。根据碰撞电离系数 α 的定义，可得

$$dn = \alpha n dx \tag{1-8}$$

分离变数并积分，可得

$$n = n_0 e^{\int_0^x \alpha dx} \tag{1-9}$$

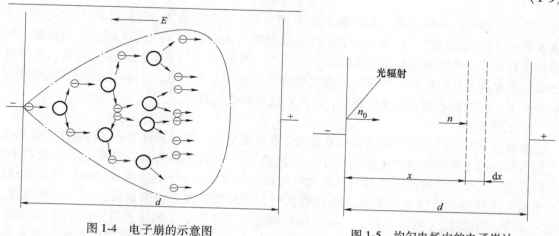

图 1-4　电子崩的示意图

图 1-5　均匀电场中的电子崩

对于均匀电场来说，气隙中各点的电场强度相同，α 值不随 x 而变化，所以上式可写成

$$n = n_0 e^{\alpha x} \tag{1-10}$$

抵达阳极的电子数应为

$$n_a = n_0 e^{\alpha d} \tag{1-11}$$

式中　d——极间距离。

途中新增加的电子数或正离子数应为

$$\Delta n = n_a - n_0 = n_0(e^{\alpha d} - 1) \tag{1-12}$$

将式（1-12）的等号两侧乘以电子的电荷 q，即得到电流关系式为

$$I = I_0 e^{\alpha d} \tag{1-13}$$

其中，$I_0 = n_0 q_e$，即图 1-3 中由外界电离因子所造成的饱和电流 I_0。

式（1-13）表明：虽然电子崩电流按指数规律随极间距离 d 而增大，但这时放电还不能自持，因为一旦除去外界电离因子（令 $I_0 = 0$），I 即变为零。

下面再来探讨一下碰撞电离系数 α。

如果电子的平均自由行程长度为 λ_e，则在它运动过 1cm 的距离内将与气体分子发生 $1/\lambda_e$ 次碰撞，不过并非每次碰撞都会引起电离，前面已经指出：只有电子在碰撞前已在电场方向运动了 $x_i \left(= \dfrac{U_i}{E} \right)$ 的距离时，才能积累到足以引起碰撞电离的动能（它等于气体分子的电离能 W_i），由式（1-1）可知，实际自由行程长度等于或大于 x_i 的概率为 $e^{-\frac{x_i}{\lambda_e}}$，所以它也就是碰撞时能引起电离的概率。根据碰撞电离系数 α 的定义，即可写出

$$\alpha = \frac{1}{\lambda_e} e^{-\frac{x_i}{\lambda_e}} = \frac{1}{\lambda_e} e^{-\frac{U_i}{\lambda_e E}} \tag{1-14}$$

由式（1-3）可知，电子的平均自由行程长度 λ_e 与气温 T 成正比、与气压 p 成反比，即

$$\lambda_e \propto \frac{T}{p} \tag{1-15}$$

当气温 T 不变时，式（1-14）即可改写为

$$\alpha = Ape^{-\frac{Bp}{E}} \tag{1-16}$$

由式（1-16）不难看出：①电场强度 E 增大时，α 急剧增大；②p 很大（即 λ_e 很小）或 p 很小（即 λ_e 很大）时，α 值都比较小。这是因为 λ_e 很小（高气压）时，单位长度上的碰撞次数很多，但能引起电离的概率很小，反之，当 λ_e 很大（低气压或真空）时，虽然电子很易积累到足够的动能，但总的碰撞次数太少，因而 α 也不大。可见在高气压和高真空的条件下，气隙都不易发生放电现象，即具有较高的电气强度。

2. 汤逊理论

由前述已知，只有电子崩过程是不会发生自持放电的。要达到自持放电的条件，必须在气隙内初始电子崩消失前产生新的电子（二次电子）来取代外电离因素产生的初始电子。实验表明，二次电子的产生机制与气压和气隙长度的乘积（pd）有关。pd 值较小时，自持放电的条件可用汤逊理论来说明；pd 值较大时，则要用流注理论来解释。对于空气来说，这一 pd 值的临界值大约为 $26\text{kPa} \cdot \text{mm}$。汤逊理论认为二次电子的来源是正离子撞击阴极，使阴极表面发生电子逸出。引入的 γ 系数表示每个正离子从阴极表面平均释放的自由电子数。

（1）γ 过程与自持放电条件

由于阴极材料的表面逸出功比气体分子的电离能小很多，因而正离子碰撞阴极较易使阴极释放出电子。此外正负离子复合时，以及分子由激励态跃迁回正常态时，所产生的光子到达阴极表面都将引起阴极表面电离，统称为 γ 过程。为此引入表面电离系数 γ 设外界光电离因素在阴极表面产生了一个自由电子，此电子到达阳极表面时由于发生 α 过程，电子总数增至 $e^{\alpha d}$ 个。因在对 α 系数进行讨论时已假设每次电离撞出一个正离子，故电极空间共有 $e^{\alpha d}-1$ 个正离子。按照系数 γ 的定义，此 $e^{\alpha d}-1$ 个正离子在到达阴极表面时可撞出 $\gamma(e^{\alpha d}-1)$ 个新电子，这些电子在电极空间的碰撞电离同样又能产生更多的正离子，如此循环下去，这样的重复过程见表 1-3。

表 1-3 电极空间及气体间隙碰撞电离发展示意过程

位置周期	阴极表面	气体间隙中	阳极表面
第 1 周期	一个电子逸出	形成 $e^{\alpha d}-1$ 个正离子	$e^{\alpha d}$ 个电子进入
第 2 周期	$\gamma(e^{\alpha d}-1)$ 个电子逸出	形成 $\gamma(e^{\alpha d}-1)$ 个正离子	$\gamma(e^{\alpha d}-1)e^{\alpha d}$ 个电子进入
第 3 周期	$\gamma^2(e^{\alpha d}-1)^2$ 个电子逸出	形成 $\gamma^2(e^{\alpha d}-1)^2$ 个正离子	$\gamma^2(e^{\alpha d}-1)^2 e^{\alpha d}$ 个电子进入
...	...	...	...

阴极表面发射一个电子，最后阳极表面将进入 Z 个电子。

$$Z = e^{\alpha d} + \gamma(e^{\alpha d}-1)e^{\alpha d} + \gamma^2(e^{\alpha d}-1)^2 e^{\alpha d} + \cdots$$

当 $\gamma(e^{\alpha d}-1) < 1$ 时，此级数收敛为

$$Z = e^{\alpha d} / [1 - \gamma(e^{\alpha d} - 1)]$$

如果单位时间内阴极表面单位面积有 n_0 个起始电子逸出，那么达到稳定状态后，单位时间进入阳极单位面积的电子数 n_a 就为

$$n_a = n_0 e^{\alpha d} / [1 - \gamma(e^{\alpha d} - 1)] \tag{1-17}$$

因此，回路中的电流应为

$$I = I_0 e^{\alpha d} / [1 - \gamma(e^{\alpha d} - 1)] \tag{1-18}$$

式中　I_0——由外电离因素决定的饱和电流。

实际上 $e^{\alpha d} \gg 1$，故式（1-18）可以简化为

$$I = I_0 e^{\alpha d} / (1 - \gamma e^{\alpha d}) \tag{1-19}$$

将式（1-19）与式（1-12）相比较，由此可见，γ 过程使电流的增长比指数规律还快。

当 d 较小或电场较弱时，$\gamma(e^{\alpha d}-1)<1$，式（1-18）或式（1-19）恢复为式（1-12），表明此时 γ 过程可忽略不计。

γ 值同样可根据回路中的电流 I 和电极间距离 d 之间的实验曲线决定

$$\gamma = \frac{I - I_0 e^{\alpha d}}{I e^{\alpha d}} = e^{-\alpha d} - \frac{I_0}{I} \tag{1-20}$$

如图 1-6 所示，先从 d 较小时的直线部分决定 α，再从电流增加更快时的部分决定 γ。

在式（1-18）、式（1-19）中，当 $\gamma(e^{\alpha d}-1) \to 1$ 或 $\gamma e^{\alpha d} \to 1$ 时，似乎电流将趋于无穷大。电流当然不会无穷大，实际上 $\gamma(e^{\alpha d}-1) = 1$ 时，意味着间隙被击穿，电流 I 的大小将由外回路决定。这时即使 $I_0 \to 1$，I 仍能维持一定数值。即 $\gamma(e^{\alpha d}-1) = 1$ 时，放电可以不依赖外电离因素，而仅由电压即可自动维持。

因此，自持放电条件为

$$\gamma(e^{\alpha d} - 1) = 1 \text{ 或 } \gamma e^{\alpha d} = 1 \tag{1-21}$$

此条件物理概念十分清楚，即一个电子在自己进入阳极后可以由 α 及 γ 过程在阴极上又产生一个新的替身，从而无需外电离因素，放电即可继续进行下去。

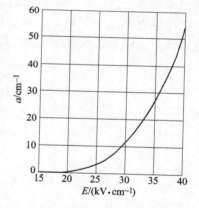

图 1-6　标准参考大气条件下空气电离系数 α 与电场强度 E 的关系

$$\gamma e^{\alpha d} = 1 \text{ 或 } \alpha d = \ln \frac{1}{\gamma} \tag{1-22}$$

铁、铜、铝在空气中的 γ 值分别为 0.02、0.025、0.035，因此一般 $\ln \gamma^{-1} \approx 4$。由于 γ 和电极材料的逸出功有关，因而汤逊放电显然与电极材料及其表面状态有关。

（2）汤逊放电理论的适用范围

汤逊理论是在低气压、pd 较小的条件下在放电实验的基础上建立的。pd 过小或过大，放电机理将出现变化，汤逊理论就不再适用了。pd 过小时，气压极低（d 过小实际上是不可能的），d/λ 极小，λ 远大于 d，碰撞电离来不及发生，击穿电压似乎应不断上升，但实际上，电压 U 上升到一定程度后，场致发射将导致击穿，汤逊的碰撞电离理论不再适用，击穿电压将不再增加。pd 过大时，气压高或距离大，这时气体击穿的很多实验现象无法全部在汤逊理论范围内给予解释：①放电外形：高气压时放电外形具有分支的细通道，而按照

汤逊放电理论，放电应在整个电极空间连续进行，例如辉光放电；②放电时间：根据出现电子崩经几个循环后完成击穿的过程，可以计算出放电时间，在低气压下的计算结果与实验结果比较一致，高气压下的实测放电时间比计算值小得多；③击穿电压：pd 较小时击穿电压计算值与实验值一致，pd 较大时不一致；④阴极材料：低气压下击穿电压与电极材料有关；高气压下间隙击穿电压与电极材料无关。

因此，通常认为，$pd>26.66\text{kPa}\cdot\text{cm}$（即 $200\text{cm}\cdot\text{mmHg}$）时，击穿过程将发生变化，汤逊理论的计算结果不再适用，但其碰撞电离的基本原理仍是普遍有效的。

1.1.3　巴申定律及其适用范围

1. 巴申定律

早在汤逊理论出现之前，巴申（Paschen）就于 1889 年从大量的实验中总结出了击穿电压 u_b 与 pd 的关系曲线，称为巴申定律，即

$$u_b = f(pd) \tag{1-23}$$

图 1-7 给出了空气间隙的 u_b 与 pd 的关系曲线。从图中可见，首先，u_b 并不仅仅由 u_b 决定，而是 pd 的函数；其次，u_b 不是 pd 的单调函数，而是 U 形曲线，有极小值。不同气体，其巴申曲线上的最低击穿电压 U_{bmin}，以及使 $u_b = U_{bmin}$ 的 pd 值 $(pd)_{min}$ 各不相同。对空气，u_b 的极小值为 $U_{bmin} \approx 325\text{V}$。此极小值出现在 $pd = 0.55\text{cm}\cdot\text{mmHg}$ 时，即 u_b 的极小值不是出现在常压下，而是出现在低气压，即空气相对密度很小的情况下。

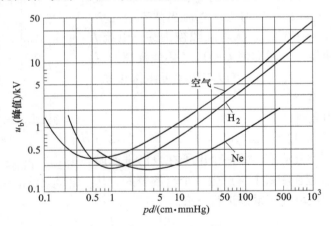

图 1-7　实验求得的均匀、不同气体间隙的巴申（pd）曲线

表 1-4 给出了在几种不同气体下实测得到的巴申曲线上的最低击穿电压 U_{bmin}，以及使 $u_b = U_{bmin}$ 的 pd 值 $(pd)_{min}$。

表 1-4　几种气体间隙的 U_{bmin} 及 $(pd)_{min}$

气体种类	空气	N_2	O_2	H_2	SF_6	CO_2	Ne	He
U_{bmin}/V	325	240	450	230	507	420	245	155
$(pd)_{min}/\text{cm}\cdot\text{mmHg}$	0.55	0.65	0.7	1.05	0.26	0.57	4.0	4.0

注：$1\text{mmHg} = 1.33322 \times 10^2 \text{Pa}$。

2. 巴申定律适用范围

巴申定律是在气体温度不变的情况下得出的。对于气温并非恒定的情况，式（1-23）应改写为

$$U_b = F(\delta d) \tag{1-24}$$

式中　δ——气体密度与标准大气条件（$P_s = 101.3\text{kPa}$，$T_s = 293\text{K}$）下密度之比，即

$$\delta = \frac{T_s}{P_s}\frac{p}{t} = 2.9\frac{p}{t} \tag{1-25}$$

式中　p——击穿实验时气压（kPa）；

　　　t——实验时温度（K）。

1.1.4　气体放电的流注理论

高电压技术所面对的往往不是前面所说的低气压、短气隙的情况，而是高气压（101.3kPa 或更高）、长气隙的情况 $[pd > 26.66\text{kPa} \cdot \text{cm}（200\text{mmHg} \cdot \text{cm}）]$。前面介绍的汤逊理论是在气压较低（小于大气压）、气隙相对密度与极间距离的乘积 δd 较小的条件下，进行放电试验的基础上建立起来的。以大自然中最宏伟的气体放电现象——雷电放电为例，它发生在两块雷云之间或雷云与大地之间，这时不存在金属阴极，因而与阴极上的 γ 过程和二次电子发射根本无关。气体放电的流注理论也是以实验为基础的，它考虑了高气压、长气隙情况下不容忽视的若干因素对气体放电过程的影响，其中包括：电离出来的空间电荷会使电场畸变以及光子在放电过程中的作用（空间光电离和阴极表面光电离）。这个理论认为电子的撞击电离和空间电离是自持放电的主要因素，并充分注意到空间电荷对电场畸变的作用。流注理论目前主要还是对放电过程做定性描述，定量的分析计算还不够成熟。下面作简要介绍。

1. 空间电荷对原有电场的影响

如图 1-4 所示，电子崩中的电子由于其迁移率远大于正离子，所以绝大多数电子都集中在电子崩的头部，而正离子则基本上停留在产生时的原始位置上，因而其浓度是从尾部向头部递增的，所以在电子崩的头部集中着大部分正离子和几乎全部电子（如图 1-8a 所示）。这些空间电荷在均匀电场中所造成的电场畸变，如图 1-8b 所示。可见在出现电子崩空间电荷之后，原有的均匀场强 E_0 发生了很大的变化，在电子崩前方和尾部处的电场都增强了，而在这两个强场区之间出现了一个电场强度很小的区域，但此处的电子和正离子的浓度却最大，因而是一个十分有利于完成复合的区域，结果是产生强烈的复合并辐射出许多光子，成为引发新的空间光电离的辐射源。

2. 空间光电离的作用

汤逊理论没有考虑放电本身所引发的空间光电离

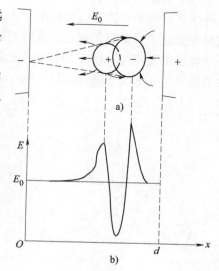

图 1-8　电子崩中的空间电荷在均匀电场中造成的畸变

现象，而这一因素在高气压、长气隙的击穿过程中起着重要的作用。上面所说的初始电子崩（简称初崩）头部成为辐射源后，就会向气隙空间各处发射光子而引起光电离，如果这时产生的光电子位于崩头前方和崩尾附近的强场区内，那么它们所造成的二次电子崩将以大得多的电离强度向阳极发展或汇入崩尾的正离子群中。这些电离强度和发展速度远大于初始电子崩的新放电区（二次电子崩）以及它们不断汇入初崩通道的过程被称为流注。

流注理论认为：在初始阶段，气体放电以碰撞电离和电子崩的形式出现，但当电子崩发展到一定程度后，某一初始电子崩的头部积聚到足够数量的空间电荷，就会引起新的强烈电离和二次电子崩，这种强烈的电离和二次电子崩是由于空间电荷使局部电场大大增强以及发生空间光电离的结果，这时放电即转入新的流注阶段。流注的特点是电离强度很大和传播速度很快（超过初崩发展速度 10 倍以上），出现流注后，放电便获得独立继续发展的能力，而不再依赖外界电离因子的作用，可见这时出现流注的条件也就是自持放电条件。图 1-9 表示初崩头部放出的光子在崩头前方和崩尾后方引起空间光电离并形成二次崩以及它们和初崩汇合的流注过程。二次崩的电子进入初崩通道后，便与正离子群构成了导电的等离子通道，一旦等离子通道短接了两个电极，放电即转为火花放电或电弧放电。

出现流注的条件是初崩头部的空间电荷数值必须达到某一临界值。对均匀电场来说，其自持放电条件应为

$$e^{\alpha d} = 常数$$

或

$$\alpha d = 常数 \tag{1-26}$$

实验研究所得出的常数值为

$$\alpha d \approx 20$$

或者

$$e^{\alpha d} \approx 10^8 \tag{1-27}$$

可见初崩头部的电子数要达到 10^8 时。放电才能转为自持（出现流注）。如果电极间所加电压正好等于自持放电起始电压 U_0，那就意味着初崩要跑完整个气隙，其头部才能积聚到足够的电子数而引起流注，这时的放电过程如图 1-10 所示。其中图 1-10a 表示初崩跑完整个气隙后引发流注；图 1-10b 表示出现流注的区域从阳极向阴极方向推移；图 1-10c 为流注放电所产生的等离子通道短接了两个电极，气隙被击穿。

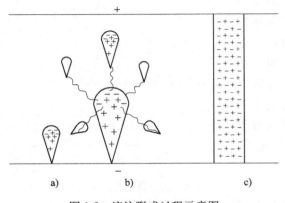

图 1-9　流注形成过程示意图

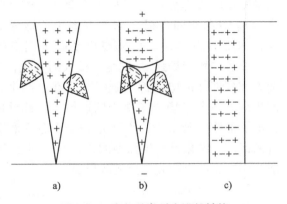

图 1-10　从电子崩到流注的转换

如果所加电压超过了自持放电起始电压 U，那么初崩不需要跑完整个气隙，其头部电子数即已达到足够的数量，这时流注将提前出现并以更快的速度发展，如图 1-9 所示。流注理论能够说明汤逊理论所无法解释的一系列在高气压、长气隙情况下出现的放电现象，诸如：这时放电并不充满整个电极空间，而是形成一条细窄的放电通道；有时放电通道呈曲折和分枝状；实际测得的放电时间远小于正离子穿越极间气隙所需的时间；击穿电压值与阴极的材料无关等。不过还应强调指出：这两种理论各适用于一定条件下的放电过程，不能用一种理论来取代另一种理论。在 pd 值较小的情况下，初始电子不可能在穿越极间距离时完成足够多的碰撞电离次数，因而难以积聚到式（1-27）所要求的电子数，这样就不可能出现流注，放电的自持就只能依靠阴极上的 γ 过程了。

1.1.5　不均匀电场中的气体放电

电气设备中很少有均匀电场的情况。但对高压电气绝缘结构中的不均匀电场还要区分两种不同的情况，即稍不均匀电场和极不均匀电场。因为这两种不均匀电场中的放电特点是不同的。全封闭组合电器（GIS）的母线筒和高压实验室中测量电压用的球间隙是典型的稍不均匀电场；高压输电线之间的空气绝缘和实验室中高压发生器的输出端对墙的空气绝缘则属于极不均匀电场。

1. 不均匀场和极不均匀场的特点与划分

稍不均匀电场中放电的特点与均匀电场中相似，在间隙击穿前看不到有什么放电的迹象。极不均匀电场中放电则不同，间隙击穿前在高场强区（曲率半径较小的电极表面附近）会出现蓝紫色的晕光，称为电晕放电。刚出现电晕时的电压称为电晕起始电压，随着外施电压的升高，电晕层逐渐扩大，此时间隙中放电电流也会从微安级增大到毫安级，但从工程观点看，间隙仍保持其绝缘性能。另外，任何电极形状随着极间距离的增大都会从稍不均匀电场变为极不均匀电场。

通常用电场的不均匀系数 f 来判断稍不均匀电场和极不均匀电场。有些会采用电场利用系数 η 来判断，电场利用系数 η，就是电场不均匀系数 f 的倒数。电场不均匀系数 f 的定义为间隙中最大场强 E_{max} 与平均场强 E_{av} 的比值。

$$f = \frac{E_{max}}{E_{av}} \tag{1-28}$$

$$E_{av} = \frac{U}{d} \tag{1-29}$$

式中　U——间隙上施加的电压；

d——电极间最短的绝缘距离。

而通常用电场不均匀系数可将电场不均匀程度划分为：均匀电场，$f=1$；稍不均匀电场，$1<f<2$；极不均匀电场，$f>4$。

在稍不均匀电场中放电达到自持条件时发生击穿，但因为 $f>1$，此时间隙中平均场强比均匀场间隙要小，因此在同样间隙距离时，稍不均匀场间隙的击穿电压比均匀场间隙要低。而在极不均匀场间隙中，自持放电条件即是电晕放电的起始条件。

2. 极不均匀电场的电晕放电

1）电晕放电在极不均匀场中，当电压升高到一定程度后，在空气间隙完全击穿之前，小曲率电极（高场强电极）附近会有薄薄的发光层，有点像"月晕"，在黑暗中看得较为真切。因此，这种放电现象称为电晕放电。

电晕放电现象是由电离区放电造成的，电离区中的复合过程以及从激励态恢复到正常态等过程都可能产生大量的光辐射。因为在极不均匀场中，只有大曲率电极附近很小的区域内场强足够高，电离系数 α 达到相当高的数值，而其余绝大部分电极空间场强太低，α 值太小，得不到发展。因此，电晕层也就限于高场强电极附近的薄层内。

电晕放电是极不均匀电场所特有的一种自待放电形式。开始出现电晕时的电压称为电晕起始电压 U_e，而此时电极表面的场强称为电晕起始场强 E_e。

根据电晕层放电的特点，可分为两种形式：电子崩形式和流注形式。当起晕电极的曲率很大时，电晕层很薄，且比较均匀，放电电流比较稳定，自持放电采取汤逊放电的形式，即出现电子崩式的电晕。随着电压升高，电晕层不断扩大，个别电子崩形成流注，出现放电的脉冲现象，开始转入流注形式的电晕放电。若电极曲率半径加大，则电晕一开始就很强烈，一出现就形成流注的形式。电压进一步升高，个别流注快速发展，出现刷状放电，放电脉冲更强烈，最后贯通间隙，导致间隙完全击穿。冲击电压下，电压上升极快，因此电晕从一开始就具有流注的形式。爆发电晕时能听到声，看到光，嗅到臭氧味，并能测到电流。

2）电晕放电的起始场强。电晕属极不均匀场的自持放电，原理上可由 $\gamma \mathrm{e}^{\int \alpha \mathrm{d}x} = 1$ 来计算起始电压 U_e，但计算十分复杂且结果并不准确，所以实际上是由实验总结出的经验公式来计算。电晕的产生主要取决于电极表面的场强。所以研究电晕起始场强及各种因素间的关系更直接，也更单纯。

对于输电线路的导线，在标准大气压下，其电晕起始场强及经验表达式为（此处及导线的表面场强，交流电压下用峰值表示，单位为 kV/cm）

$$E_c = 30\delta\left(1 + \frac{0.3}{\sqrt{r}}\right) \tag{1-30}$$

式中　r——导线半径（cm）。

式（1-30）说明，导线半径 r 越小，则反值越大。因为 r 越小，则电场就越不均匀，也就是间隙中场强随着其离导线的距离的增加而下降得更快，而碰撞电离系数 α 随导线距离的增加而减小得越快。所以输电线路起始电晕条件为

$$\int_0^{x_c} \alpha \mathrm{d}x = K \tag{1-31}$$

式中　x_c——起始电晕层的厚度，$x > x_e$ 时，$\alpha \approx 0$。

可见电场越不均匀，要满足式（1-31）时导线表面场强应越高。式（1-30）表明，当 $r \rightarrow \infty$ 时，$E_e = 30\mathrm{kV/cm}$。

而对于非标准大气条件，则进行气体密度修正以后的表达式为

$$E_c = 30\delta\left(1 + \frac{0.3}{\sqrt{r\delta}}\right) \tag{1-32}$$

式中　δ——气体相对密度。

实际上导线表面并不光滑，所以对绞线来说，要考虑导线的表面粗糙系数 m_1。此外对于雨雪等使导线表面偏离理想状态的因素（雨水的水滴使导线表面形成突起的导电物）可用系数 m_2 加以考虑。此时式（1-32）则写为

$$E_e = 30m_1 m_2 \delta \left(1 + \frac{0.3}{\sqrt{r\delta}} \right) \tag{1-33}$$

理想光滑导线 $m_1 = 1$，绞线 $m_1 = 0.8 \sim 0.9$，好天气时 $m_2 = 1$，坏天气时可按 0.8 估算。算得数值后就不难根据电极布置求得电晕起始电压。例如，对于离地面高度为 h 的单根导线可写出

$$U_e = E_e r \ln \frac{2h}{r} \tag{1-34}$$

对于距离为 d 的两根平行导线（$d \gg r$）则可写出

$$U_e = 2E_e r \ln \frac{d}{r} \tag{1-35}$$

3）电晕放电的危害、对策及其利用。电晕放电时发光并发生"噬噬"声和引起化学反应（如使大气中氧变为臭氧），这些都需要能量，所以输电线路发生电晕时会引起功率损耗。其次，电晕放电过程中，由于流注的不断消失和重新产生会出现放电脉冲，形成高频电磁波对无线电广播和电视信号产生干扰。此外，电晕放电发出的噪声有可能超过环境保护的标准。因此在建造输电线路时必须考虑输电线电晕问题，并采取措施以减小电晕放电的危害。解决的途径是限制导线的表面场强，通常是以好天气时导线电晕损耗接近于零的条件来选择架空导线的尺寸。对于超高压和特高压线路来说，要做到这一点，导线的直径通常远大于按导线经济电流密度选取的值。当然可以采用大直径空心导线来解决这一矛盾，但最好的解决办法是采用分裂导线，即将每相线路分裂成几根并联的导线。分裂导线超过两根时，通常布置在圆的内接正多边形的顶点。

分裂导线的表面最大场强不仅与导线直径和分裂的根数有关，而且与分裂导线间的距离 D 有关，在某一最佳 D 值时，导线表面最大场强会出现一个极小值。如果 D 过小，则分裂导线的分裂半径太小，使分裂导线的优点不能得到充分发挥；但 D 过大时，则由于每相的子导线之间的电场屏蔽作用减弱，因此此时表面最大场强随着 D 的增加而增大。

另外，在选择 D 值时并不只是以表面最大场强为最小条件作为设计依据的。使用分裂导线可以增大线路电容，减小线路电感，从而使输电线路的传输能力增加。由于 D 值增大有利于线路电感的减小，所以工程应用中常取 D 值在 $40 \sim 50\mathrm{cm}$。

电晕放电也有有利的一面。例如，在某些情况下，可以利用电晕放电产生的空间电荷来改善极不均匀场的电场分布，以提高击穿电压。而且，电晕放电在其他工业部门也获得了广泛的应用，比如，在净化工业废气的静电除尘器和净化水用的臭氧发生器以及静电喷涂等，都是电晕放电在工业中应用的例子。

4）极不均匀电场中放电的极性效应。在电晕放电时，空间电荷对放电的影响已得到关注。由于高场强下电极极性的不同，空间电荷的极性也不同，对放电发展的影响也就不同，这就造成了不同极性的高场强电极的电晕起始电压的不同以及间隙击穿电压的不同，称为极性效应。

例如，棒-板间隙是典型的极不均匀场。分布如下：

当棒具有正极性时，间隙中出现的电子向棒运动，进入强电场区，开始引起电离现象而形成电子崩，如图 1-11a 所示。随着电压的逐渐上升，到形成自持放电爆发电晕之前，在间隙中形成相当多的电子崩。当电子崩达到棒极后，其中的电子就进入棒极，而正离子仍留在

空间，相对来说缓慢地向板极移动。于是在棒极附近，积聚起正空间电荷，如图 1-11b 所示。

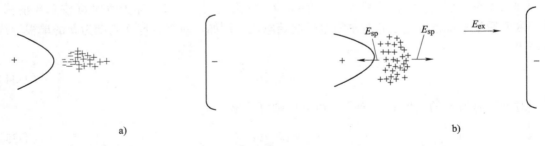

a)   b)

图 1-11　正棒-负板间隙中非自持放电阶段空间电荷对外电场的畸变作用

E_{ex}—外电场　　E_{sp}—空间电荷电场

　　这样就减少了紧贴棒极附近的电场，而略微加强了外部空间的电场。因此，棒极附近的电场被削弱，难以形成流注，这就使得放电难以得到自持。

　　当棒具有负极性时，阴极表面形成的电子立即进入强电场区，形成电子崩，如图 1-12a 所示。当电子崩中的电子离开强电场区后，电子就不再能引起电离，而以越来越慢的速度向阳极运动。一部分电子直接消失于阳极，其余的可为氧原子吸附形成负离子。电子崩中的正离子逐渐向棒极运动而消失于棒极，但由于其运动速度较慢，所以在棒极附近总是存在着正空间电荷。结果在棒极附近出现了比较集中的正空间电荷，而在其后则是非常分散的负空间电荷，如图 1-12b 所示。

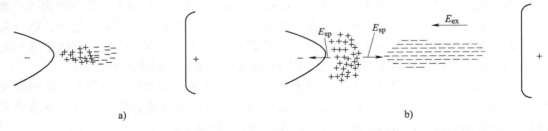

a)   b)

图 1-12　负棒-正板间隙中非自持放电阶段空间电荷对外电场的畸变作用

E_{ex}—外电场　　E_{sp}—空间电荷电场

　　负空间电荷由于浓度小，对外电场的影响不大，而正空间电荷将使电场畸变，棒极附近的电场得到增强，因而自持放电条件易于满足、易于转入流注而形成电晕放电。图 1-13 是两种极性下棒-板间隙的电场分布图，其中曲线 1 为外电场分布，曲线 2 为经过空间电荷畸变以后的电场。

　　已通过实验证明，棒-板间隙中，棒为正极性时电晕起始电压比负极性时略高。而极性效应的另一个表现，就是间隙击穿电压的不同。随着电压升高，在紧贴棒极附近，形成流注，产生电晕；以后在不同极性下，空间电荷对放电的进一步发展所起的影响就和对电晕起始的影响相异了。

　　棒具有正极性时，若电压足够高，则棒极附近形成流注。由于外电场的特点，流注等离子体头部具有正电荷。头部的正电荷减少了等离子体中的电场，而加强了其头部电场。流注

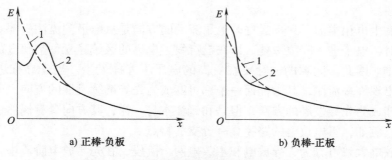

a) 正棒-负板　　　　　　　　　　b) 负棒-正板

图 1-13　两种极性下棒-板间隙的电场分布图

E—电场场强　x—棒极到板极的距离

头部前方电场得到加强，使得前方电场易于产生新的电子崩，其电子被吸引入流注头部的正电荷区内，加强并延长了流注通道，其尾部的正离子则构成了流注头部的正电荷。流注及其头部的正电荷使强电场区更向前移，好像将棒极向前延伸（当然应考虑到通道中的电压降），于是促进了流注通道的进一步发展，流注通道的头部逐渐向阴极推进。

当棒具有负极性时，虽然在棒极附近容易形成流注，产生电晕，但此后流注向前发展却困难得多了。电压达到电晕起始电压后，紧贴棒极的强电场同时产生了大量的电子崩，汇入围绕棒极的正空间电荷。由于产生了许多电子崩，造成了扩散状分布的等离子体层，基于同样的原因，负极性下非自持放电造成的正空间电荷也比较分散，这也有助于形成扩散状分布的等离子体层。这样的等离子体层起着类似增大了棒极曲率半径的作用，因此将使前沿电场受到削弱。继续升高电压时，在相当一段电压范围内，电离只是在棒极和等离子体层外沿之间的空间发展，使得等离子体层逐渐扩大和向前延伸。直到电压很高，使得等离子体层前方电场足够强后，才又将形成电子崩。电子崩的正电荷使得等离子体层前沿的电场进一步加强，形成了大量的二次电子崩。它们汇集起来后使得等离子体层向阳极推进。由于同时形成许多电子崩，通道头部也是呈扩散状的，通道前方电场被加强的程度也比正极性下要弱得多。

所以，在负极性下，通道的发展要困难得多。因此，负极性下的击穿电压应较正极性时略高。

5）长间隙击穿过程。在间隙距离较长时，存在某种新的、不同性质的放电过程，称为先导放电。长间隙放电电压的饱和现象可由先导放电现象作出解释。

间隙距离较长时（如棒-板间隙距离大于 1m 时），在流注通道还不足以贯通整个间隙电压的情况下，仍可能发展起击穿过程。这时流注通道发展到足够长度后，将有较多的电子从通道流向电极，通过通道根部的电子最多，于是流注根部温度升高，出现了热电离过程。这个具有热电离过程的通道称为先导通道。

正流注通道中的电子被阳极吸引，当电子的浓度足够高时，即有足够的电流，流注通道就开始热电离。热电离引起了通道中带电质点浓度进一步增大，即引起了电导的增加和电流的继续加大。于是，流注通道变成了有高电导的等离子体通道。这时在先导通道的头部又产生了新的流注，于是先导不断向前推进。

先导具有高电导，相当于从电极伸出的导电棒，它保证在其端部有高的场强，因此就容易形成新的流注。

负先导的发生也相类似，只不过这时电子流动的方向是从电极到流注头部。当由电子崩发展为新流注时，电子进入间隙深处，即在没有发生电离的区域建立负空间电荷，这给先导的推进带来困难。因此，间隙的击穿要在更高的电压下才能发生。当先导推进到间隙深处时，其端部会出现许多流注，其中任何一个都可能成为先导继续发展的方向。通道电离越强的流注，越可能成为先导发展的方向，但是和流注本身一样，其方向具有偶然性，这就说明了长间隙放电，例如，雷电放电的路径具有分支的特点。

长间隙的放电大致可分为先导放电和主放电两个阶段，在先导放电阶段中，包括电子崩和流注的形成及发展过程。不太长间隙的放电没有先导放电阶段，只分为电子崩、流注和主放电阶段。

当先导到达相对电极时，主放电过程就开始了。不论是正先导还是负先导，当通道头部发展到接近对面电极时，在剩余的这一小段间隙中场强剧增，会有十分强烈的放电过程，这个过程将沿着先导通道以一定速度向反方向扩展到棒极，同时中和先导通道中多余的空间电荷，这个过程称为主放电过程。主放电过程使贯穿两极间的通道最终形成温度很高、电导很大、轴向场强很小的等离子体火花通道（若电源功率足够，则转为电弧通道），从而使间隙完全失去了绝缘性能，气隙的击穿就完成了。主放电阶段的放电发展速度很快，可达 $10^9 \mathrm{cm/s}$。

3. 稍不均匀电场中的极性效应

稍不均匀电场意味着电场还比较均匀，高场强区电子电离系数 α 达到足够数值时，间隙中很大一部分区域中的 α 也达到相当值，起始电子崩在强场区发展起来，经过部分间隙距离后形成流注。流注一经产生，随即发展至贯通整个间隙，导致完全击穿。

在高电压工程中常用的球-球间隙、同轴圆柱间隙等都属于稍不均匀电场。稍不均匀电场间隙的放电特点和均匀电场相似，气隙实现自持放电的条件就是气隙的击穿条件，也就是说，稍不均匀电场直到击穿为止不发生电晕。在直流电压作用下的击穿电压和工频交流下的击穿电压幅值以及 50% 冲击击穿电压都相同，击穿电压的分散性也不大，这也和均匀电场放电特点一致。

稍不均匀电场也有一定的极性效应，但不很明显。高场强电极为正极性时击穿电压稍高，为负极性时击穿电压稍低。这是因为在负极性下电晕易发生，而稍不均匀场中的电晕很不稳定。这时的电晕起始电压就是很接近于间隙击穿电压。从击穿电压的特点来看，稍不均匀场的极性效应与极不均匀场的极性效应结果相反。在稍不均匀场中，高场强电极为正电极时，间隙击穿电压比高场强电极为负时稍高；高场强电极为负电极时，间隙击穿电压稍低。而在极不均匀场中却是高场强电极为正时，间隙击穿电压低；高场强电极为负时，间隙击穿电压要显著高于高场强电极为正时的情况。

1.2 气体介质的电气强度

对于气体击穿的实验现象和规律，用上一节所介绍的气体放电的发展过程可以解释，但是由于气体放电理论还不完善，因此并不能对击穿电压进行精确的计算。所以在实际的工程应用中，比较普遍的是通过参照一些典型电极的击穿电压来选择绝缘距离，或者根据实际电极布置情况，通过实验来确定击穿电压。

空气间隙放电电压主要受到电场情况、电压形式以及大气条件的影响。本节主要讨论在不同条件下空气间隙放电电压的一些规律。

1.2.1　作用电压下的击穿

气体间隙的击穿电压与外施电压的种类有关。直流与工频电压均为持续作用的电压，这类电压随时间的变化率很小，在放电发展所需的时间范围内（以微秒计）可以认为外施电压没什么变化，因此统称为稳态电压，以区别于作用时间很短的雷电冲击电压（模拟大气过电压）和操作冲击电压（模拟操作过电压）。而冲击电压（雷电冲击、操作冲击）则持续时间极短，以微秒计，放电发展所需的时间不能忽略，间隙的击穿因而也具有新的特点，电场不均匀时，尤为明显。

1. 均匀电场中击穿

实际工程中很少见到比较大的均匀电场间隙，因为这种情况下为消除电极边缘效应，电极的尺寸必须做得很大。因此，对于均匀场间隙，通常只有间隙长度不大时的击穿数据，如图 1-14 所示。

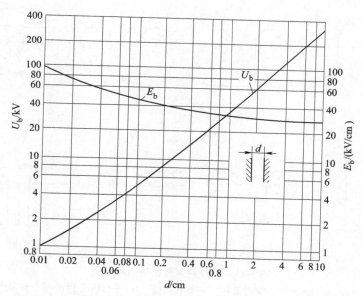

图 1-14　均匀电场中，空气间隙的击穿电压峰值 U_b 随间隙距离 d 的变化

均匀电场中电极布置对称，因此无击穿的极性效应。均匀场间隙中各处电场强度相等，击穿所需时间极短，因此其直流击穿电压与工频击穿电压峰值以及 50% 冲击击穿电压（指多次施加冲击电压时，其中 50% 导致击穿的电压值），实际上是相同的，且击穿电压的分散性很小。对于图 1-14 所示的击穿电压（峰值）实验曲线，可用以下经验公式表示为

$$U_b = 24.22\delta d + 6.08\sqrt{\delta d}\tag{1-36}$$

式中　d——间隙距离（cm）；

　　　δ——空气相对密度。

从图 1-14 中可以大致看出，当 d 在 1~10cm 范围内时，击穿强度 E_b（用电压峰值表示）

约等于 30kV/cm。

2. 稍不均匀电场的击穿

稍不均匀电场的击穿特点是击穿前无电晕，极性效应不很明显，直流击穿电压、工频击穿电压峰值及 50% 冲击击穿电压几乎一致。然而，稍不均匀电场的击穿电压与电场均匀程度 f 关系极大，因而既没有能够概括各种电极结构的统一经验公式，也没有适用于各种电极形状的统一实验数据。通常是对一些典型的电极结构做出一批实验数据，实际的电极结构可能复杂得多，只能从典型电极中选取类似的结构进行估算。

稍不均匀电场的击穿电压通常可以根据起始场强经验公式进行估算，由

$$f = E_{max}/E_{av} , E_{av} = U/d$$

可得

$$U = E_{max}d/f \tag{1-37}$$

f 取决于电极布置，可用静电场计算的方法或电解槽实验的方法求得。图 1-15 给出了几种典型电极结构。

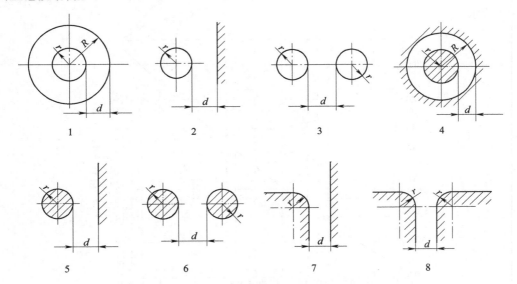

图 1-15 几种典型电极结构示意图

1—同心球 2—球-平板 3—球-球 4—同轴圆柱 5—圆柱-平板 6—平行圆柱-圆柱 7—曲面-平面 8—曲面-曲面

对于稍不均匀电场，当 E_{max} 达到临界场强 E_0 时，U 达到击穿电压 U_0，从而

$$U_b = E_0 d/f \tag{1-38}$$

下面给出几种典型电极结构的电晕起始场强 E、电极表面最大场强 E_{max}、电场不均匀系数 f 以及电晕起始电压 U_c（对于 $f < 2$ 的稍不均匀间隙，电晕起始电压也就等于间隙击穿电压）的经验计算公式：

球-平板电极为

$$E_0 = 27.7\delta(1 + 0.337/\sqrt{r\delta}) \tag{1-39}$$

$$E_{max} = 0.9U\frac{r+d}{rd} = 0.9\frac{U}{d}\left(1 + \frac{d}{r}\right) \tag{1-40}$$

$$f = 0.9\left(1 + \frac{d}{r}\right) \tag{1-41}$$

$$U_c = E_0 \frac{dr}{0.9(d + r)} \tag{1-42}$$

圆柱-平板电极为

$$E_0 = 30.3\delta(1 + 0.298/\sqrt{r\delta}) \tag{1-43}$$

$$E_{max} = \frac{0.9U}{r\ln\left(\frac{d + r}{r}\right)} \tag{1-44}$$

$$f = \frac{0.9d}{r\ln\left(\frac{d + r}{r}\right)} \tag{1-45}$$

$$U_c = E_0 \frac{r\ln\left(\frac{d + r}{r}\right)}{0.9} \tag{1-46}$$

平行圆柱-圆柱电极为

$$E_0 = 30.3\delta(1 + 0.298/\sqrt{r\delta}) \tag{1-47}$$

$$E_{max} = \frac{0.9U}{2r\ln\left(\frac{d + 2r}{2r}\right)} \tag{1-48}$$

$$f = \frac{0.9d}{2r\ln\left(\frac{d + 2r}{2r}\right)} \tag{1-49}$$

$$U_c = E_0 \frac{2r\ln\left(\frac{d + 2r}{2r}\right)}{0.9} \tag{1-50}$$

同轴圆柱电极为

$$E_0 = 31.5\delta(1 + 0.305/\sqrt{r\delta}) \tag{1-51}$$

$$E_{max} = \frac{U}{r\ln(R/r)} \tag{1-52}$$

$$f = \frac{R - r}{r\ln(R/r)} \tag{1-53}$$

$$U_c = E_0 r\ln\left(\frac{R}{r}\right) \tag{1-54}$$

同心球电极为

$$E_0 = 27.7\delta(1 + 0.337/\sqrt{r\delta}) \tag{1-55}$$

$$E_{max} = \frac{RU}{r(R - r)} \tag{1-56}$$

$$f = R/r \tag{1-57}$$

$$U_c = E_0 \frac{r(R-r)}{R} \tag{1-58}$$

球-球电极为

$$E_0 = 27.7\delta(1 + 0.337/\sqrt{r\delta}) \tag{1-59}$$

$$E_{max} = 0.9\frac{U}{d}\left(1 + \frac{d}{2r}\right) \tag{1-60}$$

$$f = 0.9\left(1 + \frac{d}{2r}\right) \tag{1-61}$$

$$U_c = E_0 \frac{d}{0.9(1 + d/2r)} \tag{1-62}$$

式中，E_0、E_{max} 单位为 kV/cm（峰值）；U_c 单位为 kV（峰值）；r、R、d 的含义如图 1-15 所示，单位均为 cm。

另外，对于某些不便于根据经验公式求的电场结构，也可以用 $E_0 = 30$kV/cm 进行大致估算，则间隙击穿电压 U_d 为

$$U_d = 30d/f \tag{1-63}$$

3. 极不均匀电场的击穿

极不均匀场击穿电压的特点：电场不均匀程度对击穿电压的影响减弱（由于电场已经极不均匀），极间距离对击穿电压的影响增大。

这个结果有很大意义，可以选择电场极不均匀的极端情况，棒-板和棒-棒作为典型电极结构（或尖-板和尖-尖电极结构）。它们的击穿电压具有代表性，当在工程上遇到很多极不均匀的电场时，可以根据这些典型电极的击穿电压数据来做估算。如果电场分布不对称，则可参照棒-板（或尖-板）电极的数据；如果电场分布对称，则可参照棒-棒（或尖-尖）电极的数据。

在直流电压中，极不均匀场中直流击穿电压的极性效应非常明显。同样间隙距离下，不同极性间，击穿电压相差一倍以上。而尖-尖电极的击穿电压介于两种极性尖-板电极的击穿电压之间，这是因为这种电场有两个强场区，同等间隙距离下，电场均匀程度较尖-板电极为好。

而在工频电压下的击穿，无论是棒-棒电极还是棒-板电极，其击穿都发生在正半周峰值附近（对棒-板电极结构，击穿发生在棒电极处于正半周峰值附近），故击穿电压与直流的正极性相近。工频击穿电压的分散性不大，相对标准偏差 σ 一般不超过 2%。当间隙距离太大时，击穿电压基本上与间隙距离呈线性上升的关系；当间隙距离很大时，平均击穿场强明显降低，即击穿电压不再随间隙距离的加大而线性增加，呈现出饱和现象，这一现象对棒-板间隙尤为明显。

因此，在电气设备上，希望尽量采用棒-棒类对称型的电极结构，而避免棒-板类不对称的电极结构。由于试验时所采用的"棒"或"板"不尽相同，不同实验室的实验曲线会有所不同。这一点在各种电压的空气间隙击穿特性中都存在，使用这些曲线时应注意其试验条件。

在持续作用电压下，电极间距离远小于相应电磁波的波长，所以任一瞬间的这种电场都可以近似作为静电场来考虑。除在很少数情况下可以直接求得解析解外，要想了解局部或整体电场分布的详细情况，主要依靠电场数值计算来求解，应用较多的方法主要有有限元法和

模拟电荷法。有限元法在计算封闭场域的电场方面有许多优点，而模拟电荷法在计算开放场域的电场方面应用较多。

1.2.2　雷电冲击作用下的击穿

大气中雷电产生的过电压对高压电气设备绝缘会产生重大威胁。因此，在电力系统中一方面应采取措施限制大气过电压，另一方面应保证高压电气设备能耐受一定水平的雷电过电压。雷电过电压是一种持续时间极短的脉冲电压，在这种电压作用下绝缘的击穿具有与稳态电压下击穿不同的特点。

1. 雷电冲击电压的标准波形

雷电能对地面设备造成危害的主要是云地闪。按雷电发展的方向可分为下行雷和上行雷两种。下行雷是在雷云中产生并向大地发展，上行雷则是由接地物体顶部激发，并向雷云方向发展。雷电的极性是按照从雷云流入大地的电荷符号决定。实验表明，不论地质情况如何，90%左右的雷电是负极性雷。

下行的负极性雷通常可分为 3 个主要阶段，即先导、主放电和余光。先导过程延续约几毫秒，以逐级发展、高电导、高温的、具有极高电位的先导通道将雷云到大地之间的气隙击穿。沿先导通道分布着电荷，其数量达几库仑。当下行先导和大地短接时，发生先导通道放电的过渡过程，称为主放电过程。在主放电过程中，通道产生突发的亮光，发出巨大的声响，沿着雷电通道流过幅值很大、延续时间为近百微秒的冲击电流。正是这个主放电过程造成雷电放电最大的破坏作用。主放电完成后，云中的剩余电荷沿着雷电通道继续流向大地，这时在展开照片上看到的是一片模糊发光的部分，称为余光放电，相应的电流是逐渐衰减的，约为 $10^3 \sim 10^1$A，延续时间约为几毫秒。上述 3 个阶段组成下行雷的第一个分量。通常，雷电放电并不就此结束，而是随后还有几个（甚至十几个）后续分量。每个后续分量也是由重新使雷电通道充电的先导阶段、使通道放电的主放电阶段和余光放电阶段组成。各分量中的最大电流和电流增长最大陡度是造成被击物体上的过电压、电动力、电磁脉冲和爆破力的主要因素。而在余光阶段中，流过较长时间的电流则是造成雷电热效应的重要因素。

由雷云放电引起的大气过电压的波形是随机的，但在实验室中用冲击电压发生器产生冲击电压来模拟雷电过电压时必须采用标准波形，这样可以使不同实验室的试验结果互相比较。图 1-16 表示雷电冲击电压的标准波形和确定其波前和波长时间的方法（波长指冲击波衰减至半峰值的时间）。

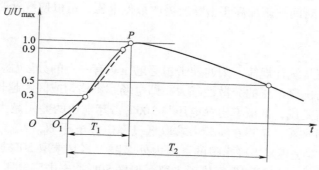

图 1-16　标准雷电冲击电压波形

T_1—波前时间　T_2—半峰值时间　U_{max}—冲击电压峰值

图 1-16 中，O 为原点，P 点为波峰，但在波形图中这两点都不易确定，因为波形在 O 点处往往模糊不清；而 P 点处波形很平，难以确定其出现时间。国际上都用图示的方法求得名义零点 O_1（即图中虚线所示），连接 0.9 倍峰值点与 0.3 倍峰值点作虚线交横轴于 O_1 点，这样波前时间 T_1 和波长时间 T_2 都从 O_1 算起。对于操作冲击波，T_1 和 T_2 都从真实原点算起，这是因为操作波上升比较平缓，原点附近的波形可以看得清楚。

目前，国际上大多数国家对于标准雷电波的波形规定是：

$$T_1 = 1.2(1 \pm 30\%)\mu s, T_2 = 50(1 \pm 20\%)\mu s$$

对于不同极性的标准雷电波形可表示为 +1.2/50μs 或 −1.2/50μs。

2. 放电时延

每个气隙都有它的最低静态击穿电压，即长时间作用在间隙上能使间隙击穿的最低电压。要使气体间隙击穿，不仅需要外施电压高于临界击穿电压 U_0，而且还需要外施电压维持一定的时间，以保证放电发展过程的完成。

图 1-17 表示冲击击穿所需要的时间。施加冲击电压经时间 t_0 后电压值达 U_0，但此时间隙不会击穿。从 t_0 至间隙击穿所需的时间 t_1 称为放电时延，它包括两部分时间，即 t_s 和 t_f。t_s 表示从外施电压达 U_0 的时刻起，到气隙中出现第一个有效电子的时间，称之为统计时延（因为第一个有效自由电子的出现服从统计规律）。t_f 表示从出现第一个有效自由电子的时刻起，到放电过程完成所需的时间，也就是电子崩的形成和发展

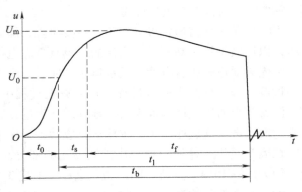

图 1-17　冲击击穿所需时间的示意图

到流注所需的时间，称为放电形成时延。所以，图 1-17 中冲击击穿所需的总时间 t_b 为

$$t_b = t_0 + t_s + t_f \tag{1-64}$$

短间隙中，尤其当电场较均匀的时候，放电形成时延比统计时延小得多，因此这种情况下放电时延主要决定于统计时延。为了减小统计时延，可以采用紫外线或其他高能射线对间隙进行人工照射，使阴极表面释放出更多电子。例如，用较小的球隙测量冲击电压时，通常需要采取这种措施。较长的间隙中，主要决定于放电形成时延，且电场越不均匀，则放电形成时延越长。显然，对间隙施加高于击穿所需的最低电压，可以使统计时延和放电形成时延都缩短。

3. 50% 击穿电压

由于放电时延服从统计规律，因此冲击击穿电压具有一定的分散性。一般的规律是，放电时延越长，则冲击击穿电压的分散性越大，即电场越不均匀或间隙越长，则冲击击穿电压的分散性越大，也就是说，低概率击穿电压与 100% 击穿电压的差别越大。从确定间隙耐受冲击电压的绝缘能力来看，希望在实验中求取低概率击穿电压 U_{b0}（U_{b0} 可看作是绝缘的冲击耐受电压），但这通常是很难准确求得的。国内外实践大多是求取 50% 放电电压，即多次施加电压时有 50% 概率会导致间隙击穿或不击穿。根据 50% 冲击击穿电压（U_{b50}）和标准偏差 σ 即可估算出 U_{b0} 值。

$$U_{b0} = U_{b50} - 3\sigma \tag{1-65}$$

一般来说，50%冲击击穿电压比工频击穿电压的峰值要高一些，这是由于雷电冲击电压作用时间短的缘故。同一间隙的50%冲击击穿电压 U_{b50} 与稳态击穿电压 U_{b0} 之比，称为冲击系数 β。

$$\beta = \frac{U_{b50}}{U_0} \tag{1-66}$$

均匀电场和稍不均匀电场间隙的放电时延短，击穿的分散性小，冲击击穿通常发生在波峰附近，所以这种情况下冲击系数接近于 1。极不均匀电场间隙的放电时延长，冲击击穿常发生在波尾部分，这种情况下冲击系数大于 1。

4. 伏秒特性

由于放电时延的影响，气隙击穿需要一定的时间才能完成，对于不是持续作用而是脉冲性质的电压，气隙的击穿电压就与该电压作用的时间有很大关系。同一个气隙，在峰值较低但延续时间较长的冲击电压作用下可能被击穿，而在峰值较高但延续时间较短的冲击电压作用下可能反而不被击穿。因此，在冲击电压下仅用单一的击穿电压值描述间隙的绝缘特性是不全面的。一般用间隙上出现的电压最大值和间隙击穿时间的关系曲线来表示间隙的冲击绝缘特性，此曲线称间隙的伏秒特性曲线。

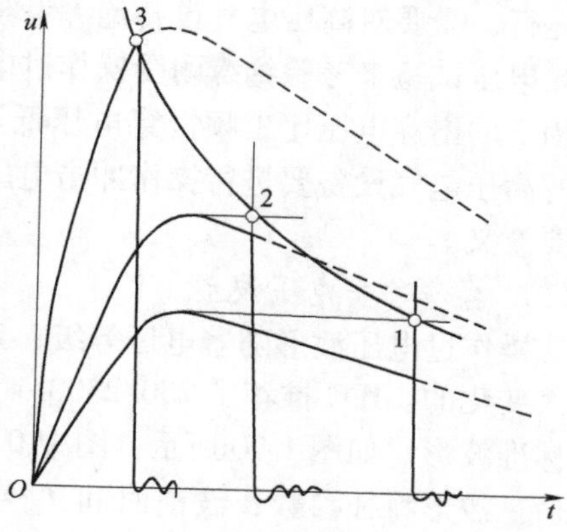

图 1-18　伏秒特性绘制方法

伏秒特性绘制方法如图 1-18 所示。保持一定的波形而逐级升高冲击电压的峰值。电压较低时，击穿发生在波尾。在击穿前的瞬时，电压虽已从峰值下降到一定数值，但该电压峰值仍然是气隙击穿过程中的主要因素，因此以该电压峰值为纵坐标，以击穿时刻为横坐标，得点 "1"、点 "2"。电压再升高时，击穿可能正好发生在波峰，则该点当然是伏秒特性曲线上的一点。电压进一步升高时，气隙很可能在电压尚未升到波形的峰值时就已经被击穿，如图中的点 "3"。把这些相应的点连成一条曲线，就是该气隙在该电压波形下的伏秒特性曲线。

由于放电时间具有分散性，所以在每级电压下可得到一系列放电时间。实际上，伏秒特性是以上、下包线为界的一个带状区域。工程上还采用所谓 50%伏秒特性，或称平均伏秒特性。每级电压下，放电时间小于下包线横坐标所示数值的概率为 0，大于上包线横坐标所示数值的概率为 100%。现于上下限间选一个数值，使放电时间小于该值的概率等于 50%，即某个电压下多次击穿中放电时间小于该值者恰占一半，这个数值可称为 50%概率放电时间。以 50%概率放电时间为横坐标，纵坐标仍为该电压值，连成曲线就是 50%伏秒特性曲线，如图 1-19 所示。同理，上下包线可相应地称为 100% 及 0 伏秒特性曲线。较多地采用的是 50%伏秒特性，它从较少次的实验中就可得到。

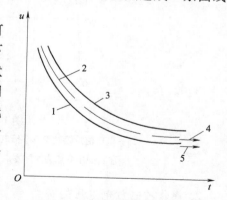

图 1-19　50%伏秒特性示意图
（虚线表示没有被试间隙时的波形）
1—0 伏秒特性　2—100%伏秒特性
3—50%伏秒特性　4—50%冲击击穿电压
5—0 冲击击穿电压（静态击穿电压）

但应用它时应注意，它只是大致地反映了该间隙的伏秒特性，在其两侧还有一定的分散范围。

1.2.3 操作冲击电压下空气的绝缘特性

电力系统在操作或发生事故时，因状态发生突然变化引起电感和电容回路的振荡产生过电压，称为操作过电压。操作过电压幅值与波形显然跟电力系统的参数有密切关系，这一点与雷电过电压不同，后者一般取决于接地电阻，与系统电压等级无关。操作过电压则不然，由于其过渡过程的振荡基值即是系统运行电压，因此电压等级越高，操作过电压的幅值也越高。在不同的振荡过程中，振荡幅值最高可达最大相电压峰值的 3~4 倍。因此，为保证安全运行，需要对高压电气设备绝缘考察其耐受操作过电压的能力。早期的工程实践中，采用工频电压试验来考验绝缘耐受操作过电压的能力。但其后的研究表明，长间隙在操作冲击波作用下的击穿电压比工频击穿电压低。因此目前的试验标准规定，对额定电压在 300kV 以上的高压电气设备要进行操作冲击电压试验。这说明操作冲击电压下的击穿只对长间隙才有重要意义。

1. 操作冲击电压波形

操作过电压波形随着电压等级、系统参数、设备性能、操作性质、操作时机等因素而有很大变化的。IEC 推荐了 $250/2500\mu s$ 的操作冲击电压标准波形，我国国家标准也采用了这个标准波形。如图 1-20 所示，图中 0 点为实际零点，u 为电压值，图中 $u=1.0$ 处为电压 u 峰值。波形特征参数：波前时间 $T_{cr}=250\mu s$，允许误差为 $\pm20\%$；半峰值时间 $T_2=2500\mu s$，允许误差为 $\pm60\%$；峰值允许误差 $\pm3\%$；90% 峰值以上持续时间 T_d 未作规定。

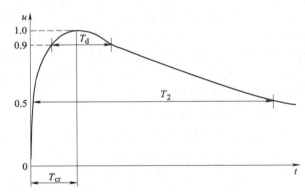

图 1-20 操作冲击电压全波

T_d—电压值持续处于 0.9 倍电压峰值以上时间 T_{cr}—波前时间 T_2—半峰值时间

注：图中 0 点为实际零点，u 为电压值，图中 $u=1.0$ 处为电压 u 的峰值。

2. 操作冲击放电电压的特点

（1）U 形曲线

通常采用与雷电冲击波相似的非周期性指数衰减波来模拟频率为数千赫兹的操作过电压。研究表明，长空气间隙的操作冲击击穿通常发生在波前部分，因而其击穿电压与波前时间有关，而与波尾时间无关。

图 1-21 表示空气中 3m 的棒-棒（一极接地）和导线-板间隙的平均击穿场强与操作冲击波的波前时间的关系。由此可见，雷电冲击击穿场强高于工频击穿场强，但操作冲击波作用下，当波前时间 t_{cr} 为 100~300μs 时，击穿场强出现极小值，其值比工频击穿场强要低。进一步的研究还表明，出现击穿场强极小值的波前时间随间隙距离的增加而增大。对于操作冲击电压作用下长间隙击穿的"U 形曲线"，通常是用放电时延和空间电荷的形成与迁移这两种作用相反的影响因素来解释的。U 形曲线极小值左边，E_b 随 t_{cr} 的减小而增大，是放电时延在起

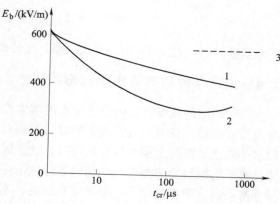

图 1-21　3m 空气的平均击穿场强与
操作冲击的波前时间的关系
1—棒-棒（一极接地）
2—导线-板间隙　3—工频击穿场强

作用，这一点与雷电冲击电压下的伏秒特性是相似的。U 形曲线极小值右边，E_b 随 t_{cr} 的增加而增大，是因为电压作用时间增加后空间电荷迁移的范围扩大，更好地改善了间隙整个电场分布，从而使击穿电压提高。

（2）极性效应

在各种不同的电场结构中，正极性操作冲击的 50%击穿电压都比负极性的低，所以是更危险的。在讨论操作冲击电压下的间隙击穿特性时，若无特别说明，一般均指正极性的情况。还有一点值得注意的是，在同极性的雷电冲击标准波作用下，棒-板间隙的击穿电压比棒-棒间隙的击穿电压低得不多，而在操作过电压作用下，前者却比后者低得多，这个情况启示我们在设计高压电力装置时，应注意尽量避免出现棒-板型气隙。

（3）饱和现象

与工频击穿电压的规律性类似，长间隙在操作波电压作用下也呈现出显著的饱和现象，特别是棒-板型气隙，其饱和程度更加突出。这是因为长间隙下先导形成之后，放电更易发展。而雷电冲击时，作用时间太短，所以雷电的饱和现象很不明显，放电电压与气隙距离一般呈线性关系。

（4）分散性大

在操作冲击电压作用下，间隙的 50%击穿电压的分散性比雷电冲击下大得多，集中电极（如棒极）比伸长电极（如导线）要大。波前时间较长时（比如，大于 1000μs）比波前时间较短时（比如 100~300μs）要大。对棒-板间隙，50%击穿电压的相对标准偏差前者达8%左右，波前时间较短时约 5%。而雷电冲击电压下，分散性小得多，$\sigma \approx 3\%$；工频下分散性更小，不超过 2%。

（5）邻近效应

电场分布对操作冲击电压 $U_{50\%}$ 影响很大，接地物体靠近放电间隙会显著降低正极性击穿电压（但能多少提高一些负极性击穿电压），称邻近效应。

$U_{50\%}$ 击穿电压极小值经验公式：正棒-板空气间隙操作冲击电压的 U 形曲线中 50%放电电压极小值 $U_{50\%,\min}$ 与间隙距离 d 的关系可用如下经验公式表示为

$$U_{50\%,\text{min}} = \frac{3400}{1 + 8/d} \tag{1-67}$$

由实验结果，对于 1~20m 的长间隙，此公式能很好地吻合。

1.2.4 大气条件对气体击穿的影响

大气中间隙的放电电压随空气密度的增大而提高，这是因为空气密度增大时，电子的平均自由行程缩短，使电离过程削弱的缘故。而对于空气湿度来说，在极不均匀电场中，空气中的水分能使间隙的击穿电压有所提高，这是因为水分子具有弱电负性，容易吸附电子使其形成负离子的缘故。但湿度对均匀电场间隙击穿的影响很小，因为均匀场间隙在击穿前各处的场强都很高，即各处电子运动速度都很高，不易被水分子捕获而形成负离子。所以，在均匀场或稍不均匀场间隙中，通常对湿度的影响可忽略不计。本节中讨论湿度对放电的影响是指空气中水汽分子的影响，当空气的相对湿度很高而在固体绝缘表面发生凝露时，情况就不同了。这种情况下电场分布会发生畸变，因而导致气隙击穿电压或沿固体绝缘表面的闪络电压下降。

1. 湿度校正因数和空气密度校正因数

根据我国国家标准，在不同大气状态下，外绝缘的放电电压可按如下公式校正：

$$U = \frac{K_d}{K_h} U_s \tag{1-68}$$

式中　U_s——标准大气状态下（气压为 0.1013MPa，温度为 20℃，绝对湿度为 11g/cm³）外绝缘放电电压；

　　　U——实际大气状态下外绝缘放电电压；

　　　K_d——空气密度校正因数；

　　　K_h——湿度校正因数。

显然，大气状态不同时，外绝缘试验电压也应该按照式（1-68）换算。空气密度校正因数 K_d 为

$$U = \frac{U_d}{U_h} U_s K_d = \left(\frac{P}{P_s}\right)^m \left(\frac{273 + t_s}{273 + t}\right)^n \tag{1-69}$$

式中　P——试验条件下的气压（Pa）；

　　　t——试验条件下的气温（℃）；

　　　P_s、t_s——标准状态下的气压和气温。

湿度校正因数 K_h 为

$$K_h = k^w \tag{1-70}$$

式中　k——绝对湿度的函数，根据外施电压形式不同而采用图 1-22 中曲线 1 或者曲线 2。

而式（1-69）与式（1-70）中的幂 m、n 和 w 取决于电压的形式、极性和放电距离

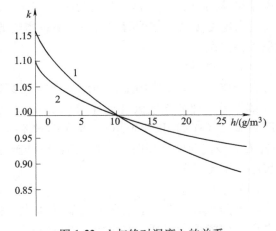

图 1-22　k 与绝对湿度 h 的关系

1—交流电压或操作冲击电压　2—直流电压或雷电冲击电压

d。目前标准中假定 $m=n$，即

$$K_\mathrm{d} = \delta^m \tag{1-71}$$

式中　δ——空气相对密度。

2. 海拔的影响

随着海拔的增加，大气压力下降，空气密度减小，导致外绝缘放电电压也随之下降。

海拔对外绝缘放电电压的影响一般也由经验公式估计。根据我国国家标准 GB/T 11022—2020《高压交流开关设备和控制设备标准的共同技术要求》规定，对用于海拔 4000m 以下 1000m 以上的设备外绝缘以及干式变压器绝缘，在非高海拔地区试验时，其试验电压 U 应为标准状态下试验电压 U_s 乘以海拔校正系数 K_A 即

$$U = U_\mathrm{s} K_\mathrm{A} = e^{m(H-1000)/8150} U_\mathrm{s} \tag{1-72}$$

式中　H——安装地点海拔。

为简单起见，取下述确定值：$m=1$，对于工频、雷电冲击和相间操作冲击电压；$m=0.9$，对于纵绝缘操作冲击电压；$m=0.75$，对于相对地操作冲击电压。

以上公式还比较简单，对于一些较复杂的，比如相同海拔、不同地区间大气状态以及不同湿度下的大气状态没有比较好地解决，对于海拔对外绝缘放电电压的影响，仍在继续研究中。

1.2.5　提高气体击穿电压的措施

提高气体击穿电压不外乎两个途径：一方面是改善电场分布，使之尽量均匀；另一方面是利用其他方法来削弱气体中的电离过程。改善电场分布也有两种途径：一种是改进电极形状；另一种是利用气体放电本身的空间电荷畸变电场的作用。

1. 电极形状的改进

均匀电场和稍不均匀电场间隙的平均击穿场强比极不均匀电场间隙的要高很多。一般来说，电场分布越均匀，平均击穿场强也越高。因此，可以通过改进电极形状、增大电极曲率半径，以改善电场分布，提高间隙的击穿电压。同时，电极表面应尽量避免毛刺、棱角等以消除电场局部增强的现象。若不可避免出现极不均匀电场，则尽可能采用对称电场（棒-棒类型）。即使是极不均匀电场，不少情况下，为了避免在工作电压下出现强烈电晕放电，也必须增大电极曲率半径。

改变电极形状以调整电场的方法有：

1）增大电极曲率半径。如变压器套管端部加球形屏蔽罩，采用扩径导线（截面积相同，半径增大）等，用增大电极曲率半径的方法来减小表面场强。

2）改善电极边缘。电极边缘做成弧形，或尽量使其与某等位面相近，以消除边缘效应。

3）使电极具有最佳外形。如穿墙高压引线上加金属扁球，墙洞边缘做成近似垂链线旋转体，以此改善其电场分布。

2. 空间电荷对原电场的畸变作用

极不均匀电场中间隙被击穿前先发生电晕现象，所以在一定条件下，可以利用放电自身产生的空间电荷来改善电场分布，以提高击穿电压。例如，导线与平板间隙中，当导线直径

减小到一定程度后，间隙的工频击穿电压反而显著提高。

当导线直径很小时，导线周围容易形成比较均匀的电晕层，电压增加，电晕层也逐渐扩大，电晕放电所形成的空间电荷使电场分布改变。由于电晕层比较均匀，电场分布改善了，从而提高了击穿电压。当导线直径较大时，情况就不同了。电极表面不可能绝对光滑，总存在电场局部强的地方，从而总存在电离局部强的现象。此外，由于导线直径较大，导线表面附近的强场区也较大，电离一经发展，就比较强烈。局部电离的发展，将显著加强电离区前方的电场，而削弱了周围附近的电场（类似于出现了金属尖端），从而使该电离区进一步发展。这样，电晕就容易转入刷状放电，从而其击穿电压就和尖-板间隙的击穿电压相近了。只有在一定间隙距离范围内才存在上述"细线"效应。间隙距离超过一定值时，细线也将产生刷状放电，从而破坏比较均匀的电晕层，此后击穿电压也同尖-板间隙的击穿电压相近了。

实验表明，雷电冲击电压下没有细线效应。这是由于电压作用时间太短，来不及形成充分的空间电荷层的缘故。利用空间电荷（均匀的电晕层）提高间隙的击穿电压，仅在持续作用电压下才有效，而且此时在击穿前将出现持续的电晕现象，这在很多场合下也是不允许的。

3. 极不均匀场中屏障的采用

在极不均匀场的空气间隙中，放入薄片固体绝缘材料（如纸或纸板），在一定条件下可以显著地提高间隙的击穿电压。屏障的作用在于屏障表面上积聚的空间电荷，使屏障与板电极之间形成比较均匀的电场，从而使整个间隙的击穿电压提高。

工频电压下，在尖-板电极中设置屏障可以显著地提高击穿电压，因为工频电压下击穿总是发生在尖电极为正极性的半周内。雷电冲击电压下，屏障也可提高尖-板间隙的击穿电压，但是幅度比稳态电压下要小一些。

4. 提高气体压力的作用

提高间隙击穿电压的另一个途径是采取其他方法削弱气体中的电离过程，比如，在设备内绝缘等有条件的情况下提高气体压力。由于大气压下空气的电气强度约 30kV/cm，即使采取上述措施，尽可能改善电场分布，其平均击穿场强最高也不会超过这个数值。而提高气体压力可以减小电子的平均自由行程，削弱电离过程，从而提高击穿电压。

在采取这种措施时，必须注意电场均匀程度和电极表面状态。当间隙距离不变时，击穿电压随压力的提高而很快增加；但当压力增加到一定程度后，击穿电压增加的幅度逐渐减小，说明此后继续增加压力的效果逐渐下降了。在高气压下，电场的均匀程度对击穿电压的影响比在大气压力下要显著得多，电场均匀程度下降，击穿电压将急剧降低。因此，采用高气压的电气设备应使电场尽可能均匀。而在实际工程中采用的高气压值也不会太大。因为气压太高时，击穿电压随气压升高的规律将不符合巴申定律，压力越高，二者分歧越大。而且同一 δd 条件下，压力越高，击穿电压越低。另外压力太高，工程制造成本也会大幅度增加。

在高气压下，气隙的击穿电压和电极表面的粗糙度也有很大关系。电极表面越粗糙，气隙的击穿电压就越低，气体压力越大，这个影响就越显著。一个新的电极最初几次的击穿电压往往较低，经过多次限制能量的火花击穿后，气隙的击穿电压就有显著提高，分散性也减小，这个过程称作对电极进行"老炼"处理。气压提高，"老炼"处理所需的击穿次数也越多。电极表面不洁、有污物以及湿度等因素在高气压下对气隙击穿电压的影响都要比常压下显著。如果电场不均匀，湿度使击穿电压下降的程度就更显著。

因此，高气压下应尽可能改进电极形状，以改善电场分布。在比较均匀的电场中，电极应仔细加工光洁。气体要过滤，滤去尘埃和水分。充气后需放置较长时间净化后再使用。

5. 高真空和高电气强度气体 SF_6 的采用

（1）高真空的采用

采用高真空也是削弱了电极间气体的电离过程，虽然电子的自由行程变得很大，但间隙高间隙击穿电压大。

间隙距离较小时，高真空的击穿场强很高，其值超过压缩气体间隙；但间隙距离较大时，击穿场强急剧减小，明显低于压缩气体间隙的击穿场强。真空击穿理论对这一现象是这样解释的：高真空小间隙的击穿是与阴极表面的强场发射密切有关。由于强场发射造成很大的电流密度，导致电极局部过热使电极发生金属汽化并释放出气体，破坏了真空，从而引起击穿。间隙距离较大时，击穿是由所谓全电压效应引起的。随着间隙距离及击穿电压的增大，电子从阴极到阳极经过巨大的电位差，积聚了很大的动能，高能电子轰击阳极时能使阳极释放出正离子及辐射出光子；正离子及光子到达阴极后又将加强阴极的表面电离。在此反复过程中产生越来越大的电子流，使电极局部汽化，导致间隙击穿，这就是全电压效应引起平均击穿场强随间隙距离的增加而降低的原因。由此可见，真空间隙的击穿电压与电极材料、电极表面粗糙度和清洁度（包括吸附气体的多少和种类）等多种因素有关，因此击穿分散性很大。在完全相同的实验条件下，击穿电压随电极材料熔点的提高而增大。在电力设备中，目前，还很少采用高真空作为绝缘介质，因为电力设备的绝缘结构中总会使用固体绝缘材料，这些固体绝缘材料会逐渐释放出吸附的气体，使真空无法保持。目前，真空间隙只在真空断路器中得到应用。真空不仅绝缘性能好，而且有很强的灭弧能力，所以真空断路器已广泛应用于配电网络中。

（2）高电气强度气体 SF_6 的采用

高气压高真空到一定限度后，给设备密封带来很大困难，造价也大为上升。而且 10 个大气压以后，再提高气压，效果也越来越差。近几十年，人们发现许多含卤族元素的气体化合物，如 SF_6、CCl_4、CCl_2F_2 等的电气强度都比空气高很多，这些气体通常称为高电气强度气体。采用这些气体代替空气可以提高间隙击穿电压，缩小设备尺寸，降低工作气压。

表 1-5 中列出了几种气体的相对电气强度。所谓某种气体的相对电气强度是指在气压与间隙距离相同的条件下该气体的电气强度与空气电气强度之比。

表 1-5　几种气体的相对电气强度

气　　体	N_2	SF_6	CCl_2F_2	CCl_4
相对电气强度	1.0	2.3~2.5	2.4~2.6	6.3
作绝缘介质的 1 个大气压下的液化温度/℃	−195.8	−63.8	−28	26

SF_6 气体的主要优点有：除了具有较高的电气强度外，还有很强的灭弧性能。它是一种无色、无味、无毒、非燃性的惰性化合物，对金属和其他绝缘材料没有腐蚀作用，被加热到

500℃仍不会分解。在中等压力下，SF_6气体可以被液化，便于储藏和运输。SF_6气体被广泛用于大容量高压断路器、高压充气电缆、高压电容器、高压充气套管以及全封闭组合电器中。采用SF_6的电气设备的尺寸大为缩小，例如，500kV的SF_6金属封闭式变电站的占地仅为开放式500kV变电站用地的5%，且不受外界气候变化的影响。

用SF_6电气设备的缺点是造价太高，而且作为一种对臭氧层有破坏作用的温室气体，SF_6的进一步应用也遇到一些问题，不过目前还找不到一种在性能、价格方面都能与SF_6竞争的高电气强度气体。

1.3　固体绝缘表面的气体沿面放电

在各种绝缘设备中，都有沿固体绝缘表面放电的问题。因为高压导体总是需要用固体绝缘材料来支撑或悬挂，这种固体绝缘称为绝缘子，在气体绝缘设备中也常称为绝缘支撑。此外，高压导体穿过接地隔板、电器外壳或墙壁时，也需要用固体绝缘加以固定，这类固体绝缘称为套管。沿整个固体绝缘表面发生的放电称为闪络，在放电距离相同时，沿面闪络电压低于纯气隙的击穿电压。因此在工程中，很多情况下事故往往是由沿面闪络造成的，这就说明对于沿面放电特性的认识是十分重要的。

电力系统高压绝缘大致划分如图 1-23 所示。

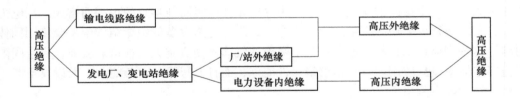

图 1-23　电力系统高压绝缘示意图

简言之，高压电气设备外壳之外，所有暴露在大气中需要绝缘的部分都属于外绝缘。外绝缘的主要部分是户外绝缘，一般由空气间隙与各种绝缘子串构成。

绝缘子是将处于不同电位的导体在机械上固定，在电气上隔绝的一种使用数量极大的高压绝缘部件。比如一条 300km 长的交流 500kV 线路，就需要悬式绝缘子 8 万~9 万片。高压绝缘子从结构上可以分为 3 类：

1）（狭义）绝缘子。用作带电体和接地体之间的绝缘和固定连接，如悬式绝缘子、支柱绝缘子、横担绝缘子等。

2）套筒。用作电器内绝缘的容器，多数由电工陶瓷制成，如互感器瓷套、避雷器瓷套及断路器瓷套等。

3）套管。用作导电体穿过接地隔板、电器外壳和墙壁的绝缘件，如穿越墙壁的穿墙套管，变压器、电容器的出线套管等。

或者从材料上分为 3 类：

　　1）电工陶瓷。电工陶瓷（简称电瓷）是无机绝缘材料，由石英、长石和黏土做原料经高温焙烧而成。它抗老化性能好，能耐受不利的大气环境和酸碱污秽的长期作用而不受侵蚀，且具有足够的电气和机械强度。因而在高压输电 100 多年的历史中，电工陶瓷绝缘子在按材料分类的各类绝缘子中占据了主导地位。但电工陶瓷绝缘子耐污秽性能不好，且笨重易碎，运输安装成本大，制造能耗高，生产时污染大。

　　2）钢化玻璃。玻璃也是一种良好的绝缘材料，它具有和电瓷同样的环境稳定性，而且生产工艺简单，生产效率高。经过退火和钢化处理后，机械强度和耐冷热急变性能都有很大提高。输电线路采用钢化玻璃绝缘子还有一个优点，它具有损坏后"自爆"的特性，便于及时发现。钢化玻璃目前几乎仅用于盘形悬式绝缘子。

　　3）硅橡胶、乙丙橡胶等有机材料。有机合成绝缘子的种类也很多，由环氧引拔棒和硅橡胶伞裙护套构成的合成绝缘子是新一代的绝缘子，具有强度高、重量轻、耐污闪能力强等明显优点。它的出现打破了无机材料在高压外绝缘一统天下的局面，在我国及许多国家得到大量应用，深受电力部门的欢迎，显示出迅猛的发展势头和良好的发展前景。

1.3.1　面电场的分布

　　气体介质与固体介质的交界面称为界面。界面电场分布的情况对沿面放电的特性有很大影响。界面电场分布有以下 3 种典型的情况，如图 1-24 所示。

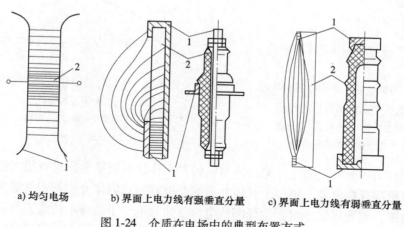

a) 均匀电场　　　b) 界面上电力线有强垂直分量　　　c) 界面上电力线有弱垂直分量

图 1-24　介质在电场中的典型布置方式
1—电极　2—固体介质

　　1）固体介质处于均匀电场中，且界面与电力线平行，如图 1-24a 所示。这种情况在工程中较少遇到。但实际结构中会遇到固体介质处于稍不均匀电场的情况，此时放电现象与均匀电场中的现象有很多相似之处。

　　2）固体介质处于极不均匀电场中，且电力线垂直于界面的分量（以下简称垂直分量）比平行于表面的分量要大得多，如图 1-24b 所示。套管就属于这种情况。

　　3）固体介质处于极不均匀电场中，但在界面大部分地方（除紧靠电极的很小区域外），电场强度平行于界面的分量要比垂直分量大，如图 1-24c 所示。支柱绝缘子就属于这种情况。

1.3.2 均匀电场中的沿面放电

虽然在均匀电场情况下固体介质的引入并不影响电极间的电场分布，但放电总是发生在界面，且闪络电压比空气间隙的击穿电压要低得多，如图 1-25 所示。由图可见，沿面闪络电压与固体绝缘材料特性有关，例如，石蜡的闪络电压比电瓷高。这是由于石蜡表面不易吸附水分，而瓷和玻璃表面吸附水分的能力大的缘故。固体介质表面吸附水分形成水膜时，水膜中离子在电场作用下向电极移动，会使沿面电压分布不均匀，因而使闪络电压低于纯空气间隙的击穿电压。越容易吸湿的固体沿面闪络电压越低。此外介质表面粗糙，也会使电场分布畸变，从而使闪络电压降低。上述影响因素在高气压时表现得更为明显，如图 1-26 所示。

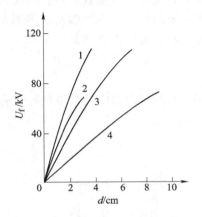

图 1-25 均匀电场中不同介质的沿面
闪络电压（工频峰值）的比较
1—空气隙击穿 2—石蜡 3—瓷
4—与电板接触不紧密的瓷

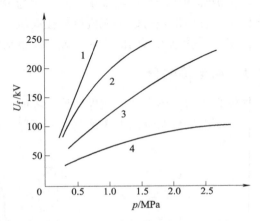

图 1-26 均匀电场中气压对氮气中沿面
闪络电压的影响
1—氮气间隙 2—塑料
3—胶布板 4—电瓷

除固体材料的影响外，固体介质是否与电极紧密接触对闪络电压也有很大影响。因为若固体介质与电极间存在气隙，则由于气体介质的介电常数比固体介质低，气隙中的场强将比平均场强高得多，因此气隙中将发生局部放电。气隙放电产生的带电质点到达固体介质与气体的交界面时，畸变原有电场，使沿面闪络电压明显降低。这一现象在气体绝缘设备绝缘支撑的沿面放电中也存在。

总的说来，造成这种现象的主要原因可以归结如下：

1）固体介质表面会吸附气体中的水分形成水膜。由于水膜具有离子电导，离子在电场中沿介质表面移动，电极附近逐渐积累起电荷，使介质表面电压分布不均匀，从而使沿面闪络电压低于空气间隙的击穿电压。

2）介质表面电阻不均匀以及介质表面有伤痕裂纹也会使电场的分布畸变，使闪络电压降低。

3）若电极和固体介质端面间存在气隙，气隙处场强大，极易发生电离，产生的带电质子到达介质表面，会使原电场分布畸变，从而使闪络电压降低。

1.3.3　极不均匀电场中的沿面放电

按电力线在界面上垂直分量的强弱，极不均匀电场中沿面放电可分为两类：具有强垂直分量时的沿面放电和具有弱垂直分量时的沿面放电。其中前者对于绝缘的危害比较大。

1. 具有强垂直分量时的沿面放电

套管中近法兰处和高压电机绕组出槽口的结构都属于具有强垂直分量的情况。在这种结构中，介质表面各处的场强差别很大，而在工频电压作用下会出现滑闪放电。现以最简单的套管为例进行讨论。

图 1-27 表示在交流电压下套管沿面放电发展的过程和套管表面电容的等效图。随着外施电压的升高，首先在接地法兰处出现电晕放电形成的光环（见图 1-27a），这是因为该处的电场强度最高。随着电压的升高，放电区逐渐形成由许多平行的火花细线组成的光带，如图 1-27b 所示。放电细线的长度随外施电压的提高而增加。但此时放电通道中电流密度较

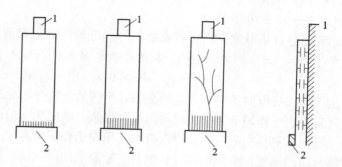

a) 电晕放电　b) 细线状辉光放电　c) 滑闪放电　d) 套管表面电容等效图

图 1-27　沿套管表面放电的示意图

1—导杆　2—接地法兰

小，压降较大，伏安特性仍具有上升的特性，属于辉光放电的范畴。当外施电压超过某一临界值后，放电性质发生变化。个别细线开始迅速增长，转变为树枝状有分叉的明亮的火花通道，如图 1-27c 所示。这种树枝状放电并不固定在一个位置上，而是在不同的位置交替出现，所以称滑闪放电。滑闪放电通道中电流密度较大，压降较小，其伏安特性具有下降特性，因此有理由认为滑闪放电是以介质表面放电通道中热电离为特征的。滑闪放电的火花随外施电压迅速增长，通常沿面闪络电压比滑闪放电电压高得不多，因而出现滑闪后，电压只需增加不多的值，放电火花就能延伸到另一电极，从而形成闪络。特别是，滑闪放电是具有强垂直分量绝缘结构所特有的放电形式。

滑闪放电现象可用图 1-28 所示的等效电路来解释。不难看出，在法兰 B 附近沿介质表面的电流密度最大，在该处介质表面的电位梯度也最大，当此处电位梯度达到使气体电离的数值时，就出现了初始的沿面放电。随着电压的升高，此放电进一步发展。在电场垂直分量的作用下，带电质点撞击介质表面，引起局部温度升高，高到足以引起热电离。

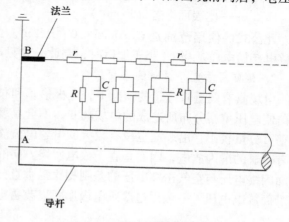

图 1-28　套管绝缘子等效电路

C—表面电容　R—体积电阻

r—表面电阻　A—导杆　B—法兰

从而使通道中带电质点数量剧增，电阻剧降，通道头部场强增加，导致通道迅速增长，这就是滑闪放电。热电离是滑闪放电的特征。出现滑闪放电后，放电发展很快，会很快贯通两电极，完成闪络。

滑闪放电的起始电压 U_0 和各参数的关系如下：

$$U_0 = E_0 / \sqrt{\omega C_0 \rho_s} \tag{1-73}$$

式中　E_0——滑闪放电的起始场强；

　　　ω——电压的角频率；

　　　C_0——比表面电容；

　　　ρ_s——表面电阻率。

比表面电容是单位面积介质表面与另一电极间的电容值，对导杆半径为 $r_1(\mathrm{cm})$、绝缘层外半径为 $r_2(\mathrm{cm})$ 的绝缘结构，其比表面电容 $C_0(\mathrm{F/cm^2})$ 为

$$C_0 = \varepsilon_r / [4\pi \times 9 \times 10^{11} \times r_2 \ln(r_2/r_1)] \tag{1-74}$$

出现滑闪放电的条件是，电场必须有足够的垂直分量和水平分量，此外电压必须是交变的，在直流电压作用下不会出现滑闪放电现象。电压交变的速度越快，越容易滑闪，冲击电压比工频电压更易引起滑闪。滑闪放电电压和比表面电容 C_0 有关，C_0 越大，越易滑闪。增大固体介质的厚度，或采用相对介电常数较小的固体介质，都可提高滑闪放电电压。减小表面电阻率 ρ_s，也可提高滑闪放电电压，例如，工程上常采用在套管的法兰附近涂半导电漆的方法来减小 ρ_s。滑闪情况下，沿面闪络电压不和沿面距离成正比，因此靠增长沿面距离来提高闪络电压的方法，在此种绝缘结构下效果并不显著。这是因为当沿面距离增加时，通过固体介质体积的电容电流和漏导电流都将随之很快增长，不仅没有改善滑闪起始区域的场强，反而使沿面电压分布更加不均匀。

在工频交流电压的作用下，ω 是定值，对一定的绝缘介质而言 ρ_s 也是定值，滑闪放电的起始场强 E_0 也基本变化不大。因此滑闪放电的起始电压 U_0 主要和比表面电容值 C_0 有关。以下是由试验获得的经验公式：

$$U_{cr} = 1.36 \times 10^{-4} / C_0^{0.44} \tag{1-75}$$

式中　U_{cr}——工频滑闪放电的起始电压有效值（kV）；

　　　C_0——比表面电容（$\mathrm{F/cm^2}$）。

此公式的使用范围是 $C_0 > 0.25 \times 10^{-12} \mathrm{F/cm^2}$。此经验公式可用于在工程上估算套管的滑闪放电起始电压。当 C_0 小于上值时，则此公式只可做近似估算以供参考。

2. 具有弱垂直分量时的沿面放电

电场具有弱垂直分量的情况下，电极形状和布置已使电场很不均匀，因而介质表面积聚电荷使电压重新分布所造成的电场畸变，不会显著降低沿面放电电压。另外，这种情况下电场垂直分量较小，沿表面也没有较大的电容电流流过，放电过程中不会出现热电离现象，故没有明显的滑闪放电，因而垂直于放电发展方向的介质厚度对放电电压实际上没有影响。其沿面闪络电压与空气击穿电压的差别相比强垂直分量时要小得多。因此，这种情况下，要提高沿面放电电压，一般通过改进电极形状以改善电极附近的电场，从而提高沿面放电电压。

1.3.4　绝缘子的污秽放电

在外绝缘中，绝缘子是非常重要的大面积应用的绝缘部件。由于这些绝缘子常年处于外

界自然环境中，因此各种自然条件变化、各种气候变化都会对其产生很大的影响。比如在雨雪天气容易受潮，冰霜气候下会覆盖霜雪，雷电闪击也会造成一定影响，另外，还有系统本身的操作过电压的影响，都容易导致闪络。不过除此之外，最容易对电力系统造成很大危害的却是污闪，也就是由于污秽导致产生的闪络，污闪的次数在几种外绝缘闪络中不算多，但是它造成的损失却是最大的，是外绝缘闪络次数最多的雷闪造成的损害的 10 倍。

在绝缘子上之所以会产生污秽，是因为其常年处于户外，各种工业污秽、自然界飞尘和飘浮盐碱颗粒之类的很容易附着于其上，从而形成一层污层。一般情况下，干燥的绝缘子表面污层由于其电阻还是很大，对于绝缘子的闪络电压没有什么影响。但是一旦大气湿度提高，使污层受潮变得湿润，则污层电阻会明显下降，电导剧增，从而导致绝缘子漏电电流大大增加。这样绝缘子上的闪络电压就会降到一个很低的水平，其结果是即便在工作电压下，绝缘子都可能发生污闪。

通常导致电力系统绝缘事故的原因不是电压升高就是绝缘性能下降。从上面所述我们知道，污闪在工作电压下即可发生，因此污闪的发生也就是由于外绝缘的绝缘性能下降。而且由于大气环境自然条件等在一个比较广泛的地域内是基本一致的，所以发生在工作电压下的污闪一旦出现，很有可能是一大片绝缘子同时出现问题，影响非常严重。因此，污秽表面沿面放电的研究，对于处于易受污秽影响地区的绝缘设计以及设备的安全运行有着非常重要的意义。

1. 污闪发展过程

由于绝缘子常年处于户外环境中，因此在其表面很容易形成一层污物附着层。当天气潮湿时，污秽层受潮变成了覆盖在绝缘子表面的导电层，最终引发局部电弧并发展成沿面闪络，这就是污闪。

污闪的发展过程分为如下几个阶段：

1）污秽层的形成。在自然环境中，各种大气中的飘尘颗粒很容易在经过绝缘子的时候受电场力的吸引或重力的作用而沉积在绝缘子表面，而绝缘子的外形也容易在风吹时影响气流，通常导致各种飞尘聚积。污秽的具体成分随绝缘子所处地区不同而不同。不过从影响上来分可以分为可溶于水的导电物质和不溶于水的惰性物质这两类。在自然环境中，绝缘子表面反复进行着污秽层的积聚和大风雨自然清洁这一过程，通常会存留一定的污秽层于绝缘子表面。

2）污秽层的受潮。前面提到过，处于干燥状态的污秽层对于绝缘子的沿面闪络电压并没有什么明显影响，其危害主要是在于污秽层受潮以后。当大气由于雨雪霜雾等原因变得潮湿的时候，污物中的可溶于水的导电物质会溶于水中形成导电的水膜，从而在绝缘子表面出现泄漏电流。污物中的惰性物质虽然不溶于水，但是也会吸附水分，增加电导。因此，在大雾凝霜等潮湿天气中，容易发生污闪，相比之下大雨天气由于其湿润污层的同时也在冲刷污层，所以其危害反而不如前几种天气。

3）干燥带形成与局部电弧产生。在污层刚刚受潮时，介质表面有明显的泄漏电流流过，不过此时电压分布还比较均匀。但是由于污层并不均匀，受潮情况也有差别，因此，污层表面电阻其实并不是均匀分布的。由于电流的焦耳效应，一些电阻大的地方发热较多，导致污层较快变干，然后此处污层电阻更大。这样发展下去，便在污层表面形成了几个"干燥带"。由于干燥带两端承受了较大的电压，当干燥带某处的场强超过了空气放电的临界值的时候，该处就会发生沿面放电。由放电产生的热量又导致干燥带进一步扩大。湿润区不断缩小，即回路中与放电间隙串联的电阻减小，使得电流迅速增大而引起热电离，因此干燥带的放电具有电弧特性，也就是说出现了局部电弧。这类放电和绝缘子的污秽程度以及受潮程度有关，并不是很稳定，放电出现的部位以及时间都是随机的。

4）局部电弧发展成闪络。当局部电弧出现以后，它可能会逐渐减弱，绝缘子得以继续正常运行；也可能会发展成两极间的闪络，造成污闪。这取决于绝缘子的污秽程度与受潮情况。具体说来，就是局部电弧能否发展成闪络，决定于外施电压的大小和剩余污层的电阻。图 1-29 为 20 世纪 50 年代由奥本诺斯首先提出来的表面电弧与剩余污层电阻串联的污闪的物理模型。

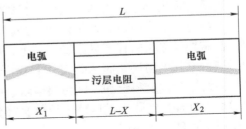

图 1-29 污闪的物理模型

X—总弧长（$X = X_1 + X_2$）

L—爬电距离 $L-X$—剩余污层长度。

当外施电压为 U 时，电弧的维持方程为

$$U = AXI^{-n} + IR(X) \qquad (1\text{-}76)$$

式中 X——电弧长度；

$\qquad I$——流过表面的电流；

$\quad R(X)$——电弧长度为 X 时的剩余污层电阻；

$\quad A，n$——静态电弧特性常数。

式（1-76）中 AXI^{-n} 代表局部电弧的压降，是负伏安特性，压降随电流的增大而减小；$IR(X)$ 代表剩余污层电阻上的压降，为正伏安特性，压降随电流增大而增大。外施电压 U 为二者之和。对于某一电弧长度 X，必须有一外施电压的最小值 U_{min}。如果外施电压小于 U_{min}，则电弧不能维持；如果外施电压大于 U_{min}，则电弧可以维持并向前延伸发展。最小维持电压 U_{min} 与弧长 X 的关系如图 1-30 所示。

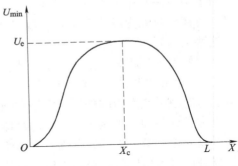

图 1-30 最小维持电压 U_{min} 与弧长 X 的关系

当弧长小于临界弧长 X_c 时，每增加弧长 ΔX，则外施电压必须相应增加 ΔU，不然电弧将变回原来长度；当弧长大于 X_c 时，即便外施电压不增加，电弧仍然会自动延伸直到贯通两端电极。

由于绝缘子表面电弧在一定条件下可以自动发展直到形成闪络，所以导致绝缘子的污闪电压要大大低于纯空气间隙的击穿电压。

2. 污秽等级的划分及污秽度评定方法

等量的不同污秽对于闪络的影响是不同的，同一种污秽其污秽量的不同对于闪络的影响也是不同的。因此我们需要对污秽的性质、程度作出一定的划分。

目前，在世界范围内应用最广泛的方法是等值盐密法。包括我国在内的很多国家的国家标准都是采用等值盐密法来划分污秽等级的。这种方法就是把绝缘子表面的污秽密度，按照其导电性转化为单位面积上 NaCl 含量的一种表示方法。其等值附盐密度（简称等盐密）单位为 mg/cm²。另外，由于等值附盐密度仅反映了污秽中的导电物质部分，所以我们另外

把污秽中的不溶于水的惰性物质的含量除以绝缘子的表面积，得到的值称为附灰密度，简称灰密，单位也是 mg/cm²。

我国从 20 世纪 70 年代开始大范围采用等值盐密法，积累了大量数据。并于 1992~1995 年逐步绘制了覆盖全国的污区分布图，对全国的外绝缘污秽等级进行了划分。从而可以按照不同地区的污秽情况选择实际应用中相应的绝缘水平。表 1-6 给出的就是我国国家标准 GB/T 16434—1996《高压架空线路和发电厂、变电所环境污区分级及外绝缘选择标准》推荐的污秽分级标准。

表 1-6　高压线路以及发电厂、变电所污秽等级

污秽等级	污湿特征	盐密/(mg/cm²)	
		线路	发电厂、变电所
0	大气清洁地区及离海岸盐场 50km 以上无明显污染地区	≤0.03	≤0.03
I	大气轻度污染地区，工业区和人口低密度地区，离海岸线盐场 10~50km 地区，在污闪季节中干燥少雾（含毛毛雨）或雨量较多时	>0.03~0.06	≤0.06
II	大气中等污染地区，轻盐碱和工烟污秽地区，离海岸盐场 3~10km 地区，在污闪季节中潮湿多雾（含毛毛雨）但雨量较少时	>0.06~0.10	>0.06~0.10
III	大气污染较严重地区，重雾和重盐碱地区，离海岸盐场 1~3km 地区，工业与人口密度较大区，离化学污源和炉烟污秽 300~1500m 的较严重污秽地区，在污闪季节中潮湿多雾（含毛毛雨）但雨量较少时	>0.10~0.25	>0.10~0.25
IV	大气特别严重污染地区，离海岸盐场 1km 以内，离化学污源和炉烟污秽 300m 以内的地区	>0.25~0.35	>0.25~0.35

等值盐密法也有其缺点，就是不反映污秽成分，不反映非导电物质含量，不反映污秽在绝缘子上的分布。它只反映了污秽结果，不能反映污秽的受潮以及局部电弧的发展。

因此，除了等值盐密法，在实际应用中还有其他评定绝缘子污秽程度的方法。主要还有以下几种：

1）积分电导率法。此法测量绝缘子受潮后的表面电流，按不同绝缘子的几何形状，算出绝缘子的表面电导值，表示绝缘子的污秽度。此法包含了绝缘子积污及受潮两个阶段，对污闪过程的反映比等值盐密法更全面，但对测量条件、设备及操作技术要求较高。在现场对大试验品进行湿润也有困难，测量结果受绝缘子形状影响较大，稍有不慎，就会得出不合理的结果。

2）泄漏电流脉冲计数法。泄漏电流并非稳定值，是不断变化的。因此用泄漏电流超过某项值的脉冲电流的次数来表示绝缘子的污秽度，称脉冲计数法。此法的优点是可以在线连续检测，实行起来也比较方便，而且这种方法还反映了绝缘子污闪几个阶段的全过程情况，因此自然污秽试验站常采用此方法进行常年观测。此方法的缺点是脉冲频数只能在相对意义上反映污秽度的轻重，由于绝缘子受潮状况的不可控，脉冲计数与污闪电压之间没有直接的定量关系。

3）最大泄漏电流法。该法通过测污秽绝缘子受潮后的表面泄漏电流，以一定时间内泄漏电流最大值的大小评定绝缘子的污秽度。这种污秽度评定方法也反映了绝缘子污闪几个阶段的全过程情况，也可用于在线检测，还可用来报警。但此法受环境条件影响较大，只能用于经常潮湿的地区，而不能用于有干旱季节的地区。

4）污闪梯度法。此法将不同形式、不同串长的多串绝缘子长时间挂在自然污秽试验站，最先闪络的必然是耐污性能最差的绝缘子或串长最短的绝缘子串。此法以绝缘子的最短耐受串长，或最大污闪电压梯度来表征当地的污秽度，其结果可以直接用于污秽绝缘的选择。此法的优点是在真实的污秽情况下测定真实绝缘子串的耐污性能，以及绝缘子耐污性能之间的优劣顺序，直接给出绝缘水平。缺点是费时费钱，得出一个结论动辄数年，而且这一地区的结论能否用于其他地区尚无定论。

5）局部电导率法。此法是用小探头测出绝缘子表面数点的局部电导率，然后算出整个绝缘子的污秽度。这种方法简便易行，不加高压，绝缘子不用整体受潮，不仅综合了以上几种方法的优点，而且可以多年连续检测某一片绝缘子的污秽度的变化。但目前实际使用还很少，处于积累经验并逐步推广阶段。

1.3.5 提高沿面放电电压的措施

提高沿面放电电压的措施主要有以下几点：

1）屏障。如果使安放在电场中的固体介质在电场等位面方向具有突出的棱缘（称为屏障），则能显著提高沿面闪络电压。此棱缘不仅起增加沿面爬电距离的作用，而且起阻碍放电发展的屏障作用。实际绝缘子的伞裙都起着屏障的作用。

2）屏蔽。屏蔽是指改善电极的形状，使电极附近的电场分布趋于均匀，从而提高沿面闪络电压。很多高压电器出线套管的顶端都采用屏蔽电极，在固体介质内嵌入金属以改善电场分布的方法，称作内屏蔽。

3）提高表面憎水性。以纤维素为基础的有机绝缘物具有很强的吸潮性能，受潮后绝缘性能显著变坏。玻璃和电瓷是离子性电介质，它们虽然不吸水，但具有较强的亲水性，吸附的水分能在表面形成连续水膜，大大增加了表面电导，降低了沿面闪络电压。硅有机化合物具有很强的憎水性，用硅有机化合物对纤维素电介质（如电缆纸、电容器纸、布、带、纱等）作憎水处理后，纤维素分子被憎水剂分子所包覆，纤维素中的空隙被憎水剂高分子物质填满，从而大大降低了纤维素电介质的吸水性，提高了憎水性。对电瓷、玻璃等介质也可用表面涂抹憎水涂料的方法，大大提高沿面闪络电压。

4）消除绝缘体与电极接触面的缝隙。如果电极与绝缘体接触而不密合，留有缝隙，则在此缝隙处极易发生局部放电，使沿面闪络电压急剧降低。消除缝隙最有效的方法是将电极与绝缘体浇铸嵌装在一起。例如，电瓷或玻璃绝缘体与电极常用水泥浇铸在一起，SF_6 气体绝缘装置内的绝缘支撑件都是将电极与绝缘体直接浇铸在一起的。

5）改变绝缘体表面的电阻率。此方法在工程上也得到较多的应用。例如，大电机定子绕组槽口附近导线绝缘上的电位分布很不均匀，槽口附近绝缘表面的电位梯度很高，很容易发生沿面放电。在槽口附近涂上半导电漆，使该段绝缘表面电阻减小很多，这样就能大大减小该绝缘表面的电位梯度。前面已述及，对套管类具有强垂直分量电场分布的绝缘结构来说，为提高沿面闪络电压，除减小表面电容外，减小绝缘体的表面电阻率也是一种行之有效的方法。

6）强制固体介质表面的电位分布。在高压套管以及电缆终端头等设备中，通常采用在绝缘内部加电容极板的方法来使轴向和径向的电位分布均匀，从而达到提高沿面闪络电压的目的。不光如此，在实际工程应用中，还采取在绝缘表面加中间电极，并固定其电位，以此来使沿面的电位分布均匀。采取这种方法的设备主要有静电加速器、串接高压试验变压器等。

7）提高污闪电压。因为在实际应用中，绝缘子表面难免会积聚污物，因而污闪电压也是必须考虑的。要提高污闪电压，比较常见的方法是在制造过程中增加爬距。比如对于悬式绝缘子串，通常会增加其片数或采用大爬距绝缘子。因为这样可以增加沿面距离，直接加大沿面电阻，通过这种方法可以抑制电流，提高污闪电压。另外，通过在绝缘子表面涂上憎水性物质，可以有效抑制污层受潮，可以使污层表面难以形成连续的导电膜，从而抑制泄漏电流，提高污闪电压。比如 RTV 涂料就是一种室温硫化硅橡胶涂料，这种涂料使用寿命非常长，国内最早的此涂料已经投入使用达十年以上，仍然工作良好。除此之外，有条件的地方可以定期清扫，对于防止绝缘子表面积聚污秽非常有用，只不过此措施受地域限制、气候影响以及经济效益影响很大。

随着科技的发展，材料的选择也日益增多，通过采用新型材料制造绝缘子，可以达到更好的效果。比如用耐老化性能好、憎水性强的硅橡胶制造绝缘子，其闪络电压在同等值盐密度条件下，有可能达到传统瓷绝缘子的两倍以上。

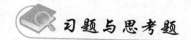 习题与思考题

1-1　气体放电过程中产生带电质点最重要的方式是什么？为什么？

1-2　简要论述汤逊放电理论。

1-3　为什么棒-板间隙中棒为正极性时电晕起始电压比负极性时略高？

1-4　雷电冲击电压的标准波形的波前和波长时间是如何确定的？

1-5　操作冲击放电电压的特点是什么？

1-6　影响套管沿面闪络电压的主要因素有哪些？

1-7　具有强垂直分量时的沿面放电和具有弱垂直分量时的沿面放电，哪个对绝缘的危害比较大？为什么？

1-8　某距离 4m 的棒-极间隙，在夏季某日干球温度为 30℃，湿球温度为 25℃，气压为 99.8kPa 的大气条件下，问其正极性 50% 操作冲击击穿电压为多少千伏？（空气相对密度为 0.95）

1-9　某母线支柱绝缘子拟用于海拔 4500m 的高原地区的 35kV 变电站，向平原地区的制造厂在标准参考大气条件下进行 1min 工频耐受电压试验时，其试验电压应为多少千伏？

第 2 章
固体的绝缘特性与 介质的电气强度

固体介质被广泛用作电气设备的内绝缘,常见的有绝缘纸、纸板、云母、塑料等,而用与制造绝缘子的固体介质有电瓷、玻璃、硅橡胶等。

电介质的电气特性,主要表现为它们在电场作用下的导电性能、介电性能和电气强度,它们分别以 4 个主要参数:电导率 γ(或绝缘电阻率 ρ)、介电常数 ε、介质损耗角正切 $\tan\delta$ 和击穿电场强度(简称击穿场强)E_b 来表示。

2.1 固体电介质的极化与损耗

2.1.1 固体电介质的极化

1. 介电常数的定义

电介质的介电常数也称为电容率,是描述电介质极化的宏观参数。电介质极化的强弱可用介电常数的大小来表示,它与该介质分子的极性强弱有关,还受到温度、外加电场频率等因素的影响。电介质的相对介电常数为

$$\varepsilon_r = \frac{D}{\varepsilon_0 E} \tag{2-1}$$

式中 D、E——电介质中电通量密度、宏观电场强度。

下面以平板电容器为例,进一步说明介电常数的物理意义。设一真空平板电容器的极板面积为 S,极板间距为 d,且 d 远小于极板的尺寸,因此极板的边缘效应可以忽略,极板上的电荷分布和极板间的电场分布可以认为是均匀的。如图 2-1a 所示,在外施恒定电压 U 的作用下,设极板上所充的电荷面密度为 σ_0,根据静电场的高斯(Gauss)定理,极板间真空中的电场强度为

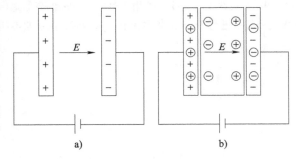

图 2-1 平板电容器中的电荷与电场分布

$$E = \frac{\sigma_0}{\varepsilon_0} \tag{2-2}$$

而真空电容器的电容量为

$$C_0 = \frac{\sigma_0 S}{U} \tag{2-3}$$

当极板间充以均匀各向同性的电介质时（见图 2-1b），电介质在电场作用下产生极化，介质表面出现与极板自由电荷极性相反的束缚电荷，抵消了极板自由电荷产生的部分电场。由于外施电压保持不变，极板间距也不变，所以极板间介质中的场强 $E(E = U/d)$ 维持不变。这时只有从电源再补充一些电荷到极板，才能补偿介质表面束缚电荷的作用。设介质表面束缚电荷面密度为 σ'，则极板上自由电荷面密度应增加为

$$\sigma = \sigma_0 + \sigma' \tag{2-4}$$

而充以电介质后电容器的电容量为

$$C = \frac{\sigma S}{U} = \frac{(\sigma_0 + \sigma')S}{U} \tag{2-5}$$

显然，极板间充以电介质后，由于电介质的极化使电容器的电容量比真空时增加了，且电容增加量与束缚电荷面密度成正比。电介质的极化越强，表面束缚电荷面密度也越大。因此，可以用充以电介质后电容量的变化来描述电介质极化的性能。

定义一电容器充以某电介质时的电容量 C 与真空时电容量 C_0 的比值为该介质的相对介电常数，即

$$\varepsilon_r = \frac{C}{C_0} \tag{2-6}$$

将式（2-3）、式（2-5）代入上式，得

$$\varepsilon_r = \frac{C}{C_0} = \frac{\sigma}{\sigma_0} \tag{2-7}$$

式（2-7）表明，ε_r 在数值上也等于充以介质后极板上自由电荷面密度与真空时极板上自由电荷面密度之比。可见，ε_r 是一个相对的量，叫做相对介电常数，是大于 1 的常数；而电介质的绝对介电常数 $\varepsilon = \varepsilon_0 \varepsilon_r$，单位为 F/m。在工程中，材料通常用相对介电常数 ε_r 来描述，而为了便于叙述，"相对" 两字有时省略，简称为介电常数。由于绝对介电常数总包含 10 的负幂次方而相对介电常数为大于 1 的常数，故不会引起混淆。

ε_r 是综合反映电介质极化特性的一个物理量。在表 2-1 中列出常用固体电介质在 20℃ 时工频电压下 ε_r 值。

表 2-1　常用固体电介质的 ε_r 值

中性或弱极性	石蜡	2.0~2.5
	聚苯乙烯	2.5~2.6
	聚四氟乙烯	2.0~2.2
	松香	2.5~2.6
	沥青	2.6~2.7
极性	纤维素	6.5
	胶木	4.5
	聚氯乙烯	3.0~3.5
离子型	云电	5~7
	母瓷	5.5~6.5

用于电容器的绝缘材料，显然希望选用 ε_r 大的电介质，因为这样可使单位电容的体积减小和重量减轻。但其他电气设备中往往希望选用 ε_r 较小的电介质，这是因为较大的 ε_r 往往和较大的电导率相联系，因而介质损耗也比较大，采用 ε_r 小的绝缘材料还可减小电缆的充电电流、提高套管的沿面放电电压等。

在高压电气设备中常常将几种绝缘材料组合在一起使用，这时应注意各种材料的 ε_r 值之间的配合，因为在工频交流电压和冲击电压下，串联的多层电介质中的电场强度分布与各层电介质的 ε_r 成反比。

2. 极化的基本形式

根据电介质的物质结构不同，固体电介质极化具有以下4种基本类型：电子式极化、离子式极化、偶极子极化、夹层极化，现简要介绍如下：

（1）电子式极化

在电场 $\vec{E}$ 作用下，介质原子中的电子运动轨道将相对于原子核发生弹性位移，如图2-2所示。这样一来，正、负电荷作用中心不再重合而出现感应偶极矩 $\vec{m}$，极化其值为 $\vec{m} = q\vec{l}$（矢量的方向为由 $-q$ 指向 $+q$）。这种称为电子式极化或电子位移极化。

电子式极化存在于一切电介质中，它有两个特点：①完成极化所需的时间极短，约 $10^{-15}\,\mathrm{s}$，故其 ε_r 值不受外电场频率的影响；②它是一种弹性位移，一旦外电场消失，正、负电荷作用中心立即重合，整体恢复中性。所以这种极化不产生能量损耗，不会使电介质发热。温度对这种极化影响不大，只是温度升高时，电介质略有膨胀，单位体积内的分子数减少，引起相对介电常数 ε_r 的变化。

（2）离子式极化

固体无机化合物大多属离子式结构，如云母、陶瓷等。无外电场时，晶体的正、负离子对称排列，各个离子对的偶极矩互相抵消，故平均偶极矩为零。在出现外电场后，正、负离子将发生方向相反的偏移，使平均偶极矩不再为零，介质呈现极化，如图2-3所示。这就是离子式极化（离子位移极化）。在离子间束缚较强的情况下，离子的相对位移是很有限的，没有离开晶格，外电场消失后即恢复原状，所以它也属于弹性位移极化，几乎不引起损耗。所需时间也很短，约 $10^{-13}\,\mathrm{s}$，所以其 ε_r 也几乎与外电场的频率无关。

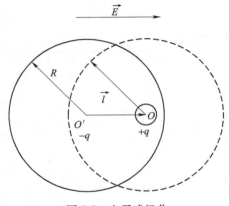

图 2-2　电子式极化

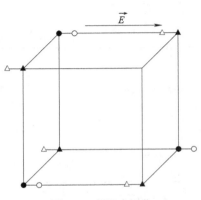

图 2-3　离子式极化

温度对离子式极化有两种相反的影响，即离子间的结合力会随温度的升高而减小，从而使极化程度增强；另一方面，离子的密度将随温度的升高而减小，使极化程度减弱。通常前一种影响较大一些，所以其 ε_r 一般具有正的温度系数。

（3）偶极子式极化

有些电介质的分子很特别，具有固有的电矩，即正、负电荷作用中心永不重合这种分子称为极性分子，这种电介质称为极性电介质，例如，胶木、橡胶、纤维素、蓖麻油、氯化联苯等。

每个极性分子都是偶极子，具有一定电矩，但当不存在外电场时，这些偶极子因热运动而杂乱无序地排列着，如图 2-4a 所示，宏观电矩等于零，因而整个介质对外并不表现出极性。出现外电场后，原先排列杂乱的偶极子将沿电场方向转动，作较有规则的排列，如图 2-4b 所示（实际上，由于热运动和分子间束缚电场的存在，不是所有的偶极子都能转到与电场方向完全一致），因而显示出极性。这种极化称为偶极子极化或转向极化，它是非弹性的，极化过程要消耗一定的能量（极性分子转动时要克服分子间的作用力，可想象为类似于物体在一种粘性媒质中转动需克服阻力），极化所需的时间也较长，在 $10^{-10} \sim 10^{-2}$ s 的范围内。由此可知，极性电介质的 ε_r 值与电源频率有较大的关系，频率太高时，偶极子将来不及转动，因而其 ε_r 值变小，如图 2-5 所示。其中，ε_{r0} 相当于直流电场下的相对介电常数，$f>f_1$ 以后，偶极子将越来越跟不上电场的交变，ε_r 值不断下降；当 $f=f_2$ 时，偶极子已完全不跟着电场转动了，这时只存在电子式极化，ε_r 减小到 ε_∞。在常温下，极性液体电介质的 $\varepsilon_r \approx 3\sim6$。

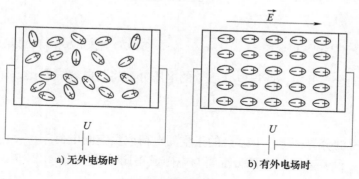

a) 无外电场时　　　　　　　b) 有外电场时

图 2-4　偶极子式极化

温度对极性电介质的 ε_r 值有很大的影响。温度升高时，分子热运动加剧，阻碍极性分子沿电场取向，使极化减弱，所以通常极性气体介质均具有负的温度系数。但对极性液体和固体介质来说，关系比较复杂：当温度很低时，由于分子间的联系紧密（例如，液体介质的粘度很大），偶极子转动比较困难，所以 ε_r 也很小。可见液体、固体介质的 ε_r 在低温下先随温度的升高而增大，以后当热运动变得较强烈时，ε_r 又开始随温度的上升而减小，如图 2-6 所示。

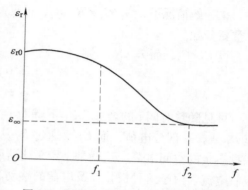

图 2-5　极性电介质的 ε_r 与频率的关系

（4）夹层极化

高压电气设备的绝缘结构往往不是采用某种单一的绝缘材料，而是使用若干种不同电介质构成组合绝缘。此外，即使只用一种电介质，它也不可能完全均匀和同质，例如，内部含有杂质等等。凡是由不同介电常数和电导率的多种电介质组成的绝缘结构，在加上外电场后，各层电压将从开始时按介电常数分布逐渐过渡到稳态时按电导率分布。在电压重新分配的过程中，夹层界面上会积聚起一些电荷，使整个介质的等值电容增大，这种极化称为夹层介质界面极化，或简称夹层极化。

下面以最简单的平行平板电极间的双层电介质为例对这种极化做进一步的说明。如图 2-7 所示，ε_1、γ_1、C_1、R_1、d_1 和 U_1 分别表示第一层电介质的介电常数、电导率、等效电容、等效电阻、厚度和分配到的电压；而第二层的相应参数 ε_2、γ_2、C_2、R_2、d_2 和 U_2。两层的面积相同，外加直流电压为 U。

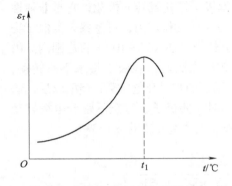

图 2-6 极性介质 ε_r 与温度的关系

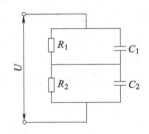

图 2-7 直流电压作用于双层介质

设在 $t=0$ 瞬间合上开关，两层电介质上的电压分配将与电容成反比，即

$$\left.\frac{U_1}{U_2}\right|_{t=0} = \frac{C_2}{C_1} \tag{2-8}$$

这时两层介质的分界面上没有多余的正空间电荷或负空间电荷。

到达稳态后（设 $t \to \infty$），电压分配将与电阻成正比，即

$$\left.\frac{U_1}{U_2}\right|_{t=\infty} = \frac{R_1}{R_2} \tag{2-9}$$

在一般情况下，$C_2/C_1 \neq R_1/R_2$，可见有个电压重新分配的过程，也即 C_1、C_2 上的电荷要重新分配。

设 $C_1 < C_2$，而 $R_1 < R_2$，则

$$t = 0 \text{ 时, } U_1 > U_2$$

$$t \to \infty \text{ 时, } U_1 < U_2$$

可见随着时间 t 的增加，U_1 下降而 U_2 增高，总的电压 U 保持不变。这意味着 C_1 要通过 R_1 放掉一部分电荷，而 C_2 要通过 R_2 从电源再补充一部分电荷，于是分界面上将积聚起一批多余的空间电荷，这就是夹层极化所引起的吸收电荷，电荷积聚过程所形成的电流称为吸收电流。由于这种极化涉及电荷的移动和积聚，所以必然伴随能量损耗，而且过程较慢一般需要几分之一秒、几秒、几分钟、甚至几小时，所以这种极化只有在直流和低频交流电压

下才能表现出来。

为了方便比较，将上述各种极化列成表 2-2。

表 2-2　固体电介质极化种类及比较

极化种类	产生场合	所需时间	能量损耗	产生原因
电子式极化	任何电介质	10^{-15}s	无	束缚电子运行轨道偏移
离子式极化	离子式结构电介质	10^{-13}s	几乎没有	离子的相对偏移
偶极子式极化	极性电介质	$10^{-13} \sim 10^{-2}$s	有	偶极子的定向排列
夹层极化	多层介质的交界面	10^{-1}s ～数小时	有	自由电荷的移动

根据电介质极化强度 P 的定义，当电介质中每个分子在电场方向的感应偶极矩为 μ 时，则有

$$P = N\mu \tag{2-10}$$

式中　N——电介质单位体积中的分子数。

若作用于分子的有效电场强度为 E_i，则分子的感应偶极矩可以认为与 E_i 成正比，即

$$\mu = \alpha E_i \tag{2-11}$$

式中　α——分子极化率，在 SI 单位制中的单位为 $F \cdot m^2$。

于是根据式（2-10）和式（2-11），可得电介质极化的宏、微观参数的关系为

$$P = \varepsilon_0(\varepsilon_r - 1)E = N\alpha E_i \tag{2-12}$$

也可以写成

$$\varepsilon_r - 1 = \frac{N\alpha E_i}{\varepsilon_0 E} \tag{2-13}$$

式（2-13）建立了电介质极化的宏观参数 ε_r 与分子微观参数（N，α，E）的关系。一般来说，作用于分子上的电场强度 E_i 不等于介质中的宏观平均电场强度 E，称 E_i 为电介质的有效电场或内电场。式（2-13）又被称为克劳修斯方程。

克劳修斯方程表明，要由电介质的微观参数（N，α）求得宏观参数——介电常数 ε_r，必须先求得电介质的有效电场强度 E_i。一般来说，除了压力不太大的气体电介质，有效电场强度 E_i 和宏观平均电场强度 E 是不相等的。

从物理意义上来看，电介质中某一点的宏观电场强度 E，是指极板上的自由电荷以及电介质中所有极化分子形成的偶极矩共同在该点产生的场强。对于充以电介质的平板电容器，如果介质是连续均匀线性的，则可运用电场叠加原理。电介质中所有极化分子形成的偶极矩的作用，可以通过电介质表面的束缚电荷的作用来表达。这样，电介质中任一点的电场强度，便等于极板上自由电荷面密度在该点产生的场强 σ/ε_0 与束缚电荷面密度 σ' 在该点产生的场强 $-\sigma'/\varepsilon_0$ 之和，即

$$E = \frac{\sigma - \sigma_0}{\varepsilon_0} \tag{2-14}$$

而电介质中的有效电场 E_i，是指极板上的自由电荷以及除某极化分子以外其他极化分子形成的偶极矩共同在该点产生的场强。由于偶极矩间的库仑作用力是长程的，使有效电场强度 E_i 的计算很复杂。洛伦兹（Lorentz）首先对有效电场作了近似计算。

3. 固体电介质的极化

根据正、负电荷在分子中的分布特性，固体电介质可分为非极性和极性两种。

1）非极性固体电介质。这类介质在外电场作用下，按其物质结构只能发生电子位移极化，其极化率为 α_e。它包括原子晶体（例如，金刚石）、不含极性基团的分子晶体（例如，晶体萘、硫等）、非极性高分子聚合物（例如，聚乙烯、聚四氟乙烯、聚苯乙烯等）。

如果不考虑聚合物微观结构的不均匀性（高分子聚合物中晶态和非晶态并存）和晶体介质介电常数的各向异性，非极性固体电介质的有效电场 $E_i = (\varepsilon + 2)E/3$（莫索缔有效电场）、介电常数与极化率的关系符合克莫方程。

2）极性固体电介质。极性固体电介质在外电场作用下，除了发生电子位移极化外，还有极性分子的转向极化。由于转向极化的贡献，使介电常数明显地与温度有关。

一些低分子极性化合物（HCl、HBr、CH_3NO_2、H_2S 等）在低温下形成极性晶体，在这些晶体中，除了电子位移极化外，还可能观察到弹性偶极子极化或转向极化。当极性液体凝固时，由于分子失去转动定向能力而往往能观察到介电常数在熔点温度急剧地下降。

又有一些低分子极性化合物，在凝固后极性分子仍有旋转的自由度，如冰、氧化乙烯等，最典型的是冰。这一类低分子极性晶体，虽然转向极化可能贡献较大的介电常数，但由于其 ε 对温度的不稳定性，介质损耗角正切值大以及某些物理、化学性能不良等，很少被用作电介质。

对于极性高分子聚合物，如聚氯乙烯、纤维、某些树脂等，由于它们含有极性基团，结构不对称而具有极性。由于极性高聚物的极性基团在电场作用下能够旋转，所以极性高聚物的介电常数是由电子位移极化和转向极化所贡献的。但在固体电介质中，由于每个分子链相互紧密固定，旋转很困难，因此，极性高聚物的极化与其玻璃化温度密切相关。

2.1.2　固体电介质的损耗

1. 电介质损耗的基本概念

在电场的作用下没有能量损耗的理想介质是不存在的，实际电介质中总有一定的能量损耗，包括由电导引起的损耗和某些有损极化引起的损耗，总称为介质损耗。

在直流电压的作用下，电介质中没有周期性的极化过程，只要外加电压还没有达到引起局部放电的数值，介质中的损耗将仅由电导所引起，所以用体积电导率和表面电导率两个物理量就已经能充分说明问题，不必再引入介质损耗的概念了。

在交流电压下，流过电介质的电流 $\dot{i}$ 包含有功分量 $\dot{i}_R$ 和无功分量 $\dot{i}_C$，即 $\dot{i} = \dot{i}_R + \dot{i}_C$。图 2-8 中绘制了此时的电压、电流相量图，可以看出，此时的介质功率损耗为

$$P = UI\cos\varphi = UI_P = UI_Q\tan\delta = U^2\omega C_P\tan\delta \qquad (2\text{-}15)$$

式中　ω——电源角频率；

φ——功率因数角；

δ——介质损耗角。

介质损耗角 δ 为功率因数角 φ 的余角，其正切 $\tan\delta$ 又可称为介质损耗因数，常用（%）来表示。

采用介质损耗 P 作为比较各种绝缘材料损耗特性优劣的指标显然是不合适的，因为 P

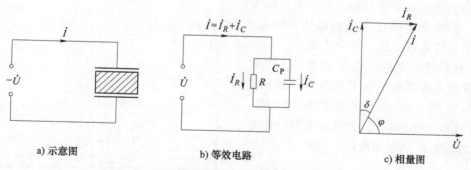

图 2-8　介质在交流电压下的等效电路和相量图

值的大小与所加电压 U、试品电容量 C_P、电源频率 ω 等一系列因素都有关系，而式中的 $\tan\delta$ 却是一个仅仅取决于材料损耗特性，而与上述种种因素无关的物理量。正由于此，通常采用介质损耗角的正切 $\tan\delta$ 作为综合反映电介质损耗特性优劣的一个指标，测量和监控各种电力设备绝缘的 $\tan\delta$ 值已成为电力系统中绝缘预防性试验的最重要项目之一。

　　有损介质更细致的等效电路如图 2-9a 所示，图中 C_1 代表介质的无损极化（电子式和离子式极化），C_2 和 R_2 代表各种有损极化，而 R_3 则代表电导损耗。在这个等效电路加上直流电压时，电介质中流过的将是电容电流 i_1、吸收电流 i_2 和传导电流 i_3。电容电流 i_1 在加压瞬间数值很大，但迅速下降到零，是一极短暂的充电电流；吸收电流 i_2 则随加电压时间增长而逐渐减小，比充电电流的下降要慢得多，约经数十分钟才衰减到零，具体时间长短取决于绝缘的种类、不均匀程度和结构；传导电流 i_3 是唯一长期存在的电流分量。这三个电流分量加在一起，即得出图 2-10 中的总电流 i，它表示在直流电压作用下，流过绝缘的总电流随时间而变化的曲线，称为吸收曲线。

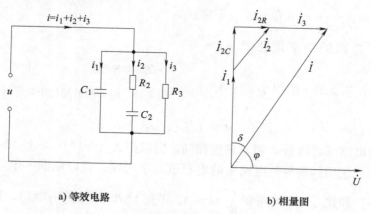

a) 等效电路　　　　　　　　　　b) 相量图

图 2-9　电介质的三支路等效电路和相量图

　　如果施加的是交流电压 $\dot{U}$，那么纯电容电流 $\dot{i}_1$、反映吸收现象的电流 $\dot{i}_2$ 和电导电流 $\dot{i}_3$ 都将长期存在，则总电流 $\dot{i}$ 等于三者的相量和。

　　反映有损极化或吸收现象的电流 $\dot{i}_2$ 又可分解为有功分量 $\dot{i}_{2R}$ 和无功分量 $\dot{i}_{2C}$，如图 2-9b 所示。上述三支路等效电路可进一步简化为电阻、电容的并联等效电路或串联等效电路。若介质损耗主要由电导所引起，常采用并联等效电路；如果介质损耗主要由极化所引起，则常采用串联等效电路。现分述如下：

1）并联等效电路。如果把图 2-9 中的电流归并成由有功电流和无功电流两部分组成，即可得图 2-8b 所示的并联等效电路，图中 C_P 代表无功电流 I_C 的等效电容、R 则代表有功电流 I_R 的等效电阻。其中

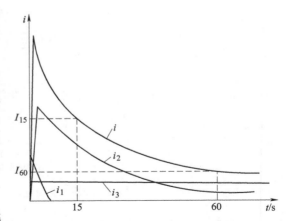

图 2-10　直流电压下流过电介质的电流

$$I_R = I_3 + I_{2R} = \frac{U}{R}, I_C = I_1 + I_{2C} = U\omega C_P$$

介质损耗角正切 $\tan\delta$ 等于有功电流和无功电流的比值，即

$$\tan\delta = \frac{I_R}{I_C} = \frac{U/R}{U\omega C_P} = \frac{1}{\omega C_P R} \tag{2-16}$$

此时电路的功率损耗为

$$P = \frac{U^2}{R} = U^2\omega C_P\tan\delta \tag{2-17}$$

可见与式（2-15）所得介质损耗完全相同。

2）串联等效电路。上述有损电介质也可用一只理想的无损耗电容 C_S 和一个电阻 r 相串联的等效电路来代替，如图 2-11a 所示。

由图 2-11b 的相量图可得

$$\tan\delta = \frac{Ir}{I/(\omega C_S)} = \omega C_S r \tag{2-18}$$

由于，所以电路的功率损耗 $P = I^2 r = U^2\omega C_S\tan\delta \cdot \cos^2\delta$

因为介质损耗角 δ 值一般很小，$\cos\delta \approx 1$，所以

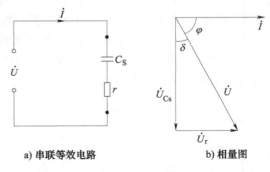

a) 串联等效电路　　b) 相量图

图 2-11　电介质的简化串联等效电路及相量图

$$P \approx U^2\omega C_S\tan\delta \tag{2-19}$$

用两种等效电路所得的 $\tan\delta$ 和 P 理应相同，所以把式（2-17）与式（2-19）加以比较，即可得，$C_P \approx C_S$，说明两种等效电路中的电容值几乎相同，可以用同一电容 C 来表示。另外，由式（2-16）和式（2-18）可得 $\frac{r}{R} \approx \tan^2\delta$，可见 $r = R$（因为 $\tan\delta = 1$），所以串联等效电路的 r 要比并联等效电路中的电阻 R 小得多。

2. 固体无机电介质

在电气设备中常用的固体无机电介质这一类材料中有云母、陶瓷、玻璃等，它们都是离子式的晶体材料，但又可分为结晶态（云母、陶瓷等）和无定形态（玻璃等）两大类。

（1）无机晶体

云母是一种优良的绝缘材料，结构紧密，不含杂质时没有显著的极化过程，所以在各种

频率下的损耗均主要因电导而引起，$\tan\delta$ 与直流电导率 γ 的关系为

$$\tan\delta = 1.8 \times 10^{10} \frac{\gamma}{f\varepsilon_r} = 1.8 \times 10^{10} \frac{1}{f\varepsilon_r\rho} \tag{2-20}$$

而它的电导率又很小（20℃时为 $10^{-15} \sim 10^{-16}$ S/cm），即使在高温下也不大（180℃时约为 $10^{-13} \sim 10^{-14}$ S/cm）。云母的介质损耗小、耐高温性能好，所以是理想的电机绝缘材料。云母的缺点是机械性能差，所以一定要先用粘合剂和增强材料加工成云母制品，然后才能付诸实用。

（2）无机玻璃

玻璃具有电导损耗和极化损耗，一般简单纯玻璃的损耗都是很小的，这是因为简单玻璃的结构紧密；在纯玻璃中加入碱金属氧化物（Na_2O、K_2O）后，介质损耗大大增加，$\tan\delta$ 为 $9 \times 10^{-4} \sim 6 \times 10^{-4}$，并且损耗随碱性氧化物浓度的增大按指数增大。加入重金属氧化物（PbO、BaO）后玻璃的损耗下降，$\tan\delta$ 可降低到 4×10^{-4}。

（3）陶瓷介质

电工陶瓷既有电导损耗又有极化损耗。常温下它的电导很小（20℃时为 $10^{-14} \sim 10^{-15}$ S/cm）；20℃和50Hz下的陶瓷的 $\tan\delta = 2\% \sim 5\%$。陶瓷可分为含有玻璃相或几乎不含玻璃相两类，第一类陶瓷是含有大量玻璃相或少量玻璃相和少量微晶的结构，$\tan\delta$ 很大，第二类是由大量的微晶晶粒所组成的，仅含有极少量的或不含玻璃相，通常结晶晶相结构紧密，$\tan\delta$ 比第一类陶瓷小得多。

3. 固体有机电介质

非极性有机电介质，如聚乙烯、聚苯乙烯、聚四氟乙烯和天然的石蜡、地蜡等。它们既没有弱联系离子，也不含极性基团，因此在外电场作用下只有电子位移极化，其介质损耗主要由杂质电导引起，$\tan\delta$ 可由式（2-20）来确定。这类介质的电导率一般很小，所以相应的 $\tan\delta$ 值也很小，被广泛用作工频和高频绝缘材料。

极性有机电介质，如含有极性基的有机电介质（聚氯乙烯、酚醛树脂和环氧树脂以及天然纤维等），它们的分子量一般较大，分子间相互联系的阻碍作用较强，因此除非在高温之下，整个极性分子的转向难以建立，转向极化只可能由极性基团的定向所引起。实验结果表明，极性介质在结晶状态时的 ε 较大，而在无定形状态时反而减小。这说明极性基团在分子组成晶体点阵时受到的阻碍作用较小，转向极化在结晶相中得以充分建立，当处于无定形态时，分子间联系减弱且相互排列不太规则，极性基团受到的阻碍作用增强而难以转动，所以 ε 减小，故这些电介质在软化范围内 ε 不随温度升高而增大，反而是减小，同时出现 $\tan\delta$ 最大值。

2.2　固体电介质的电导

任何电介质都不可能是理想的绝缘体，它们内部总是或多或少地具有一些带电粒子（载流子），例如，可以迁移的正、负离子以及电子、空穴和带电的分子团。在外电场的作用下，某些联系较弱的载流子会产生定向漂移而形成传导电流（电导电流或泄漏电流）。

换言之，任何电介质都不同程度地具有一定的导电性能，只不过其电导率很小而已，而表征电介质导电性能的主要物理量即为电导率 γ 或其倒数——电阻率 ρ。

固体电介质的电导按导电载流子种类可分为离子电导和电子电导两种，前者以离子为载流子，而后者以自由电子为载流子。在弱电场中主要是离子电导。

2.2.1　固体电介质的离子电导

固体电介质按其结构可分为晶体和非晶体两大类。对于晶体，特别是离子晶体的离子电导机理研究得比较多，现已比较清楚。然而在绝缘技术中使用极其广泛的高分子非晶体材料，其电导机理尚未完全搞清楚。

1. 晶体无机电介质的离子电导

晶体介质的离子来源有两种：本征离子和弱束缚离子。

1）本征离子。电导离子晶体点阵上的基本质点（离子），在热振动下，离开点阵形成载流子，构成离子电导。这种电导在高温下才比较显著，因此，有时也称为"高温离子电导"。

2）弱束缚离子。电导与晶体点阵联系较弱的离子活化而形成载流子，这是杂质离子和晶体位错与宏观缺陷处的离子引起的电导，它往往决定了晶体的低温电导。晶体电介质中的离子电导机理与液体中离子电导机理相似，具有热离子跃迁电导的特性，而且参与电导的也只是晶体的部分活化离子（或空位）。

2. 非晶体无机电介质的离子电导

无机玻璃是一种典型的非晶体无机电介质，它的微观结构是由共价键相结合的 SiO_2 或 B_2O_3 组成主结构网，其中含有离子键结合的金属离子。玻璃结构中的金属离子一般是一价碱金属离子（如 Na^+、K^+ 等）和二价碱金属离子（如 Ca^{2+}、Ba^{2+}、Pb^{2+} 等）。这些金属离子是玻璃导电载流子的主要来源，因此，玻璃的电导率与其组成成分及含量密切相关。纯净的石英玻璃（非晶态 SiO_2）和硼玻璃（B_2O_3）具有很低的电导率（$\gamma \approx 10^{-15} S/m$）。同时，它们的电导率随温度的变化与离子跃迁电导机理相符，即 $\gamma = Ae^{-B/T}$。对于石英玻璃 $B = 2200K$，对于硼玻璃 $B = 25500K$，它们的 B 值都较高。这类纯净玻璃的导电载流子是其中所含少量碱金属离子活化而形成的。

3. 有机电介质中的离子电导

非极性有机介质中不存在本征离子，导电载流子来源于杂质。通常纯净的非极性有机介质的电导率极低，如聚苯乙烯，在室温下 $\gamma = 10^{-16} \sim 10^{-17} S/m$。在工程上，为了改善这类介质的力学、物理和老化性能，往往要引入极性的增塑剂、填料、抗氧化剂、抗电场老化稳定剂等添加物，这类添加物的引入将造成有机材料的电导率的增加。一般工程用塑料（包括极性有机介质的虫胶、松香）的电导率 $\gamma = 10^{-11} \sim 10^{-13} S/m$。

2.2.2　固体电介质的电子电导

固体电介质在强电场下，主要是电子电导，这在禁带宽度较小的介质和薄层介质中更为明显。电介质中导电电子的来源包括来自电极和介质体内的热电子发射、场致冷发射及碰撞电离，而其导电机制则有自由电子气模型、能带模型和电子跳跃模型等，见表 2-3。

表 2-3　固体电介质的电子导电机制

电子电导	电子来源	热电子发射	阴极热电子发射
		场致冷发射（隧道效应）	阴极电子冷发射
			介质中电子由价带或杂质能级上向导带发射
		介质中碰撞电离	
	电子电导机构	能带模型——晶体中电子电导	
		跳跃模型——非规则晶体中电子电导	
		自由电子气模型——空间电荷限制电流	

1. 晶体电介质的电子电导

根据晶体结构的能带模型，离子晶体（如 NaCl）和分子晶体中的电子多处于价带之中，只有极少量的电子由于热激发作用跃迁到导带，成为参与导电的载流子，并在价带中出现空穴载流子。导带上的电子数和价带上的空穴数主要取决于温度和晶体的禁带宽度 u_g 及费米能级 u_F。

一般取式

$$n_i \approx 4.83 \times 10^{21} T^{3/2} e^{-\frac{u_g}{2kT}}$$

(2-21)

来估计具有不同禁带宽度 u_g 的晶体材料在不同温度下的电子和空穴本征浓度。

晶体中载流子本征浓度与禁带宽度及温度关系见表 2-4。

表 2-4　晶体中载流子本征浓度与禁带宽度及温度关系

n_i/m^{-3} ＼ u_g/eV ＼ T/K	1	2	3	4	5	6
300	1.1×10^{17}	5.0×10^{8}	2.2	9.8×10^{-9}	~0	~0
400	2.0×10^{19}	1.0×10^{13}	5.1×10^{6}	2.6	1.3×10^{-6}	~0
500	4.8×10^{20}	4.3×10^{15}	3.8×10^{10}	3.4×10^{5}	3.0	2.7×10^{-5}
600	4.7×10^{21}	3.2×10^{17}	2.1×10^{13}	1.4×10^{9}	9.4×10^{4}	6.2

从表 2-4 可以看出，在 $u_g > 3eV$ 的晶体中，本征热激发电子浓度与空穴浓度很低，不足以形成明显的电子电导。而 $u_g < 3eV$ 的晶体，在较高温度时将有明显的本征电子电导。因此，以 $u_g = 3eV$ 也可以粗略地作为区分电介质和半导体的界限。由于杂质的存在，在晶体的禁带中将引入中间能级。如杂质能级接近导带，则杂质能级上的电子将在热激发作用下进入导带，成为导电载流子，使电子电导增加，这种杂质称为施主杂质。此时费米能级 u_F 上移，与导带的 u_C 相接近，电子浓度 n 增加，空穴浓度 p 减小，n 与 p 不再相等，但 $np = n_i^2$ 仍保持不变。如杂质能级接近价带，则价带电子易于激发到杂质能级上，增加了空穴的浓度，此种杂质称为受主杂质。在半导体晶体中，前者称为电子型半导体，后者称为空穴型半导体。它们的能级图如图 2-12 所示。

晶体电子电导的电流浓度为

$$j = en\mu_e E$$

(2-22)

电介质晶体本征电子浓度极低，因此本征电子导电可以忽略，电子电导只能在强光激发

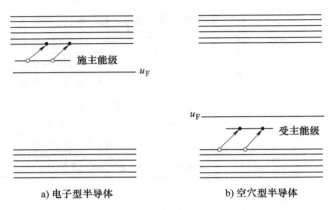

a) 电子型半导体　　　　　　b) 空穴型半导体

图 2-12　杂质半导体的能级图

或强场电离以及电极效应引入大量电子时才能明显存在。而半导体的本征电导却很明显不可忽略，然而实用的半导体材料多为掺杂半导体，它们的电导主要由杂质或电极注入等因素所决定。

2. 电介质中的电子跳跃电导

常用的绝缘高分子电介质材料多由非晶体或非晶体与晶体共存所构成。从整体来看，其原子分布是不规则的，但在局部区域却是有规则排列的，即有近规则的排列，在较大区域才失去其规则性。因此，由原子周期性排列所形成能带仅能在各个局部区域中存在，在不规则的原子分布区，能带间断，在具有非晶态结构的区域，电子不能像在晶体导带中那样自由运动，电子从一个小晶区的导带迁移到相邻小晶区的导带要克服一势垒（见图 2-13）。此时电子的迁移可通过热电子跃迁或隧道效应通过势垒。在电场强度不十分强（$E < 10^8 \text{V/m}$）的情况下，隧道效应不明显，主要是局部能带的导带上电子在热振动的作用下，跃过势垒相邻的微晶带跃迁而形成电子跳跃电导。

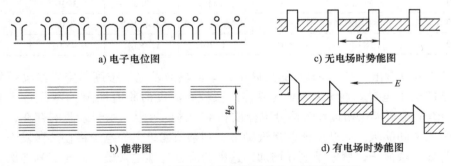

a) 电子电位图　　　　　　　c) 无电场时势能图

b) 能带图　　　　　　　　　d) 有电场时势能图

图 2-13　不规则结晶系的能带结构和电子跃迁模型

3. 热电子发射电流

电介质中的电子被强烈地束缚在介质分子上，从能带论观点来看，即禁带宽度较宽，u_g 值较大，所以从价带热激发到导带而引起本征电子电导电流极小。除杂质能使介质中导带电子增多、电子电导增加外，电极上的电子向介质中的发射（或注入）也是介质中导电电子的重要来源之一。就电极上的电子向介质中发射的机理而言，可分为热电子发射和场致发射两种，本节先介绍电极的热电子发射电流。

金属电极中具有大量的自由电子，但由于金属表面的影响，在电子离开金属时必须克服势垒 ϕ_D（相对于金属中的费米能级）。金属中的电子能量大多处于费米能级以下，只有少部分电子由于热的作用具有较高的能量，当其能量 u 超过（$\phi_D + u_F$）时，才可能超过势垒 ϕ_D，脱离金属向介质或真空中发射，并引起发射电流。显然，此发射电流与温度有关，它随着温度的升高而增加，故称为热电子发射电流。从金属向介质（真空相同）内发射电子时，由于两者界面处有电位势垒存在，电流受到限制。在没有电场作用时，由热能而使电子从金属发射的热电子电流密度，由理查森-杜什曼（Richardson-Dushman）式可知

$$j = AT^2 e^{-\phi_D/kT} \tag{2-23}$$

式中　$A = \dfrac{4\pi mek^2}{h^3}$，其中 m 为电子质量；

　　　ϕ_D——金属的功函数，$\phi_D = u_{x0} - u_F$；

　　　u_{x0}——沿 X 轴方向逸出金属的电子在 X 方向所应具有的最低能量。

当外施电场 E 时，电场将使电子逸出金属的势垒降低，电子容易发射，这一现象就是如图 2-14 所示的肖特基（Schottky）效应。当电子从金属电极发射时，如右下角附图所示的金属表面感应正电荷，这时，电子受到感应正电荷的作用力 $F(x)$，可以看成是以金属为对称面，电子与其对称位置的等量正电荷之间的静电引力（镜像法），从而可得热电子发射电流密度与外电场 E 的关系式为

$$j = AT^2 \exp\left[-\left(\phi_D - \sqrt{e^3 E/4\pi\varepsilon_0\varepsilon_r} \right)/kT \right] \tag{2-24}$$

因此，肖特基效应电流密度对数 $\ln j$ 与 $\sqrt{E}$ 是线性关系。

4. 场致发射电流

在强电场下，当电子能量低于势垒高度不很大，而势垒厚度又很薄时，电子就可能由量子隧道效应穿过势垒。以宽度为 l、高度为 u_0 的势垒组成一维矩形势场的模型如图 2-15 所示（在 $0 \leqslant x \leqslant l$ 时，$u_p = u_0$；在 $x < 0$，$x > l$ 时，$u_P = 0$）。

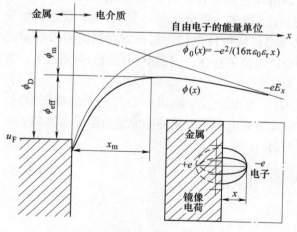

图 2-14　肖特基效应势垒图

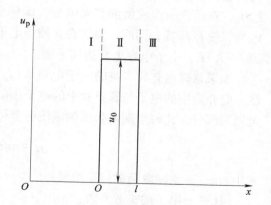

图 2-15　一维矩形势场模型

如果粒子的总能量小于势垒的高度（即 $u = u_0$），则从经典力学的观点来看，粒子可以在 $x < 0$ 的区域 I 中运动，也可以在 $x > l$ 的区域 III 中运动，但它不能由区域 I 穿过势垒 II 到区

域Ⅲ中去。也就是说，粒子由区域Ⅰ越过势垒Ⅱ到达区域Ⅲ所需的能量必须大于势垒的高度（即 $u>u_0$），但对于电子等微观粒子，情况就不同了。

对于具有能量 $u<u_0$ 的微观粒子，粒子可以由区域Ⅰ穿过势垒Ⅱ到达区域Ⅲ中，并且粒子穿过势垒后，能量并没有减少，仍然保持在区域Ⅰ时的能量，这种现象通常形象化地称为隧道效应。

如图 2-16a 所示，电子的波函数在Ⅱ区间发生了衰减，但是通过势垒后进入Ⅲ区间内的粒子能量等于原来的能量。如果在金属和介质的界面上加上强电场，如图 2-16b 所示，由于肖特基效应使势垒高度降低到 ϕ_{eff}，同时从费米能级到相同势能的导带的宽度（x_0）变小，于是产生隧道现象。

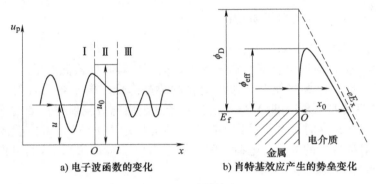

a) 电子波函数的变化　　　　b) 肖特基效应产生的势垒变化

图 2-16　隧道效应

5. 空间电荷限制电流

在强电场下，介质往往具有电子性电导电流，此时电子电流是电子从电极向电介质中注入形成电极注入电流 I_c。和电介质体内的电子电流 I_b 连续而成。在稳态情况下应有

$$I_c = I_b$$

如果 $I_c \neq I_b$，则在介质中将有电荷积聚而出现空间电荷。如在阴极前形成正的空间电荷，它将加强阴极处的电场强度，增加阴极的注入电流，直至升高 I_c 到 $I_c=I_b$；反之，如果 $I_c>I_b$，在阴极前形成负的空间电荷，即积聚与电极同极性电荷。它一方面削弱阴极表面的电场，使 I_c 降低；同时，由于在介质中电子空间电荷的存在，引起空间电荷限制电流 I_s，直到 $I_c=I_b+I_s$，电子电导电流达到平衡。

如果忽略电介质本身的电子电流 $I_b(I_c>>I_b)$ 与电介质中陷阱中心对电子的捕获空间，注入电介质中的电子与真空管中的电子相似，此空间电荷所引起的电流包括漂移电流和扩散电流两部分。此时空间电荷限制电流密度可写为

$$j_s = ne\mu E - eD_e\left(\frac{dn}{dx}\right) \tag{2-25}$$

式中　n——空间电荷的体积浓度；

D_e——电子的扩散系数。

2.2.3　固体电介质的表面电导

前面所讨论的电介质电导，都是指电介质的体积电导，这是电介质的一个物理特性参

数，它主要是取决于电介质本身的组成、结构、含杂情况及介质所处的工作条件（如温度、气压、辐射等），这种体积电导电流贯穿整个介质。同时，通过固体介质的表面还有一种表面电导电流 I_s，此电流与固体介质上所加电压 U 成正比，即

$$I_s = G_s U \tag{2-26}$$

式中　G_s——固体介质的表面电导（S）。

如果固体介质表面上加以两平行的平板电极，板间距离为 d、电极长度为 l（见图 2-17），则 G_s 与 l 成正比，与 d 成反比，可以写为

$$G_s = \gamma_s \frac{l}{d} \tag{2-27}$$

图 2-17　表面电导计算图

式中　γ_s——介质的表面电导率，它与介质电导具有相同的单位（S）。

此时也可写成表面电流密度的形式为

$$j_s = \frac{I_s}{l} = \gamma_s \frac{U}{l} = \gamma_s E \tag{2-28}$$

式中　j_s——表面电流密度（A/m）。

表面电导也可用表面电阻 R_s 和表面电阻率 ρ_s 来表示，它们与 G_s、γ_s 有以下关系，即

$$R_s = \frac{1}{G_s} \tag{2-29}$$

$$\rho_s = \frac{1}{\gamma_s} \tag{2-30}$$

介质的表面电导率 γ_s（或电阻率 ρ_s）的数值不仅与介质的性质有关，而且强烈地受到周围环境的湿度、温度、表面的结构和形状以及表面污染情况的影响。因此，γ_s 和 ρ_s 不能作为物质的物理特性参数看待。

1. 电介质表面吸附水的水膜对表面电导率的影响

介质的表面电导受环境湿度的影响极大。任何介质处于干燥的情况下，介质的表面电导率 γ_s 很小，但一些介质处于潮湿环境中受潮以后，往往 γ_s 有明显的上升（或 ρ_s 下降）（见图 2-18）。可以假定，由于湿空气中的水分子被吸附于介质的表面，形成一层很薄的水膜。因为水本身为半导体（$\rho_v = 10^5 \Omega \cdot m$），所以介质表面的水膜将引起较大的表面电流，使 γ_s 增加。

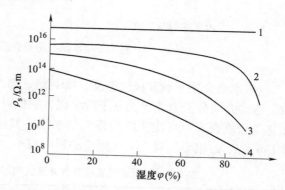

图 2-18　几种电介质表面电阻率与空气相对湿度的关系
1—石蜡　2—琥珀　3—虫胶　4—陶瓷上珐琅层

例如，在 $t = 20\,℃$，相对湿度 $\varphi = 90\%$ 的大气条件下，石英表面有 40 层水分子组成的水膜存在，并取水分子的直径 $\delta = 2.5 \times 10^{-10}\,m$，水的体积电阻率 $\rho_v = 10^5 \Omega \cdot m$。由此可以求出此水膜形成的表面电导 G_s 和表面电导率 γ_s 分别为

$$G_s = \frac{1}{R_s} = \frac{1}{R_{H_2O}} = \frac{hl}{\rho_{vH_2O} d}$$

$$\gamma_s = G_s \frac{d}{l} = \frac{h}{\rho_{vH_2O}} = \frac{40\delta}{\rho_{vH_2O}} = 10^{-13} \text{S} \qquad (2\text{-}31)$$

式中　R_{H_2O}——介质表面水膜电阻；

　　　ρ_{vH_2O}——水的体积电阻率；

　　　h——水膜的厚度，此时 $h = 40\delta$；

　　　l——电极长度；

　　　d——电极间距离。

$\gamma_s = 10^{-13}$S 这一数值已经超过一般良好电介质的体积电导，因此在无接地保护环测试时，在湿空气下测得的介质电导实际上是介质的表面电导。

从上述表面电导机理来看，显然电介质电导的大小与介质表面上连续水膜的形成及水膜的电阻率有关。

2. 电介质的分子结构对表面电导率的影响

电介质按水在介质表面分布状态的不同，可分为亲水电介质和疏水电介质两大类。

1）亲水电介质包括离子晶体、含碱金属的玻璃以及极性分子所构成的电介质等，它们对水分子有强烈的吸引作用。由于这类介质分子具有很强的极性，对水分子的吸引力超过了水分子之间的内聚力，因而水滴在介质表面上形成的接触角常小于 90°（见图 2-19a）。这种介质表面所吸附的水易于形成连续水膜，故表面电导率大，特别是一些碱金属离子还会进入水膜，降低水的电阻率，使表面电导率进一步上升，甚至丧失其绝缘性能。

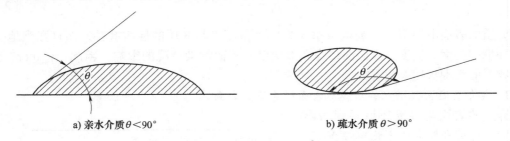

a) 亲水介质 $\theta < 90°$　　　　　　　b) 疏水介质 $\theta > 90°$

图 2-19　水滴在两类介质上的分布状态

2）疏水电介质一般非极性介质，如石蜡、聚苯乙烯、聚四氟乙烯和石英等属于疏水电介质。这些介质分子为非极性分子所组成，它们对水的吸引力小于水分子的内聚力，所以吸附在这类介质表面的水往往成为孤立的水滴，其接触角 $\theta > 90°$，不能形成连续的水膜（见图 2-19b），故 γ_s 很小，且受大气湿度的影响较小。数据见表 2-5。

表 2-5　不同材料的接触角 θ 及大气湿度 φ 对其表面电阻率的影响

材料	接触角 θ/(°)	ρ_s/Ω		材料	接触角 θ/(°)	ρ_s/Ω	
		$\varphi = 0$	$\varphi = 98\%$			$\varphi = 0$	$\varphi = 98\%$
聚四氟乙烯	113	5×10^{17}	3×10^{17}	氨基薄片	65	6×10^{14}	3×10^{13}
聚苯乙烯	98	5×10^{17}	3×10^{15}	高频瓷	50	1×10^{16}	1×10^{13}
有机玻璃	73	5×10^{15}	1.5×10^{15}	熔融石英	27	1×10^{17}	6.5×10^{10}

一些多孔性介质（如大理石、层压板），它们吸湿后不仅表面电导率增加，而且体积电导也会增加，这是水分子进入介质内部所造成的。

3. 电介质表面清洁度对表面电导率的影响

介质表面电导率 γ_s 除受介质结构、环境湿度的强烈影响外，介质表面的清洁度亦对 γ_s 影响很大，表 2-6 给出了有关的数据。表面污染特别是含有电解质的污秽，将会引起介质表面导电水膜的电阻率下降，从而使 γ_s 升高。

表 2-6　介质表面清洁度对 γ_s 的影响（$\varphi = 70\%$）

介质	表面不干净时 γ_s/S	表面清洁时 γ_s/S
碱玻璃	2×10^{-8}	3×10^{-11}
熔融石英	2×10^{-8}	1×10^{-13}
云母模制品	2×10^{-9}	1×10^{-13}

显然，要使介质表面电导低，应该采用疏水介质，并使介质表面保持干净。有时为了要降低亲水介质的表面电导，往往可以在介质表面涂以疏水介质（如有机硅树脂、石蜡等），使固体表面不形成连续水膜，以保证有较低的 γ_s。

2.3　固体电介质的击穿

当施加于电介质的电场增加到相当强时，电介质的电导就不服从欧姆定律了，实验表明，电介质在强电场下的电流密度按指数规律随电场强度增加而增加，当电场进一步增强到某个临界值时，电介质的电导突然剧增，电介质便由绝缘状态变为导电状态，这一跃变现象称为电介质的击穿，介质发生击穿时，通过介质的电流剧烈地增加，通常以介质伏安特性斜率趋向于 ∞（即 $\mathrm{d}I/\mathrm{d}U = \infty$）作为击穿发生的标志（见图 2-20）。发生击穿时的临界电压称为电介质的击穿电压，相应的电场强度称为介质的击穿场强。

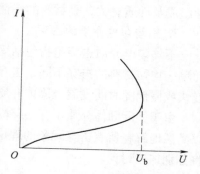

图 2-20　电介质击穿时的伏安特性

电介质的击穿场强是电介质的基本电性能之一，它决定了电介质在电场作用下保持绝缘性能的极限能力。在电力系统中常常伏安特性由于某一电气设备的绝缘损坏而造成事故，因而在很多情况下，电力系统和电气设备的可靠性在很大程度上取决于其绝缘介质的正常工作。随着电力系统额定电压的提高，对系统供电可靠性的要求也越高，系统绝缘介质在高场强下正常工作变得至关重要。近年来，高电压技术已不再限于电力工业的需要，还扩展应用到许多科技领域中，并涉及很多高场强绝缘的问题。由于这些情况的存在，研究电介质击穿机理、影响因素、不同电介质的耐电强度等是十分必要的。

与气体、液体电介质相比，固体电介质的击穿场强较高，但固体电介质击穿后材料中留下有不能恢复的痕迹，如烧焦或熔化的通道、裂缝等，即使去掉外施电压，也不像气体、液体介质那样能自行恢复绝缘性能。

固体电介质的击穿中，常见的有热击穿、电击穿和不均匀介质局部放电引起击穿等形式。电介质击穿场强与电压作用时间的关系及不同击穿形式的范围如图 2-21 所示。

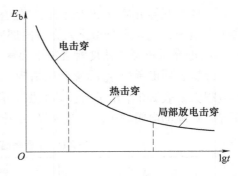

图 2-21　固体电介质击穿场强与
电压作用时间的关系

1. 热击穿

热击穿是由于电介质内部热不稳定过程所造成的。当固体电介质加上电场时，电介质中发生的损耗将引起发热，使介质温度升高。

电介质的热击穿不仅与材料的性能有关，还在很大程度上与绝缘结构（电极的配置与散热条件）及电压种类、环境温度等有关，因此热击穿强度不能看作是电介质材料的本征特性参数。

2. 电击穿

电击穿是在较低温度下，采用了消除边缘效应的电极装置等严格控制的条件下，进行击穿试验时所观察到的一种击穿现象。电击穿的主要特征是：击穿场强高（在 5～15MV/cm 范围），实际绝缘系统是不可能达到的；在一定温度范围内，击穿场强随温度升高而增大，或变化不大。

均匀电场中电击穿场强反映了固体介质耐受电场作用能力的最大限度，它仅与材料的化学组成及性质有关，是材料的特性参数之一，所以通常称之为耐电强度或电气强度。

3. 不均匀电介质的击穿

不均匀电介质击穿是指包括固体、液体或气体组合构成的绝缘结构中的一种击穿形式。与单一均匀材料的击穿不同，击穿往往是从耐电强度低的气体开始，表现为局部放电，然后或快或慢地随时间发展至固体介质劣化，损伤逐步扩大，致使介质击穿。

由于实际固体介质击穿还伴随有机械、热、化学等复杂过程，因而至今还没有建立起可以满意地解释所有击穿现象的理论，但是已经有了一些能够较好说明部分现象的理论，以下将分别加以讨论。

2.3.1　固体电介质的热击穿

热击穿是由于电介质内部热不稳定过程所造成的。当固体电介质加上电场时，电介质中发生的损耗将引起发热，使介质温度升高。而电介质电导具有正的温度系数，温度升高电导增大，损耗发热也随之增大。在电介质不断升温的同时，也存在一个通过电极及其他介质向外不断散热的过程。如果同一时间内发热量等于散热量，即达到热平衡，则介质温度不再上升而是稳定于某一数值，这时将不致引起介质绝缘强度的破坏。如果散热条件不好或电压达到某一临界值，使发热量超过散热量，则介质的温度会不断上升，以致引起电介质分解、炭化或烧焦，最终击穿。

为简单起见，以图 2-22 中的平板状固体介质为例，对热平衡问题进行探讨。设平板电

极和介质的面积都足够大，介质以及介质中的电场都是均

匀的 $\left(E=\dfrac{U}{2h}\right)$，于是介质发热均匀；介质损耗所产生的热

量主要沿垂直于电极的方向（x 轴方向）流向介质表面和
平板电极。在这种条件下，固体介质沿厚度 $2h$ 的双向散热
可看作是沿厚度 h 的单向散热。

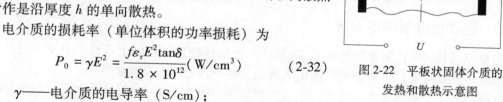

图 2-22　平板状固体介质的
发热和散热示意图

　　电介质的损耗率（单位体积的功率损耗）为

$$P_0 = \gamma E^2 = \frac{f \varepsilon_r E^2 \tan\delta}{1.8 \times 10^{12}}\,(\mathrm{W/cm^3}) \qquad (2\text{-}32)$$

式中　γ——电介质的电导率（S/cm）；

　　　　E——电介质中的电场强度（V/cm）；

　　　　f——外加电场的频率（Hz）。

　　因此，在 1cm³ 的介质中单位时间内产生的热量 $Q_0[\mathrm{J/(s \cdot cm^3)}]$ 可以直接由上式求得。
于是 x 轴方向厚度 h、横截面积为 1cm² 的一条状介质中，单位时间产生的热量（J/s）为

$$Q_1 = Q_0 h \times 1 \qquad (2\text{-}33)$$

　　介质中所产生的热量靠介质表面所接触的电极逸散到周围的媒质中去。在单位时间内电
极上 1cm² 所逸出的热量（J/s）为

$$Q_2 = \sigma(t_s - t_0) \times 1 \qquad (2\text{-}34)$$

　　介质的发热和散热与其温度的关系可用图 2-23
来表示。由于固体介质的 $\tan\delta$ 随温度按指数规律上
升，故 P_0、Q_0 和 Q_1 也随温度按指数规律上升，于
是，在 3 个不同大小的电压 U_1、U_2、U_3（$U_1>U_2>$
U_3）作用下，有相应的发热曲线 1、2 和 3，直线 4
为散热曲线。

　　只有当发热和散热处于热平衡状态时，即 $Q_1 =$
Q_2 时，介质才会具有某一稳定的工作温度，不会
发生热击穿。

　　由曲线 1（电压为 U_1 时）高于曲线 4，固体介
质内发热量 Q_1 总是大于散热量 Q_2，在任何温度下

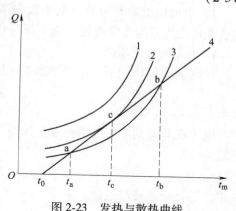

图 2-23　发热与散热曲线

都不会达到热平衡，电介质的温度将不断地升高，最后导致介质热击穿。曲线 2（电压为 U_2
时）与曲线 4 相切，切点 c 是一个不稳定的热平衡点。因为当导电通道温度 $t<t_c$ 时，电介质
发热量大于散热量，温度将上升到 t_c；而当 $t>t_c$ 时，发热量也大于散热量，导电通道的温度
将不断上升，导致热击穿。曲线 3（电压为 U_3 时）与曲线 4 有 a、b 两个交点。由于发热量
等于散热量，此两点称为热平衡点，a 点是稳定的热平衡点，b 点是不稳定的热平衡点。因
而，电介质被加热到通道温度为 t_a 就停留在热稳定状态。

　　以上只是近似的讨论，因为介质各点的温度不会是均匀的，中心处温度最高，靠近电极
处温度最低；此外介质中部的热量要经过介质本身才能传导到电极上，这就有一个导热系数
和传导距离的问题。虽然如此，仍可得出以下结论。

　　1）热击穿电压会随周围媒质温度 t_0 的上升而下降，这时直线 4 会向右移动。

2）热击穿电压并不随介质厚度成正比增加，因为厚度越大，介质中心附近的热量逸出困难，所以固体介质的击穿场强随 h 的增大而降低。

3）如果介质的导热系数大，散热系数也大，则热击穿电压上升。

4）由式（2-32）可知，f 和 $\tan\delta$ 增大时都会造成 Q_1 增加，使曲线 1、2、3 向上移动。曲线 2 上移表示临界击穿电压下降。

2.3.2 固体电介质的电击穿

希伯尔（Hippel）和弗罗利希（Frohlich）在固体物理的基础上以量子力学为工具逐步发展建立了固体电介质电击穿的碰撞电离理论。这一理论可以简述如下：

在强电场下，固体导带中可能因场致发射或热发射而存在一些导电电子，这些电子在外电场作用下被加速获得动能，同时在其运动中又与晶格相互作用而激发晶格振动，把电场的能量传递给晶格。当这两个过程在一定的温度和场强下平衡时，固体介质有稳定的电导；当电子从电场中得到的能量大于晶格振动损失的能量时，电子的动能就越来越大，电子能量大到一定值后，电子与晶格的相互作用便导致电离产生新电子，自由电子数迅速增加，电导进入不稳定阶段，发生击穿。

按击穿发生的判定条件的不同，电击穿理论可分为两大类：

1）以碰撞电离开始作为击穿判据。称这类理论为碰撞电离理论，或称本征电击穿理论。

2）以碰撞电离开始后，电子数倍增到一定数值，足以破坏电介质结构作为击穿判据。称这类理论为雪崩击穿理论。以下简要介绍这两类击穿理论。

1. 本征电击穿理论

在电场 E 的作用下，电子被加速，因此，电子单位时间从电场获得的能量可表示为

$$A = A(E, u) \tag{2-35}$$

式中　u——电子能量。

电子在其运动中与晶格相互作用而发生能量的交换、由于晶格振动与温度有关，所以 B 可写为

$$B = B(T_0, u) \tag{2-36}$$

式中　T_0——晶格温度。

平衡时

$$A(E, u) = B(T_0, u) \tag{2-37}$$

当场强增加到使平衡破坏时，碰撞电离过程便立即发生。所以使式（2-35）成立的最大场强就是碰撞电离开始发生的起始场强，把这一场强作为电介质的临界击穿场强。

2. 雪崩击穿理论

根据雪崩机理的不同，雪崩击穿分为两种类型：场致发射击穿和碰撞电离雪崩击穿。

1）场致发射击穿。如在强场电导中所述，由于量子力学隧道效应，从价带向导带场致发射电子，引起电子雪崩。基于这种观点的理论认为，由于隧道电流的增长，对晶格能量的注入使其温度上升，在晶格温度到达临界温度时，便导致击穿发生，称这种击穿为场致发射击穿。

2）碰撞电离雪崩击穿。这种击穿理论是：导带中的电子被外施电场加速到具有足够的

动能后，发生碰撞电离，这一过程在电场下不断地由阴极向阳极发展，形成电子雪崩。当这种电子雪崩区域达到某一界限时，晶格结构被破坏，固体发生击穿。

2.3.3　不均匀电介质的击穿

　　前述固体电介质击穿理论适用于宏观均匀的单一电介质的击穿现象，在实际应用中，经常遇到的是宏观不均匀复合电介质。从凝聚状态来分析，一般总是气体与液体或固体、液体与固体或固体与固体的组合，即使是单一电介质的绝缘结构，由于材料的不均匀性、含有杂质或气隙等也不能看作是单一均匀电介质，因此研究不均匀介质的击穿具有重要的实用意义。在这里先讨论最简单的双层复合电介质的击穿，然后讨论以老化现象为主的局部放电和树枝化击穿。

　　1. 复合电介质的击穿

　　(1) 双层复合电介质的击穿

　　设一双层复合电介质模型及其等效电路如图 2-24 所示。双层介质的厚度、电导率及介电常数分别为 d_1、d_2、γ_1、γ_2 和 ε_1、ε_2，外施电压为 U 及两层介质中场强分别 E_1、E_2。

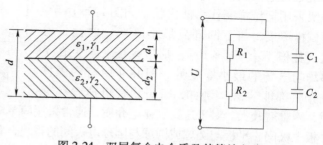

图 2-24　双层复合电介质及其等效电路

　　设 U 为外施恒定电压，在 U 作用下达到稳态时，若引入复合电介质的宏观平均场强为

$$E = \frac{U}{d_1 + d_2} = \frac{U}{d} \tag{2-38}$$

则有

$$E_1 = \frac{\gamma_2 d}{\gamma_1 d_2 + \gamma_2 d_1} E \tag{2-39}$$

$$E_2 = \frac{\gamma_1 d}{\gamma_1 d_2 + \gamma_2 d_1} E$$

　　其中，$d = d_1 + d_2$。

　　从式 (2-39) 可见，各层介质电场强度与电导率成反比。如果 $\gamma_1 = \gamma_2$，则 $E = E_1 + E_2$；如果 γ_1 与 γ_2 相差很大，其中一层电介质的场强大于 E，例如，$E_1 > E$，则当 E_1 达到第一层电介质的击穿场强 E_{1b} 时，引起该层介质击穿。第一层击穿后，全部电压加在第二层上，使 E_2 发生畸变，通常导致第二层电介质随之击穿，即引起全部电介质击穿。

　　(2) 边缘效应及其消除方法

　　在不同电场均匀度下研究固体电介质击穿时发现，电场不均匀度越高，击穿电压随电介质厚度的增长越慢，即平均击穿场强越低，而且分散性也越大，只有在均匀电场下才具有击穿电压与厚度的正比关系，可以得到材料的最大击穿强度。为了研究固体电介质本征击穿的物理常数——耐电强度，必须采用消除边缘的方法，使固体电介质能在足够均匀的电场下发生电击穿。

需要指出，在复合电介质中，电场分布不均匀的情况下，当未采用任何措施改善电极边缘处的电场分布时，由于周围媒质的击穿强度常比固体电介质要小，往往在固体电介质击穿之前先在电场集中的电极边缘处发生放电，放电火花可视为电极针状般的延伸，于是电极边缘处的电场分布发生强烈畸变，若放电开始时外施电压高于固体电介质一定厚度下的最小击穿电压（电介质在极不均匀电场作用下的击穿电压），则媒质放电后立即引起固体电介质的击穿。这种因电极边缘媒质放电而引起固体电介质在电极边缘处较低电压下击穿的现象称为边缘效应。

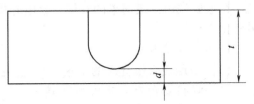

为了消除均匀电场的边缘效应，其方法之一就是将电极试样系统做成一定的尺寸和形状，一般采用把试样制作为凹面状，如图 2-25 所示。若试样厚度 t 与下凹部分最小厚度 d 之比足够大（比值不小于 5～10），则击穿往往发生在足够均匀电场的最小厚度处。但并非所有的固体电介质都能实现，例如，云母、有机薄膜等介

图 2-25　获得均匀电场的电极试样系统

质，困难就较大。对于这类固体电介质，通常采用简单电极试样系统，诸如固体试样置放在两平板电极间、平板与圆球或圆球与圆球电极间的系统，置于液体媒质之中。消除边缘效应的方法之二是需用适当的媒质，使在固体电介质击穿之前媒质中所分配到的电场强度低于其击穿值。

2. 局部放电

在含有气体（如气隙或气泡）或液体（如油膜）的固体电介质中，当击穿强度较低的气体或液体中的局部电场强度达到其击穿场强时，这部分气体或液体开始放电，使电介质发生不贯穿电极的局部击穿，这就是局部放电现象。这种放电虽然不立即形成贯穿性通道，但长期的局部放电，使电介质（特别是有机电介质）的劣化损伤逐步扩大，导致整个电介质击穿。

局部放电引起电介质劣化损伤的机理是多方面的，但主要有如下 3 个方面：

1）电的作用。带电粒子对电介质表面的直接轰击作用，使有机电介质的分子主链断裂。

2）热的作用。带电粒子的轰击作用引起电介质局部的温度上升，发生热熔解或热降解。

3）化学作用。局部放电产生的受激分子或二次生成物的作用，使电介质受到的侵蚀可能比电、热作用的危害更大。

局部放电是电介质应用中的一种强场效应，它在电介质介电现象和电气绝缘领域均具有重要意义。

局部放电图与放电类型相关，不同的类型放电位置不同，图 2-26、图 2-27 和图 2-28 是交流状态下局部放电的放电图。

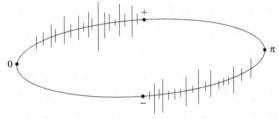

图 2-26　绝缘内部气泡的放电图形

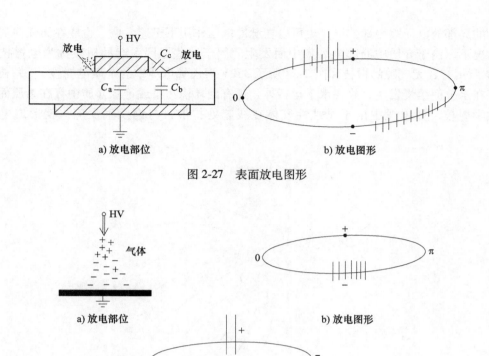

a) 放电部位　　　　　　　　　b) 放电图形

图 2-27　表面放电图形

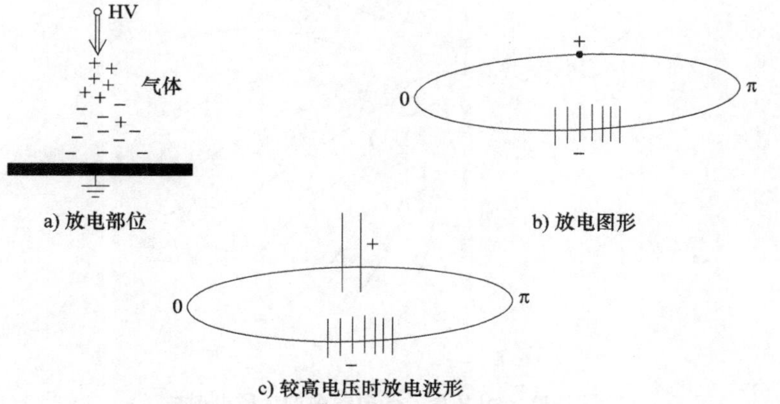

a) 放电部位　　　　　　　　　b) 放电图形

c) 较高电压时放电波形

图 2-28　电晕放电图形

3. 聚合物电介质的树枝化击穿

树枝化击穿是聚合物电介质在长时间强电场作用下发生的一种老化破坏形式,在介质中形成具有气化了的、如树枝状的痕迹,树枝是充满气体的直径为皮米(1pm = 10^{-12} m)以下的细微"管子"组成的通道,如图 2-29 所示。

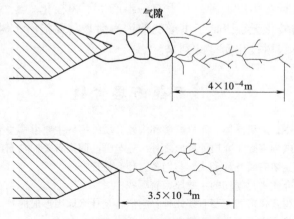

图 2-29　电极尖端有、无气隙时的电树枝

引起聚合物电介质树枝化的原因是多方面的,所产生的树枝也不同。树枝可以因介质中

间歇性的局部放电而缓慢地扩展，更可以在脉冲电压作用下迅速发展，也能在无任何局部放电的情况下，由于介质中局部电场集中而发生。属于这些原因引起的树枝称为电树枝（如图 2-29 所示有、无气隙的树枝和图 2-30 所示 35kV 聚乙烯电缆中的杂质电树枝）。树枝化也能因存在水分而缓慢发生，除在水下运行外，还有因环境污染或绝缘介质中存在杂质而引起的电化学树枝，如电缆中由于腐蚀性气体在线芯处扩散，与铜发生反应，就形成电化学树枝。

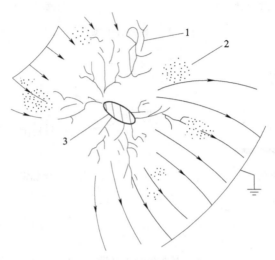

图 2-30　35kV 聚乙烯电缆中的杂质电树枝
1—电树枝　2—云雾状细微裂纹　3—杂质核心

树枝化的位置是随机的，即树枝引发于介质中各个高场强的点，例如，粗糙或不规则的电极表面或介质内部的间隙、杂质等处。聚合物介质树枝化后，在其截面可以发生或不发生完全的击穿，但在固体聚合物介质中，树枝化击穿是一个很重要的击穿因素。如美国西海岸敷设的 161 根聚乙烯电缆，运行了 1~11 年以后，检查已损坏和未损坏的电缆截面发现，树枝化现象相当普遍，运行 5 年以上者，几乎有一半产生了树枝化。虽然树枝化与寿命之间无明确的关系式，但是树枝化无疑降低了电缆的使用寿命。需要指出，树枝化是聚合物介质击穿的先导，但击穿并不因树枝化而接踵到来。

习题与思考题

2-1　固体无机电介质中，无机晶体、无机玻璃和陶瓷介质的损耗主要由哪些损耗组成？
2-2　固体介质的表面电导率除了介质的性质之外，还与哪些因素有关？它们各有什么影响？
2-3　固体介质的击穿主要有哪几种形式？它们各有什么特征？
2-4　局部放电引起电介质劣化损伤的主要原因有哪些？
2-5　聚合物电介质的树枝化形式主要有哪几种？它们各是什么原因形成的？
2-6　均匀固体介质的热击穿电压是如何确定的？
2-7　试比较气体、液体和固体介质击穿过程的异同。

第3章

液体的绝缘特性与介质的电气强度

03

　　液体绝缘介质主要有天然的矿物油和人工合成油两大类，此外还有蓖麻油等植物油。目前用得最多的是从石油中提炼出来的矿物绝缘油，通过不同程度的精炼，可得出分别用于变压器、高压开关电器、套管、电缆以及电容器等设备中的变压器油、电缆油和电容器油等。用于变压器中的绝缘油同时也起到散热媒质的作用，用于某些断路器中的绝缘油有时也兼容灭弧媒质，而用于电容器中的绝缘油也同时起储能媒质作用。

　　液体绝缘特性与电介质的电气强度在工程应用中有着十分重要地作用。因此，本章将扼要地从液体电介质的极化、损耗、电导以及电介质的击穿等方面，对液体绝缘介质的相关特性进行介绍。

3.1　液体电介质的极化与损耗

　　一切电介质在电场的作用下都会出现极化、损耗等问题，本小节对液体电介质的极化与损耗问题进行阐述。

3.1.1　液体电介质的极化

　　1. 极化的定义

　　电介质中正、负电荷在电场的作用下沿电场方向作有限位移，形成电矩（即偶极矩）的现象叫做介质的极化，如图3-1所示。

　　2. 电介质的介电常数

　　电介质极化的强弱可用介电常数的大小来表示，它与该电介质分子的极性强弱有关，还受温度、外加电场频率等因素的影响。具有极性分子的电介质称为极性电介质，即使没有外电场的作用，分子本身也具有电矩。由中性分子构成的电介质则称为中性电介质。

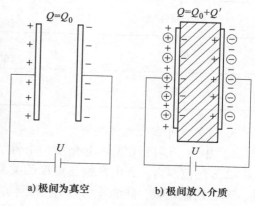

a) 极间为真空　　　　b) 极间放入介质

图3-1　极化现象

　　根据之前所学可知，平行板电容器的电容量 C 与平板电极的面积 A 成正比，与平板电极间的距离 d 成反比，其比例常数取决于介质的特性。

以图 3-1 为例，如果极间为真空（见图 3-1a），其电容量为

$$C_0 = \frac{Q_0}{U} = \varepsilon_0 \frac{A}{d} \tag{3-1}$$

式中　ε_0——真空中的介电常数，其值为 $2.886 \times 10^{-14} \mathrm{F/cm}$；

　　　A——极板面积（$\mathrm{cm^2}$）；

　　　d——极间距离（cm）。

当平板间放入介质后（见图 3-1b），电容量将增大为

$$C = \frac{Q_0 + Q'}{U} = \varepsilon \frac{A}{d} \tag{3-2}$$

式中　ε——介质的介电常数。

可以看出，在相同直流电压 U 的作用下，由于介质的极化，使得介质表面出现了与极板电荷异号的束缚电荷，电荷量为 Q'，相应地要从电源吸取等量的异性电荷到极板上，极板上的电荷量为 Q，则有

$$Q = Q_0 + Q' = CU$$

对于同一平板电容器，放入介质不同，介质极化程度也不同，表现为极板上的电荷量 Q 不同，则 Q/Q_0 可以反映在相同条件下不同介质极化现象的强弱，于是便有

$$\frac{Q}{Q_0} = \frac{CU}{C_0 U} = \frac{C}{C_0} = \frac{\varepsilon \dfrac{A}{d}}{\varepsilon_0 \dfrac{A}{d}} = \frac{\varepsilon}{\varepsilon_0} = \varepsilon_r \tag{3-3}$$

ε_r 称为电介质的相对介电常数，可用来表征电介质在电场作用下极化现象的强弱，其值由电介质本身材料决定。表 3-1 中列出部分液体电介质在 20℃时工频电压下 ε_r 的值，对于液体介质，ε_r 通常在 2~6 之间。

表 3-1　部分常用液体电介质 ε_r 的值

材料属性	名称	ε_r（工频，20℃）
弱极性	变压器油	2.2
	硅有机液体	2.2~2.8
极　性	蓖麻油	4.5
	氯化联苯	4.6~5.2
强极性	酒精	33
	水	81

3. 液体电介质介电常数

1）中性、弱极性液体电介质：中性、弱极性液体电介质的介电常数不大，其值在 1.8~2.8 的范围内，介电常数与温度的关系与单位体积分子数与温度的关系接近一致。石油、苯、四氯化碳、硅油等均为中性液体介质。

2）极性液体电介质：这类介质通常具有较大的介电常数，如果作为电容器的浸渍剂，可使电容器的比电容增大。但这类电介质通常都伴随一个缺点，就是在交变电场中的介质损耗较大，故在高电压绝缘中很少应用，只有蓖麻油和几种合成液体介质在某些场合有应用。

4. 极化的基本形式

（1）电子位移极化

在外电场 $\vec{E}$ 的作用下，介质原子中的电子运动轨迹将相对于原子核发生弹性位移，如图 3-2 所示。这样，正、负电荷作用中心不再重合而出现感应偶极矩 $\vec{m}$，其值为 $\vec{m} = q\vec{l}$（矢量 $\vec{l}$ 的方向由 $-q$ 指向 $+q$）。这种极化方式称为电子位移极化。

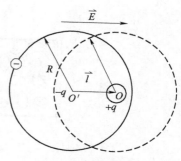

图 3-2　电子位移极化

电子位移极化特点：

1）存在于一切电介质中；

2）完成极化时间极短，约 10^{-15} s，其 ε_r 不受外电场频率影响；

3）极化程度取决于电场强度 E，由于温度不足以引起质子内部电子能量状态变化，所以温度对该种极化影响极小；

4）极化是弹性的，去掉外加电场，极化可立即恢复，极化时消耗的能量可以忽略不计，因此也称为"无损极化"。

（2）离子位移极化

在由离子结合成的电介质中，在外电场的作用下使得正、负离子产生有限的位移，平均地具有了电场方向的偶极矩，这种极化称为离子位移极化，如图 3-3 所示。

离子位移极化特点：

1）只存在于离子结构的电介质中；

2）极化建立所需时间极短，约 $10^{-13} \sim 10^{-12}$ s，因此 ε_r 不受外电场频率影响；

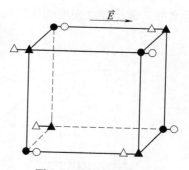

图 3-3　离子位移极化

▲、●—极化前正负离子位置
△、○—极化后正、负离子位置

3）ε_r 具有正温度系数，温度上升，离子间距增大，一方面使得离子间结合力减弱，极化程度增加，另一方面使得离子密度减小，极化程度降低，而前者影响大于后者，所以这种极化随温度升高而增强。

4）该极化也是弹性的，无能量损失。

（3）偶极子极化

有些电介质的分子很特别，具有固有的电矩，即正、负电荷作用中心永不重合，这种分子称为极性分子，这种电介质称为极性电介质，例如，蓖麻油、氯化联苯等。

每个极性分子都是偶极子，具有一定的电矩，但当不存在电场时，这些偶极子因热运动而杂乱无序地排列，如图 3-4a 所示，宏观电矩等于 0。因而整个介质对外不表现出极性。外加电场后，原先无序排列的偶极子将沿电场方向转动，做较有规则的排列，如图 3-4b 所示（实际上，由于热运动和分子间束缚电场存在，不是所有的偶极子都能转到与电场方向完全一致），因而显示出极性，这种极化方式称为偶极子极化或转向极化。

偶极子极化特点：

1）存在于偶极性电介质中；

2）极化建立时间较长，约 $10^{-6} \sim 10^{-2}$ s，因此这种极化与频率有着较大关系。频率较高

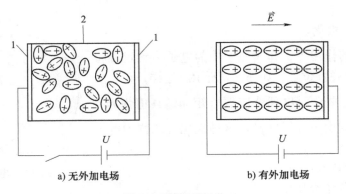

a) 无外加电场   b) 有外加电场

图 3-4 偶极子极化

1—电极 2—电介质（极性分子）

时，偶极子极化跟不上电场变化，从而使极化减弱，如图 3-5 所示，ε_r 随频率增加而减小；

3）温度对偶极子极化影响大。温度高时，分子热运动加剧，妨碍偶极子沿着电场方向转向，极化减弱；温度很低时，分子间联系紧密，偶极子难以转向，不易极化，所以随着温度增加，极化程度先增加后降低，如图 3-6 所示。

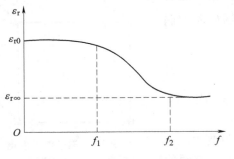

图 3-5 极性液体电介质的 ε_r 与频率关系

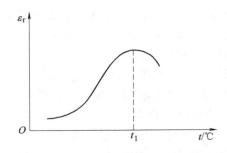

图 3-6 极性液体介质 ε_r 与温度关系

4）偶极子极化为非弹性的，偶极子在转向时需要克服分子间的吸引力和摩擦力而消耗能量，因此也称其为"有损极化"。

（4）夹层极化

上述三种极化都是由带电质点的弹性位移或转向形成的，而夹层极化的机理与上述完全不同，它是由带电质点的位移形成的。

在实际的电气设备中，常采用多层电介质绝缘结构，如电缆、电机和变压器绕组等，在两层介质之间常夹有油层、胶层等，形成多层介质结构。凡是由不同介电常数和电导率的多种电介质组成的绝缘结构，在外加电场后，各层电压将从开始时按介电常数分布逐渐过渡到稳态时按电导率分布。在电压重新分配的过程中，夹层界面上会集聚起一些电荷，使整个介质的等值电容增大，这种极化方式称为夹层介质界面极化，简称夹层极化。

以最简单的平行平板电极间的双层电介质为例对其进行说明。如图 3-7 所示，以 ε_1、γ_1、C_1、G_1、d_1 和 U_1 分别表示第一层电介质的介电常数、电导率、等效电容、等效电导、厚度和分配到的电压；而第二层对应参数为 ε_2、γ_2、C_2、G_2、d_2 和 U_2。两层面积相同，外

加直流电压为 U。

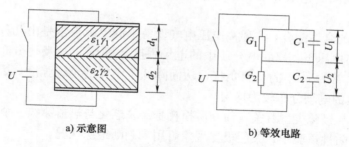

a) 示意图   b) 等效电路

图 3-7 直流电压作用于双层介质

设在 $t=0$ 瞬间合上开关，两层电介质上的电压分配将与电容成反比，即

$$\left.\frac{U_1}{U_2}\right|_{t=0} = \frac{C_2}{C_1} \tag{3-4}$$

这时两层介质的分界面上没有多余的整空间电荷或负空间电荷。到达稳态后，电压分配将与电导成反比，即

$$\left.\frac{U_1}{U_2}\right|_{t\to\infty} = \frac{G_2}{G_1} \tag{3-5}$$

在一般情况下，$\dfrac{C_2}{C_1} \neq \dfrac{G_2}{G_1}$，可见有一个电压重新分配的过程，即 C_1、C_2 上的电荷要重新分配。

设 $C_1 < C_2$、而 $G_1 > G_2$，则：

$t=0$ 时，$U_1 > U_2$

$t \to \infty$ 时，$U_1 < U_2$

夹层极化特点：

1）这种极化存在于不均匀夹层介质中，极化过程有能量损耗，属于"有损极化"；

2）极化建立时间很长，一般为几分钟到几十分钟，有的甚至长达几小时，因此，这种极化只适用于低频情况。

将上述各种极化总结见表 3-2。

表 3-2 电介质极化种类及比较

极化种类	产生场合	所需时间	能量损耗	产生原因
电子位移极化	任何电介质	10^{-15} s	无	束缚电子运行轨道偏移
离子位移极化	离子结构电介质	10^{-13} s	几乎没有	离子的相对偏移
偶极子极化	极性电介质	$10^{-6} \sim 10^{-2}$ s	有	偶极子的定向排列
夹层极化	多层介质交界面	10^{-1} s ~ 数小时	有	自由电荷的移动

5. 极化在工程实际中的应用

1）选择绝缘。在选择高电压设备的绝缘材料时，除了要考虑材料绝缘强度外，还应该考虑相对电介质常数 ε_r。例如，在制造电容时，要选择 ε_r 大的材料作为极板间的绝缘介质，以使电容器单位容量的体积和质量减小；在制造电缆时，则要选择 ε_r 小的绝缘材料作为缆芯与外皮间的绝缘介质，以减小充电电流。其他绝缘情况也往往希望选用 ε_r 小的绝缘材料。

2）多层介质的合理配合。一般高电压电气设备中的绝缘常常是由几种电介质组合而成的。在交流及冲击电压下，串联电介质中的电场强度是按与 ε_r 成反比分布的，这样使得外加电压的大部分常常为 ε_r 小的材料负担，从而降低了整体的绝缘强度。因此，要注意选择 ε_r 使各层电介质的电场分布较为均匀。

3）介质损耗与极化类型有关，而介质损耗是绝缘老化与热击穿的一个重要影响因素。

4）在绝缘预防性试验中，夹层极化现象可用来判断绝缘状况。

3.1.2 液体电介质的损耗

1. 电介质损耗基本概念

在电场作用下，实际电介质总有一定的能量损耗，包括由电导引起的某些损耗和某些有损极化（偶极子极化、夹层极化等）引起的损耗，称为介质损耗。

在直流电压的作用下，电介质中没有周期性的极化过程，只要外加电压还没有达到引起局部放电的数值，介质损耗将仅由电导引起，所以用电导率和表面电导率两个物理量足以说明问题，不必再引入介质损耗概念。

在交流电压下，流过电介质的电流 $\dot{I}$ 包含有功分量 $\dot{I}_R$ 和无功分量 $\dot{I}_C$，即

$$\dot{I} = \dot{I}_R + \dot{I}_C \tag{3-6}$$

图 3-8 为此时电压、电流相量图，由此可以看出介质功率损耗为

$$P = UI\cos\varphi = U\dot{I}_R = U\dot{I}_C\tan\delta = U^2\omega C_P\tan\delta \tag{3-7}$$

式中　ω——电源角频率；

　　　　φ——功率因数角；

　　　　δ——介质损耗角。

介质损耗角 δ 为功率因数角 φ 的余角，其正切值 $\tan\delta$ 称为介质损耗因数，常用百分数（%）表示。

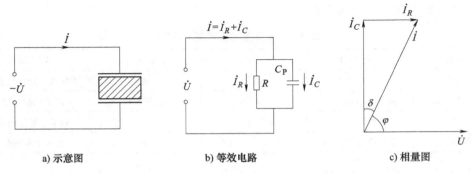

a) 示意图　　　　　　b) 等效电路　　　　　　c) 相量图

图 3-8　介质在交流电压下等效电路和相量图

可以看出，介质损耗 P 值的大小与所加电压 U、试品电容量 C、电源频率等一系列因素都有关系，因此并不适合用来比较各种绝缘材料损耗特性的优劣。而 $\tan\delta$ 是一个仅取决于

材料损耗特性的值，与其他的因素无关，所以通常可以用介质损耗正切 tanδ 作为综合反映电介质损耗特性优劣的一个指标，因此 tanδ 也称为介质损耗因数，在测量和监控各种电力设备绝缘特性时，tanδ 的测量已经是电力系统绝缘预防性试验的最重要项目之一。

有损介质更细致的等效电路如图 3-9a 所示，图中，C_1 代表介质的无损极化（电子式和离子式极化），C_2 和 R_2 代表各种有损极化，而 R_3 则代表电导损耗。在这个等效电路加上直流电压时，电介质中流过的将是电容电流 i_1、吸收电流 i_2 和传导电流 i_3。电容电流 i_1 在加压瞬间数值很大，但迅速下降到零，是一极短暂的充电电流；吸收电流 i_2 则随加电压时间增长而逐渐减小，比充电电流的下降要慢得多，约经数十分钟才衰减到零，具体时间长短取决于绝缘的种类、不均匀程度和结构；传导电流 i_3 是唯一长期存在的电流分量。这三个电流分量加在一起，即得出图 3-10 中的总电流 i，它表示在直流电压作用下，流过绝缘的总电流随时间而变化的曲线，称为吸收曲线。

如果施加的是交流电压 $\dot{U}$，那么纯电容电流 $\dot{I}_1$、反映吸收现象的电流 $\dot{I}_2$ 和电导电流 $\dot{I}_3$ 都将长期存在，而总电流 $\dot{I}$ 等于三者的相量和。

反映有损极化或吸收现象的电流 $\dot{I}_2$ 又可以分解为有功分量 $\dot{I}_{2R}$ 和无功分量 $\dot{I}_{2C}$，如图 3-9b 所示。

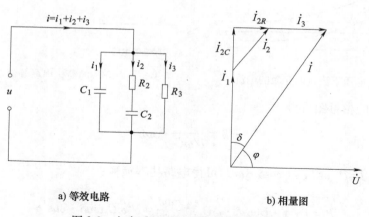

a) 等效电路　　　　　　　　　b) 相量图

图 3-9　电介质的三支路等效电路和相量图

上述三支路等效电路可进一步简化为电阻、电容的并联等效电路或串联等效电路。若介质损耗主要由电导所引起，常采用并联等效电路；如果介质损耗主要由极化所引起，则常采用串联等效电路。现分述如下：

（1）并联等效电路

如果把图 3-9 中的电流归并成由有功电流和无功电流两部分组成，即可得图 3-8b 所示的并联等效电路，图中，C_P 代表无功电流 $\dot{I}_C$ 的等效电容、R 则代表有功电流 $\dot{I}_R$ 的等效电阻。其中

$$I_R = I_3 + I_{2R} = \frac{U}{R} \tag{3-8}$$

$$I_C = I_1 + I_{2C} = U\omega C_P \tag{3-9}$$

介质损耗因数 tanδ 等于有功电流与无功电流的比值，即

$$\tan\delta = \frac{I_R}{I_C} = \frac{U/R}{U\omega C_P} = \frac{1}{\omega C_P R} \tag{3-10}$$

此时电路的功率损耗为

$$P = \frac{U^2}{R} = U^2\omega C_P\tan\delta \tag{3-11}$$

可见与式（3-7）所得到的功率损耗完全相同。

（2）串联等效电路

上述有损电介质也可用一只理想的无损耗电容 C_s 和一个电阻 r 相串联的等效电路来代替，如图 3-11a 所示。

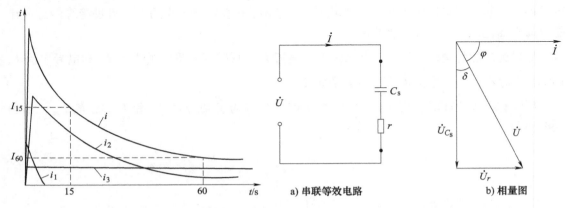

图 3-10　直流电压下流过电介质的电流　　　图 3-11　电介质的简化串联等效电路及相量图

由图 3-11b 的相量图可得

$$\tan\delta = \frac{Ir}{I/\omega C_s} = \omega C_s r \tag{3-12}$$

由 $r = \dfrac{\tan\delta}{\omega C_s}$，$I = U_{C_s}\omega C_s r = U\cos\delta \cdot \omega C_s$ 可得电路功率损耗：

$$P = I^2 r = (U\cos\delta \cdot \omega C_s)^2\frac{\tan\delta}{\omega C_s} = U^2\omega C_s\tan\delta \cdot \cos^2\delta \tag{3-13}$$

因为介质损耗角 δ 的值一般很小，则 $\cos\delta \approx 1$，可得

$$P \approx U^2\omega C_s\tan\delta \tag{3-14}$$

用两种等效电路所得出的 $\tan\delta$ 和 P 理应相同，所以只要把式（3-11）与式（3-14）加以比较，即可得 $C_s \approx C_P$，说明两种等效电路中的电容值几乎相同，可以用同一电容 C 来表示。另外，由式（3-10）和式（3-12）可得 $r/R \approx \tan^2\delta$，可见 $r << R$（因为 $\tan\delta << 1$），所以串联等效电路中的电阻 r 要比并联等效电路中的电阻 R 小得多。

2. 液体电介质损耗

（1）非极性和弱极性液体电介质损耗

非极性和弱极性液体介质（如变压器油）的极化损耗很小，其损耗主要由电导引起，介质损耗角正切值（介质损耗因数）为

$$\tan\delta = \frac{\gamma}{\omega\varepsilon_0\varepsilon_r} = 1.8 \times 10^{10}\frac{\gamma}{f\varepsilon_r} \tag{3-15}$$

一般非极性和弱极性液体介质的电导率 γ 很小。低频下这类液体介质的 ε、P、$\tan\delta$ 与频率 ω 的关系如图 3-12 所示，而在高频下，由于极性杂质等因素影响，可能使 $\tan\delta$ 显著增大。

（2）极性液体电介质损耗

极性液体介质（如蓖麻油、氯化联苯等）除了电导损耗外，还存在极化损耗。它们的 $\tan\delta$ 与温度的关系要复杂一些，如图 3-13所示。图中的曲线变化可以这样来解释：在低温时，极化损耗和电导损耗都较小；

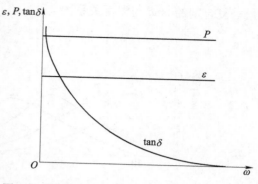

图 3-12　液体介质 ε、P、$\tan\delta$ 与频率 ω 关系图

随着温度的升高，液体的粘度减小，偶极子转向极化增强，电导损耗也在增大，所以总的 $\tan\delta$ 也上升，并在 $t=t_1$ 时达到极大值；在 $t_1<t<t_2$ 的范围内，由于分子热运动的增强妨碍了偶极子沿电场方向的有序排列，极化强度反而随温度的上升而减弱，由于极化损耗的减小超过了电导损耗的增加，所以总的 $\tan\delta$ 曲线随 t 的升高而下降，并在 $t=t_2$ 时达到极小值。在 $t>t_2$ 以后，由于电导损耗随温度急剧上升，极化损耗不断减小而退居次要地位，因而 $\tan\delta$ 就将随 t 的上升而持续增大了。

极性液体介质的 ε 和 $\tan\delta$ 与电源角频率 ω 的关系如图 3-14 所示。当 ω 较小时，偶极子的转向极化完全能跟上电场的交变，极化得以充分发展，此时的 ε 也最大。但此时偶极子单位时间的转向次数不多，因而极化损耗很小，$\tan\delta$ 也小，且主要由电导损耗引起。如 ω 减至很小时，$\tan\delta$ 反而又稍有增大，这是因为电容电流减小的结果。随着 ω 的增大，当转向极化逐渐跟不上电场的交变时，ε 开始下降，但由于转向频率增大仍会使极化损耗增加、$\tan\delta$ 增大。一旦 ω 大到偶极子完全来不及转向时，ε 值变得最小而趋于某一定值，$\tan\delta$ 也变得很小，因为这时只存在电子式极化了。在这样的变化过程中，一定有一个 $\tan\delta$ 的极大值，其对应的角频率为 ω_0。

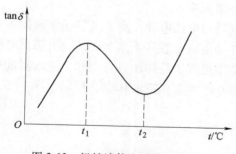

图 3-13　极性液体介质的 $\tan\delta$ 与
温度的关系

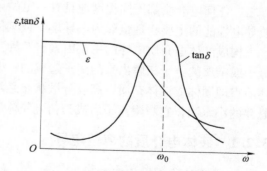

图 3-14　极性液体介质的 ε 和 $\tan\delta$ 与
电源角频率 ω 的关系图

油纸电力电缆用矿物油和松香的粘性复合浸渍剂，是一种极性液体介质。其中，矿物油是稀释剂，故油的成分增加时，复合剂的黏度减小，对应于一定频率下出现 $\tan\delta$ 最大值的温度就向低温移动，而恒温下出现的 $\tan\delta$ 最大值的频率就向高频移动。图 3-15 所示为工频

下松香复合剂的 tanδ 与温度关系图。

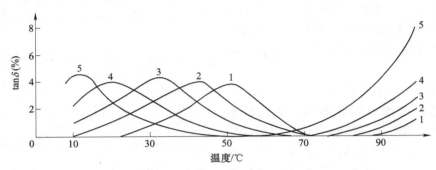

图 3-15　工频下松香复合剂的 tanδ 与温度关系图

3. tanδ 在工程实际中的应用

1）选择绝缘。设计绝缘结构时，必须注意绝缘材料的 tanδ，tanδ 过大会引起严重发热，容易使材料劣化，甚至导致热击穿。

2）在绝缘预防性试验中判断绝缘状况。当绝缘受潮或劣化时，tanδ 将急剧上升，绝缘内部是否存在局部放电，也可以通过 tanδ 与 U 的关系曲线加以判断。

3）介质损耗引起的发热有时也可以利用。例如，电瓷生产中对泥坯加热即是在泥坯两端加上交流电压，利用介质损耗发热加速泥坯的干燥过程。由于这种方法是利用材料本身介质损耗的发热，所以加热非常均匀。

3.2　液体电介质的电导

任何电介质都不可能是理想的绝缘体，它们内部总是或多或少地具有一些带电粒子（载流子），例如，可迁移的正、负离子以及电子、空穴和带电的分子团。在外电场的作用下，某些联系较弱的载流子会产生定向漂移而形成传导电流（电导电流或泄漏电流）。换言之，任何电介质都不同程度地具有一定的导电性，只不过其电导率很小而已，而表征电介质导电性能的主要物理量即为电导率 γ 或其倒数——电阻率 ρ。

构成液体电介质电导的主要因素有两种：离子电导和电泳电导。离子电导是由液体本身分子或杂质的分子离解出来的离子造成的；电泳电导是由荷电胶体质点造成的，所谓荷电胶体质点即固体或液体杂质以高度分散状态悬浮于液体中形成了胶体质点，例如，变压器油中悬浮的小水滴，它吸附离子后成为荷电胶体质点。本小节主要探究液体电介质的电导。

3.2.1　液体电介质的离子电导

1. 液体电介质中离子来源

离子电导可以分为本征离子电导和杂质离子电导。本征离子电导是指由组成液体本身的基本分子热离解而产生的离子，杂质离子是指由外来杂质分子或液体的基本分子老化的产物离解而生成的离子。极性液体分子和杂质分子在液体中仅有极少的一部分离解成为离子，可能参与电导。

离子电导的大小和分子极性及液体的纯净程度有关。非极性液体电介质本身分子的离解是极微弱的，其电导主要由离解性的杂质和悬浮于液体电介质中的荷电胶体质点所引起。纯净的非极性液体电介质的电阻率 ρ 可达 $10^{18}\Omega\cdot cm$，弱极性电介质 ρ 可达 $10^{15}\Omega\cdot cm$。对于偶极性液体电介质，极性越大，分子的离解度越大，ρ 为 $10^{10}\sim10^{12}\Omega\cdot cm$。强极性液体，如水、酒精等实际上已经是离子性导电液了，不能用作绝缘材料。表 3-3 列出了部分液体电介质的电导率和相对介电常数。

表 3-3　部分液体电介质的电导率和相对介电常数

液体种类	液体名称	温度/℃	相对介电常数	电导率/(S/cm)	纯净程度
中性	变压器油	80	2.2	0.5×10^{-12}	未净化
		80	2.1	2×10^{-15}	净化
		80	2.1	10^{-15}	两次净化
		80	2.1	0.5×10^{-15}	高度净化
极性	三氯联苯	80	5.5	10^{-11}	工程上应用
	蓖麻油	20	4.5	10^{-12}	工程上应用
强极性	水	20	8.1	10^{-7}	高度净化
	乙醇	20	25.7	10^{-8}	净化

2. 液体电介质中的离子迁移率

液体分子之间的距离远小于气体而与固体相接近，其微观结构与非晶态固体类似，液体分子的结构具有短程有序性。另一方面，液体分子的热运动比固体强，分子有强烈的迁移现象。可以认为液体中的分子在一段时间内是与几个邻近分子束缚在一起，在某一平衡位置附近作振动；而在另一段时间，分子因碰撞得到较大的动能，使它与相邻分子分开，迁移至与分子尺寸可相比较的一段路径后，再次被束缚。

液体中的离子所处的状态与分子相似，可用如图 3-16 的势能图来描述液体中离子的运动状态。

设离子为正离子，它们处于 A、B、C 等势能最低的位置上作振动，其振动频率为 ν，当离子的热振动能超过令邻近分子对它的束缚势垒时，离子即能离开其稳定位置而迁移，这种由于热振动而引起离子的迁移，在无外电场作用时也是存在的。

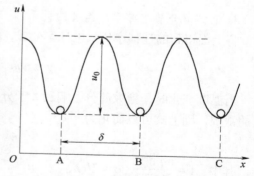

图 3-16　液体离子势能状态图

设离子在液体中迁移需要克服的势垒为 U，则液体中离子在加电场前后的势能曲线如图 3-17 所示：

单位时间单位体积内，沿电场方向迁移的载流子数量为

$$\Delta n = \frac{n}{6}\nu\left[\,e^{-(U-\Delta U)/KT} - e^{-(U+\Delta U)/KT}\,\right] \tag{3-16}$$

式中　n——单位体积中的离子数；

ν——离子在平衡位置的振动频率；

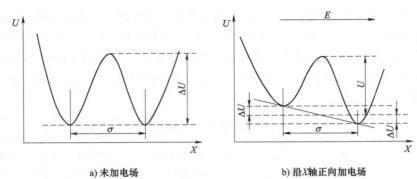

a) 未加电场　　　　　　　　　　b) 沿X轴正向加电场

图 3-17　液体中离子在加电场前后的势能曲线

ΔU——外加电场在距离 $\delta/2$ 上产生的势能变化，$\Delta U = q\rho\delta E/2$；

$\quad\delta$——离子平均迁移率。

在弱场作用下 $\Delta U = KT$ 时

$$e^{\pm\Delta U/KT} \approx 1 \pm \Delta U/KT \tag{3-17}$$

因此 Δn 为

$$\Delta n \approx \frac{nq\delta\nu}{6KT}e^{-U/KT}E \tag{3-18}$$

每个离子在电场方向的宏观平均漂移率为

$$v = \frac{\delta\Delta n}{n} = \frac{q\delta^2\nu}{6KT}e^{-U/KT}E \tag{3-19}$$

迁移率为

$$\mu = \frac{v}{E} = \frac{q\delta^2\nu}{6KT}e^{-U/KT} \tag{3-20}$$

3. 液体电介质电导率与温度的关系

将上面得到的迁移率代入电导率公式，就可以得到液体电介质中的离子电导率为

$$\gamma = nq\mu = \frac{nq^2\delta^2}{6KT}\nu e^{-U/KT} \tag{3-21}$$

当温度变化时，指数部分影响远大于分数部分，因此可以把分数部分近似看成与温度无关的常数，则上式可以简化为

$$\gamma = Ae^{-B/T} \tag{3-22}$$

其中，$A = \dfrac{nq^2\delta^2\nu}{6KT}$，$B = U/K$。

从上式可见，液体离子电导率与温度呈指数关系，当温度升高时，电导率呈指数迅速增大，反之则很快降低。

在工程实际中，往往采用摄氏温度 t，则液体介质的离子电导率可以表示为

$$\gamma = Ae^{-B/(273+t)} = Ae^{-B(273-t)/(273^2-t^2)} \tag{3-23}$$

当温度不高，即 $t^2 = 273^2$ 时，上式可以近似等价为

$$\gamma \approx Ae^{-B(273-t)/273^2} = Ae^{-\frac{B}{273}+\frac{B}{273^2}t} \tag{3-24}$$

可以进一步简写为

$$\gamma = Ce^{at} \tag{3-25}$$

其中，$C = Ae^{-\frac{B}{273}}$，$a = B/273^2$。

当 $t = 0℃$ 时，$\gamma_0 = C$，即为摄氏零度的电导率。则：

$$\gamma = \gamma_0 e^{at}$$

若用电阻率表示为 $\rho = \rho_0 e^{-at}$，其中 $\rho_0 = \dfrac{1}{\gamma_0}$。

若考虑到杂质离子的电导，则 $\gamma = A_1 e^{-B_1/T} + A_2 e^{-B_2/T}$，其中 A_1、B_1 和 A_2、B_2 为本征离子电导和杂质离子电导的有关常数。对于工程液体电介质，本征离子的迁移势垒 U 比杂质离子的迁移势垒大很多，杂质离子电导往往占主导地位，本征离子电导常被淹没。则：

$$\mathrm{In}\gamma = \mathrm{In}A - \frac{B}{T} \tag{3-26}$$

可以看出为一条直线。

3.2.2　液体电介质的电泳电导与华尔顿定律

1. 电泳电导

施加电场以后，胶粒沿电场方向漂移形成电流，称为电泳电导或胶粒电导。

液体中胶粒来源主要有：①尘埃、气泡、水分、液体及固体杂质等，线度在 1～100nm 范围内的颗粒悬浮在分散液体介质中成为胶粒；②液体电介质运输存放过程因氧化、受潮、受热的因素产生的有机酸、蜡状物等；③为改善液体电解质的性能，部分添加剂会以胶粒形式分散在液体介质中。

胶体电荷主要来源有：①胶粒本身含有可解离基团，如羧基羟基等，这些基团解离后胶粒带电；②不带电的杂质吸附液体中的杂质离子或本征离子而带电；③胶粒由于热运动摩擦带电。Cohen 经验规则：节点系数大的失电子带正电，另一项带负电。

2. 华尔顿（Walden）定律

设胶粒呈球形，球体半径 r，液体的相对介电常数为 ε_r，胶粒的带电量 q，它在电场 E 的作用下，受到的电场力为

$$F = qE = 4\pi\varepsilon_r\varepsilon_0 rU_0 E \tag{3-27}$$

则电泳电导率为

$$\gamma = n_0 q\mu = \frac{n_0 q^2}{6\pi r\eta} = \frac{8\pi r n_0 \varepsilon_r^2 U_0^2}{3\eta} \tag{3-28}$$

式中　η——液体电介质黏度。

则有

$$\gamma\eta = \frac{n_0 q^2}{6\pi r} = \frac{8\pi}{3} r n_0 \varepsilon_r^2 U_0^2 \tag{3-29}$$

在 n_0、ε_r、U_0、r 保持不变的情况下，$\gamma\eta$ 将为一常数，这一关系称为华尔顿（Walden）定律。

定律表明：某些液体介质的电泳电导率和黏度虽然都与温度有关，但电泳电导率与黏度

的乘积则可能为一个与温度无关的常数。

3. 液体电介质在强电场下的电导

在弱电场区，液体介质的电流正比于电场强度，遵循欧姆定律。当 $E \geqslant 10^7 \text{V/m}$ 的强电场区时，电流随电场强度呈指数关系增长，除极纯净的液体介质外，一般不存在明显的饱和电流区，如图 3-18 所示。

液体介质在强电场区（$E \geqslant E_2$）的电流密度按指数规律随电场强度增加而增加，即

$$j = j_0 e^{C(E-E_2)} \tag{3-30}$$

式中　j_0——液体介质在场强 $E = E_2$ 时的电流密度；

　　　C——常数。

式中可用离子迁移率和离子解离度在强电场中的增加来说明，在 $E > 2kT/q\delta$ 的强电场区，离子迁移率随场强增加而增加，可以写为

$$\mu = \frac{\delta \nu}{6E} e^{-\frac{u_0}{kT}} e^{\frac{q\delta E}{2kT}} = \frac{B}{E} e^{CE} \tag{3-31}$$

$$j = n_0 q \mu E = n_0 q B e^{CE} \tag{3-32}$$

以 $E = E_2$ 时的电流密度代入上式，得

$$j = j_0 e^{C(E-E_2)} \tag{3-33}$$

其中，$j_0 = n_0 q B e^{CE_2}$。

液体电介质在强电场下电导有电子碰撞电离的特点，图 3-19 表明液体介质在强电场下的电导可能是电子电导所引起的。强极性液体电介质的加入可以使弱电场下的离子电导增加，使电子电导下降。

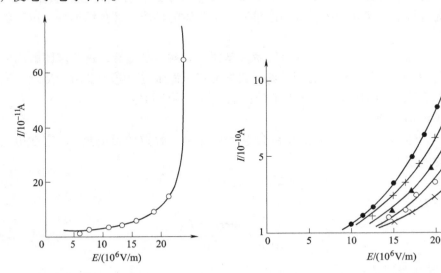

图 3-18　纯净二甲苯电流与电场的关系　　图 3-19　净化环己烷的电流与电场关系（不同电极距离）

3.3　液体电介质的击穿

一旦作用于液体介质的电场强度增大到一定程度时，在介质中出现的电气现象就不再限于前面介绍的极化、电导和介质损耗了。与气体介质相似，液体介质在强电场（高电压）

的作用下，也会出现由介质转变为导体的击穿过程。本节介绍液体介质的击穿理论、击穿过程特点和影响其电气强度的因素。

工程中实际使用的液体介质并不是完全纯净的，往往含有水分、气体、固体微粒和纤维等杂质，它们对液体介质的击穿过程均有很大的影响。因此，本节中除了介绍纯净液体介质的击穿机理外，还将探讨工程用绝缘油的击穿特点。

目前，对液体电介质击穿机理的研究远不及对气体电介质击穿机理的研究，还提不出一个较为完善的击穿理论。其主要原因在于：纯净的液体电介质和工程用的液体电介质的击穿机理有很大不同，工程用液体电介质中总含有某些气体、液体或固体杂质，这些杂质的存在对液体电介质的击穿过程影响很大，需分别讨论。

3.3.1　高度纯净去气液体电介质的电击穿理论

电子碰撞电离理论：纯净的液体电介质中总会存在一些离子，它们或由液体分子受自然界中射线的电离作用而产生，或由液体中微量杂质受电场的解离作用而产生。对纯净的液体电介质施加电压，液体中的离子在电场作用下运动而形成电流。电场较弱时，随电压的上升，电流呈线性增加。当电场逐渐增强时，由于越来越多的离子已经参与了导电，随着电压的进一步升高，电流呈现出不十分明显的饱和趋向。此时液体电介质中虽有电流流过，但数值甚微，液体仍具有较高的电阻率。当电场强度超过 1MV/cm 时，液体电介质中原有的少量自由电子，以及因场致发射或因强电场作用增强了的热电子发射而脱离阴极的电子，在电场作用下运动、加速、积累能量、碰撞液体分子，而且以一定的概率使液体电介质的分子电离。只要电场足够强，电子在向阳极运动的过程中，就不断碰撞液体分子，使之电离，致使电子迅速增加。因碰撞电离而产生的正离子移动至阴极附近，增强了阴极表面的场强，促使阴极发射的电子数增多。这样，电流急剧增加，液体电介质失去绝缘能力，发生击穿。

纯净液体介质的电击穿理论与气体放电汤逊理论中 α、γ 的作用有些相似。但是液体的密度比气体大得多，电子的平均自由行程很小，积累能量比较困难，必须大大提高电场强度才能开始碰撞电离，所以纯净液体介质的击穿场强要比气体介质高得多（约高一个数量级）。

由电击穿理论可知：纯净液体的密度增加时，击穿场强会增大；温度升高时液体膨胀，击穿场强会下降；由于电子崩的产生和空间电荷层的形成需要一定时间，当电压作用时间很短时，击穿场强将提高，因此液体介质的冲击击穿场强高于工频击穿场强（冲击系数 $\beta>1$）。

3.3.2　含气纯净液体电介质的气泡击穿理论

气泡击穿理论：纯净液体电介质在电场作用下生成气泡是气泡击穿理论的基础。当纯净液体电介质承受较高电场强度时，在其中产生气泡的原因有：①因场致发射或因强电场作用加强了的热电子发射而脱离阴极的电子，在电场作用下运动形成电子电流，使液体发热而分解出气泡；②电子在电场中运动，与液体电介质分子碰撞，导致液体分子解离产生气泡；③电极表面粗糙，突出物处的电晕放电使液体气化生成气泡；④电极表面吸附的气泡表面积聚电荷，当电场力足够时，气泡将被拉长。液体电介质中出现气泡后，在足够强的电场作用下，首先气泡内的气体电离，气泡温度升高、体积膨胀，电离进一步发展。与此同时，带电粒子又不断撞击液体分子，使液体分解出气体，扩大了气体通道。电离的气泡或在电极间形成连续小桥，或畸变了液体电介质中的电场分布，导致液体电介质击穿。

实验证明，液体介质的击穿场强与其静压力密切相关，这表明液体介质在击穿过程的临界阶段可能包含着状态变化，这就是液体中出现了气泡。因此，有学者提出了气泡击穿机理。

在交流电压下，串联介质中电场强度的分布是与介质的 C 成反比的。由于气泡的 C 最小（≈ 1），其电气强度又比液体介质低很多，所以气泡必先发生电离。气泡电离后温度上升、体积膨胀、密度减小，这促使电离进一步发展。电离产生的带电粒子撞击油分子，使它又分解出气体，导致气体通道扩大。如果许多电离的气泡在电场中排列成气体小桥，击穿就可能在此通道中发生。

如果液体介质的击穿因气体小桥而引起，那么增加液体的压力，就可使其击穿场强有所提高。因此，在高压充油电缆中总要加大油压，以提高电缆的击穿场强。

3.3.3 工程纯液体电介质的杂质击穿

1. 小桥理论及杂质击穿

小桥理论：工程用液体电介质中含有水分和纤维、金属末等固体杂质。在电场作用下，水滴、潮湿纤维等介电常数比液体电介质大的杂质将被吸引到电场强度较大的区域，并顺着电力线排列起来，在电极间局部地区构成杂质小桥。小桥的电导和介电常数都比液体电介质的大，这就畸变了电场分布，使液体电介质的击穿场强下降。如果杂质足够多，则还能构成贯通电极间隙的小桥。杂质小桥的电导大，因而小桥将因流过较大的泄漏电流而发热，使液体电介质及所含水分局部气化，而击穿将沿此气体桥发生。

工程用液体电介质中总含有一些杂质，主要是气体、水分和纤维。这些杂质是在液体电介质的生产、运行中混入的。工程上要得到高度纯净的液体电介质是非常困难的，因为其提纯工艺很复杂。在电气设备的制造和运行中，不可避免地会掺入杂质，如注入液体电介质的过程中会混入空气，液体电介质与大气接触时会发生氧化，并吸入气体和水分；运行中液体本身也会老化，分解出气体、水分和聚合物；固体绝缘材料（纸或布）上也会有纤维脱落到液体电介质中。杂质的存在使工程用液体电介质的击穿具有了新的特点，一般用"小桥"理论来说明工程用液体电介质的击穿过程。

"小桥"理论认为，由于液体电介质中的水和纤维的相对介电常数（分别为 81，6~7）比油的相对介电常数（1.8~2.8）大得多，这些杂质很容易极化并沿电场方向定向排列成杂质的"小桥"。当杂质"小桥"贯穿两极时，在电场作用下，由于组成此小桥的水分和纤维的电导较大，使泄漏电流增加，从而使"小桥"急剧发热，油和水分局部沸腾汽化，形成"气体桥"。气体中的电场强度要比油中高很多（与相对介电常数成反比），而气体的耐电强度比油的低很多，最后沿此"气体桥"击穿。这种形式的击穿包含热过程，所以属于热击穿的范畴。

2. 影响液体电介质击穿电压的因素

（1）液体电介质本身品质的影响

液体电介质的品质决定于其所含杂质多少。含杂质越多，品质越差，击穿电压越低。对液体电介质，通常用标准试油器（又称标准油杯）按标准试验方法求得的工频击穿电压来衡量其品质的优劣，而不用击穿场强值。因为即使是均匀场，击穿场强也随间隙距离的增大而明显下降。

我国国家标准 GB/T 507—2002 对标准油杯推荐了两种电极：一种为球形电极；另一种为球盖形电极，电极材料为黄铜或不锈钢。球形电极由两个直径为 12.5~13.0mm 的球电极组成，电极间距离为 2.5mm；球盖形电极由两个直径为 36mm 的球盖形电极组成，电极间距离也为 2.5mm，如图 3-20 所示。标准油杯的器壁为透明的有机玻璃。

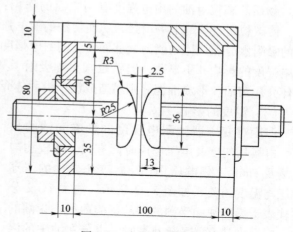

图 3-20　标准油杯示意图

必须指出，在标准试油器中测得的油的耐电强度只能作为对油的品质的衡量标准，不能用此数据直接计算在不同条件下油间隙的耐受电压，因为同一种油在不同条件下的耐电强度是有很大差别的。

下面以变压器油为例具体讨论变压器油本身的某些品质对耐电强度的影响。

1）含水量：水分在油中有 3 种存在方式，当含水量极微小时，水分以分子状态溶解于油中，这种状态的水分对油的耐电强度影响不大；当含水量超过其溶解度时，多余的水分便以乳化状态悬浮在油中，这种悬浮状态的小水滴在电场作用下极化易形成小桥，对油的耐电强度有很强烈的影响。图 3-21 所示是在标准油杯中测出的变压器油的工频击穿电压与含水量的关系。由图可见，在常温下，只要油中含有 0.01% 的水分，就会使油的击穿电压显著下降。当含水量超过 0.02% 时，多余的水分沉淀到油的底部，因此击穿电压不再降低。

2）含纤维量：当油中有纤维存在时，在电场力的作用下，纤维将沿着电场方向极化排列形成杂质小桥，使油的击穿电压大大下降。纤维又具有很强的吸附水分的能力，吸湿的纤维对击穿电压的影响更大。

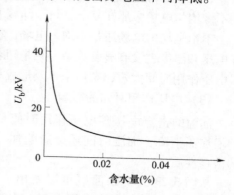

3）含气量：绝缘油能够吸收和溶解相当数量的气体，其饱和溶解量主要由气体的化学成分、气压、油温等因素决定。温度对油中气体饱和溶解量的影响随气体种类而异，没有统一的规律。气压升高时，各种气体在油中的饱和溶解量都会增加，所以油的脱气处理通常都在高真空下进行。

图 3-21　变压器油工频击穿电压有效值（标准油杯中）与含水量关系

溶解于油中的气体在短时间内对油的性能影响不大，主要只是使油的黏度和耐电强度稍有降低。它的主要危害有两种：一是当温度、压力等外界条件发生改变时，溶解在油中的气体可能析出，成为自由状态的小气泡，容易导致局部放电，加速油的老化，也会使油的耐电强度有较大的降低；二是溶解在油中的氧气经过一定时间会使油逐渐氧化，酸价增大，并加速油的老化。

4）含碳量：某些电气设备中的绝缘油在运行中常受到电弧的作用。电弧的高温会使绝缘油分解出气体（主要为氢气和烃类气体）、液体（主要为低分子烃类）及固体（主要为碳粒）物质。碳粒对油的耐电强度有两方面的作用：一方面，碳粒本身为导体，它散布在油中，使碳粒附近局部电场增强，从而使油的耐电强度降低；另一方面，新生的活性碳粒有很强的吸附水分和气体的能力，从而使油的耐电强度提高。总的来说，细而分散的碳粒对油的耐电强度的影响并不显著，但碳粒（再加吸附了某些水分和杂质）逐渐沉淀到电气设备的固体介质表面，形成油泥，则易造成油中沿固体介质表面的放电，同时也影响散热。

（2）温度的影响

温度对变压器油耐电强度的影响和油的品质、电场均匀度及电压作用时间有关。在较均匀电场及 1min 工频电压作用下，变压器油的击穿电压与温度的关系如图 3-22 所示。曲线 1、2 分别代表干燥的油和受潮的油的试验曲线。受潮的油，当温度从 0℃ 逐渐升高时，水分在油中的溶解度逐渐增大，一部分乳化悬浮状态的水分就转化为溶解状态，使油的耐电强度逐渐增大；当温度超过 60~80℃ 时，部分水分开始汽化，使油的耐电强度降低；当油温稍低于 0℃ 时，呈乳化悬浮状态的水分最多，此时油的耐电强度最低；温度再低时水分结成冰粒，冰的介电常数与油相

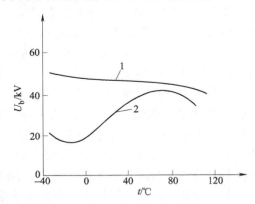

图 3-22　标准油杯中变压器油工频
击穿电压有效值与温度的关系
1—干燥的油　2—潮湿的油

近，对电场畸变的程度减弱，因而油的耐电强度又逐渐增加。对于很干燥的油，就没有这种变化规律，油的耐电强度只是随着温度的升高单调地降低。

在极不均匀电场中，油中的水分和杂质不易形成小桥，受潮的油的击穿电压和温度的关系不像均匀电场中那样复杂，只是随着温度的上升，击穿电压略有下降。

不论是均匀电场还是不均匀电场，在冲击电压作用下，即使是品质较差的油，油隙的击穿电压和温度也没有显著关系，只是随着温度的上升，油隙的击穿电压稍有下降。主要是冲击电压作用时间太短，杂质来不及形成小桥的缘故。

（3）电压作用时间的影响

油隙的击穿电压随电压作用时间的增加而下降，加压时间还会影响油的击穿性质。

从图 3-23 的两条曲线可以看出：在电压作用时间短至几个微秒时，击穿电压很高，击穿有时延特性，属电击穿；电压作用时间为数十到数百微秒时，杂质的影响还不能显示出来，仍为电击穿，这时影响油隙击穿电压的主要因素是电场的均匀程度；电压作用时间更长时，杂质开始聚集，油隙的击穿开始出现热过程，于是击穿

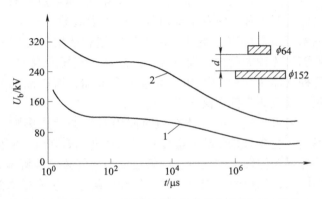

图 3-23　变压器油击穿电压峰值与电压作用时间关系
1—d=6.35mm　2—d=25.4mm

电压再度下降，为热击穿。

在电压作用时间很短时（小于毫秒级），击穿电压随时间的变化规律和气体电介质的伏秒特性相似，具有纯电击穿的性质；电压作用时间越长，杂质成桥，介质发热越充分，击穿电压越低，属于热击穿。对一般不太脏的油，做 1min 击穿电压和长时间击穿电压的试验结果差不多，故做油的耐压试验，只做 1min。

（4）电场情况的影响

保持油温不变，而改善电场的均匀度，能使优质油的工频击穿电压显著增大，也能大大提高其冲击击穿电压。品质差的油含杂质较多，故改善电场对于提高其工频击穿电压的效果也较差。在冲击电压下，由于杂质来不及形成小桥，故改善电场总是能显著提高油隙的冲击击穿电压，而与油的品质好坏几乎无关。

（5）压力的影响

不论电场均匀与否，当压力增加时，工程用变压器油的工频击穿电压会随之升高，这个关系在均匀电场中更为显著。其原因是随着压力的增加，气体在油中的溶解度增加，气泡的局部放电起始电压也提高，这两个因素都将使油的击穿电压提高。若除净油中所含气体或在冲击电压作用下，则压力对油隙的击穿电压几乎没有什么影响。这说明油隙的击穿电压随压力的增加而升高的原因在于油中含有气体。总的来说，即使是较均匀电场，油隙的击穿电压随压力的增大而升高的程度远不如气隙。

由于油中气泡等杂质不影响冲击击穿电压，故油压大小也不影响冲击击穿电压。

从以上讨论中可以看出，油中杂质对油隙的工频击穿电压有很大的影响，所以对于工程用油来说，应设法减少杂质的影响，提高油的品质。通常可以采用过滤、防潮、祛气等方法来提高油的品质，在绝缘设计中则可利用"油-屏障"式绝缘（例如，覆盖层、绝缘层和隔板等）来减少杂质的影响，这些措施都能显著提高油隙的击穿电压。

3. 提高液体电介质击穿电压的方法

（1）提高并保持油品质

提高并保持油品质最常用的方法如下：

1）过滤。将油在压力下连续通过滤油机中的大量滤纸层，油中的杂质（包括纤维、碳粒、树脂、油泥等）被滤纸阻挡，油中大部分的水分和有机酸等也被滤纸纤维吸附，从而大大提高了油的品质。若在油中加一些白土、硅胶等吸附剂，吸附油中的水分、有机酸等，然后再过滤，效果会更好。

2）防潮。油浸式绝缘在浸油前必须烘干，必要时可用真空干燥法去除水分；在油箱呼吸器的空气入口放干燥剂，以防潮气进入。

3）祛气。常用的方法是先将油加热，在真空中喷成雾状，油中所含水分和气体即挥发并被抽走，然后在真空条件下将油注入电气设备中。

（2）采用"油-屏障"式绝缘

1）覆盖层。覆盖层是指紧贴在金属电极上的固体绝缘薄层，通常用漆膜、黄蜡布、漆布带等做成。由于它很薄（<1mm），所以它并不会显著改变油中电场分布。它的作用主要是使油中的杂质、水分等形成的"小桥"不能直接与电极接触，从而减小了流经杂质小桥的电流，阻碍了杂质"小桥"中热击穿过程的发展。覆盖层的作用显然是与杂质"小桥"密切相关的，在杂质"小桥"的作用比较显著的场合，覆盖层的效果就会较强，反之就会

较弱。

实验结果表明，油本身品质越差、电场越均匀、电压作用时间越长，则覆盖层对提高油隙击穿电压的效果就越显著，且能使击穿电压的分散性大为减小。对一般工程用的油，在工频电压作用下，覆盖层的效果大致为：在均匀电场、稍不均匀电场和极不均匀电场中，覆盖层可使油隙的工频击穿电压分别提高 100%~70%、70%~50%、50%~20%。实验结果还表明，覆盖层上如有个别穿孔或击穿（但无明显烧焦者）等情况对油隙击穿电压没有很大影响，这可能是杂质"小桥"和电极接触点的位置具有概率统计性质的缘故。在冲击电压作用下，覆盖层几乎不起什么作用。

2）绝缘层。绝缘层在形式上就像加厚了的覆盖层（有的厚度可达几十毫米）。绝缘层不仅能起覆盖层的作用，减小杂质的有害影响，而且它能承担一定的电压，可改善电场的分布。它通常只用在不均匀电场中，包在曲率半径较小的电极上，由于固体绝缘层的介电常数比油大，因此能降低绝缘层所填充的部分空间的场强；固体绝缘层的耐电强度也较高，不会在其中造成局部放电。固体绝缘层的厚度应使其外缘处的曲率半径已足够大，致使此处油中的场强已减小到不会发生电晕或局部放电的程度。变压器高压引线、屏蔽环以及充油套管的导电杆上都包有绝缘层。

3）屏障。屏障又称极间障或隔板，是放在电极间油间隙中的固体绝缘板（层压纸板或层压布板），其形状可以是平板、圆筒、圆管等，厚度通常为 2~7mm，主要由所需机械强度来决定。屏障的作用一方面是阻隔杂质"小桥"的形成；另一方面和气体电介质中放置屏障的作用类似，在极不均匀电场中，曲率半径小的电极附近场强高，会先发生游离，游离出的带电粒子被屏障阻挡，并分布在屏障的一侧，使另一侧油隙中的电场变得比较均匀。从而能提高油间隙的击穿电压。

在极不均匀电场（如棒-板）中，在工频电压作用下，当屏障与棒极距离 S' 为总间隙距离 S 的 15%~25% 时，屏障的作用最大，此时，油隙的击穿电压可达无屏障时的 200%~250%。当屏障过分靠近棒极时，有可能引起棒极与屏障之间的局部击穿，使屏障逐渐被破坏。

在较均匀电场中，屏障的最优位置仍在 $S'/S \approx 0.25$ 处，但此时油隙的平均击穿电压只能提高 25%，不过它能使击穿电压的分散性减小。

为了使屏障能充分发挥作用，屏障的面积应足够大，以避免绕过其边缘的放电，最好是将屏障的形状做成与电极的形状接近相似并包围电极。屏障的厚度超过机械强度所要求的厚度是不必要的，而且是没有好处的。特别在较均匀电场中，由于屏障材料的介电常数比油大得多，过厚的屏障，反而会增大油隙中的场强。

在较大的油间隙中若合理地布置几个屏障，可使击穿电压进一步提高。

在冲击电压作用下，油中杂质来不及形成"小桥"，所以屏障的作用就很小了。

（3）采用真空注油工艺

变压器油中含有较多空气时，其中的氧气与油发生氧化老化，而油中的气泡在电场作用下产生局部放电，使气泡附近的油产生分解老化。

（4）采用密封式储油柜

采用隔膜式、胶囊式及金属膨胀器式等密封式储油柜，使变压器油与外界空气隔离，从而使油对氧气的吸收作用限制到最小限度。另外，用压力释放阀代替密封性能不佳的安全气道，避免氧气、水分与变压器内部的油相接触。

（5）避免金属与油直接接触

金属材料中铜对油的触媒作用最强，但铜又是变压器中的主要材料，因此应特别注意尽量避免铜与油直接接触。

（6）防止日光照射

变压器中经常暴露在阳光下的油的数量虽然不多，但日光的触媒作用必须设法避免。一般变压器的油位指示器及高压套管的玻璃储油柜等本身的油量是很少的，但若过分劣化后，即可成为全部油劣化的诱导体。通常，防止日光照射老化的措施有如下：①变压器储油柜采用指针式油位计，若用管式油位计时，应使油位计玻璃管中的油与储油柜中的油隔开，如带小胶囊油位计结构；②套管油位的指示器可只留一条狭窄的缝隙，以减少日光的照射面积；也可用适当颜色的玻璃，以降低透入光线的作用。

（7）添加抗氧化剂

在新油出厂前加入抗氧化剂，可以有效地抑制油的氧化作用。

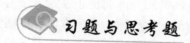 习题与思考题

3-1　电介质极化的基本形式有哪些？各有什么特点？

3-2　如何用电介质极化的微观参数去表征宏观现象？

3-3　非极性和极性液体电介质中主要极化形式有什么区别？

3-4　极性液体的介电常数和温度、电压、频率有什么样的关系？

3-5　液体电介质的电导是如何形成的？电场强度对其有何影响？

3-6　目前液体电介质的击穿理论主要有哪些？

3-7　液体电介质中气体对其电击穿的影响是什么？

3-8　水分和固体杂质对液体电介质的绝缘性能有何影响？

3-9　如何提高液体电介质的击穿电压？

第 4 章

绝缘的预防性试验

预防性试验是电力设备运行和维护工作中一个重要环节，是保证电力设备安全运行的有效手段之一。无论是高压电气设备还是带电作业安全用具，它们都有各自的绝缘结构。这些设备和用具工作时要受到来自内部的和外部的比正常额定工作电压高得多的过电压的作用，可能使绝缘结构出现缺陷，成为潜伏性故障。另一方面，伴随着运行过程，绝缘本身也会出现发热和自然条件下的老化而降低。预防性试验就是针对这些问题和可能，为预防运行中的电气设备绝缘性能改变发生事故而制订的一整套系统的绝缘性能诊断、检测的手段和方法。

本章将介绍绝缘电阻、吸收比与泄漏电流的测量、介质损耗角正切值的测量、局部放电的测量、绝缘油性能检测等内容。

4.1 绝缘电阻、吸收比与泄漏电流的测量

4.1.1 绝缘电阻与吸收比的测量

绝缘电阻：电介质和绝缘结构的最基本特性参数。通常取绝缘电阻表测量 60s 后的数值。

电气设备中大多采用组合绝缘和层式结构，因此当施加直流电压时都会出现明显的吸收现象，这会使外电路中产生一个随时间衰减的吸收电流。通常利用电流衰减过程中的两个瞬间测得两个电流值或两个相应的绝缘电阻值的比值（称为吸收比）来检验绝缘是否严重受潮或存在局部缺陷。

泄漏电流：在外加电压相当长的时间后，介质中的电流趋近一稳定值，即泄漏电流。测量泄漏电流从原理上与测量绝缘电阻是类似的，但测量泄漏电流需施加的直流电压要高得多，能发现用绝缘电阻表所不能显示的某些缺陷，具有一些独特的优势。

1. 多层介质的吸收现象

由于许多电气设备的绝缘都是多层的，如电机中使用的云母带，就是用胶把纸、绸或玻璃布和云母片粘合制成的；再如充油电缆和变压器等绝缘中用的是油和纸。

合上 S，将直流电压 U 加到绝缘上后，电流表 A 的读数变化如图 4-1 所示，开始电流很大，之后逐渐减小，最终等于 I_g，当试品容量很大时，这种减小的过程很缓慢。Q_a 为吸收的电荷，这种现象即"吸收现象"。

阴影部分的面积为绝缘在充电过程中逐渐"吸收"的电荷。

这种逐渐"吸收"电荷的现象叫做"吸收现象",对应的电流称为吸收电流。它是由于介质中偶极子逐渐转向,并沿电场方向排列而产生的。

因为多层电介质中的吸收现象与双层基本一致,因此这里以两层电介质为例,原理图如图 4-2 所示,等效电路图中通过电阻 R 和 C 并联表示每层的绝缘,每层绝缘的 R 和 C 承受电压相同。为了表示方便,电阻用电导 G_1、G_2 表示。

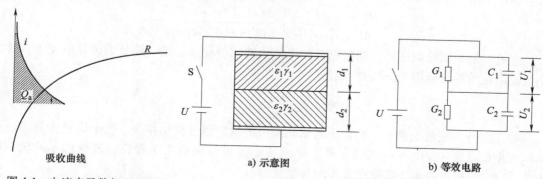

图 4-1　电流表示数与电阻变化

图 4-2　直流电压作用域双层介质

在开关 S 将电路合闸到直流电压 U 时,在电路中最先出现的是电容电流 i_c,这个电流会随时间逐渐衰减至 0,因为该过程时间极短,因此,分析吸收现象时可以不考虑。

为了讨论吸收现象引起的过渡过程。一般都选取开关 S 合闸作为时间 t 的起点,在 $t=0+$ 的极短时间内,层间电压分布为

$$U_{10} = U \frac{C_2}{C_1 + C_2} \tag{4-1}$$

$$U_{20} = U \frac{C_1}{C_1 + C_2} \tag{4-2}$$

当达到稳态时($t \to \infty$),层间电压改为按电阻分配

$$U_{1\infty} = U \frac{R_1}{R_1 + R_2} \tag{4-3}$$

$$U_{2\infty} = U \frac{R_2}{R_1 + R_2} \tag{4-4}$$

而稳态电流将变为电导电流

$$I_g = \frac{U}{R_1 + R_2} \tag{4-5}$$

由于存在吸收现象,$U_{10} \neq U_{1\infty}$,$U_{20} \neq U_{2\infty}$,在这个过程中层间电压变化为

$$u_1 = U\left[\frac{R_1}{R_1 + R_1} \right] + \left(\frac{C_1}{C_1 + C_2} - \frac{R_1}{R_1 + R_1} \right) e^{-\frac{t}{\tau}} \tag{4-6}$$

$$u_2 = U\left[\frac{R_2}{R_1 + R_1} \right] + \left(\frac{C_2}{C_1 + C_2} - \frac{R_2}{R_1 + R_1} \right) e^{-\frac{t}{\tau}} \tag{4-7}$$

其中,τ 为电路过渡过程的时间常数,其计算式为

$$\tau = (C_1 + C_2)\frac{R_1 R_2}{R_1 + R_2} \tag{4-8}$$

流过双层介质的电流 i 为

$$i = i_{R_1} + i_{C_1} \tag{4-9}$$

$$i = i_{R_2} + i_{C_2} \tag{4-10}$$

如选用第一个方程式，则

$$i = \frac{u_1}{R_1} + C_1\frac{\mathrm{d}u_1}{\mathrm{d}t} = \frac{U}{R_1 + R_2} + \frac{U(R_2 C_2 - R_1 C_1)^2}{(C_1 + C_2)^2(R_1 + R_2)R_1 R_2}\mathrm{e}^{-\frac{t}{\tau}} \tag{4-11}$$

可见，加上试验电压后，流过试品的电流由两部分构成：第一部分为传导电流 I_g，其大小与试品总的绝缘电阻 $R_1 + R_2$ 成反比；

$$I_g = \frac{U}{R_1 + R_2} \tag{4-12}$$

第二部分为吸收电流 i_a，其大小与试品绝缘的均匀程度密切相关。若绝缘较为均匀，则 $R_2 C_2 \approx R_1 C_1$（即 $C_2/C_1 \approx G_2/G_1$），吸收电流很小，吸收现象几乎没有；若绝缘不均匀，则 $R_1 C_1$ 与 $R_2 C_2$ 相差很大，吸收现象将非常明显。

此外，若试品绝缘受潮严重，或绝缘内部有集中性导电通道，则绝缘电阻值显著降低，I_g 大大增加，i_a 迅速衰减。

当试验电压 U 一定时，测得的试品绝缘电阻 R 与当时的 i 成反比。则此时的 R 随时间的变化如图 4-1 所示。

2. 绝缘电阻与吸收比的测量

当试品绝缘中存在贯通的集中性缺陷时，反映 I_g 的绝缘电阻往往明显下降，此时用绝缘电阻表检查可以发现。

对于许多电气设备，反映 I_g 的绝缘电阻往往变动很大，因为它总是与试品的体积尺寸有关，往往难以给出一定的绝缘电阻判断标准。通常，把处于同样运行条件下的不同相的绝缘电阻进行比较，或者把这一次的绝缘电阻与过去测得的结果进行比较，以便发现问题。

对于电容量较大的设备，如电机、变压器、电容等，利用吸收现象中的吸收比更易于判断绝缘状态。因为吸收比是同一个试品的绝缘电阻比值，与电气设备的体积尺寸无关。

温度上升时，电阻值下降，电阻随温度的增加而减小的程度由于绝缘吸潮而变小，说明绝缘劣化的可能性增大。

通常所说的绝缘电阻特指吸收电流 i_a 按指数规律衰减完毕后测得的稳态电阻值，当在绝缘上施加一直流电压 U 时，此电压与出现的电流 i 之比即为绝缘电阻，但在吸收电流分量尚未衰减完毕时，呈现的电阻值是不断变化的，即

$$R(t) = \frac{U}{i} = \frac{U}{\dfrac{U}{R_1 + R_2} + \dfrac{U(R_2 C_2 - R_1 C_1)^2}{(C_1 + C_2)^2(R_1 + R_2)R_1 R_2}\mathrm{e}^{-\frac{t}{\tau}}} \tag{4-13}$$

简化后得

$$R(t) = \frac{(C_1 + C_2)^2(R_1 + R_2)R_1 R_2}{(C_1 + C_2)^2 R_1 R_2 + (R_2 C_2 - R_1 C_1)^2\mathrm{e}^{-\frac{t}{\tau}}} \tag{4-14}$$

如令上式中 $t \to \infty$，则此时电阻等于两层介质的电阻串联值。

由于测试十分简便，因而利用仪表测量这一稳态绝缘电阻值以判断绝缘状态是应用得最普遍的一种试验方法。它能相当有效地揭示绝缘整体受潮、局部严重受潮、存在贯穿性缺陷等情况，因为在这些情况下，绝缘电阻值显著降低，I_g 将显著增大，而 i_a 迅速衰减。但是这种方法也有自己的不足之处和局限性。例如：

1）大型设备（例如大型发电机、变压器等）的吸收电流很大，延续时间也较长，可达数分钟，甚至更长。这时要测得稳态阻值，就要花较长的时间。

2）有些设备（例如，电机），由 I 反映的绝缘电阻往往有很大的变化范围，与该设备的体积尺寸（或其容量）大小有密切关系，因而难以给出一定的绝缘电阻判断标准，只能把这次测得的绝缘电阻值与过去所测得者进行比较来发现问题。

正由于此，对于某些大型被试品（例如，大容量电机、变压器等），往往用测"吸收比"的方法来代替单一稳态绝缘电阻的测量。定义吸收比 K 为 60s 和 15s 时的绝缘电阻之比：如果令 $t=15s$ 和 $t=60s$ 瞬间的两个电流值 I_{15} 和 I_{60} 所对应的绝缘电阻值分别为 R_{15} 和 R_6，则比值

$$K_1 = \frac{R_{60}}{R_{15}} = \frac{I_{15}}{I_{60}} \tag{4-15}$$

即为"吸收比"。在一般情况下，R_{60} 已接近于稳态绝缘电阻值 R_∞。

吸收比之值恒大于 1，且 K_1 值越大，表示吸收现象越显著、绝缘的性能越好。一旦绝缘受潮，电导电流分量将显著增大，吸收电流衰减很快，在 $t=15s$ 时，I_{15} 已经衰减很多，因而 K_1 值减小，其极限值为 1。

如果绝缘状态良好，吸收现象显著，K_1 值将远大于 1（例如，≥ 1.3）；反之，当绝缘受潮严重或有大的缺陷时，I_g 显著增大，而 i 在 $t=15s$ 时就已衰减得差不多了，因而 K_1 值变小，更接近于 1 了。不过，一概以 $K_1 \geq 1.3$ 作为设备绝缘状态良好的标准也不尽合适，例如，油浸变压器有时会出现下述情况：有些变压器的 K_1 虽大于 1.3，但 R 值却较低；有些 $K_1 < 1.3$，但 R 值却很高。所以应将 R 值和 K_1 值结合起来考虑，才能做出比较准确的判断。

对于大型电机和变压器，由于电容量大，吸收时间常数大，有时会出现电阻很大但吸收比较小的矛盾，故采用 10min 和 1min 时的绝缘电阻之比，即极化指数 $PI = R_{10min} / R_{1min}$ 来判断。

比如，对于超高压大容量变压器绝缘，要求常温下吸收比不低于 1.3，或者极化指数不低于 1.5，或者采用泄漏比分析。

泄漏比 LI：加电压 10min 后的电流和极间短路放电 10min 后电流数值之比，如果发电机线圈绝缘，常温下 LI<30 为正常状态，否则为受潮状态。

虽然有时集中缺陷发展得很严重，但其绝缘电阻与吸收比都很高，这是因为这些缺陷没有贯通的原因，因此，单纯测量绝缘电阻或吸收比的方法并不可靠。

3. 绝缘电阻表的接线及使用方法

绝缘电阻通常都用绝缘电阻表来测量。用绝缘电阻表来测量电气设备的绝缘电阻被广泛地运用在常规绝缘试验中。图 4-3 是手摇式绝缘电阻表原理接线图，它的磁电系测量机构的固定部分包括永久磁铁、极掌和铁心。铁心与磁极间的气隙中有不均匀磁场；可动部分包括电压线圈 LV 和电流线圈 LA，它们的绕向相反，但

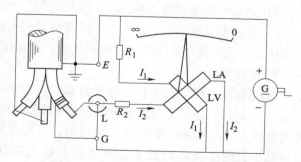

图 4-3　手摇式绝缘电阻表原理接线图

装在同一转轴上，并可以带动指针旋转。

4. 绝缘电阻表的工作原理

I_1——通过电阻 R_1 和电压线圈 LV。

I_2——通过被试电阻 R_2 和电流线圈 LA。

当摇动发电机产生直流电压 U 之后，电流会通过两个线圈。在同一磁场中 I_1、I_2 产生的力矩方向相反。

$$M_1 = I_1 F_1(\alpha) ; M_2 = I_2 F_2(\alpha) \tag{4-16}$$

$F_1(\alpha)$、$F_2(\alpha)$ 随指针转动角度改变，与磁通密度在气隙中不均匀分布程度有关。

在力矩差的作用下，使可动部分旋转。当到达平衡时，$M_1 = M_2$，指针偏转的角度为

$$\alpha = f\left(\frac{I_1}{I_2}\right) = f\left(\frac{R_2 + R_x}{R_1}\right) = f(R_x) \tag{4-17}$$

因此，指针偏转角度 α 可以直接用来反映被测电阻 R_x 的大小。

发电机产生的直流电压 U 的大小与转速有关，手摇产生的转速不一定精准，但仪表度数与 U 的关系并不大，这是因为测量机构采用了流比计原理。

在实际的测量中会发现绝缘电阻表的测量刻度是不均匀的，在绝缘电阻越高的地方，刻度越密。

5. 测量绝缘电阻能够发现的缺陷

1) 总体绝缘状况下降。

2) 绝缘受潮。

3) 两极间有贯穿性的导电通道。

4) 绝缘表面情况不良。

6. 测量绝缘电阻不能发现的缺陷

1) 绝缘中的局部缺陷。

2) 如非贯穿性的局部损伤、含有气泡、分层脱开等。

3) 绝缘的老化。

4) 电压等级较高的绝缘。

7. 测量绝缘电阻的注意事项

1) 试验前应将试品接地放电 1~2min，对容量较大的试品，一般要求 5~10min。

2) 测量吸收比时，应待电源电压达稳定后再接入试品，并开始计时。

3) 绝缘电阻表转速 120r/min，保持均匀。

4) 每次测试结束时，应在保持绝缘电阻表电源电压的条件下，先断开 L 端子与被试品的连线，以免试品对绝缘电阻表反向放电，损坏仪表。

8. 测量实例

被测相为 A 相，在 A 相绝缘表面紧紧缠绕铜丝作为屏蔽并连接到绝缘电阻表的保护端子 G 上，其目的是使流过绝缘电阻表电流线圈的电流只反映 A 相定子绕组绝缘内部的电流，而沿绝缘表面的泄漏电流将由 G 端供给，不流过绝缘电阻表的线圈，也就是使绝缘电阻表的读数不受绝缘表面的影响，只反映绝缘内部状况。未试相的绕组 B-Y、C-Z 均应短路接地。

4.1.2 泄漏电流的测量

在直流电压下测量绝缘的泄漏电流与上述绝缘电阻的测量在原理上是一致的，因为泄漏电流的大小实际上就反映了绝缘电阻值。但这一试验项目仍具有自己的某些特点，能发现绝缘电阻表法所不能显示的某些绝缘损伤和弱点。例如，①加在试品上的直流电压要比绝缘电阻表的工作电压高得多，故能发现绝缘电阻表所不能发现的某些缺陷，例如，分别在 20kV 和 40kV 电压下测量额定电压为 35kV 及以上变压器的泄漏电流值，能相当灵敏地发现瓷套开裂、绝缘纸筒沿面炭化、变压器油劣化及内部受潮等缺陷。②这时施加在试品上的直流电压是逐渐增大的，这样就可以在升压过程中监视泄漏电流的增长动向，此外，在电压升到规定的试验电压值后，要保持 1min 再读出最后的泄漏电流值。在这段时间内，还可观察泄漏电流是否随时间的延续而变大。当绝缘良好时，泄漏电流应保持稳定，且其值很小。图 4-4 是发电机的几种不同的泄漏电流变化曲线。绝缘良好的发电机，泄漏电流值较小，且随电压呈线性上升，如曲线 1 所示；如果绝缘受潮，电流值变大，但基本上仍随电压线性上升，如曲线 2 所示；曲线 3 表示绝缘中已有集中性缺陷，应尽可能找出原因加以消除；如果在电压尚不到直流耐压试验电压 U_t 的 1/2 时，泄漏电流就已急剧上升，如曲线 4 所示，那么这台发电机甚至在运行电压下（不必出现过电压）就可能发生击穿。

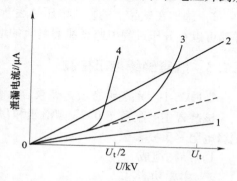

图 4-4 发电机的泄漏电流变化曲线
1—良好绝缘 2—受潮绝缘 3—有集中性缺陷的绝缘 4—有危险的集中性缺陷的绝缘
U_t—发电机的直流耐压试验电压

1. 试验接线图

测量泄漏电流本质上也是测量绝缘电阻，只是所用的直流电压较高（如 10kV 以上），因此能发现一些尚未完全贯通的集中性缺陷，比绝缘电阻表更有效。交流电源经调压器接到试验变压器 T 的一次绕组上。其电压用电压表 PV1 测量；试验变压器输出的交流高压经高压整流元件 V（一般采用高压硅堆）接在稳压电容 C 上。C 一般取 $0.1\mu F$，目的是减小直流高压的脉动幅度，但当被试品 C_x 是容量较大的发电机、电缆等设备时，也可不加稳压电容。

2. 整流元件和变压器的保护

保护电阻 R，以限制初始充电电流和故障短路电流不超过整流元件和变压器的允许值。整流所得的直流高压可用高压静电电压表 PV2 测得，而泄漏电流则以接在被试品（TO）高压侧或接地侧的微安表来测量。

3. 微安表的保护

测量泄漏电流用的微安表是很灵敏和脆弱的仪表，需要并联一保护用的放电管 V（见图 4-5），当流过微安表的电流超过某一定值时，电阻 R_1 上的压降将引起 V 的放电而达到保护微安表的目的。电感线圈 L 在试品意外击穿时能限制电流脉冲并加速 V 的动作，其值在 $0.1 \sim 1.0H$ 的范围内。并联电容 C 可使微安表的指示更加稳定。为了尽可能减小微安表损坏的可能性，它平时用开关 S 加以短接，只在需要读数时才打开 S。

注意事项：

1）保护电阻 R；

2）并联电容 C，使指示更稳定；

3）并联保护开关 S；

4）试验完毕后应全面放电。

4. 泄漏电流测量的特点

1）加在试品上的直流电压要比绝缘电阻表的工作电压高得多，能够发现一些尚未完全贯通的集中性缺陷。

2）施加在试品上的直流电压是逐渐增大的，这样就可以在升压过程中监视泄漏电流的增长动向。

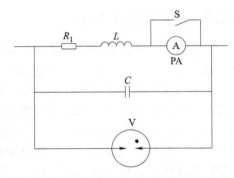

图 4-5　微安表保护回路

4.1.3　舰艇绝缘电阻检测

1. FJCS-1 型电气设备状态参数自动监测装置

该装置主要配备于 039B 型潜艇和 09Ⅲ型潜艇，其主要作用就是测量潜艇中辅机电机的绝缘电阻等重要参数。

1）结构组成

2）主要功能：

① 实时监测各电机的工作状况和冷态绝缘状况；

② 电机发生绝缘故障时，声光报警；

③ 能方便地进行绝缘电阻故障报警值和定时检测间隔时间的设置；

④ 定时监测结果记录与查询；

⑤ 通信故障监测与报警。

3）工作原理

4）主要参数：

① 测试电压与量程：DC500（1±10%）V；0~50MΩ；

② 测量准确度：1MΩ 及小于 1MΩ 时，测量值与实际值绝对误差不超过 0.2MΩ，大于 1MΩ 时，相对误差不超过±20%，最大显示值 50.0MΩ；

③ 绝缘电阻显示分辨率：0.1MΩ；

④ 介电性能：DC2000V 1min；

⑤ 工作制：连续。

2. 交流网络绝缘监测装置

该装置主要配备于 877 型、636 型及 636M 型引俄系列潜艇，其主要作用就是测量潜艇中交流网络的绝缘电阻。

1）结构组成

2）功能特性

自动巡回检测被检测网络的绝缘电阻，网络绝缘电阻低于设定值时，接通外设灯光和声响信号显示，同时接通监控台面板上该网络的检测发光二极管；监控台上的"绝缘低于标准"发光二极管接通。

被检测线路的绝缘电阻低于给定上限设定值 100kΩ 时，该线路检测发光二极管绿色灯闪亮。绝缘电阻低于下限设定值 10kΩ 时，该线路检测发光二极管红色灯闪亮。

监控台上灯光信号显示保留到随后的巡回检测，直到该网络绝缘电阻不低于设定值为止。

4.2　介质损耗角正切值的测量

介质的功率损耗 P 与介质损耗角正切 $\tan\delta$ 成正比，所以后者是绝缘品质的重要指标，测量 $\tan\delta$ 值是判断电气设备绝缘状态的一项灵敏有效的方法。当设备绝缘的 $\tan\delta$ 超过了表 4-1 中的数值，就可能表示电介质严重发热，设备面临发生爆炸的危险。因此，当 $\tan\delta$ 超过设备绝缘预警值的时候，意味着绝缘存在严重缺陷，应立即进行检修。

表 4-1　套管和电流互感器在某温度时的 $\tan\delta$(%) 最大容许值

电气设备	型式	大修后	运行中	大修后	运行中	大修后	运行中
套管	充油式	3.0	4.0	2.0	3.0	—	—
	油纸电容式	—	—	1.0	1.5	0.8	1.0
	胶纸式	3.0	4.0	2.0	3.0		
	充胶式	2.0	3.0	2.0	3.0		
	胶纸式或充油式	2.5	4.0	1.5	2.5	1.0	1.5
电流互感器	充油式	3.0	6.0	2.0	3.0	—	—
	充胶式	2.0	4.0	2.0	3.0	—	—
	胶纸电容式	2.5	6.0	2.0	3.0		
	油纸电容式	—	—	1.0	1.5	0.8	1.0

$\tan\delta$ 能反映绝缘的整体性缺陷（例如，全面老化）和小电容试品中的严重局部性缺陷。由 $\tan\delta$ 随电压而变化的曲线，可判断绝缘是否受潮、含有气泡及老化的程度。

该方法存在的主要问题：测量 $\tan\delta$ 不能灵敏地反映大容量发电机、变压器和电力电缆（它们的电容量都很大）绝缘中的局部性缺陷，这时应尽可能将这些设备分解成几个部分，然后分别测量它们的 $\tan\delta$。

4.2.1　西林电桥测量法的基本原理

西林电桥的原理接线如图 4-6 所示。其中被试品以并联等效电路表示，其等效电容和电阻分别为 C_x 和 R_x；R_3 为可调的无感电阻；C_N 为高压标准电容器的电容；C_4 为可调电容；R_4 为定值无感电阻；P 为交流检流计。

在交流电压 U 的作用下，调节 R_3 和 C_4，使电桥达到平衡，即通过检流计 P 的电流为零，说明 A、B 两点间无电位差，因而

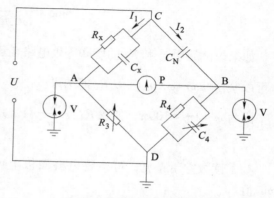

图 4-6　西林电桥接线原理图

$$\dot{U}_{CA} = \dot{U}_{CB}, \dot{U}_{AD} = \dot{U}_{BD} \tag{4-18}$$

可得

$$\frac{\dot{U}_{CA}}{\dot{U}_{AD}} = \frac{\dot{U}_{CB}}{\dot{U}_{BD}} \tag{4-19}$$

桥臂 CA 和 AD 中流过的电流相同，均为 $\dot{I}_1$；桥臂 CB 和 BD 中流过的电流也相同，均为 $\dot{I}_2$。所以各桥臂电压之比也即相应的桥臂阻抗之比，故由式（4-19）可写出

$$\frac{Z_1}{Z_3} = \frac{Z_2}{Z_4} \text{ 或者 } Z_1 Z_4 = Z_2 Z_3 \tag{4-20}$$

将

$$\begin{cases} Z_1 = \dfrac{1}{\dfrac{1}{R_x} + j\omega C_x} \\[3mm] Z_2 = \dfrac{1}{j\omega C_N} \\[3mm] Z_3 = R_3 \\[3mm] Z_4 = \dfrac{1}{\dfrac{1}{R_4} + j\omega C_4} \end{cases} \tag{4-21}$$

分别代入式（4-20）中，并使等式两侧实数部分和虚数部分分别相等，即可求得试品电容 C_x 和等效电阻 R_x。

$$C_x = \frac{R_4 C_N}{R_3(1 + \omega^2 C_4^2 R_4^2)} \tag{4-22}$$

$$R_x = \frac{R_3(1 + \omega^2 C_4^2 R_4^2)}{\omega^2 C_4 R_4^2 C_N} \tag{4-23}$$

介质并联等效电路的介质损耗角正切值为

$$\tan\delta = \frac{1}{\omega C_x R_x} = \omega C_4 R_4 \tag{4-24}$$

如果被试品用 r_x 和 K_x 的串联等效电路表示，则 $Z_1 = r_x + \dfrac{1}{j\omega K_x}$，代入式（4-20）之后，也可以获得 $\tan\delta = \omega K_x r_x = \omega C_4 R_4$ 的结果。

因为 $\omega = 2\pi f = 100\pi$，如取 $R_4 = \dfrac{10000}{\pi}\Omega$，并取 C_4 的单位为 μF，则式（4-24）简化为

$$\tan\delta = C_4 \tag{4-25}$$

为了读数方便起见，可以将电桥面板上可以调电容 C_4 的 μF 值直接标记成被试品的 $\tan\delta$ 值。

同时，试品的电容 C_x 也可以按下式求得

$$C_x = \frac{R_4 C_N}{R_3(1 + \tan^2\delta)} \approx \frac{R_4}{R_3} C_N \tag{4-26}$$

因为 $\tan\delta \ll 1$。如果被试品用串联等效电路表示，也可得出同样的结果。

由于电介质的 $\tan\delta$ 值有时会随着电压的升高而起变化，所以西林电桥的工作电压 U 不宜太低，通常采用 $5\sim10\text{kV}$。更高的电压也不宜采用，因为那样会增加仪器的绝缘难度和影响操作安全。

通常桥臂阻抗 Z_1 和 Z_2 要比 Z_3 和 Z_4 大得多，所以工作电压主要作用在 Z_1 和 Z_2 上，因此它们被称为高压臂，而 Z_3 和 Z_4 为低压臂，其作用电压往往只有数伏。为了确保人身和设备安全，在低压臂上并联有放电管（A、B 两点对地），以防止在 R_3、C_4 等需要调节的元件上出现高电压。

电桥达到平衡的相量图如图 4-7 所示，其中

$\dot{U}_{CD} = \dot{U} = \dot{U}_x + \dot{U}_3 = \dot{U}_N + \dot{U}_4$；$\dot{I}_{Cx}$ 和 $\dot{I}_{Rx}$ 分别为流过 C_x 和 R_x 的电流，$\dot{I}_1 = \dot{I}_{Cx} + \dot{I}_{Rx}$；$\dot{I}_{C4}$ 和 $\dot{I}_{R4}$ 分别为流过 C_4 和 R_4 的电流，$\dot{I}_2 = \dot{I}_{C4} + \dot{I}_{R4}$。由相量图不难看出

$$\tan\delta = \frac{I_{Rx}}{I_{Cx}} = \frac{I_{C4}}{I_{R4}} = \frac{U_4 \omega C_4}{\dfrac{U_4}{R_4}} = \omega C_4 R_4 \tag{4-27}$$

电桥的平衡是通过 R_3 和 C_4 来改变桥臂电压的大小和相位来实现的。在实际操作中，由于 R_3 和 Z_4 相互之间也有影响，故需反复调节 R_3 和 C_4，才能达到电桥的平衡。

上面介绍的是西林电桥的正接线，可以看出，这时接地点放在 D 点，被试品 C 的两端均对地绝缘。实际上，绝大多数电气设备的金属外壳是直接放在接地底座上的，换言之，被试品的一极往往是固定接地的。这时就不能用上述正接线来测量它们的 $\tan\delta$，而应改用图 4-8 所示的反接线法进行测量。

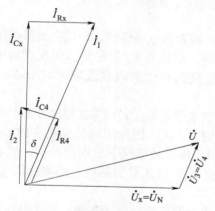

图 4-7　西林电桥平衡时的相量图

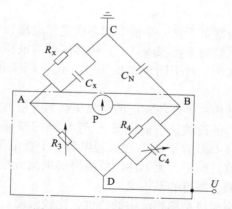

图 4-8　西林电桥反接线原理图

在反接线的情况下，电桥调平衡的过程以及所得的 $\tan\delta$ 和 C_x 的关系式，均与正接线时无异。所不同者在于：这时接地点移至 C 点，原先的两个调节臂直接换接到高电压下，这意味着各个调节元件（R_3、C_4）、检流计 P 和后面要介绍的屏蔽网均处于高电位，故必须保证足够的绝缘水平和采取可靠的保护措施，以确保仪器和测试人员的安全。

4.2.2 西林电桥测量法的电磁干扰

1. 外界电场干扰

外界电场干扰主要是干扰电源（包括试验用高压电源和试验现场高压带电体）通过带电设备与被试设备之间的电容耦合造成的。图 4-9a 所示为电场干扰的示意图。干扰电流 I_g 通过耦合电容 C_0 流过被试设备电容 C_x，于是在电桥平衡时所测得的被试品支路的电流 I_x，由于加上 I_g 而变成了 I_x'。在干扰电流 I_g 大小不变而干扰源的相位连续变化时，I_g 的轨迹为以被试品电流 I_x 的末端为圆心，以 I 为半径的一个圆，如图 4-9b 所示。在某些情况下，当干扰结果使 I_g 的相量端点落在阴影部分的圆弧上时，tanδ 值将变为负值，这时电桥在正常接线下已无法达到平衡，只有把 C_4 从桥臂 4 换接到桥臂 3 与 R_3 并联（即将倒向开关打到 $-$tanδ 的位置），才能使电桥平衡，并按照新的平衡条件计算出 tan$\delta = -\omega C_4 R_3$。

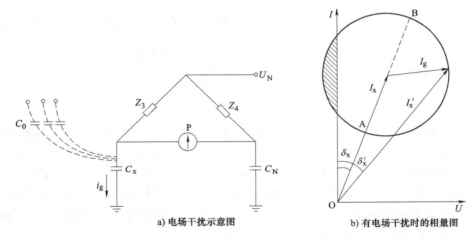

a) 电场干扰示意图 b) 有电场干扰时的相量图

图 4-9 电场干扰及干扰的相量示意图

为避免干扰，最根本的办法是尽量离开干扰源，或者加电场屏蔽，即用金属屏蔽罩或网将被试品与干扰源隔开，并将屏蔽罩与电桥本体相连，以消除 C_0 的影响。但在现场中往往难以实现。对于同频率的干扰，还可以采用移相法或倒相法来消除或减小对 tanδ 的测量误差。

移相法是现场常用的消除干扰的有效方法，其基本原理是：利用移相器改变试验电源的相位，使被试品中的电流 I_x 与 I_g 同相或反相，此时 $\delta_x = \delta_x'$，因此测出的是真实的 tanδ 值，即 tan$\delta = \omega C_4 R_4$，通常在试验电源和干扰电流同相和反相两种情况下分别测两次，然后取其平均值。而正、反相两次所测得的电流分别为 I_{OA} 和 I_{OB}，因此被试品电容的实际值应为正、反相两次测得的平均值。

倒相法是移相法中的特例，比较简便。测量时将电源正接和反接各测一次，得到两组测量结果 C_1、tanδ_1 和 C_2、tanδ_2，根据这两组数据计算出电容 C_x 和 tanδ。为分析方便，可假定电源的相位不变，而干扰的相位改变 $180°$，这样得到的结果与干扰相位不变电源相位改变 $180°$ 是完全一致的。由图 4-10 可得

$$\tan\delta = \frac{C_1\tan\delta_1 + C_2\tan\delta_2}{C_1 + C_2} \tag{4-28}$$

$$C_x = \frac{C_1 + C_1}{2} \qquad (4\text{-}29)$$

当干扰不大，即 $\tan\delta_1$ 与 $\tan\delta_2$ 相差不大、C_1 与 C_2 相差不大时，式（4-28）可简化为

$$\tan\delta = \frac{\tan\delta_1 + \tan\delta_2}{2} \qquad (4\text{-}30)$$

即可取两次测量结果的平均值，作为被试品的介质损耗角正切值。

2. 外界磁场干扰

外界磁场干扰主要是测试现场附近有漏磁通较大的设备（电抗器、通信的滤波器等）时，其交变磁场作用于电桥检流计内的电流线圈回路而造成的。为了消除磁场干扰，可设法将电桥移到磁场干扰范围以外。若不能做到，则可以改变检流计极性开关，进行两次测量，用两次测量的平均值作为测量结果，以减小磁场干扰的影响。

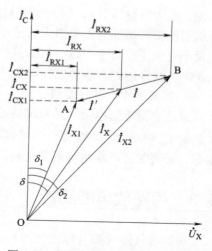

图 4-10　用倒相法消除干扰的相量图

4.2.3　西林电桥测量法的其他影响因素

1. 温度的影响

温度对 $\tan\delta$ 有直接影响，影响的程度随材料、结构的不同而异。一般情况下，$\tan\delta$ 是随温度上升而增加的。现场试验时，设备温度是变化的，为便于比较，应将不同温度下测得的 $\tan\delta$ 值换算至 20℃。应当指出，由于被试品真实的平均温度是很难准确测定的，换算方法也不很准确，故换算后往往有很大误差，因此，应尽可能在 10~30℃ 的温度下进行测量。

2. 试验电压的影响

一般来说，良好的绝缘在额定电压范围内，其 $\tan\delta$ 值几乎保持不变，如图 4-11 中的曲线 1 所示。

如果绝缘内部存在空隙或气泡时，情况就不同了，当所加电压尚不足以使气泡电离时，其 $\tan\delta$ 值与电压的关系与良好绝缘没有什么差别；但当所加电压大到能引起气泡电离或发生局部放电时，$\tan\delta$ 值即开始随 U 的升高而迅速增大，电压回落时电离要比电压上升时更强一

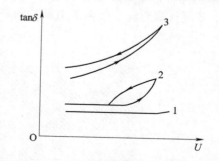

图 4-11　$\tan\delta$ 与试验电压的典型关系曲线

1—良好的绝缘　2—绝缘中存在气隙　3—受潮绝缘

些，因而会出现闭环状曲线，如图 4-11 中的曲线 2 所示。如果绝缘受潮，则电压较低时的 $\tan\delta$ 值就已相当大，电压升高时，$\tan\delta$ 更将急剧增大；电压回落时，$\tan\delta$ 也要比电压上升时更大一些，因而形成不闭合的分叉曲线，如图 4-11 中的曲线 3 所示，主要原因是介质的温度因发热而提高了。求出 $\tan\delta$ 与电压的关系，有助于判断绝缘的状态和缺陷的类型。

3. 试品电容量的影响

对电容量较小的设备（套管、互感器、耦合电容器等），测量 $\tan\delta$ 能有效地发现局部集中性的和整体分布性的缺陷。但对电容量较大的设备（如大、中型发电机，变压器，电力

电缆，电力电容器等），测量 $\tan\delta$ 只能发现绝缘的整体分布性缺陷，因为局部集中性的缺陷所引起的损失增加只占总损失的极小部分，这样用测量 $\tan\delta$ 的方法来判断设备的绝缘状态就很不灵敏了。对于可以分解为几个彼此绝缘的部分的被试品，应分别测量其各个部分的 $\tan\delta$ 值，这样能更有效地发现缺陷。

4. 试品表面泄漏的影响

试品表面泄漏电阻总是与试品等效电阻 R_x 并联着，显然会影响所测得的 $\tan\delta$ 值，这在试品的 C_x 较小时尤需注意。为了排除或减小这种影响，在测试前应清除绝缘表面的积污和水分，必要时还可在绝缘表面上装设屏蔽极。

4.3 局部放电的测量

在含有气体（如气隙或气泡）或液体（如油膜）的固体电介质中，当击穿强度较低的气体或液体中的局部电场强度达到其击穿场强时，这部分气体或液体开始放电，使电介质发生不贯穿电极的局部击穿，这就是局部放电现象。这种放电虽然不立即形成贯穿性通道，但长期的局部放电，使电介质（特别是有机电介质）的劣化损伤逐步扩大，导致整个电介质击穿。测定绝缘在不同电压下的局部放电强度和变化趋势，就能判断绝缘内部是否存在局部缺陷，预示绝缘的状况，估计绝缘电老化速度。

4.3.1 局部放电测量的基础

设在固体或液体介质内部 g 处存在个气隙或气泡，如图 4-12a 所示，C_g 代表该气隙的电容，C_b 代表与该气隙串联的那部分介质的电容，C_a 则代表其余完好部分的介质电容，即可得出图 4-12b 中的等效电路，其中与 C_g 并联的放电间隙的击穿等值于该气隙中发生的火花放电，Z 则代表对应于气隙放电脉冲频率的电源阻抗。

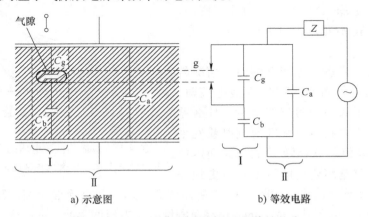

a) 示意图   b) 等效电路

图 4-12　绝缘内部气隙局部放电的等效电路

整个系统的总电容为

$$C = C_a + \frac{C_b C_g}{C_b + C_g} \tag{4-31}$$

在电源电压 $u = U_m\sin\omega t$ 的作用下，C_g 上分到的电压为

$$u_g = \frac{C_b}{C_b + C_g}U_m\sin\omega t \tag{4-32}$$

如图 4-12a 中的虚线所示。当 u_g 达到该气隙的放电电压 U 时，气隙内发生火花放电，相当于图 4-12b 中的 C_g 通过并联间隙放电；当 C_g 上的电压从 U 迅速下降到熄灭电压（也可称剩余电压）U_r 时，火花熄灭，完成一次局部放电。图 4-14 表示一次局部放电从开始到终结的过程，在此期间，出现一个对应的局部放电电流脉冲。这一放电过程的时间很短，约 10^{-8} s 数量级，可认为瞬时完成，画到与工频电压相对应的坐标上，就变成一条垂直短线，如图 4-13b 所示。气隙每放电一次，其电压瞬时下降一个 $\Delta U_g = U_s - U_r$。

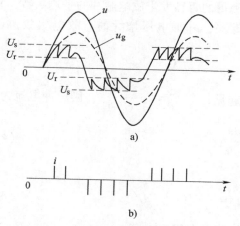

图 4-13　局部放电时的电压电流变化曲线

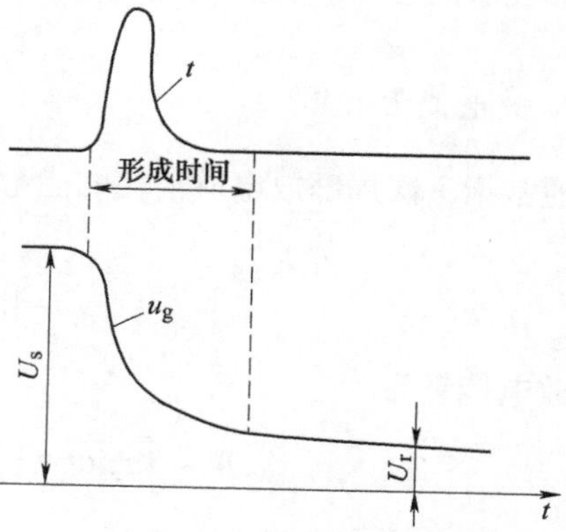

图 4-14　一次局部放电的电流脉冲

随着外加电压的继续上升，C_g 重新获得充电，直到 u_g 又达到 U_s 值时，气隙发生第二次放电，依次类推。气隙每次放电所释出的电荷量为

$$q_r = \left(C_g + \frac{C_aC_b}{C_a + C_b}\right)(U_s - U_r) \tag{4-33}$$

因为 $C_a \gg C_b$，所以

$$q_r = (C_g + C_b)(U_s - U_r) \tag{4-34}$$

式（4-34）中的 q 为真实放电量，但因式中的 C_g、C_b、U_3、U_1 都无法测得，因而 q_r 也难以确定。

气隙放电引起的压降 $(U_s - U_r)$ 将按反比分配在 C_a 和 C_b 上（从气隙两端看，C_a 和 C_b 串联连接），因而 C_a 上的电压变动为

$$\Delta U_a = \frac{C_b}{C_a + C_b}(U_s - U_r) \tag{4-35}$$

这意味着，当气隙放电时，试品两端的电压会下降 ΔU，这相当于试品放掉电荷 q

$$q = (C_a + C_b)\quad \Delta U_a = C_b(U_s - U_r) \tag{4-36}$$

因为 $C_a \gg C_b$，所以式（4-36）的近似式为

$$q \approx C_a\Delta U_a \tag{4-37}$$

式中，q 称为视在放电量，通常以它作为衡量局部放电强度的一个重要参数。从以上各式可

以看到，q 既是发生局部放电时试品电容 C_a 所放掉的电荷，也是电容 C_b 上的电荷增量（$= C_b \Delta U_g$）。由于有阻抗 Z 的阻隔，在上述过程中，电源 u 几乎不起作用。

将式（4-34）与式（4-36）作比较，即得

$$q = \frac{C_b}{C_g + C_b} q_r \qquad (4\text{-}38)$$

由于 $C_g \gg C_b$，可知视在放电量 q 要比真实放电量 q_r 小得多，但它们之间存在比例关系，所以 q 值也就能相对地反映 q 的大小。

表征局部放电的重要参数除了前面介绍的视在放电量，还有如下几项。

1. 放电重复率（N）

也称脉冲重复率，它是在选定的时间间隔内测得的每秒发生放电脉冲的平均次数，它表示局部放电的出现频度。它与外加电压的大小有关，外加电压增大时，放电次数也随之增多。

2. 放电能量（W）

通常指一次局部放电所消耗的能量。为简单起见，令 $C'_g = C_g + \dfrac{C_a C_b}{C_a + C_b}$，则脉冲电流为

$$i = - C'_g \frac{\mathrm{d}u_g}{\mathrm{d}t} \qquad (4\text{-}39)$$

放电能量为

$$W = \int u_g i \mathrm{d}t = - C'_g \int_{U_s}^{U_r} u_g \mathrm{d}u_g = \frac{1}{2} C'_g (U_s^2 - U_r^2) \qquad (4\text{-}40)$$

式（4-33）可以写为 $q_r = C'_g(U_s - U_r)$，代入式（4-40）可得

$$W = \frac{1}{2} q_r (U_s + U_r) = \frac{1}{2} q \frac{C_g + C_b}{C_b}(U_s + U_r) \qquad (4\text{-}41)$$

设气隙中开始出现局部放电（$u_g = U_s$）时的外加电压瞬时值为 U_i，它们之间的关系为

$$U_s = \frac{C_b}{C_g + C_b} U_i \qquad (4\text{-}42)$$

所以

$$W = \frac{1}{2} q \frac{U_i}{U_s}(U_s + U_r) \qquad (4\text{-}43)$$

设 $U_r \approx 0$，则

$$W = \frac{1}{2} q U_i \qquad (4\text{-}44)$$

式中，视在放电量 q 和出现局部放电时的外加电压值 U_i（也称局部放电起始电压）都是可以测得的，因而可立即求得 W 值。放电能量的大小对电介质的老化速度有显著影响，所以它与上面所说的视在放电量和放电重复率是表征局部放电的三个基本参数。

4.3.2　局部放电测量的脉冲电流法

此法测量的是视在放电量。当发生局部放电时，试品两端会出现一个几乎是瞬时的电压变化，在检测回路中引起一个高频脉冲电流，将它变换成电压脉冲后就可以用示波器等测量

其波形或幅值，由于其大小与视在放电量成正比，通过校准就能得出视在放电量（一般单位用 pC）。此法灵敏度高、应用得很广泛。

用脉冲电流法测量局部放电的视在放电量，国际上推荐的有三种基本试验回路，即并联测试回路、串联测试回路和桥式测试回路，分别如图 4-15a、b、c 所示。

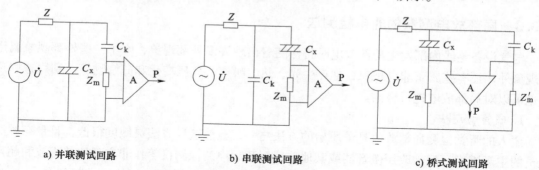

a) 并联测试回路　　　　　　　　b) 串联测试回路　　　　　　　　c) 桥式测试回路

图 4-15　用脉冲电流法检测局部放电的测试回路

三种回路的基本目的都是使在一定电压作用下的被试品 C 中产生的局部放电电流脉冲流过检测阻抗 Z_m，然后把 Z_m 上的电压或 Z_m 及 Z'_m 上的电压差加以放大后送到测量仪器 P（示波器、峰值电压表、脉冲计数器等）上去，所测得的脉冲电压峰值与试品的视在放电量成正比，只要经过适当的校准，就能直接读出视在放电量 q 之值（pC），如果 P 为脉冲计数器，则测得的是放电重复率。

除了长电缆段和带绕组的试品外，一般试品都可以用一集中电容 C_x 来代表。耦合电容 C_k 为被试品 C_x 与检测阻抗 Z_m 之间提供一条低阻抗通路，当 C_x 发生局部放电时，脉冲信号立即顺利耦合到 Z_m 上去；C_k 的残余电感应足够小，而且在试验电压下内部不能有局部放电现象；对电源的工频电压来说，C_k 又起着隔离作用。Z 为阻塞阻抗，它可以让工频高电压作用到被试品上去，但又阻止高压电源中的高频分量对测试回路产生干扰，也防止局部放电脉冲分流到电源中去，所以它实际上就是一只低通滤波器。

并联测试回路（图 4-15a）适用于被试品一端接地的情况，它的优点是流过 C_x 的工频电流不流过 Z_m，在 C_x 较大的场合，这一优点尤其重要。串联测试回路（图 4-15b）适用于被试品两端均对地绝缘的情况，如果试验变压器的入口电容和高压引线的杂散电容足够大，采用这种回路时还可省去电容 C_k。上面两种测试回路均属直测法，第三种桥式测试回路（图 4-15c）则属于平衡法，此时试品 C_x 和耦合电容 C_k 的低压端均对地绝缘，检测阻抗则分成 Z_m 及 Z'_m，分别接在 C_x 和 C_k 的低压端与地之间。此时测量仪器 P 测得的是 Z_m 和 Z'_m 上的电压差。它与直测法不同之处仅在于检测阻抗和接地点的布置，但它的抗干扰性能好，这是因为桥路平衡时，外部干扰源在 Z_m 和 Z'_m 上产生的干扰信号基本上相互抵消，工频信号也可相互抵消；而在 C_x 发生局部放电时，放电脉冲在 Z_m 和 Z'_m 上产生的信号却是互相叠加的。

所有上述回路中的阻塞阻抗 Z 和耦合电容 C_k 在所加试验电压下都不能出现局部放电，在一般情况下，希望 C_k 不小于 C_x 以增大检测阻抗上的信号。同时，Z 应比 Z_m 大，使得 C_x 中发生局部放电时，C_x 与 C_k 之间能较快地转换电荷，而从电源重新补充电荷（充电）的过程减慢，以提高测量的准确度。

Z_m 上出现的脉冲电压经放大器 A 放大后送往适当的测量仪器 P，即可得出测量结果。虽然已知测量仪器上测得的脉冲幅值与试品的视在放电量成正比，但要确定具体的视在放电量 q 值，还必须对整个测量系统进行校准（标度），这时需向试品两端注入已知数量的电荷，记下仪器显示的读数 h，即可得出测试回路的刻度因数 $K(=q/h)$

4.3.3 局部放电测量的非电检测法

电气设备绝缘内部发生局部放电时将伴随着出现许多外部现象，除了一些外部现象属于电现象外，还有些属于非电现象，如产生光、热、噪声、气压变化和分解物等。利用这些现象也可以对局部放电进行检测。

1. 噪声检测法

用人的听觉检测局部放电是最原始的方法之一，显然这种方法灵敏度很低，且带有试验人员的主观因素，后来改用微音器或其他传感器和超声波探测仪等作非主观性的声波和超声波检测，常用作放电定位。局部放电产生的声波和超声波频谱覆盖面从数十赫到数十兆赫，所以应选频谱中所占分量较大的频率范围作为测量频率，以提高检测的灵敏度。近年来，采用超声波探测仪的情况越来越多，其特点是抗干扰能力相对较强、使用方便，可以在运行中或耐压试验时检测局部放电，适合预防性试验的要求。它的工作原理是：当绝缘内部发生局部放电时，在放电处产生的超声波向四周传播，直达电气设备外壳的表面，在设备外壁贴装压电元件，在超声波的作用下，压电元件的两个端面上会出现交变的束缚电荷，引起端部金属电极上电荷的变化或在外电路中引起交变电流，由此指示设备内部是否发生了局部放电。

2. 光检测法

利用光电倍增技术来测定局部放电产生的光，由此来确定放电的位置及其发展过程。这种方法灵敏度较低，局限性大，对于绝缘内部的局部放电，只有在透明介质才能利用光纤将局部放电所发出的光经光电传感器从设备内部引出来的整套仪器正在研究开发之中。实践证明，光检测法较适宜于暴露在外表面的电晕放电和沿面放电的检测。

3. 热检测法

由于局部放电在放电点会发热，当故障较严重时，局部热效应明显，这时可用预先埋入的热电偶来测量各点温升，从而确定局部放电部位。这种方法既不灵敏又不能定量，因而很少在现场测量使用。

4. 化学分析法

用气相色谱仪对绝缘油中溶解的气体进行气相色谱分析，是近年来发展起来的新试验方法。通过分析绝缘油中溶解的气体成分和含量，能够判断设备内部隐藏的缺陷类型，它的优点是能够发现充油电气设备中一些用其他试验方法不易发现的局部性缺陷（包括局部放电）。例如，当设备内部有局部过热或局部放电等缺陷时，其附近的油就会分解而产生烃类气体及 H_2、CO、CO_2 等，它们不断溶解到油中。局部放电所引起的气相色谱特征是 C_2H_2 和 H_2 的含量较大。

此法灵敏度相当高，操作简便，且设备不需停电，适合于在线绝缘诊断，因而获得了广泛应用。在大多数情况下，非电检测法的灵敏度较低，多用于定性检测能判断是否存在局部放不能作定量的分析。目前，应用得比较广泛和成功的是电气检测法，特别是测量绝缘内部气隙发生局部放电时的电脉冲，它不仅可以灵敏地检出是否存在局部放电，还可判定放电强弱程度。

4.4　绝缘油性能检测

在充油的高压电气设备中，如变压器、互感器、断路器等，绝缘油起着绝缘、冷却和灭弧的作用。用油浸渍的纤维性体绝缘，能有效地防止潮气的直接进入并填充了固体绝缘中的空隙，显著地加强了绝缘强度。在采用油纸绝缘结构的设备中，通过对绝缘油的各种分析测绝缘油的性能指标外，还可以有效地了解设备内部的状态及其发展趋势。

4.4.1　绝缘油性能检验

绝缘油的检验，一般分为 3 个阶段，即对新油、投运前的油（含注入设备前后的油）和运行中油的油质检验有不同的试验项目和标准。要投运前的油质检测项目只限于油的微水、耐损、含气量和色谱分析，进行项色谱分析在耐压及局部放电试验前后各进行一次，以比较判断设备在高电压试验中是否发生异常。

而设备投运后，在初期油质检验是随着设备运行天数的递增，逐步延长检测周期，在规定的各个周期内若无异常，再转为定期检测，如油的气相色谱分析，如无异常再延长至正常的检测周期，它对及时发现投运初期时的设备异常、防止故障发生及发展有重要意义。在设备运行后，由于绝缘油受到氧气、湿度、高温、紫外线以及电场等因素的作用，其物理、化学性质和电气性能会逐渐变坏，因此还必须定期对油进行分析检验。绝缘油的检验项目主要包括电气性能试验（击穿电压和介质损耗因数或电阻率）、杂质含量分析（如微量水等）、油中溶解气体的色谱分析（氢气、甲烷等）以及物理化学性能分析（凝点、闪点、水溶性酸 pH 值等）。此外，近几年利用液相色谱仪分析油中糠醛含量技术得到了快速发展和推广，绝缘油中的糠醛并不来自油本身，而是来自设备中的固体绝缘材料绝缘纸，绝缘纸老化分解出呋甲醛（俗称糠醛）溶入油中，通过检测油中糠醛较准确地对绝缘纸的老化程度作出判断，下面主要介绍电气性能试验和油中溶解气体的色谱分析。

变压器油的试验内容很多，除电气性能外，还有许多物理、化学性能的试验。其主要试验内容有：

1. 电气性能的试验

1）电阻率的测量；

2）介质损耗因数（$\tan\delta$）的测量；

3）介电常数的测量；

4）电气强度的试验。

2. 物理、化学性能的试验

1）酸值试验；

2）凝固点试验；

3）闪火点试验；

4）黏度试验；

5）变压器油的气相色谱分析和液相色谱分析。

4.4.2　绝缘油的电气试验

1. 绝缘油电气性能试验的意义

绝缘油经常进行的电气性能试验主要有两项，即电气强度试验和介质损耗因数试验。影响绝缘油电气强度的主要因素是油中的杂质。尤其是后者，当它与高含量的溶解水结合时，对耐压水平的降低十分显著。因此，电气强度不合格的绝缘油不准注入电气设备。

油的介质损耗因数（即 $\tan\delta$）值能够反映油质受到污染或老化溶性的极性，对轻微污染、老化产物或中性胶质以及微量的金属化合物极为灵敏。这是因为电介质在交变电场作用下，因电导、松弛极化和电离要产生能量损耗，当含有较多的杂质时，这些杂质的离子都是油的电导和松弛极化的主要载流子，必然会使该油的 $\tan\delta$ 值增大。绝缘油老化生成的极性基和极性物质，同样也使油的电导和松弛极化加剧。因此，测定绝缘油的 $\tan\delta$ 值，不论是用于检测新油的轻微污染还是用于检测运行油老化和污染，都是十分有意义的。

2. 电气强度（击穿电压）试验

（1）试验方法概述

电气强度试验是基于测量在油杯中绝缘油的瞬时击穿电压值。试验的接线如图 4-16a 所示，绝缘油中放入一定形状的标准试验电极（标准电极主要平板电极、球形电极和球盖形电极，图中为平板电极，由于平板电极对水分含量的反应不如球形电极敏感，所以现在普遍使用球形电极），在电极间施加工频电压，按一定的速度升压，直至电极间的油隙击穿。该电压即为绝缘油的击穿电压（kV）或换算为击穿强度（kV/cm）。

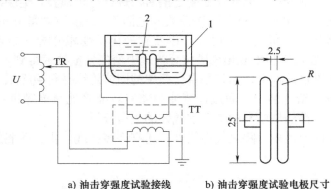

a) 油击穿强度试验接线　　　b) 油击穿强度试验电极尺寸

图 4-16　油击穿强度试验接线及电极尺寸

1—油杯　2—电极

（2）试验注意事项

油样应在不破坏原密封状态下在试验室中放置一定时间，使油样接近环境温度。在倒油前，应使油混匀并尽量避免产生气泡，然后用油样将油杯和电极冲洗 2~3 次，将油样沿杯壁徐徐注入油杯，盖上杯罩，静置 10min，试验时零起升压，速度约 3kV/s（另些方法规定为 2kV/s），直至油隙击穿，记录击穿电压值。这样重复 5 次（另一些方法规定重复 6 次），取平均值为测定值。为了减少油击穿后产生碳粒，应将击穿时的电流限制在 5mA 左右。在每次击穿后应对电极间的油进行充分搅拌，并静置 5min 后再试验。

（3）介质损耗因数（$\tan\delta$ 值）的测量

测量绝缘油的介质损耗因数（$\tan\delta$ 值），首先取油样后，将油倒入专用油杯中，利用高压西林电桥在工频电压下进行测量。由于合格的绝缘油 $\tan\delta$ 值很小，所以应使用精度较高的西林电桥，以确保至少能测出 0.01% 的 $\tan\delta$ 值。绝缘油的 $\tan\delta$ 值是随温度的升高而按指数规律剧增的。因此，除了在常温下测量油的 $\tan\delta$ 值外，还必须测量油样高温下的 $\tan\delta$ 值，如变压器油升温至 90℃，电缆油升温到 100℃。这是因为在低温下，合格油与不合格油的测量值有时差别不大，所以判断油质的好坏应以高温下测得的 $\tan\delta$ 值为准，同时由于合格油的 $\tan\delta$ 值随温度升高增长的较慢，而不合格油的 $\tan\delta$ 值却随着温度升高增长的较快，这种差别，使我们更易于区分油质的好坏。

（4）用绝缘油的电阻率代替 $\tan\delta$

由于绝缘油的介质损耗通常主要是由电导损耗所决定，所以绝缘油的电导（相应的绝缘电阻）也直接反映了它的 $\tan\delta$ 值。因此，有时可以用测量绝缘油的电阻率来代替 $\tan\delta$ 值的测量。测定油的电阻率采用专用的电阻率测定仪。电阻率仪所需的油样量更少，并可同时测定多个油样。

4.4.3　油中溶解气体的气相色谱分析

多年的实践证明，利用气相色谱分析仪对绝缘油中溶解气体的组分及其含量进行分析测试，可有效判断变压器和其他充油电气设备内部的潜伏性故障，并且可以在设备运行中不停电取油样，是目前变压器油常规试验中使用最频繁也是最有效的一个试验方法。

1. 充油设备内部故障产生的气体

在新绝缘油中溶解的气体，通常含有约 70% 的 N_2、30% 的 O_2 以及 0.3% 左右的 CO 气体，一般不含有 C_1、C_2 之类的低分子烃（主要指甲烷、乙烷、乙烯和乙炔，合称总烃）。但是由于一些油处理设备的加热系统存在的死角，有时可能出现微量的乙烯甚至极微量的乙炔。

设备正常运行时，在电磁场、温度、水分等因素的作用下，绝缘油和绝缘材料会发生缓慢的分解和氧化，产生少量 CO_2、CO 和微量的低分子烃，但其数量与故障产生的气体量相比要少得多。当设备内部出现故障时，主要是过热性故障（电流效应）和放电性故障（电压效应），绝缘油和固体绝缘材料裂解的速度大大加快，油中的 CO_2、CO、H_2 和低分子烃类的气体含量显著地增加。在故障初期，通过分析油中溶解的这些气体，就能及早确定设备的内部故障。

2. 特征气体

在故障情况下并不是所有的各种气体成分都同时增长，而是有的气体不增加，或不明显地增加，与故障性质密切相关的气体则显著地增加，这取决于故障的性质和类型。油中各种溶解气体对应的故障性质见表4-2。常把与故障性质密切相关的那些气体组分称为特征气体，如乙炔、乙烯、甲烷和一氧化碳等气体。当油中某些气体的含量达到一定浓度时，根据相关气体的比值情况，就可判断设备内部是否存在故障和故障的性质及类型。

表 4-2　根据油中气体含量判断设备内部故障

被分析的气体		分　析　目　的
推荐检测的气体	O_2	了解脱气程度和密封（或漏气）情况，严重过热时 O_2 也会因极度消耗而明显地减少
	N_2	在进行 N_2 测定时，可以了解 N_2 饱和程度，与 O_2 的比值可以更准确地分析 O_2 的消耗情况。在正常情况下，N_2、O_2 和 CO_2 的和还可以估算出油的总含气量

（续）

被分析的气体		分 析 目 的
必须检测的气体	H_2	与甲烷之比可判别并了解过热温度，或了解是否有局部放电情况和受潮情况
	CH_4	了解过热故障的热点度情况
	C_2H_6	
	C_2H_4	
	C_2H_2	了解有无放电现象或存在极高的热点温度
	CO	了解固体绝缘的老化情况成内部平均温度是否过高
	CO_2	与CO结合，有时可以了解固体绝缘有无热分解

3. 油中溶解气体色谱分析方法简介

1）脱气。对油中溶解气体进行分析，首先需要把溶于油中的气体分离出来。目前普遍使用的脱气方法是机械振荡法，它是利用油中气体在油气两相之间重建平衡的原理所建立起来的溶解平衡法。这种脱气方法能把误差降低到5%左右，提高了测试结果的准确性和可比性，其重复性和再现性能满足要求。不足之处是在平衡后的气体中所得到的气体浓度（烯和炔）大约为油中原有浓度的1/2左右。

2）气相色谱仪。从油中脱出的混合气体，要送入气相色谱仪中才能进行分析和检测。气相色谱仪主要由气路系统、电气系统以及调节测量系统和温控系统组成，色谱流程见表4-3所示，它是以气体如氮气为载气（流动相，因为是气体所以称为气相）的，主要用来分析低分子化合物。其中最关键的两个部件是色谱柱和鉴定器：色谱柱能把混合气体彼此分离并使同种气体浓缩，混合气体注入色谱仪进样口后，在载气的带动下，从一端进入色谱柱并沿着管道通过其中的吸附剂（固定相）而逐渐向前移动，由于吸附剂对混合气体中每种气体的吸附作用大小不同，吸附作用小的气体组分移动得快些，而吸附作用大的气体组分移动速度就慢，这样不同气体组分的流动速率逐渐产生了差异，经过如此反复作用，不同的气体最终被完全地分离开，而相同的气体则汇集在一起被浓缩了，并按相对固定的顺序先后流出色谱柱。鉴定器是把从色谱柱依次流出的气体所产生的非电量信号定量地转变成电信号的重要计量元件——当前使用的气相色谱仪一般是双柱双鉴定器的多气路系统，一个鉴定器是"热导检测器"，用于测定组分中的 H_2、O_2；另一个鉴定器是"氢火焰离子化检测器"，用于测定 CH_4、C_2H_6、C_2H_4、C_2H_2 和转化成 CH_4 形式的 CO_2、CO 的含量。色谱仪的灵敏度和最小检测浓度主要取决于所用的鉴定器。非电量信号经鉴定器转变成电信号后，由记录仪记录下来，形成色谱图，如图4-17所示。它是一个有序的脉冲峰图，一个脉冲峰代表了一个气体组分，而峰高或峰面积则反映了该气体的浓度，所以通过色谱图既可以对被测的气体定

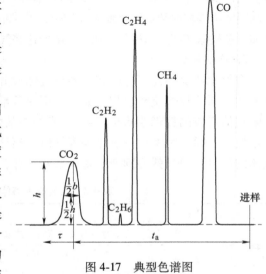

图4-17 典型色谱图

性也可以对其定量进行分析。

表 4-3　色谱流程

序号	流程图	说　明
1	$H_2(N_2 \cdot Ar)$ 进样 I　柱 I　FID 进样 II　柱 II $N_2(Ar)$　TCD　TCD　Ni H_2 空气	1）分两次进样，进样 I（FID）测烃类体；进样 II（FID）测 CO、CO_2；（TCD）测 H_2、$O_2(N_2)$ 2）此流程适合于一般仪器
2	$Ar(N_2)$ 进样　阻尼　FID $Ar(N_2)$　TCD／TCD　Ni H_2 空气	1）一次进样，自动切换阙切换操作切换间在实线位置时；（TCD）测 H_2、$O_2(N_2)$；（FID）测 CH_3、CO；切换阀在虚线位置时；（FID）测 CO_2、$C_2\text{-}C_3$ 2）此流程适合于自动分析仪器

4. 故障判断

1）特征气体法：每次色谱分析后提供的测定值至少有 7 种气体组分，在进行故障的分析判断时，首先要注意的是那些能反映故障性质的特征气体的含量和变化，不同故障所对应的特征气体见表 4-4。

表 4-4　不同故障产生的气体

故障类型	主要气体成分	次要气体成分
油过热	CH_4　C_2H_4	H_2　C_2H_6
油和纸过热	CH_4　C_2H_4　CO　CO_2	H_2　C_2H_6
油纸绝缘中局部放电	H_2　CH_4　CO	C_2H_2　C_2H_6　CO　CO_2
油中火花放电	H_2　C_2H_2	
油中电弧	H_2　C_2H_2	CH_4　C_2H_4　C_2H_6
油和纸中电弧	H_2　C_2H_2　CO　CO_2	CH_4　C_2H_4　C_2H_6

2）油中溶解气体的注意值和产气率。

当特征气体明显增加时，应与标准规定的注意值进行比较。各种气体的注意值不是划分设备有无故障的唯一标准，但当气体浓度达到注意值时，应缩短检测周期进行跟踪分析，查明原因，消除缺陷。事实表明，超过注意值的绝大多数设备内部都存在着不同程度的故障。因此，油中溶解气体超过注意值时应引起足够的重视。各种充油电气设备油中气体含量的注意值见表 4-5。

表 4-5　各种充油电气设备中气体含量的注意值

设备	气体组分	含量 μL（气）/L（油）	
		220kV 及以上	110kV 及以上
变压器和电抗器	总烃	150	150
	乙炔	1	5
	氢	150	150
	一氧化碳	当 CO>300 时，相对产气>10%	
	二氧化碳	可与结合计算 CO_2/CO 的比值作参考	
电流互感器	总烃	100	100
	乙炔	1	2
	氢	150	150
电压互感器	总烃	100	100
	乙炔	2	3
	氢	150	150
套管	甲烷	100	100
	乙烷	1	2
	氢	500	500

要对设备故障的严重性做出正确的判断，不能仅根据分析结果的绝对值，必须考虑故障的发展趋势，进行产气率的计算。产气率有两种表示方法——绝对产气率和相对产气率。绝对产气率是指每运行日产生某种气体的平均值；相对产气率是指每运行月（或折算到月）某种气体含量增加原有值的百分数的平均值，一般来说，总烃的相率大于 10% 时，应引起注意，但对总烃起始含量很低的设备不宜采用此判据。

气率在很大程度上依赖于设备类型、负荷情况等因素，应结合这些情况进行综合分析。

3）故障性质和故障类型的判断——三比值法。

① 不同故障类型的气体组合。当油中溶解气体中的总烃、乙炔和氢气三项中有测定值和产气率超过注意值时，应对几种气体的组合特征进行判断或按相关气体的比值进行判断，了解故障的性质、类型。不同故障类型所形成的气体组合特征见表 4-6。

表 4-6　不同故障类型的气体组合特征

序号	故障类型	气体的组合特征
1	裸金属过热	总烃高，CO、CH_2 均在正常范围
2	金属过热并涉及固体绝缘	总烃高，开放式变压器 CO>300μL/L，乙炔在正常范围
3	固体绝缘过热	总烃在 100μL 左右，开放式变压器的 CO>300μ/L
4	金属过热并有放电	总烃高，C_2H_2>5μL/L，H_2 含量较高
5	火花放电	总烃不高，C_2H_2>10μL/L，H_2 含量较高
6	电弧放电	总烃高，乙炔含量高并成为总烃的主要成分，H_2 含量也高
7		H_2 含量>100μL/L 而其他指标均为正常，有多种原因应具体分析

注：在电弧放电故障中，若 CO、CO_2 含量也高，则可能放电故障已涉及固体绝缘；但在突发性的电性故障中，有时 CO，CO_2 含量并不一定高，应结合气体继电器的气样分析后作出判断。

由表4-6不难看出，通过故障气体的组合特征虽然能对产生的故障性质和类型做出推断，但介于两种类型之间的故障则不易把握。因此，还需要考察它们在数量上的比例关系。这种判断方法就是三比值法。

② 三比值法是在热动力学和实践的基础上，用 5 种气体的三对比值以不同的编码表示作为判断充油电气设备故障类型的方法，编码规则和故障类型的判别见表4-7和表4-8。

表 4-7　编码规则

气体比值范围	比值范围的编码			气体比值范围	比值范围的编码		
	C_2H_2/C_2H_4	CH_4/H_2	C_2H_4/C_2H_6		C_2H_2/C_2H_4	CH_4/H_2	C_2H_4/C_2H_6
<0.1	0	1	0	≥1~<3	1	2	1
≥0.1~<1	1	0	0	≥3	2	2	2

表 4-8　故障类型诊断方法

编码组合			故障类型判断	故障实例
C_2H_2/C_2H_4	CH_4/H_2	C_2H_4/C_2H_6		
0		0	1	低温过热<150℃	绝缘导线过热，注意 CO_2 和 CO 含量和 CO_2/CO 值
	2	0	低温过热（150~300℃）	分接开关接触不良，引线夹件螺丝松动成接头焊接不良，涡流引起的铜过热，铁心漏磁，局部短路，层间绝缘不良，铁心多点接地等
	2	1	中温过热（300~700℃）	
	0, 1, 2	2	高温过热（>700℃）	
	1	0	局部放电	高湿度、高含气量引起油中低能量密度的局部放电
2	0, 1	0, 1, 2	低能放电	引线对电位未固定的部件之间连续火花放电，分接抽头引线和油隙闪络，不同电位之间的油中火花放电或悬浮电位之间的火花放电
	2	0, 1, 2	低能放电兼过热	
1	0, 1	0, 1, 2	电弧放电	绕组匝间、层间短路，相间闪络，分接抽头引线和油隙闪络，分接头引线间油隙闪络，引线对箱壳放电、绕组熔断、分接开关飞弧，因环路电流引起电弧，引线对其他接地体放电等
	2	0, 1, 2	电弧放电兼过热	

③ 对一氧化碳和二氧化碳的判断。当故障涉及固体绝缘时，会引起 CO 和 CO_2 含量的明显增长。根据现有的统计资料，固体绝缘的正常老化过程与故障情况下的劣化分解，表现在油中 CO 含量一般没有严格的界限，规律也不明显。这主要是由于从空中吸收的 CO_2、固体绝缘老化及油的长期氧化形成 CO 和 CO_2 的基值过高，造成开放变压器溶解空气的饱和量为 10%，设备里可以含有来自空气的 $300\mu L/L$ 的 CO_2。在密封设备里，空气也可能经泄漏而进入设备油中，这样，油中的 CO_2 浓度将以空气的比率存在，试验证明，当怀疑设备固体绝缘材料老化时，一般 $CO_2/CO>7$，当怀疑故障涉及固体绝缘材料时（高于 200℃），可能 $CO_2/CO<3$，必要时最后一次的测试结果中减去上次的测试数据，重新计算比值，以确定故障是否涉及了固体绝缘。

5. 色谱分析判断中的注意事项

1）检修时带油电焊的设备应在电焊前后均取样进行色谱分析，以便查证，防止造成误判断。

2）检修时在变压器内使用 1211 过火剂或曾使用其他卤化物时，应作好记录。

3）注意气体的其他来源。如氢气、油中的水与铁作用会产生氢，不锈钢元件可能释放吸附的氢，设备中的某些漆类也可能产生氢气，在分析判断时均应估计到。此外，还应考虑有载调压器的切换开关油箱向变压器主油箱的渗漏，以及强油循环的变压器因潜油泵电动机引起的气体含量异常等情况。

4）在特征气体的含量正常时，有时因空气的漏入或呼吸通道堵塞而引起气体继电器动作，应检查 O_2 含量的变化并作具体分析。

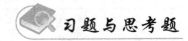

习题与思考题

4-1　测量绝缘电阻能发现哪些绝缘缺陷？试比较它与测量漏电流实验的异同。

4-2　绝缘材料干燥时和受潮后的吸收特性有什么不同？

4-3　简述西林电桥的工作原理。

4-4　总结进行各项预防性实验时应注意的事项。

4-5　综合讨论：现行对绝缘材料的离线检测性实验存在哪些不足？探索一下：对某些电气设备绝缘材料进行在线检测的可能性和原理方法。

第5章

绝缘的高电压试验

时至今日，高电压绝缘方面的理论还远未完善，有许多高电压技术问题仍必须通过实际试验来解决，例如，前面第2、3章中引用的一系列电介质电气强度特性曲线几乎都是国内外许多高电压试验室通过试验方法所得出的成果。可见高电压试验技术在高电压技术领域中占有很重要的地位。

电气设备的绝缘在运行中，除了长期受到工作电压（工频交流电压或直流电压）的作用外，还会受到电力系统中可能出现的各种过电压的作用，所以在高压试验室内应能产生出模拟这些作用电压的试验电压（工频交流高压、直流高压、雷电冲击高压、操作冲击高压等），用以考验各种绝缘耐受这些高电压作用的能力。由于输电电压和相应的试验电压在不断提高，要获得各种符合要求的试验用高电压越来越困难，这是高电压试验技术发展中首先需要解决的问题。

与非破坏性试验相比，绝缘的高电压试验具有直观、可信度高、要求严格等特点，但因它具有破坏性试验的性质，所以一般都放在非破坏性试验项目合格通过之后进行，以避免或减少不必要的损失。

本章将介绍产生各种试验电压的高压试验设备、各种高电压的测量方法以及绝缘高电压试验的接线和实施方法。

5.1 工频高电压试验

工频高电压试验不仅仅为了检验绝缘在工频交流工作电压下的性能，在许多场合还用来等效地检验绝缘对操作过电压和雷电过电压的耐受能力，以免除进行操作冲击和雷电冲击高压试验所遇到的设备仪器和试验技术上的繁复和困难。

5.1.1 工频高电压的产生

高压试验室中的工频高电压通常采用高压试验变压器或其串级装置来产生。但对电缆、电容器等电容量较大的被试品，可采用串联谐振回路来获得试验用的工频高电压。

工频高电压不仅可用于绝缘的工频耐电压试验，而且也广泛应用于气隙工频击穿特性、电晕放电及其派生效应、静电感应、绝缘子的干闪、湿闪及污闪特性、带电作业等试验研究中。工频高压装置不但是高压试验室中最基本的设备，而且也是产生其他类型高电压的设备的基础部件。

1. 高压试验变压器

试验变压器大多为油浸式，在工作原理上与电力变压器没有什么不同，但在工作条件和结构方面则具有一系列特点：

1）由于需要产生的工频电压很高，因而试验变压器本身应有很好的绝缘。但因它们都在高压试验室内工作，不像电力变压器那样会受到雷电和操作过电压的作用，所以试验变压器的绝缘裕度不需要取得太大，例如，500~750kV 试验变压器的绝缘 5min 试验电压仅比其额定电压高 10%~15%。这样小的绝缘裕度必然要求在试验过程中严格防止和限制过电压的出现。

2）试验变压器的容量一般是不太大的，因为在试验中，被试品放电或击穿前，只需要供给被试品的电容电流；如果被试品被击穿，开关会立即切断电源，不会出现长时间的短路电流。可见试验变压器高压侧电流 I 和额定容量 S 都主要取决于被试品的电容。

$$I = 2\pi f C U \times 10^{-3}(\text{A}) \tag{5-1}$$

$$S = 2\pi f C U^2 \times 10^{-3}(\text{kV} \cdot \text{A}) \tag{5-2}$$

式中　C ——被试品的电容和试验变压器本身的电容（μF）；

　　　U ——试验电压（kV）；

　　　f ——电源频率（Hz）。

为了满足大多数被试品的试验要求，250kV 以上试验变压器的高压侧额定电流取为 1A，例如，500kV 试验变压器的额定容量一般为 500kV·A。不过对于某些特殊被试品和某些特殊的试验项目，需要把试验变压器的额定电流选得比 1A 大得多。此外，用于对绝缘子进行湿闪或污闪试验的试验变压器还应具有较小的漏抗，因为要在绝缘子表面建立起电弧放电过程，变压器应能供给 5~15A（有效值）的短路电流。

3）由于试验变压器的额定电压很高而容量不大，因而它的油箱本体不粗，而其高压套管又长又粗，这是它外观上的一个特点。按照高压套管的数量，可将试验变压器分为两种类型：一种是单套管式，其高压绕组的一端接地，另一端输出额定全电压 U，如图 5-1a 所示，这时它的高压绕组和套管对铁心和油箱的绝缘均应按耐受全电压 U 的要求来设计；另一种是双套管式，其高压绕组的中点与铁心、油箱相连，两端各经一只套管引出，也是一端接地，另一端输出全电压 U，但应该注意的是，这时由于铁心和油箱均带上 $U/2$ 的电压，所以油箱不能放在地上，而必须按一半全电压对地绝缘起来，如图 5-1b 所示。后一种做法的好处是用两只额定电压只有 $U/2$ 的套管来代替一只额定电压为 U 的套管，用油箱外部的绝缘支柱来减轻变压器内绝缘的设计要求（绝缘水平也降至 $U/2$）。当电压 U 很高时，这样做可以大大降低试验变压器和套管的制造难度和价格。单套管试验变压器的额定电压一般不超过 250~300kV，而双套管试验变压器的最高额定电压已达 750kV。

4）试验变压器连续运行时间不长，发热较轻，因而不需要有复杂的冷却系统。但由于试验变压器的绝缘裕度很小、散热条件又较差，所以一般在额定电压或额定功率下只能作短时运行。例如，500kV 试验变压器在额定电压 U 下只能连续工作 30min，只有在 $2U/3$ 的电压下才能长期运行。

5）与电力变压器相比，试验变压器的漏抗较大，短路电流较小，因而可降低绕组机械强度方面的要求，以节省制造费用。

6）试验变压器所输出的电压应尽可能是正、负半波对称的正弦波形，实际上要做到这一点是相当困难的。一般采取的措施是：①采用优质铁心材料；②采用较小的设计磁通密度；③选用适宜的调压供电装置；④在试验变压器的低压侧跨接若干滤波器（例如，3 次和 5 次谐波滤波器）。

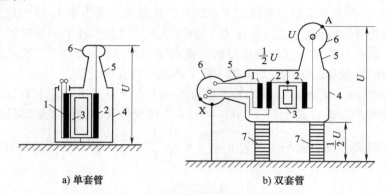

a) 单套管　　　　　　b) 双套管

图 5-1　试验变压器的接线与结构示意图

1—低压绕组　2—高压绕组　3—铁心　4—油箱　5—套管　6—屏蔽极　7—绝缘支柱

2. 试验变压器串级装置

当所需的工频试验电压很高（例如，超过 750kV）时，再采用单台试验变压器来产生试验电压就不恰当了，因为变压器的体积和重量近似地与其额定电压的三次方成比例，而其绝缘难度和制造价格会增加得更多。所以在 $U \geq 1000\text{kV}$ 时，几乎没有例外地一定采用若干台试验变压器组成串级装置来满足要求，这在技术上和经济上都更加合理。数台试验变压器串级连接的办法就是将它们的高压绕组串联起来，使它们的高压侧电压叠加后得到很高的输出电压，而每台变压器的绝缘要求和结构可大大简化，减轻绝缘难度，降低总价格。

最常用的串级连接方式是自耦式连接，这时高一级变压器的励磁电流由前一级变压器高压绕组的一部分（可称之为累接绕组）来供给，图 5-2 中表示的是一套由两台单套管试验变压器组成的串级装置示意图。

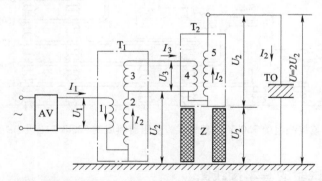

图 5-2　由两台单套管试验变压器组成并由累接绕组来供电的串级装置示意图

1—T_1 的低压绕组　2—T_1 的高压绕组　3—累接绕组　4—T_2 的低压绕组　5—T_2 的高压绕组

T_1—第 1 级试验变压器　T_2—第 2 级试验变压器　AV—调压器　TO—被试品　Z—绝缘支柱

　　T_1 的高压绕组 2 的一端和油箱相连（接地），而另一端再接上一只特殊的励磁（累接）绕组，用来给 T_2 的低压绕组 4 供电，T_2 的油箱与 T_1 高压绕组 2 的输出端同电位（对地电压为 U_2），所以必须用绝缘支柱 Z 将 T_2 的油箱对地绝缘起来。由于 T_2 的低压绕组的对地电位也被抬高到 U_2，因而 T_2 的内绝缘（高、低压绕组之间及高压绕组对铁心、油箱之间的绝缘）水平也仅需 U_2，而不是输出电压 U（$=2U_2$），这就大大减小了 T_2 的内绝缘和高压套管的绝缘难度。虽然 T_2 的油箱带上高电压 U_2，但这不难用绝缘支柱 Z 来加以解决。

　　应该指出，虽然这时两台试验变压器的一次电压相同（$U_1 = U_3$），二次电压也相同（均为 U_2），但它们的容量和高压绕组结构都不同，因而不能互换位置。

　　T_2 的容量为 $P_2 = U_3 I_3 = U_2 I_2$，T_1 的容量为 $S_1 = U_1 I_1 = U_2 I_2 + U_3 I_3 = 2U_2 I_2$。

　　整套串级装置的制造容量为 $S = S_1 + S_2 = 3U_2 I_2$，串级装置的输出容量却只有 $S' = 2U_2 I_2$，不难求出 n 级串级装置的容量利用率为 $\eta = \dfrac{S'}{S} = \dfrac{2U_2 I_2}{3U_2 I_2} = \dfrac{2}{3}$。因而装置的容量利用率为

$$\eta = \frac{2}{n+1} \tag{5-3}$$

式中　　n ——串级装置的级数。

　　由式（5-3）可见，级数越多，试验变压器的台数越多，容量利用率也越低。这是串级装置的固有缺点，因而通常很少采用 $n>3$ 的方案。

　　为了说明采用双套管试验变压器组装串级装置以获取更高工频试验电压的方法，在图 5-3 中绘出了由采用带累接绕组的双套管试验变压器组装而成的 2250kV 串级装置，图中还注明了各级变压器的油箱、输出端和绝缘支柱各段的对地电压。目前，国内外利用这种串级连接方法和结构方式已建成多套输出电压达 2250（3×750）kV 的工频高压串级装置，甚至出现了 3000（3×1000）kV 串级装置。它们的容量利用率已经降至 $\eta = 2/(3+1) = 0.5$。

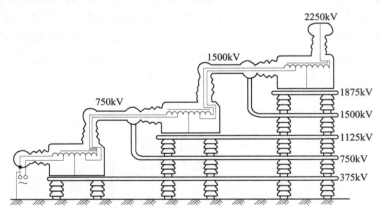

图 5-3　由带累接绕组的 750kV 双套管试验变压器组成的 2250kV 三级串级装置示意图

5.1.2　工频高压试验的基本接线图

　　以试验变压器或其串级装置作为主设备的工频高压试验（包括耐压试验）的基本接线如图 5-4 所示。

　　由于试验变压器的输出电压必须能在很大的范围内均匀地加以调节，所以它的低压绕组

应由一台调压器来供电。调压器应能按规定的升压速度连续、平稳地调节电压，使高压侧电压在 $0 \sim U$ 范围内变化。

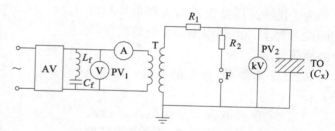

图 5-4　工频高压试验的基本接线图
AV—调压器　PV_1—低压侧电压表　PV_2—高压静电电压表
T—工频高压装置　R_1—变压器保护电阻　TO—被试品
R_2—测量球隙保护电阻　F—测量球隙
L_f、C_f—谐波滤波器

常用的调压供电装置有以下几种：①自耦调压器；②感应调压器；③移卷调压器；④电动-发电机组，它们分别适用于不同的场合。

试验变压器高压侧的电压可以用高压静电电压表 PV_2 或测量球隙 F 来测量。后者同时还能起防止因操作失误而出现过高电压的作用，为此可将球隙的放电电压整定在 $(1.1 \sim 1.15)U$ 的数值上，而让 PV_2 承担测量高电压的任务。

工频耐电压试验的实施方法如下：按规定的升压速度提升作用在被试品 TO 上的电压，直到它达到所需的试验电压 u 为止，这时开始计算时间。为了让有缺陷的试品绝缘来得及发展局部放电或完全击穿，达到 u 后还要保持一段时间，一般取 $1\min$ 就够了。如果在此期间没有发现绝缘击穿或局部损伤（可通过声响、分解出气体、冒烟、电压表指针剧烈摆动、电流表指示急剧增大等异常现象作出判断）的情况，即可认为该试品的工频耐电压试验合格通过。

5.2　直流高电压试验

在被试品的电容量很大的场合（例如，长电缆段、电力电容器等），用工频交流高电压进行绝缘试验时会出现很大的电容电流，这就要求工频高压试验装置具有很大的容量 P，参阅式（5-2），但这往往是很难做到的。这时常用直流高电压试验来代替工频高电压试验。

此外，随着高压直流输电技术的发展，出现了越来越多的直流输电工程，因而必然需要进行多种内容的直流高电压试验。

还应指出，直流高电压在其他科技领域也有广泛的应用，其中包括高能物理（加速器）、电子光学、X 射线学以及多种静电应用（例如，静电除尘、静电喷漆、静电纺纱等）。

5.2.1　直流高电压的产生

为了获得直流高电压，高压试验室中通常采用将工频高电压经高压整流器而变换成直流高电压的方法，而利用倍压整流原理制成的直流高压串级装置（或称串级直流高压发生器）能产生出更高的直流试验电压。

1. 高压整流器

它是直流高压装置中必不可少的部件。从历史上来看，曾采用过机械整流器和电子管整流器（高压整流管），但自从出现了额定反峰电压高达 $200 \sim 300kV$ 的高压硅整流器后，其他类型的高压整流器均已被淘汰。

为了说明高压整流器的工作条件和对它的技术要求，可利用图 5-5 中最简单的半波整流电路。

高压整流器最主要的技术参数应该是：

1）额定整流电流：整流电流系指通过整流器的正向电流在一个周期内的平均值。对高压硅整流器来说，通常规定其额定整流电流为在室温和自然对流冷却条件下的容许整流电流值。

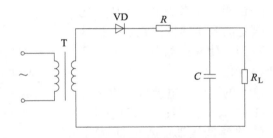

图 5-5　半波整流电路

T—高压试验变压器　VD—高压整流器　C—滤波电容器
R—限流（保护）电阻　R_L—负载电阻

2）额定反峰电压：当整流器阻断时，其两端容许出现的最高反向电压峰值称为额定反峰电压。

参阅图 5-5，如果电路空载（$R_L = \infty$），则在充电完毕后，电容器 C 上的直流电压 U_C 将近似等于变压器高压侧交流电压的幅值 U_m，而整流器两端承受的反向电压 u_d 应为 U_C 和变压器高压侧电压之和，即 $u_d = U_C + U_m \sin\omega t = U_m(1 + \sin\omega t)$。

可见最高反向电压 $U_d = 2U_m$。所以在选择整流器时，应使其额定反峰电压大于滤波电容器上可能出现的最高电压的 2 倍，否则就会出现整流器的反向击穿或闪络。

为了制成额定反峰电压为 200~300kV 的高压硅整流器，需要采用若干个 100~500kV 高压硅堆，而每个硅堆又由许多硅元件串联组成，因而必然存在电压沿硅堆和沿硅元件的分布问题，为了改善电压分布，在硅堆上都并联有均压电容和均压电阻，只要参数选得适当，均压效果将是显著的。

让我们再回到图 5-5 中的电路，当接有负载时（$R_L \neq \infty$），电容 C 上的整流电压的最大值 U_{max} 将不可能再等于 U_m，而是要比它低一个 ΔU；在整流器处于截止状态时，电容 C 上的电压也不再保持恒定，将因向 R_L 放电而逐渐下降，直至某一最小值 U_{min} 为止，因为这时第二个周期的充电过程开始了，这样一来就出现了电压脉动现象，其幅度为 δU。δU 和 ΔU 的定义可用图 5-6 清楚地加以说明。

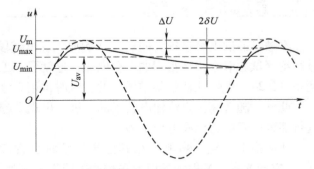

图 5-6　半波整流电路有负载时的输出电压波形

整流电路的基本技术参数有 3 个：

1）额定平均输出电压为

$$U_{av} \approx (U_{max} + U_{min})/2$$

2）额定平均输出电流为

$$I_{av} = U_{av}/R_L ;$$

3）电压脉动系数 S（亦称纹波系数）为

$$S = \delta U/U_{av} \tag{5-4}$$

其中，$\delta U = (U_{\max} - U_{\min})/2$，为电压脉动幅度。

对于半波整流电路，它可以近似地用下式求得：

$$\delta U = U_{av}/(2fR_L)$$

由上式可知，负载电阻 R_L 越小（负载越大），输出电压的脉动幅度越大；而增大滤波电容 C 或提高电源频率 f，均可减小电压脉动。一般要求直流高压试验装置的电压脉动系数 $S \leq 5\%$，但某些特殊用途直流高压装置的要求要高得多。

2. 倍压整流电路

采用前面介绍的半波整流电路或普通的桥式全波整流电路能够获得的最高直流电压都等于电源交流电压的幅值 U_m，但在电源不变的情况下，采用倍压整流电路即可获得 $(2 \sim 3)U$ 的直流电压。

图 5-7 表示 3 种倍压整流电路，前两种可获得等于 $2U_m$ 的直流电压，而后一种可获得等于 $3U_m$ 的直流电压。

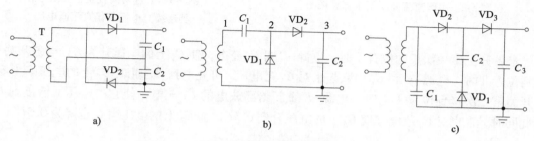

图 5-7　3 种倍压整流电路

在图 5-7a 中，电源在正半波期间经整流器 VD_1 向电容器 C_1 充电，负半波时则经 VD_2 向 C_2 充电，最后 C_1 和 C_2 上的电压均可达 U_m，它们叠加起来即可在输出端获得 $2U_m$ 的直流电压。这种倍压整流电路实质上是两个半波整流电路的叠加。

在图 5-7b 中，电源在负半波期间经 VD_1 向 C_1 充电，而正半波期间电源与 C_1 串联起来经 VD_2 向 C_2 充电，所以最后 C_2 上也可获得 $2U_m$ 的直流电压。

图 5-7c 所示的 3 倍压整流电路实质上是由图 5-7b 所示的电路演变而来，可获得等于 $3U_m$ 的直流电压。

前面所说的都是空载时的情况，当接上电阻负载后，输出电压也会出现电压降落（ΔU）和电压脉动的现象（δU）。

3. 串级直流高压发生器

利用图 5-7b 中的倍压整流电路作为基本单元，多级串联起来即可组成一台串级直流高压发生器，如图 5-8 所示。

这时接通电源后，各级电容上的电压由下而上地逐渐增大，在理想情况下，最后可获得的空载输出电压等于 $Z_n U_m$（其中，n 为级数）。这种串级装置的实际充电过程是很复杂的，为了便于理解，可利用图 5-9 所示的直流电源 $+E$ 和 $-E$ 经切换开关 S 给各台电容器充电的过程来加以说明。

图 5-9 中，有两个极性相反的直流充电电源 $+E$ 和 $-E$；S_1、S_2 和 S_3 为联动的切换开关，轮番地换接到 I、II 两种位置上；为简单计，设 $C_1 = C_2 = C_3 = C_4$。

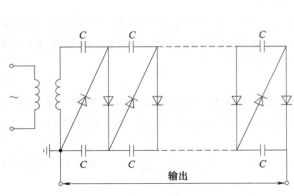

图 5-8　串级直流高压发生器原理图

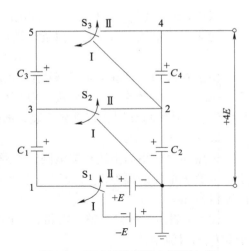

图 5-9　通过切换直流电源给电容
器逐级充电而获得直流高电压

当各开关第一次投向位置 I 时，电源$-E$ 对 C_1 充电，使 C_1 上的电压升为 E；当各开关切换到位置 II 时，电源$+E$ 和 C_1 串联起来对 C_2 充电，C_2 可充电到 E，此时 C_1 上的电压降为零；当开关第二次接到位置 I 上时，电源$-E$ 重新给已放电的 C_1 充电，使它的电压又恢复到 E，与此同时，C_2 也对 C_3 放电，使 C_3 上的电压升到 $0.5E$，而 C_2 上的电压由 E 也降为 $0.5E$（因为 $C_2 = C_3$）。

当开关又回到位置 II 时，电源$+E$ 和电压已恢复为 E 的又串联起来对充电，使它的对地电压由 $0.5E$ 上升到 $5E/4$（利用获得补充的电荷与 C_1 失去的电荷相等以及 C_2 上的电压等于电源电压 E 与 C_1 上的电压之和的关系，即可求得）；与此同时，C_3 也对 C_4 放电，使后者的电压升至 $0.25E$。如此轮番充电，最后将使 C_2 和 C_4 上的电压都达到 $2E$，而装置的输出总电压将为 $4E$。图 5-9 所示装置的级数为 2，如果级数增为 n，最后可得到的输出电压将为 $2nE$。

实际装置的电源为交流电压，它相当于图 5-9 中极性相反的两个直流电源和切换开关 S_1；两只反向的整流元件则可代替上述电路中的切换开关 S_2 和 S_3，于是图 5-9 就可转化为图 5-10，这就成为实用的两级串级直流高压发生器了。

在负半波，VD_1 和 VD_3 导通，电源和右侧电容器 C_2 给左侧的电容器 C_1 和 C_3 充电；在正半波，VD_2 和 VD_4 导通，电源和左侧电容器串联起来给右侧电容器 C_2 和 C_4 充电。空载时，图中各节点最后达到的稳态对地电压分别为

$$u_1 = U_m \sin\omega t（变化范围为 + U_m \sim - U_m）$$
$$u_2 = U_m(1 + \sin\omega t)（0 \sim + 2U_m）$$
$$u_3 = 2U_m$$
$$u_4 = U_m(3 + \sin\omega t)$$
$$u_5 = 4U_m$$

要想获得更高的直流电压，只需要增加级数就可以了，图 5-11 即为 n 级串级直流高压发生器的原理接线，它最后能得到的理想空载输出电压为 $2nU_m$。

在实际装置中，由于要限制负载突然击穿时出现的短路电流和某些电容器发生击穿时流

过高压硅整流器的过电流，保护整流器不致损坏，所以还必须在装置输出端接一外保护电阻 R_L，在每一高压硅整流器上串接限流电阻 R_1，如图 5-11 所示。

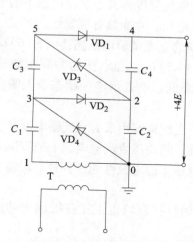

图 5-10　两级串级直流高压发生器原理接线图

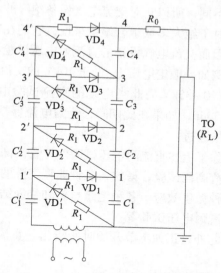

图 5-11　串级直流高压发生器接线图

在电力系统现场试验所用的直流高压装置中，往往采用数千赫甚至更高频率的交流电源（用晶体管振荡器产生），以减小整套装置的尺寸和重量，使之便于运输和在现场使用。

5.2.2　直流高压试验的特点和应用范围

以直流高压发生器为主设备的直流高压试验（包括耐压试验和测量泄漏电流）在试验电压较高时，要用直流高压发生器来代替其中的整流电源部分。如高压静电电压表 PV_2 的量程不够，可改用球隙测压器 F、高值电阻串接微安表 PA 或高阻值直流分压器等方法来测量直流高电压，图 5-12 为其接线示意图。

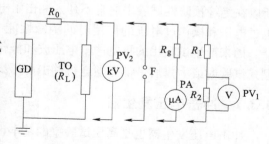

图 5-12　直流高压试验接线示意图
GD—直流高压发生器　TO—受试品

最常见的直流高压试验为某些交流电气设备（油纸绝缘高压电缆、电力电容器、旋转电机等）的绝缘预防性试验项目之一的直流耐压试验。与交流耐压试验相比，直流耐压试验具有下列特点：

1）试验中只有微安级泄漏电流，试验设备不需要供给试品的电容电流，因而试验设备的容量较小，特别是采用高压硅堆作为整流元件后，整套直流耐压试验装置的体积、重量减小得更多，便于运到现场进行试验；

2）在试验时可以同时测量泄漏电流，由所得的"电压电流"曲线能有效地显示绝缘内部的集中性缺陷或受潮，提供有关绝缘状态的补充信息；

3）用于旋转电机时，能使电机定子绕组的端部绝缘也受到较高电压的作用，这有利于发现端部绝缘中的缺陷；

4）在直流高压下，局部放电较弱，不会加快有机绝缘材料的分解或老化变质，在某种程度上带有非破坏性试验的性质；

5）在直流试验电压下，绝缘内的电压分布由电导决定，因而与交流运行电压下的电压分布不同，所以它对交流电气设备绝缘的考验不如交流耐电压试验那样接近实际。

对于绝大多数组合绝缘来说，它们在直流电压下的电气强度远高于交流电压下的电气强度，因而交流电气设备的直流耐电压试验必须提高试验电压，才能具有等效性。

例如，额定电压 U_n 低于 10kV 的交流油纸绝缘电缆的直流试验电压高达 $(5 \sim 6) U_n$，而 U_n 为 $10 \sim 35kV$ 的此类电缆的直流试验电压也达到 $(4 \sim 5) U_n$，加电压的时间也要延长到 $10 \sim 15min$，如果在此期间，泄漏电流保持不变或稍有降低，就表示绝缘状态令人满意，试验合格通过。

除了上述直流耐电压试验外，直流高压装置还理所当然地被用来对直流输电设备进行各种直流高压试验，诸如，各种典型气隙的直流击穿特性、超高压直流输电线上的直流电晕及其各种派生效应、各种绝缘材料和绝缘结构在直流高电压下的电气性能、各种直流输电设备的直流耐电压试验等。

此外，正如本节开始时所指出，直流高电压在其他科技领域也正在获得越来越广泛的应用。

5.3 冲击高电压试验

由于冲击高电压试验对试验设备和测试仪器的要求高、投资大，测试技术也比较复杂，所以在绝缘预防性试验中通常不列入冲击耐电压试验。但为了研究电气设备在运行中遭受雷电过电压和操作过电压的作用时的绝缘性能，在许多高压试验室中都装设了冲击电压发生器，用来产生试验用的雷电冲击电压波和操作冲击电压波。许多高压电气设备在出厂试验、型式试验时或大修后，都必须进行冲击高压试验。

5.3.1 冲击电压发生器

冲击电压发生器也是高压试验室的基本设备之一。随着输电电压的不断提高，冲击电压发生器所产生的电压也必须相应提高，才能满足试验要求。世界上最大的冲击电压发生器的标称电压已经高达 7200kV，甚至更高。

1. 基本回路

第 1 章中曾经介绍，供试验用的标准雷电冲击全波采用的是非周期性双指数波，它可用下式表示为

$$u(t) = A(e^{-\frac{t}{\tau_1}} - e^{-\frac{t}{\tau_2}}) \tag{5-5}$$

式中　τ_1——波尾时间常数；

　　　τ_2——波前时间常数。

由两个指数函数叠加而成，如图 5-13 所示。如果不要求获得幅值很大的冲击电压，那么在试验室里产生这样的冲击波形并不困难。

在式（5-5）中，通常 $\tau_1 >> \tau_2$，所以在波前范围内，式（5-5）可近似写为

$$u(t) \approx A(1 - e^{-\frac{t}{\tau_2}}) \tag{5-6}$$

其波形如图 5-14 所示，这个波形与图 5-15a 所示的直流电源、U_0 经电阻 R_1 向电容器 C_2 充电时 C_2 上的电压波形完全相同，可见利用图 5-15a 中的电路就可以获得所需的冲击电压波前。

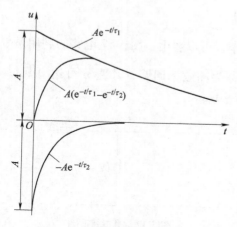

图 5-13　双指数函数冲击电压波

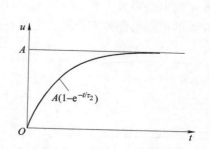

图 5-14　式（5-6）对应的波形图

与此类似，在波尾范围内，式（5-5）可近似写为

$$u(t) = Ae^{-\frac{t}{\tau_1}} \tag{5-7}$$

其波形如图 5-13 中最上面的一条曲线所示，这个波形与图 5-15b 所示的充电到 U_0 的电容器 C_1 对电阻 R_2 放电时的电压波形完全相同，可见利用图 5-15b 中的简单电路就可以获得所需的冲击电压波尾。

为了获得完整的波形，只要利用将图 5-15 中的两个电路结合起来而组成的电路（见图 5-16），就可以达到目的。

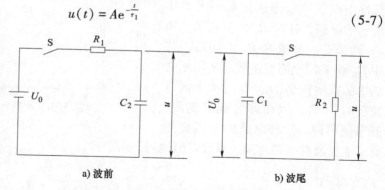

a) 波前　　　　　　　　　　b) 波尾

图 5-15　可获得冲击电压波前和波尾的电路

用充电电容器来替换图 5-15a 中的直流电源，并不影响我们获取所需的冲击电压全波波形，但会使所得冲击电压的幅值 U_{2m} 小于 U_0，因为 C_1 的电容量总是有限的，在它向 C_2 和 R_2 放电的同时，它本身的电压也从 U_0 往下降。开关 S 闭合前，C_1 上的电荷量为 C_1U_0；S 闭合后，在波头范围内，C_1 经 R_2 放掉的电荷很少，如予以忽略，则 C_1 在分给 C_2 一部分电荷后，C_1 和 C_2 上的电压最高可达 U_{2m}，它和各个参数的关系为

$$U_{2m} \approx \frac{C_1}{C_1 + C_2}U_0 \tag{5-8}$$

另一方面，由于 R_1 的存在，以上的电压 U_{2m} 还要打一个折扣，其值为 $\dfrac{R_2}{R_1 + R_2}$，所以最后能得到的冲击电压幅值为

$$U_{2m} \approx \frac{C_1}{C_1 + C_2} \frac{R_2}{R_1 + R_2} U_0 \tag{5-9}$$

如果把 R_1 移到 R_2 的后面去，即可得出图 5-17 中的电路，它能得到的冲击电压幅值 U_{2m} 基本上不受 R_1 上电压降的影响，因而适用式（5-8）。

我们把 $\eta = \dfrac{U_{2m}}{U_0}$ 称为放电回路的利用系数或效率。可以看出，图 5-17 电路的利用系数比图 5-16 中的电路要大一些，所以图 5-17 的回路被称为高效率回路，其值 η 可达 0.9 以上，而图 5-16 的电路为低效率回路，它的 η 值只有 0.7~0.8。

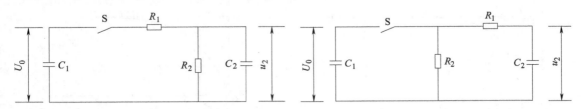

图 5-16 可获得完整冲击电压波的合成电路　　　　图 5-17 高效率回路

为了满足其他方面的要求，实际冲击电压发生器往往采用图 5-18 所示的电路，这时 R_1 被拆成 R_{11} 和 R_{12} 两部分，分置在 R_2 的前后，其中 R_{11} 为阻尼电阻，主要用来阻尼电路中的寄生振荡；R_{12} 专门用来调节波前时间 T_1，因而称为波前电阻，其阻值可调。这种电路的 η 值显然

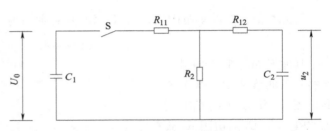

图 5-18 冲击电压发生器常用电路

介于上面两种电路之间，可以近似地用下式求得：

$$\eta = \frac{U_{2m}}{U_0} \approx \frac{C_1}{C_1 + C_2} \frac{R_2}{R_{11} + R_2} \tag{5-10}$$

2. 多级冲击电压发生器的工作原理

利用上述几种电路虽然都能得到波形符合要求的雷电冲击电压全波，但能获得的最大冲击电压幅值却很有限，因为受到整流器和电容器额定电压的限制，单级冲击电压发生器能产生的最高电压一般不超过 200~300kV。但冲击高电压试验所需的冲击电压往往高达数 MV，因而也要采用多级叠加的方法来产生波形和幅值都能满足需要的冲击高电压波。

图 5-19 为多级冲击电压发生器的原理接线图，它的基本工作原理可以概括为"并联充电，串联放电"，具体过程如下：

（1）充电过程

这种电路由充电状态转变为放电过程是利用一系列火花球隙来实现的，它们在充电过程中都不被击穿，因而所在支路呈开路状态，这样图 5-19 的接线可简化成图 5-20 中的充电过程等效电路。

这时各级电容器 C 经数目不等的充电电阻 R 并联地由电压为 U_C 的整流电源充电，但由于充电电阻的数目各异，各台电容器上的电压上升速度是不同的，最前面的 C 充电最快，最

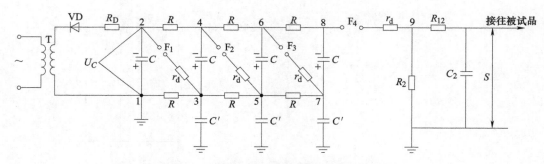

图 5-19　多级冲击电压发生器的原理接线图

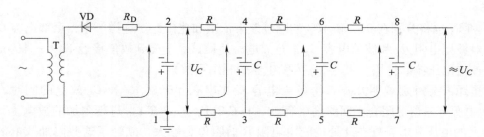

图 5-20　多级冲击电压发生器充电过程等效电路

后面的 C 充电最慢，不过在充电时间足够长时，全部电容器都几乎能充电到电压 U_c，因而点 2、4、6、8 的对地电位均为 $-U_c$，而点 1、3、5、7 均为地电位。按图中整流器 VD 的接法，所得到的电压将为负极性，要改变极性是很容易的，只要将 VD 的接法调换一下就可以了。

电阻 R 虽称为"充电电阻"，但其实它们在充电过程中没有什么作用，如取它们的阻值为零，各台电容器 U_c 的充电速度反而更快。不过以后将会看到，这些充电电阻在放电过程中却起着十分重要的作用，而且其阻值要足够大（例如，数万 Ω），而对其阻值稳定性的要求并不太高。

（2）放电过程

一旦第一对火花球隙 F_1 被击穿，各级球隙 F_2、F_3、F_4 均将迅速依次击穿，各台电容器被串联起来，发生器立即由充电状态转为放电过程，因此第一对球隙 F_1 被称为"点火球隙"。

这时由于各级充电电阻 R 有足够大的阻值，因而在短暂的放电过程中，可以近似地把各个 R 支路看成开路。这样一来，图 5-19 的接线又可近似地简化成图 5-21 所示的放电过程等效电路。

理解发生器如何从充电转为放电过程的关键在于分析作用在各级火花球隙上的电压值。当 F_1 在 U_c 的作用下击穿时，立即将点 2 和点 3 连接起来（阻尼电阻 r_d 的阻值很小），因而点 3 的对地电位立即从此前的零变成 $-U_c$（点 2 的电位），点 4 的电位相应地变成 $-2U_c$，而点 5 的对地电位一时难以改变，因为此时 F_2 尚未击穿，点 5 的电位改变取决于该点的对地杂散电容 C'，通过 F_1、r_d 和点 3~点 5 之间的那只充电电阻 R 由第一级电容 C 进行充电，由于 R 值很大，能在点 3 和点 5 之间起隔离作用，使点 5 上的 C' 充电较慢，暂时仍保持着原来的零电位。这样一来，作用在火花球隙 F_2 上的电位差将为 $2U_c$，F_2 将很快击穿；依此类

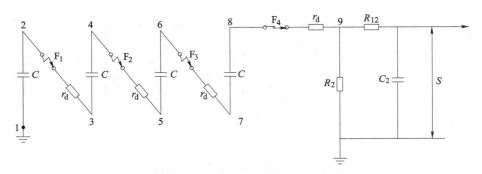

图 5-21　多级冲击电压发生器放电过程等效电路

推，F_3 和 F_4 也将分别在 $3U_c$ 和 $4U_c$ 的电位差下依次加速击穿。这样一来，全部电容 C 将串联起来对波尾电阻 R_2 和波前电容 C_2 进行放电，使被试品上受到幅值接近于 "$-4U_c\eta$" 的负极性冲击电压波的作用（其中，η 为发生器的利用系数）。

　　这里还需要特别说明几点：①各级电容 C 在串联起来对 R_2 和 C_2 放电的同时，也在图 5-19 中所有三角形闭合小回路内（例如，1-C-2-F_1-r_d-3-R-1）进行附加的放电，其结果是使 C 上的电压降低，好在此处的充电电阻 R 的阻值足够大，减轻了这些附加放电的不利影响，使 C 上基本上仍保持着接近于 $-U_c$ 的电压。可见无论从隔离相邻各点（例如，点 1 与点 3）的作用来看，还是从减轻附加放电的不利影响来看，R 值都必须足够大；②由于各级球隙 $F_1 \sim F_4$ 上击穿前出现的电压是逐级增大的，所以通常将各级球隙的极间距离也整定成逐渐增大；③把阻尼电阻 R_{11} 分散到各级中去（r_d），无论从发生器的元件安装结构上来考虑，还是从阻尼各种杂散参数构成的附加电路（例如，1-C-2-F_1-r_d-3-C'-地-1）中的寄生振荡来考虑，都是合适的。

　　冲击电压发生器的启动方式有两种：一种是自启动方式，这时只要将点火球隙 F_1 的极间距离调节到使其击穿电压等于所需的充电电压 U_c，当 F_1 上的电压上升到等于 U_c 时，F_1 即自行击穿，启动整套装置。可见这时输出的冲击电压高低主要取决于 F_1 的极间距离，提高充电电源的电压，只能加快充电速度和增大冲击波的输出频度，而不能提高输出电压。另一种启动方式是使各级电容器充电到一个略低于 F_1 击穿电压的电压水平上，处于准备动作的状态，然后利用点火装置产生一个点火脉冲，送到点火球隙 F_1 中的一个辅助间隙上使之击穿并引起 F_1 主间隙的击穿，以启动整套装置。不论采用何种启动方式，最重要的问题是保证全部球隙均能跟随 F_1 的点火作同步击穿。

　　图 5-21 中的等效电路可进一步简化成图 5-18 所示的电路，各参数之间有下列关系：

$$\left.\begin{array}{l} C_1 = \dfrac{C}{n} \\[2mm] R_{11} = nr_d \\[2mm] U_{2m} \approx nU_c \end{array}\right\} \tag{5-11}$$

式中，n 为发生器的级数。

　　由于多方面的考虑（例如，提高各个元件的利用率、提高发生器的利用系数，使整体结构尽可能紧凑、美观等），实际的多级冲击电压发生器的接线方式和结构形式可以是多种多样的，但它们的基本工作原理均相同。

3. 冲击电压发生器的近似计算

下面就以图 5-18 中的回路为基础，近似分析输出电压波形与电路元件参数之间的关系。

在近似计算中应作某些必要的简化，例如，在决定波前时，不妨忽略 R_2 的存在，这时 C_2 上的电压可用下式来表示

$$u_2(t) \approx U_{2m}(1 - e^{-\frac{t}{\tau_2}}) \tag{5-12}$$

其中，波前时间常数 $\tau_2 = (R_{11} + R_{12})\dfrac{C_1 C_2}{C_1 + C_2}$。

因为 $C_1 >> C_2$，所以可以近似地认为

$$\tau_2 = (R_{11} + R_{12})C_2 \tag{5-13}$$

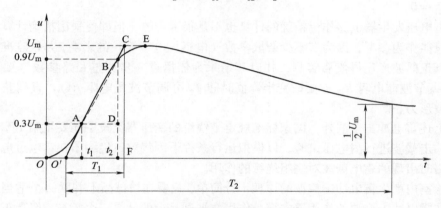

图 5-22　冲击电压波形的定义

根据冲击电压视在波前时间 T_1 的定义（见图 5-22）可知：当 $t = t_1$ 时，$u_2(t_1) = 0.3U_{2m}$；当 $t = t_2$ 时，$u_2(t_2) = 0.9U_{2m}$。

即

$$0.3U_{2m} = U_{2m}(1 - e^{-\frac{t_1}{\tau_2}})，或 e^{-\frac{t_1}{\tau_2}} = 0.7 \tag{5-14}$$

$$0.9U_{2m} = U_{2m}(1 - e^{-\frac{t_1}{\tau_2}})，或 e^{-\frac{t_1}{\tau_2}} = 0.1 \tag{5-15}$$

将以上两式相除，得

$$t_2 - t_1 = \tau_2 \ln 7 \tag{5-16}$$

由图 5-22 中的两个相似三角形 ABD 和 O'CF，可得 $T_1 \approx 3(R_{11} + R_{12})C_2$，又在决定半峰值时间 T_2 时，忽略 R_{11} 和 R_{12} 的作用，而近似地认为 C_1 和 C_2 并联起来对 R_2 放电，这时 C_2 上的电压 U_2 可以用下式表示：

$$u_2(t) \approx U_{2m}e^{-\frac{t}{\tau_1}} \tag{5-17}$$

其中，波尾时间常数

$$\tau_1 \approx R_2(C + C_2) \tag{5-18}$$

根据视在半峰值时间 T_2 的定义（见图 5-22）可知：当 $t = T_2$ 时，$u_2(T_2) = U_{2m}/2$，即 $U_{2m}e^{-\frac{\tau_2}{\tau_1}} = \dfrac{U_{2m}}{2}$。

化简后得

$$T_2 = \tau_1 \ln 2 \approx 0.7 R_2 (C_1 + C_2) \qquad (5\text{-}19)$$

以上推得的冲击电压波形与回路参数之间的近似关系式，不仅适用于雷电冲击电压波，而且也适用于后面要介绍的操作冲击电压波。利用这些关系式，我们即可由所要求的试验电压波形（例如，$1.2/50\mu s$）求出各个电路参数值，或者反过来，由已知的电路参数求出所得的冲击电压波形。不过在前一种情况时，由于已知的只有两个波形参数（即 T_1 和 T_2），而待求的放电电路参数有 5 个，所以必须先确定其中的 3 个参数：通常 C_1 和 C_2 是根据实际情况预先选定的（例如，根据所要求的冲击放电能量选定 C_1），而且为了保证发生器有足够大的利用系数，通常取 $C_1 \geqslant (5 \sim 10) C_2$；$R_{11} \leqslant n r_d$ 是各级阻尼电阻之和，在保证不出现寄生振荡的前提下，R_{11} 的阻值应尽可能取得小一些，一般有几十 Ω 就够了，而在高效率电路的情况下，$R_{11} = 0$。

对冲击电压发生器电路作更精确的计算也不是很困难的，但即使采用精确计算法求得的结果，也只能作为参考，因为有不少杂散参数（电感、电容等）的影响，是很难准确地加以估计的。真正的波形还得依靠实测，并以其结果为依据进一步调整回路参数（要改变波前时间 T_1 可调节波前电阻 R_{12}，要改变半峰值时间 T_2 可调节波尾电阻 R_2），直到获得所需的试验电压波形为止。

除了上述雷电冲击全波外，国家标准规定带绕组的变压器类设备还要用第 1 章中图 1-16 中的标准冲击截波进行耐电压试验，以模拟运行条件下因气隙或绝缘子在雷电过电压下发生击穿或闪络时出现的雷电截波对绕组绝缘的作用。

在试验室内产生雷电冲击截波的原理十分简单，只要在被试品上并联一个适当的截断间隙，让它在雷电冲击全波的作用下击穿，作用在被试品上的就是一个截波。但真正实现起来却很不容易，因为标准截波对截断时间 T_C 有一定要求（$T_C = 2 \sim 5\mu s$）。要想使 T_C 符合要求，必须精确地调节间隙距离，这要通过多次试放电才能达到。用棒间隙作为截断间隙，其截断时间的分散性太大，很难满足要求；用简单的球间隙作为截断间隙，T_C 的分散性虽小，但击穿时间很短，截断只能出现在波前或波峰处，不可能发生在波尾，因而也不能满足试验要求。为此曾提出过不少专门的截断装置，对它们的要求是放电分散性小和能准确控制截断时间。图 5-23 表示采用三电极针孔球隙和延时回路的截断装置原理图，球隙主间隙 F 的自放电电压被整定得略高于发生器送出的全波电压，在全波电压加到截断间隙的同时，从分压器分出某一幅值的启动电压脉冲，经过延时电路 Y 再送到下球的辅助触发间隙 f 上去，f 击穿后将

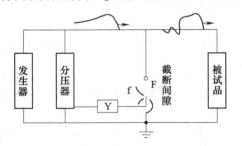

图 5-23　具有延时电路的截断装置

立即引发主间隙 F 的击穿而形成截波。延时回路可采用延时电缆段，调节电缆的长度即可改变主间隙的击穿时刻和冲击全波的截断时间。

当试验电压很高时，可采用多对串联的球隙来代替单一的球隙，这样可减小球极的直径、缩减整套截波装置的体积。

5.3.2　操作冲击试验电压的产生

国家标准规定，额定电压高于 220kV 的超高电压电气设备在出厂试验、型式试验中，不能像 220kV 及以下的高压电气设备那样以工频耐压试验来等效取代操作冲击耐电压试验。后者所用的标准操作冲击电压波及其产生方法可分为两大类：

1. 非周期性双指数冲击长波

国家标准规定的标准波形为 $250/2500\mu s$，它特别适合于进行各种气隙的操作冲击击穿试验（在这种波形的操作波下，气隙的电气强度最低）。这种操作冲击波通常均利用现成的冲击电压发生器来产生，从原理上来说，与产生雷电冲击波时没有什么不同，但由于此时的波前时间 T_c 和半峰值时间 T_2 都显著增长了，因此，在选择发生器的电路形式和元件参数时，应特别考虑下列问题：

1）为了大大拉长波前，或在电路中串接外加电感 L，或将电路中的阻值显著加大，但这样做都会使发生器的利用系数明显降低，故更需采用高效率电路（即使如此，其 η 值一般也只有 $0.5\sim0.6$）。可见一台冲击电压发生器能产生的最大操作波输出电压远远低于能产生的最大雷电波输出电压；

2）在进行操作波回路参数的计算时，需要注意两点：一是不能用前面介绍的雷电波时的近似计算法来计算操作波回路参数，否则将带来很大的误差；二是要考虑充电电阻 R 对波形和发生器效率的影响，因为这时波前电阻 R_1 和波尾电阻的值都已显著增大，而充电电阻 R 不能跟着加大（因对充电速度和各级电容 C 充电的不均匀度有影响），因而 R 对放电过程的影响相对增大。

2. 衰减振荡波

为了产生这种操作冲击试验电压，可以采用图 5-24 所示的国际电工委员会（IEC）所推荐的一种操作波发生装置，它主要利用现成的高压试验变压器来达到目的。

主电容 C 预先由整流电源充电到某一电压 U_0，然后让它通过球隙 F 的击穿而对试验变压器的一次（低压）绕组

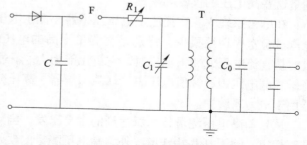

图 5-24　利用变压器的操作冲击波发生装置

放电，这样在变压器的二次（高压）绕组上，便能因电磁感应基本上按电压比产生出高压操作波。具体波形可以利用 R_1 和 C_1 加以调节，这时应先用较低的充电电压，把波形调好，然后再根据所需的试验电压值，提高充电电压 U_0，获得高压操作波。这种操作波及其产生方法特别适用于电力变压器的现场试验，因为它容许省去高压试验变压器，而电力变压器既是被试品，又起试验变压器的作用。图中其他器件都不大，不难运输到现场，再组装起来进行试验。

5.3.3　绝缘的冲击高压试验方法

电气设备内绝缘的雷电冲击耐电压试验采用三次冲击法，即对被试品施加三次正极性和三次负极性雷电冲击试验电压（$1.2/50\mu s$ 全波）。对变压器和电抗器类设备的内绝缘，还要

再进行雷电冲击截波（1.2/2～5μs）耐电压试验，它对绕组绝缘（特别是其纵绝缘）的考验往往比雷电冲击全波试验更加严格。

在进行内绝缘冲击全波耐压试验时，应在被试品上并联一球隙，并将它的放电电压整定得比试验电压高15%～20%（变压器和电抗器类被试品）或5%～10%（其他被试品）。因为在冲击电压发生器调波过程中，有时会无意地出现过高的冲击电压，造成被试品的不必要损伤，这时并联球隙就能发挥保护作用。进行内绝缘冲击高压试验时的一个难题是如何发现绝缘内的局部损伤或故障，因为冲击电压的作用时间很短，有时在绝缘内遗留下非贯通性局部损伤，很难用常规的测试方法揭示出来，例如，电力变压器绕组匝间和线饼间绝缘（纵绝缘）发生故障后，往往没有明显的异样，目前用得最多的监测方法是拍摄变压器中性点处的电流示波图，并将所得示波图与在完好无损的同型变压器中摄得的典型示波图以及存在人为制造的各种故障时摄下的示波图作比较，据此常常不仅能判断损伤或故障的出现，而且还能大致确定它们所在的地点，这就大大简化了随后的变压器检视时寻找故障点的工作。

电力系统外绝缘的冲击高压试验通常可采用15次冲击法，即对被试品施加正、负极性冲击全波试验电压各15次，相邻两次冲击的时间间隔应不小于1min。在每组15次冲击的试验中，如果击穿或闪络的次数不超过2次，即可认为该外绝缘试验合格。

内、外绝缘的操作冲击高压试验的方法与雷电冲击全波试验完全相同。

5.4　高电压测量技术

为了进行各种高电压试验，除了要有能产生各种试验电压的高压设备外，还必须要有能测量这些高电压的仪器和装置。

在电力系统中，广泛应用电压互感器配低压电压表来测量高电压，但这种测量方法在高电压试验室中用得很少，特别是在测量很高的电压时，它既不经济、也不方便；当需要测量的是直流电压或冲击电压时，它更无能为力。不过也应指出，在试验室条件下广泛应用的高压静电电压表、峰值电压表、球隙测压器、高压分压器等仪器、装置也不能取代电压互感器用于电力系统中。

从目前高电压测量技术所达到的水平出发，国际电工委员会的推荐标准和我国的国家标准都规定，除了某些特殊情况外，高电压测量的误差一般应控制在±3%以内。当被测电压很高时，要达到这个要求其实并不容易，所以要对测量系统的每一环节的误差都要严加控制。

5.4.1　高压静电电压表

在两个特制的电极间加上电压 u，电极间就会受到静电力 f 的作用，而且 f 的大小与 u 的数值有固定的关系，因而设法测量 f 的大小或它所引起的可动极板的位移或偏转就能确定所加电压 u 的数值，利用这一原理制成的仪表即为静电电压表，它可以用来测量低电压，也可以在高电压测量中得到应用。

如果采用的是消除了边缘效应的平板电极，那么应用静电场理论，很容易求得 f 与 u 的关系式，并且可以得知 $f \propto u^2$ 或 $u \propto \sqrt{f}$。但仪表不可能反映力的瞬时值 f，而只能反映其平均值 $\bar{f}$。

如果 u 是按正弦函数作周期性变化的交流电压，则电极在一个周期 T 内所受到的作用力

平均值 F 与交流电压的有效值 U 的二次方成正比，或者反过来

$$U \propto \sqrt{F}$$

（5-20）

即静电电压表用于交流电压时，测得的是它的有效值。

如果测量的是带脉动的直流电压，则静电电压表测得的电压近似等于整流电压的平均值 U_{av}。

显然，静电电压表根本不能测量一切冲击电压。

为了尽可能减小极间距离 d 和仪表体积，极间应采用均匀电场，所以高压静电电压表的电极均采用消除了边缘效应的平板电极，如图 5-25 所示，圆形的可动电极 1 位于保护电极 2 的中心部位，二者之间只隔着很小的空隙 g，连接线 4 使电极 1 和 2 具有相同的电位。为保证边缘电场不会影响到电极 1 和 3 工作面之间电场的均匀性，固定电极 3 和保护电极 2 的外直径 D 相对于它们之间的距离 d 来说要取得比较大，而它们的边缘也应具有足够大的曲率半径 r，以避免出现电晕放电。

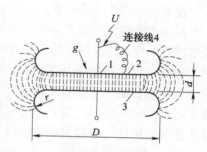

图 5-25　静电电压表极板结构示意图

静电电压表的内阻抗特别大，因此在接入电路后几乎不会改变被试品上的电压，几乎不消耗什么能量，这是它的突出优点；能直接测量相当高的交流和直流电压也是它的优点。在大气中工作的高压静电电压表的量程上限处于 $50 \sim 250\mathrm{kV}$ 的范围内；电极处于压缩 SF_6 气体中的高压静电电压表的量程上限可提高到 $500 \sim 600\mathrm{kV}$，如果要测量更高的电压，就只好和分压器配合使用了。

5.4.2　峰值电压表

在不少场合，只需要测量高电压的峰值。例如，绝缘的击穿就仅仅取决于电压的峰值。现已制成的产品有交流峰值电压表和冲击峰值电压表，它们通常均与分压器配合起来使用。

交流峰值电压表的工作原理可分为两类：

1. 利用整流电容电流来测量交流高压

参阅图 5-26a，当被测电压 u 随时间而变化时，流过电容 C 的电流 $i_C = \mathrm{d}u/\mathrm{d}t$。

在 i_C 的正半波，电流经整流元件 V1 及检流计 P 流回电源。如果流过 P 的电流平均值为 I_{av}，那么它与被测电压的峰值 U_{m} 之间存在：

$$U_{\mathrm{m}} = \frac{I_{\mathrm{av}}}{2Cf}$$

（5-21）

式中　C——电容器的电容量；

　　　f——被测电压频率。

2. 利用电容器充电电压来测量交流高压

参阅图 5-26b，幅值为 U_{m} 的被测交流电压经整流器 V 使电容 C 充到某一电压 U_{b}，它可以用静电电压表 PV 或用电阻 R 串联微安表 PA 测得。如用后一种测量方法，则被测电压的峰值为

$$U_{\mathrm{m}} = \frac{U_{\mathrm{d}}}{1 - \dfrac{T}{2RC}} \qquad\qquad (5\text{-}22)$$

式中　　T——交流电压的周期（s）；

　　　　C——电容器的电容量；

　　　　R——串联电阻的阻值。

在 $RC \geqslant 20T$ 的情况下，式（5-22）计算结果的误差不超过 $\pm 2.5\%$。

以冲击峰值电压表和冲击分压器联用也可测量冲击电压的峰值 U_{m}，冲击峰值电压表的基本原理与图 5-26b 所示的方法相同，但因交流电压是重复波形，且波形的延续时间（周期）较长，而冲击电压是速变的一次过程，所以以用作整流充电的电容器 C 的电容量要大大减小，以便它能在很短的时间内一次充好电。在选用冲击峰值电压表时，要注意其响应时间是否适合于被测波形的要求，并应使其输入阻抗尽可能大一些，以免因峰值表的接入影响到分压器的分压比，从而引起测量误差。

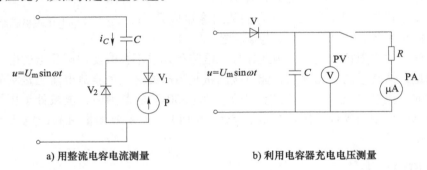

a) 用整流电容电流测量　　　　　　　　b) 利用电容器充电电压测量

图 5-26　峰值电压表接线图

利用峰值电压表，可以直接读出冲击电压的峰值，与用球隙测压器测峰值相比，可大大简化测量过程。但是被测电压的波形必须是平滑上升的，否则就会产生误差。

峰值电压表所用的指示仪表可以是指针式表计，也可以是具有存储功能的数字式电压表，在后一种情况下，可以得到稳定的数字显示。

5.4.3　球隙测压器

球隙测压器是唯一能直接测量高达数 MV 的各类高电压峰值的测量装置。它由一对直径相同的金属球构成，测量误差约 $2\% \sim 3\%$，所以已经能够满足大多数工程测试的要求。

它的工作原理基于一定直径（D）的球隙在一定极间距离（d）时的放电（击穿）电压为一定值。

1. 球隙的优点

为什么要选择球隙而不是别的气隙（例如，更简单的棒间隙）来作为高电压的测量工具呢？这是因为球隙中的电场在极间距离不大（例如，$d/D \leqslant 0.75$）时为稍不均匀电场，与其他不均匀电场气隙相比，它具有下列优点：

1）击穿时延小，伏秒特性在 $1\mu s$ 左右即已变平，放电电压的分散性小，具有比较稳定的放电电压值和较高的测量准确度；

2）由于稍不均匀电场的冲击系数 $\beta \approx 1$，它的 50% 冲击放电电压与静态（交流或直流）放电电压的幅值几乎相等，可以合用同一张放电电压表格或同样的放电电压特性曲线簇；

3）由于湿度对稍不均匀电场的放电电压影响较小，因而采用球隙来测量电压可以不必对湿度进行校正。

在一定球极直径 D 的情况下，随着极间距离 d 的增大，d 与 D 之比达到某一数值（例如，0.75）后，球隙电场即逐渐由稍不均匀电场转变为不均匀电场，因而上述种种优点也将逐渐丧失。可见随着被测电压值的增大，球隙距离也将加大，这时为了保持其稍不均匀电场的特性，就必须相应采用直径更大的球极，目前普遍采用的球极直径从 2cm 到 200cm，分为 14 档。直径超过 2m 的球很少采用，因为大球极的制造越来越困难，价格很高，占用试验室空间太多，还不如改用其他测量方法（例如，分压器）更为恰当。

消除了边缘效应的平板电极间的电场为均匀电场，它当然也具有上述球隙的种种优点，那么为什么不采用卷边平板电极来作为高电压的测量工具呢？

首先，球隙的放电一般都发生在两球间距离最近的一小块面积不大的球面范围内，因而只要对这一小块球面的加工光洁度提出很高的要求就可以了；如采用平板电极，为保证极间电场的均匀性，在被测电压很高、极距很大时，平板电极的直径势必也要很大，比同样极距的球隙直径大得多，从理论上来说，放电可能发生在整个板面上的任何一点，因而整个极板平面都是工作面，都要求很高的加工光洁度；而平板边沿为消除边缘效应而卷起的部分更给加工增加了难度。

其次，为了保证测量的准确度，球隙的安装只要求对准球心，并使两个球心的连线或垂直于地面或平行于地面即可；而平板电极在安装时，除了要求对准轴线外，还要使两个大面积平板电极始终精确地保持平行，这显然是很困难的。

总之，在所有类型的气隙中，采用球隙是最理想的解决方案。

2. 球隙的放电电压

若已知直径 D 和极间距离 d，球隙的放电电压虽然也能从理论上推得计算公式，但因存在某些难以准确估计的影响因素，所得结果往往不能满足测量准确度的要求。在实用上，通常均通过实验的方法得出不同球隙的放电电压数据，为了使用的方便，它们被制成表格或曲线备用。其中最具权威性和应用得最广泛的是国际电工委员会综合比较了各国高压试验室所得实验数据后编制而成的标准球隙放电电压表，其中冲击放电电压系指它的 50% 放电电压。

当 $d/D > 0.5$ 时，放电电压的准确度已经较差，故在表中数字上加括号；当 $d/D > 0.75$ 时，准确度更差，故表中不再列出放电电压值。

表中数据只适用于标准大气条件（101.3kPa，293K），在其他气压和温度时的放电电压应乘以校正系数 K 来进行换算

$$U = KU_0 \tag{5-23}$$

式中 U_0——标准大气条件下的球隙放电电压；

U——实际大气条件下的球隙放电电压；

K——与空气相对密度 δ 有关的校正系数，可由表 5-1 查得。

表 5-1 校正系数 K 与空气密度 δ 的关系

δ	0.70	0.75	0.80	0.85	0.90	0.95	1.00	1.05	1.10	1.15
K	0.72	0.77	0.82	0.86	0.91	0.95	1.00	1.05	1.09	1.13

为了保证测量所要求的准确度，国际电工委员会标准和我国国家标准还对测量用球隙的结构、布置、连接和使用均作了严格的规定，其中包括适当的球杆、操作机构、绝缘支持物、高压引线、与周围物体及对地、对天花板的距离等。对球面的光洁度和曲率更有严格的要求。

球隙在高压试验时的接入方式如图 5-27 所示。图中 R_1 为限流电阻，当被试品或球隙击穿时，它既限制流过试验装置的电流，也限制流过球隙 F 的电流；R_2 为球隙测压器的专用保护电阻，主要防止球隙在持续作用电压下放电时，虽然已有 R_1 的限流作用，但流过球隙的电流仍过大，又未能及时切断，从而使两球的工作面被放电火花所灼伤。不过在测量冲击电压时，一般不希望接有 R_2，因为这时电压的变化速率 du/dt 很大，流过球隙的电容电流 C_F 的 du/dt 也较大（ C_F 为两球间的电容），就

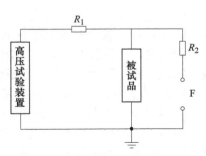

图 5-27　球隙测压器接入示意图

会在 R_2 上造成一定压降，使作用在球隙上的电压与被试品上的电压不一致，引起较大的误差。

用球隙测量工频电压时，应取连续 3 次放电电压的平均值，相邻两次放电的时间间隔一般不应少于 1min ，以便在每次放电后让气隙充分地去电离，各次击穿电压与平均值之间的偏差不应大于 3%。

用球隙测量冲击电压时，应通过调节极距 d 来达到 50% 放电概率，此时被测电压即等于球隙在这一距离时的 50% 冲击放电电压。确定 50% 的放电概率常用 10 次加压法，即对球隙加上 10 次同样的冲击电压，如有 4~6 次发生了放电，即可认为已达到 50% 的放电概率。这种方法比较简单但准确度较低，因为球隙的冲击放电具有分散性，在同样的条件下，再施加 10 次冲击电压，可能放电概率就不同了。

不仅球隙测量要用 50% 放电电压，所有自恢复绝缘，只要它的放电分散情况符合正态分布规律，都采用 50% 放电电压。为了得到比较准确的结果，通常可用下述两种方法来确定球隙或其他自恢复绝缘的 50% 冲击放电电压。

（1）多级法

根据试验需要，或固定电压值，逐级调节球隙距离；或固定球隙距离，逐级改变所加冲击电压的幅值。通常取级差等于预估值的 2% 左右，每级施加电压的次数不少于 6 次，求得此时的近似放电概率 P（%），这样做上 4~5 级，即可得到放电概率 P 与所加电压 U（或球隙距离 d）的关系曲线（见图 5-28），从而得出 $P=50\%$ 时的 $U_{50\%}$（或 $d_{50\%}$）。

（2）升降法

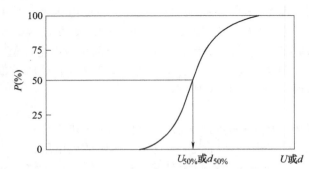

图 5-28　放电概率 P 与所加电压 U 或极间
距离 d 之间的关系

预先估计一个大致的 50% 击穿电压 $U'_{50\%}$，并取其 2% ～ 3%ΔU 作为级差。先以 $U'_{50\%}$ 作

为初试电压加在气隙上，如未引起击穿，则下次施加的电压升为 $U'_{50\%} + \Delta U$，如在 $U'_{50\%}$ 下已引起击穿，则下次施加的电压降为 $U'_{50\%} - \Delta U$，依此类推，每次加电压都遵循这样的规律，即凡是加压引起击穿，则下次加压比上次低 ΔU，凡是加压未引起击穿，则下次加压比上次高 ΔU。这样反复加压 20～40 次，分别统计各级电压以的加压次数 n_i，然后按下式求得 50% 冲击击穿电压 $U_{50\%}$：

$$U_{50\%} = \frac{\sum U_i n_i}{\sum n_i}$$

(5-24)

式中，$\sum n_i$ 为加压总次数，统计加压总次数时应注意：如果第一次加 $U'_{50\%}$ 未引起击穿，则从后来首先引起击穿的那一次开始统计；如果第一次加 $U'_{50\%}$ 即引起击穿，则要从后来首先未发生击穿的那一次开始统计。

5.4.4　高压分压器

当被测电压很高时，不但高压静电电压表无法直接测量，就是球隙测压器也将无能为力，因为球极的直径不能无限增大（一般不超过 2m）。当需要用示波器测量电压的波形时，也不能直接将很高的被测电压引到示波器的现象极板上去。总之，在这些场合，采用高压分压器来分出一小部分电压，然后利用静电电压表、峰值电压表、高压脉冲示波器等测量仪器进行测量，是最合理的解决方案。

对一切分压器最重要的技术要求有 2 个：①分压比的准确度和稳定性（幅值误差要小）；②分出的电压与被测高电压波形的相似性（波形畸变要小）。

按照用途的不同，分压器可分为交流高压分压器、直流高压分压器和冲击高压分压器等；按照分压元件的不同，它又可分为电阻分压器、电容分压器、阻容分压器 3 种类型。每一分压器均由高压臂和低压臂组成，在低压臂上得到的就是分给测量仪器的低电压 U_2，总电压 u_1 与 u_2 之比（u_1/u_2）称为分压器的分压比（N）。

下面就以高压分压器加上高压脉冲示波器组成的测量系统为例，对各种分压器作简要的介绍和分析。

1. 电阻分压器

它的高、低压臂均为电阻，如图 5-29 所示。理想情况下的分压比为

$$N = \frac{u_1}{u_2} = \frac{R_1 + R_2}{R_2}$$

(5-25)

图中的放电管或放电间隙 F 是起保护作用的，以免电压表超量程。

高压臂 R_1 通常用康铜、锰铜或镍铬电阻丝以无感绕法制成，它的高度应能耐受最大被测电压的作用而不会发生沿面闪络。

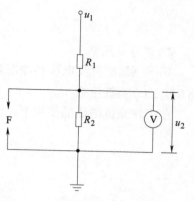

图 5-29　电阻分压器

当测量直流高电压时，只能用电阻分压器，但它不仅仅用于直流电压的测量，而且也可以用来测量交流高电压和 1MV 以下的冲击电压。

用于测量稳态（交流、直流）电压的电阻分压器的阻值不能选得太小，否则会使直流

高压装置和工频高压装置供给它的电流太大，电阻本身的热损耗也太大，以致阻值因温升而变化，增加测量误差。但阻值也不能选得太大，否则由于工作电流过小而使电晕电流、绝缘支架的泄漏电流所引起的误差变大。一般选择其工作电流在 0.5 ~ 2.0mA 之间，实际上常选 1mA。

用于测量交流高电压时，由于对地杂散电容的不利影响，不但会引起幅值误差，还会引起相位误差。被测电压越高、分压器本身的阻值越大、对地杂散电容越大，出现的误差也越大。因此通常在被测交流电压大于 100kV 时，大多采用电容分压器，而不用电阻分压器。

用来测量雷电冲击电压的电阻分压器的阻值应比测量稳态电压的电阻分压器小得多，这是因为雷电冲击电压的变化很快，即 $\mathrm{d}u/\mathrm{d}t$ 很大，因而对地杂散电容的不利影响要比交流电压时大得多，结果是引起幅值误差和波形畸变。因而冲击电阻分压器的阻值往往只有 10 ~ 20kΩ，即使屏蔽措施完善者也只能增大到 40kΩ 左右。

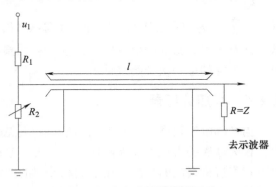

在高压试验室中，分压器一般都放在冲击电压发生器的附近，而出于安全等方面的

图 5-30　电阻分压器测量回路

原因，测量仪器（例如，高压脉冲示波器）通常放在控制测试室内，二者往往相距数十米，其间的连线通常采用高频同轴电缆，以避免输出波形在这段距离内受到周围电磁场的干扰。如果示波器要由冲击发生器送出的启动脉冲去启动，这段电缆（例如，100~200m）还能起时延电缆的作用，使被测现象在示波器启动后再到达现象极板，以便能录到完整的波形。在电缆终端处要并联一个阻值等于电缆波阻抗 Z 的匹配电阻 R，以避免冲击波在终端处的反射（见图 5-30）。这时分压器低压臂电阻 R_2 与匹配电阻（$R = Z$）并联存在，所以低压臂的等效电阻变为

$$R_2' = \frac{R_2 Z}{R_2 + Z} \tag{5-26}$$

2. 电容分压器

用于测量交流高电压和冲击高电压的电容分压器的原理接线如图 5-31 所示，这时 C_1 为高压臂，C_2 为低压臂。

在工频交流电压的作用下，流过 C_1 和 C_2 的电流均为 i_C，因而

$$u_2 = \frac{i_C}{\omega C_2}$$

$$u_1 = \frac{i_C}{\omega C_2} + \frac{i_C}{\omega C_1} = \frac{i_C}{\omega}\left(\frac{C_1 + C_2}{C_1 C_2}\right)$$

故分压比为

$$N = \frac{u_1}{u_2} = \frac{C_1 + C_2}{C_1} \tag{5-27}$$

通常 $C_1 \gg C_2$，所以 $U_2 = U_1$，大部分电压降落在 C_1 上，从而实现了用低压仪器测量高电压的目的。

电容分压器高压臂的电容量较小，但要耐受绝大部分作用电压，因而它是电容分压器的主要部件。实际的电容分压器可按其 C_1 构成的不同而分成：

1) 集中式电容分压器（图 5-31a），它的高压臂仅采用一只气体绝缘高压标准电容器，常用的气体介质有 N_2、CO_2、SF_6 及其混合气体，目前我国已能生产电压高达 1200kV 的高压标准电容器；

2) 分布式电容分布器（见图 5-31b），它的高压臂由多只电容器单元串联组成，要求每个单元的杂散电感和介质损耗尽可能小，理想状况为纯电容。

低压臂电容器 C 的电容量较大，而耐受电压不高，通常采用高稳定性、低损耗、杂散电感小的云母、空气或聚苯乙烯电容器。

测量冲击高电压大多采用上面所说的分布式电容分压器，高压臂串联电容器组的总电容量为 C_1。它的测量回路可有不同的方案，图 5-32 为其中的一种。应该注意，这时不能再像电阻分压器那样在电缆终端处跨接一个阻值等于电缆波阻抗 Z 的匹配电阻 R，因为电缆的波阻抗一般只有数十欧姆，低值电阻 R 如跨接在电缆段的终端，将使 C_2 很快放电，从而使测到的波形畸变、幅值变小。图 5-32 所表示的解决方案为在电缆始端入口处串接一个阻值等于 Z 的电阻 R，可见这时进入电缆并向终端传播的电压波 U_3 只有 C_2 上的电压 U_2 的一半（另一半降落在 R 上了），波到达电缆开路终端后将发生全反射（详见第 7 章中介绍的线路波过程），因而示波器现象极板上出现的电压 $u_4 = 2u_3 = 2 \times u_2/2 = u_2$，所以分压比仍为

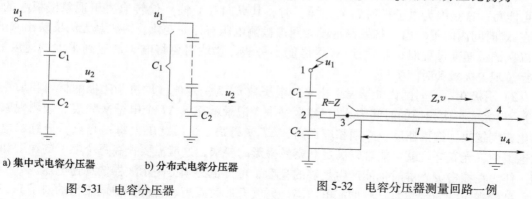

a) 集中式电容分压器　　　b) 分布式电容分压器

图 5-31　电容分压器　　　　　图 5-32　电容分压器测量回路一例

$$N = \frac{u_1}{u_4} = \frac{u_1}{u_2} = \frac{C_1 + C_2}{C_1}$$

电容分压器也存在对地杂散电容，但由于分压器本身也是电容，所以杂散电容只会引起幅值误差，而不会引起波形畸变。

由此可见，如果仅仅从分压器本体的误差来看，电容分压器要比其他类型的分压器优越。但是，如果考虑分压器各单元的杂散电感和各段连线的固有电感，电容分压器在冲击电压作用下存在着一系列高频振荡回路，其中的电磁振荡将使分压器输出电压的波形发生畸变。为了阻尼各处的振荡，可对电容分压器再作改进，制作出新的阻容分压器。

3. 阻容分压器

按阻尼电阻的接法不同，发展出两种阻容分压器，即串联阻容分压器（图 5-33a）和并联阻容分压器（图 5-33b）。前者的测量回路与电容分压器相同，而后者的测量回路与电阻

分压器相同。

如果只需要测量电压的幅值，可以把峰值电压表接在分压器低压臂上进行测量。如果要求记录冲击电压波形的全貌，则唯一的方法是应用高压脉冲示波器配合分压器进行测量。

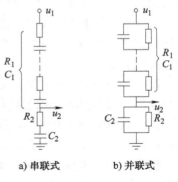

a) 串联式　　b) 并联式

图 5-33　阻容分压器

5.4.5　高压脉冲示波器和新型冲击电压数字测量系统

冲击电压波是一次性速变过程，总的延续时间往往只有数十微秒。长期以来，用来测量、记录这种冲击波的专用仪器是高压脉冲示波器。它与冲击分压器配合，使我们不仅可测得冲击电压的幅值，而且还能记录下它们的变化过程和整个波形，这是其他高压测量仪器所没有的功能。高压脉冲示波器这一名称中的"高压"二字并非指需要测量的电压很高（无论该电压有多高，总是要通过分压器分出一个不大的电压才送给它去测量），而是指这种示波器的加速电压很高，例如，需要 10~20kV 甚至更高，而普通示波器的加速电压只要 2~3kV 就够了。

测量一次性速变过程的示波器都必须具有特别高的加速电压，这主要有两方面的原因：

1）由于现象的变化速度很快，要求电子射线中的每个电子穿越现象极板的时间（Δt）尽可能短，这是因为电子投射到荧光屏上时，其纵向（Y 轴）偏转取决于现象极板上的电压在 Δt 时间内的平均值，如果在这段时间内被测电压有任何变化，射线是无法反映出来的，所以在记录速变过程时，必须使 Δt 尽可能小一些，这就需要将电子加速到很大的速度后，再穿过现象极板和时间极板。

2）阴极在单位时间内能够发射出来的电子数 n_0 为一定值（取决于阴极的材料和加热程度），设完成一次扫描的时间为 ΔT，那么每一个记录就靠 $n_0\Delta T$ 个电子来完成。被测现象的变化速度越快，扫描速度也必须相应提高，ΔT 变得很小，因此屏上每一光点所分到的电子数也很少，光点亮度就可能难以满足观察或摄影的要求，这就需要提高每个电子的速度和动能，使之在撞击荧光屏时仍能产生足够的亮度，可见也必须提高示波器的加速电压。

虽然高压脉冲示波器具有加速电压高、射线开放时间短、各部分协同工作的要求高、扫描电压多样化等特点，但其基本工作原理和结构组成与普通示波器并没有多大的差别，它一般都具有高压示波管、电源单元、射线控制单元、扫描单元、标定单元 5 个组成部分。通过它们的相互配合、协同工作，就能在示波屏上显示被测现象的波形，但由于被测现象变化极快，稍纵即逝，所以要做到各组成部分能准确地同步工作，实非易事，往往需要多次反复调试方能实现。然后，还要用照相机进行拍摄，把波形记录下来，最后尚需进行时间与幅值的标定，冲洗胶卷等，所以是相当麻烦和费时的。

近年来，由于电子技术和计算机工业的迅速发展，上述传统的高压脉冲示波器已逐步被新的数字测量系统所取代。

高电压数字测量系统由硬件和软件两大部分组成：硬件系统包括高压分压器、数字示波器、计算机、打印机等；软件系统包括操作、信号处理、存储、显示、打印等软件；其中核心部分为数字示波器、计算机和测量软件，因为被测信号的量化、采集、存储、处理、显示、打印等功能都要通过它们来实现。用来测量冲击电压的数字测量系统能对雷电冲击全波、截波及操作冲击电压波的波形和有关参数进行全面的测定，整个测量过程按预先设置的指令自动执行，测量结果可显示于屏幕，并可存入机内或打印输出。这种测量系统的推广应用大大缩短了试验周期、提高了试验质量。传统的模拟测量更新为现代的数字测量已是测量技术发展的必然趋势，高电压测量技术也不例外。把测量系统中的高压分压器更换为其他的变换器或传感器，上述测量系统也可用来测量高电压试验中有关的各种电量和非电量。

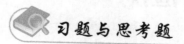 习题与思考题

5-1 简述直流耐压试验与交流相比，有哪些主要特点。

5-2 直流耐压试验电压值的选择方法是什么？

5-3 高压实验室中被用来测量交流高电压的方法常用的有哪几种？

5-4 简述高压试验变压器调压时的基本要求。

5-5 标准大气压下，35kV 电力变压器做工频耐电压试验，应选用的球隙直径为多大？球隙距离为多少？

5-6 简述工频高压试验需要注意的问题。

5-7 简述冲击电流发生器的基本原理。

5-8 冲击电压发生器的启动方式有哪几种？

5-9 最常用的测量冲击电压的方法有哪几种？

第6章

电气绝缘在线检测

为了防止运行中的电力设备发生事故，需定期地进行绝缘预防性试验，这需要停电才能进行，且两次间隔时间较长，如大多数设备的预试周期为 1~3 年，不一定能及时发现绝缘缺陷。随着社会经济的发展，对电力系统运行的可靠性和经济性的要求越来越高，推动了电力设备的检修模式由"定期检修"向"状态检修"发展，因此对电力设备的绝缘状态进行在线监测和带电检测势在必行。对设备进行在线或带电监测，能实时或根据需要简便地测出各种电气绝缘参数，判断设备的绝缘状况，这对于保证电力设备的可靠运行及降低设备的运行费用都是很有意义的。

随着计算机技术及电子技术的飞速发展，实现电力设备运行的自动监控及绝缘状况的在线监测，并对电气设备实施状态监测和检修已成为可能，但是种种原因使得某些技术问题未能得到彻底解决，在一定程度上影响在线监测技术推广应用。这些技术问题有的是属于理论性的，例如，在线监测和停电试验的等效性、测法的有效性、环境变化对监测结果的影响等；另一类则属于测量方法和系统设计方面的问题，例如，通过传感器设计及数字信号处理技术来提高监测结果的可信度，采用现场总线控制等技术提高监测系统的抗干扰能力，简化安装调试及维修工作等。妥善解决这些问题将有助于提高在线监测系统的质量和技术水平。

6.1 变压器油中溶解气体的在线检测

电力设备的故障分析及诊断工作对能源行业的发展具有十分重要的现实意义，目前通过分析绝缘油中溶解气体成分可以实现对故障设备的迅速诊断，以保障电力系统的安全、可靠运行。绝缘油被广泛应用于电力设备中，绝缘油的性能对电力设备的正常运行具有重要影响，通过分析绝缘油中溶解气体成分，可以迅速诊断电力设备存在的问题。

6.1.1 绝缘故障与油中溶解气体

当变压器使用时间逐渐增长后，不可避免地会出现一些故障，其内部故障的先兆是油中某些能降低变压器中油闪点的可燃性气体，这些气体是变压器早期出现故障的原因。变压器的运行过程，其纤维绝缘材料及油会被氧气、水分及一些金属材料催化进而分解、老化，虽然分解、老化过程产生气体的速度十分缓慢，但这些气体大部分都能溶于油中。同时，一旦变压器内部条件满足故障发生环境或者已经发生了故障，纤维绝缘材料及油的分解、老化产生气体的速度及量都会发生明显的变化。由于大部分故障出现初期缺陷时会有迹象，可以通过分析绝缘油中溶解气体检测和分析变压器，诊断故障。变压器中的绝缘材料分解过程可以产生 20 多种气体，其中有可燃气体，也包括不可燃气体，这些气体的性质具有其各自的特性，也代表了不同的分解反应。为此，为了更准确、快速地诊断变压器的故障，必须选择合适的气体进行分析。就目前而言，我国按照 DL/T 722—2000 的要求，最少分析和研究 7 种气体，但一般都会分析和研究 8、9 种气体。导致变压器故障的气体主要有 9 种，包括氧气、氮气、氢气、甲烷、乙烷、乙烯、乙炔、一氧化碳、二氧化碳。对这些气体进行分析和研究从而诊断变压器故障的原因如下：氮气的有无可判断是否出现局部放电或热源温度，分析氮气可以了解其饱和程度，通过分析和研究二氧化碳可以掌握固体的平均温度或绝缘老化是否高，氧气的分析结果则可以表现密封和脱气程度的优劣，而乙炔则可以用于判断是否有高温热源或放电现象，一氧化碳则主要用于判断固体绝缘是否出现热分解，甲烷、乙烷、乙烯 3 种气体则可以用于了解热源温度。

目前，绝缘油在油浸电力变压器中形成绝缘体的方式一般是通过油纸互相组合而成。在电力设备的运行过程中存在许多不可控的因素，这些因素的存在使得实际运行中容易出现火花放电等小故障，而这些初期故障的出现会对油纸绝缘组的实际工作性能产生直接的影响。电力设备中的绝缘油具有复杂的化学成分，其整体成分基本上是碳氢分子，但碳氢分子由大量的碳氢元素组成，这些碳氢集团由碳碳键和碳氢键两种化学键连接。在电力设备的运行过程，如果内部出现放电或过热现象，绝缘油中的两种化学键可能会受热断裂，断裂之后产生的碳氢化合物及氢原子可以互相自由组合，进而产生更多各种各样的烃类气体，这是绝缘油内部溶解气体的主要成因之一。电力设备内部的出现的高温程度直接决定了绝缘油的分子分解程度，高温条件下，绝缘油分解出的溶解气体主要包括炔烃、烷烃、烯烃 3 种化合物质，设备实际运行中出现的极端故障现象是这几类化合物产生的主要原因。为此，通过分析绝缘油中溶解气体而诊断设备故障，必须注意全面了解各个类型的气体的具体情况，如其产生速率、产生地点，在建立了完善的数据分析库之后再判断故障状态，从而判断更加可靠、有效，从而能采取合理的措施迅速解决故障，保证电力设备安全、稳定运行。绝缘油中溶解气体多种多样，不同的气体其指标能力也不同，一般将 7 种对故障诊断具有价值的气体成为特征气体，当这些气体中的总烃含量、产生速率达到一定程度时，必须立即对相关设备进行检查。

变压器的绝缘发生故障时产生故障气体，故障气体部分溶解于油中，部分进入气体继电器。变压器绝缘故障主要分为 3 类：热故障、电故障及其绝缘受潮，故障不同时，油中溶解的故障气体成分不同，因此，可以通过分析油中溶解气体的成分来判断变压器存在的绝缘故障。

1. 过热故障

变压器过热故障是最常见的故障，空载损耗、负载损耗和杂散损耗等转化为热量，当产生的热量和散出的热量平衡时，温度达到稳定状态。当发热量大于预期值，而散热量小于预期值时，就发生过热现象。

2. 放电故障

放电故障是由于电应力作用而造成绝缘裂化，按能量密度不同可以分成电弧放电、火花放电和局部放电等。

3. 绝缘受潮

当变压器内部进水受潮时，油中的水分和含湿气的杂质容易形成"水桥"，导致局部放

电而产生 H_2。水分在电场作用下的电解以及水和铁的化学反应均可产生大量的 H_2。所以受潮设备中，H_2 在氢烃总量中占比例更高。有时局部放电和绝缘受潮同时存在，并且特征气体基本相同，所以单靠油中气体分析难以区分，必要时根据外部检查和其他试验结果（如局部放电测试结果和油中微量水分分析）加以综合判断。

充油电气设备内部故障主要包括热、电、机械 3 种。其中热性故障的产生原因是有效热应力加速绝缘恶化。经过大量的实践可知，若故障点温度低于正常温度，则绝缘油中溶解气体主要由甲烷组成，而当故障点温度逐渐升高，含量最多的气体依次为甲烷、乙烷、乙烯、乙炔。乙烷气体的稳定性较差，容易分解为乙烯和氢气，因此，变压器绝缘油中溶解气体氢气和乙烯总是同时出现，而乙烷含量小于甲烷。电弧放电即高能放电，当变压器出现高能放电故障时，绝缘油中溶解气体的主要成分是氢气和乙炔，其次是甲烷和乙烯。高能放电故障时油中气体具体组成占比：氢气占氢烃的 3/10~9/10，乙炔占总烃的 2/10~7/10，一般情况下甲烷含量低于乙炔，而在关系到固体绝缘的故障情况，油中会溶解较多的一氧化碳和瓦斯。如果变压器中因分接开关切换而出现弧光发电或绕组短路，则油中的溶解气体主要为乙炔甚至乙炔含量已经超标；当出现电弧放电故障时，则表示只有乙炔含量超标且增长速度较快。当变压器内出现低能量放电故障，如火花放电时，油中的溶解特征气体占比：乙炔占总烃的 25%~95%，氢气占氢烃的 3/10 以上，乙烯的含量则低于总烃的 2/10。如果甲烷和氢气的含量不断增长，且生成乙炔，则低能放电故障可能会升级成高能放电故障。当变压器内部出现局部放电现象时，油中的特征气体主要由放电能量密度决定。通常情况下，氢气占氢烃总量的 9/10 以上，而甲烷含量较低，当放电能量密度增大时可能出现乙炔，此时乙炔占烃总量中很小的一部分，通常不超过 2%，这是局部放电与高能放电、火花放电的不同点。

6.1.2　油中溶解气体的在线检测

变压器油中溶解气体在线检测根据不同的原则可以分为不同的种类。以检测对象分类可归结为以下几类：

1）测量可燃性气体含量（TCG），包括 H_2、CO 和各类气体烃类含量的总和；

2）测量单种气体浓度；

3）测量多种气体组分的浓度。

油中溶解气体在线检测装置主要由脱气、混合气体分离及气体检测 3 大部分组成。

1. 油中溶解性气体的现场脱气方法

要对变压器油中溶解气体进行分析，必须先将气体分离出来。在油中溶解气体的在线监测系统中，脱出气体的方法有两种：一种是利用某些合成材料薄膜（渗透膜）如聚四氟乙烯、氟硅橡胶等的透气性，让油中溶解气体经此膜而透析到气室里，但橡胶或塑料薄膜与变压器油长期接触后会发生老化，特别是安装在变压器油箱底部的半透性薄膜，它还要长期承受很大的油压，需要

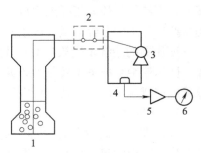

图 6-1　吹气法脱气及气敏元件
检测示意图
1—脱气室　2—阀　3—泵　4—气敏元件
5—放大器　6—浓度指示器

经常维护；另一种是对取出的油样吹气，将溶于油中的气体替换出来，其示意图如图 6-1 所示。目前，也有不需脱气的油中气体检测仪，将气敏传感器放在油中直接进行检测。

表6-1 给出了简单的优缺点比较结果。其中，平板透气膜、毛细管柱、血液透析装置、中空纤维装置都属于高分子分离膜的应用，其他都属于抽真空脱气法。

表6-1　油气分离方法比较

油气分离方法	平衡时间	分离效果	价　格	结　构	抗污染性
高分子平板透气膜	长	较好	低	简单	一般
波纹管	短	差	较高	复杂	不存在
真空泵	短	一般	高	复杂	不存在
毛细管柱	短	好	较高	简单	差
血液透析装置	短	好	高	复杂	差
中空纤维装置	短	好	高	复杂	差

2. 油中溶解气体的现场测量方法

将气体从油中分离出来后，对其定量检测的方法有两大类：一类是色谱柱；另一类是对某种或气体敏感的传感器。图 6-2 为对氢气含量监测的原理示意图。

气体敏感传感器利用气敏元件将从油中析出的某类气体含量的多少转换成电信号的强弱，从而加以监测。以氢气检测为例，一般用燃

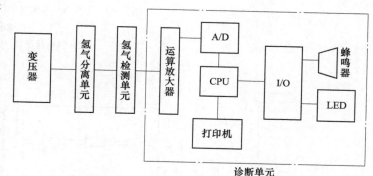

图 6-2　油中氢气含量的微机在线监测装置的实例

料电池或半导体氢敏元件来实现对已脱出气体中的氢含量的在线监测。燃料电池是由电解液隔开的两个电极所组成的，图 6-3 为其原理图，由于电化学反应，氢气在一个电极上被氧化，而氧气则在另一电极上形成，所产生的电流正比于氢气的体积浓度（$\mu L/L$），半导体氢敏元件也有多种。

例如，用以 SnO_2 为主体的烧结型半导体，当氢的含量增高时，SnO_2 层的电导增大，使传感器的输出随着氢含量的增大而近于线性下降。利用吸收光谐的原理制成的气体传感器是近几年发展起来的技术，具有选择性好的特点。图 6-4 所示为一种利用红外原理制作的 C_2H_2 传感器的原理示意图。C_2H_2 在红外区里有其固有的吸收光谱，如将可允许此相应波长的光线能通过的干扰滤波器装于光源及接收侧，则根据热电检测器处所接收到的红外光的强度变化，即可测得气室中 C_2H_2 的含量。但有些气敏元件的长期稳定性还不够满意，以致可能漏报或虚报。也有些监测仪所采用的对某种气体敏感的元件，往往对其他气体也有一些敏感性，以致影响其使用。

采用色谱柱来分离气体检测 3 种或 6 种气体，根据不同情况选用。图 6-5 为能分析 6 种气体的在线色谱仪的主要结构框图。

当流动相中样品混合物经过固定相时，就会与固定相发生作用。由于各组分在性质和结构上的差异，与固定相相互作用的类型、强弱也有差异，因此在同一推动力的作用下，不同

组分在固定相滞留时间长短不同，从而按先后不同的次序从固定相中流出。分离过程见图 6-6。

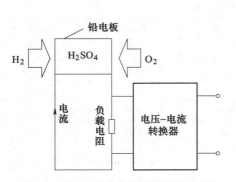

图 6-3　原料电池氢气传感器的原理图

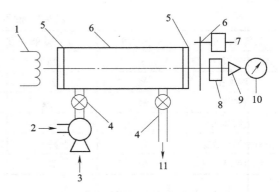

图 6-4　红外法 C_2H_2 传感器的原理示意图

1—加热器　2—进气口　3—气泵　4—电磁阀
5—干扰滤波器　6—遮光器　7—电动机
8—热电检测器　9—放大器　10—仪表　11—出气口

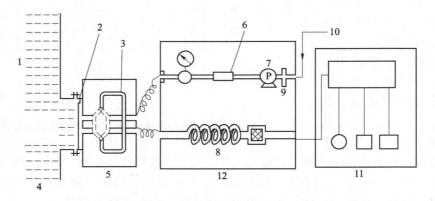

图 6-5　能分析 6 种气体的在线色谱仪主要结构框图

1—变压器油　2—塑料透析膜　3—测量管道　4—变压器　5—分离气体单元　6—干燥管　7—泵　8—色谱柱
9—气敏元件　10—空气　11—诊断单元　12—检测单元

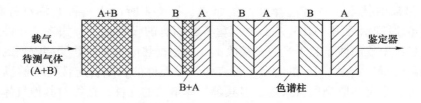

图 6-6　色谱分离气体组分过程示意图

可见，固定相对气体组分的分离起着决定性的作用，不同性质的固定相适应不同的分离对象，应根据分离对象来选择固定相的材料。常用的固定相材料有活性炭、硅胶、分子筛、高聚物，主要性质见表 6-2 所示。

表 6-2　油中气体分析用色谱柱的部分固定相材料

固定相	粒度/目	柱长/m	柱径/mm	载气	分离的组分
活性炭	60~80	1	3	N_2	H_2、O_2、CO、CO_2
5A 分子筛	30~60	1	3	Ar	H_2、O_2、N_2、CO、CO_2
硅胶涂固定液	80~100	2	3	H_2	CH_4、C_2H_6、C_2H_4、C_3H_8、C_2H_2、C_3H_6
HGD-201	80~100	1	2	N_2	CH_4、C_2H_6、C_2H_4、C_3H_8、C_2H_2、C_3H_6
GDX502	60~80	4	3	N_2	CH_4、C_2H_6、C_2H_4、C_2H_2、C_3H_8、C_3H_6、C_3H_4

6.1.3　油中气体分析与故障诊断

应用油中溶解气体分析判断故障是否发生包括气体浓度判断法和产气速率判断法两种。当变压器正常运行时，其绝缘油中的气体含量较低，但当其出现故障后，油会进行分解进而产生大量气体，而油中的气体含量也会不断增加。对绝缘油中溶解气体进行全面详细的分析后，可以迅速判断变压器是否发生严重故障及若出现故障应采取什么措施。此外，对于一些具有潜伏性的故障，气体浓度判断法不适用，此时可利用产气速率判断法检测设备。

1. 存在故障的判断

（1）阈值判断法

将油中溶解各气体的浓度与正常极限注意值作比较，可以判断变压器有无故障。

（2）根据产气速率判断

根据产气速率判断有无故障要将各组分的气体浓度和产气速率结合起来，短期内各组分气体含量迅速增加，但未超过规定的注意值也可判断为故障。

绝对产气速率 γ_a 为每个运行小时产生某种气体的平均值，计算公式为

$$\gamma_a = \frac{C_{i2} - C_{i1}}{\Delta t} \frac{G}{\rho} \tag{6-1}$$

相对产气速率为每个月（或折算到两个月）产生某种气体的含量增加量的百分数的平均值，计算公式为

$$\gamma_r = \frac{C_{i2} - C_{i1}}{C_{i1}\Delta t} \times 100\% \tag{6-2}$$

据规程要求，变压器的总烃绝对产气速率，开放式大于 0.25mL/h，密封式大于 0.25mL/h 和相对产气速率大于 10%/月时，可以认定有故障存在。

2. 判断故障种类

分析绝缘油中的气体组成判断电力设备的故障种类主要有 3 种方法，即特征气体法、三比值法、其他故障诊断法，这 3 种方法的优缺点如表 6-3 所示。特征气体法通过检测绝缘油中的气体浓度判断相应故障类型，绝缘油中溶解气体组合不同表示电力设备的不同变化。三比值法的基本原理与特征气体法基本类似，通过分析绝缘油中气体浓度与温度两者的关系判断故障类型，但三比值法运用的数据处理和分析方法更加精确。7 种特征气体中含有 5 种碳氮气体，这 5 种碳氮气体两两分组一般有乙炔乙烯、甲烷氮气、乙烯乙烷，因为每一分组中的两种气体具有相近的溶解度和扩散系数，这三组比值的数据会更好用。当变压器受潮或进水时，其内部的水会和铁反应或被高压分解进而产生氮气和氧气，效果类似于油中局部放

145

电，三比值法和特征气体法很难区分这种故障。因此，在利用前两种方法确定故障类型为局部放电时，应再进行油中微水测试，以判断故障是否由变压器受潮、进水造成。

表 6-3　3 种判别方法的优缺点

方　法	优　点	缺　点
特征气体法	针对性强、结果直观操作简便	不能进行量化分析
三比值法	数据处理及分析方法精确、准确率高	局限性
其他故障诊断法	对某些特定故障检测较精确	不能广泛适用

（1）特征气体法

我国现行的《变压器油中溶解气体分析和判断导则》（DL/T 722—2000），将不同故障类型产生的特征气体归纳为表 6-4。

表 6-4　不同故障类型产生的特征气体组分

故障类型	主要气体组分	次要气体组分
油过热	CH_4、C_2H_4	H_2、C_2H_6
油和纸过热	CH_4、C_2H_4、CO、CO_2	H_2、C_2H_6
油、纸绝缘中局部放电	H_2、CH_4、C_2H_2、CO	C_2H_6、CO_2
油中火花放电	C_2H_2、H_2	—
油中电弧	H_2、C_2H_2	CH_4、C_2H_4、C_2H_6
油和纸中电弧	H_2、C_2H_2、CO_2、CO	CH_4、C_2H_4、C_2H_6
进水受潮或油中气泡	H_2	—

表 6-4 中总结的不同故障类型产生的油中特征气体组分，只能粗略地判断充油电力变压器内部的故障。因此，国内外通常以油中溶解的特征气体的含量来诊断充油的故障性质。变压器油中溶解的特征气体可以反映故障点周围的油和纸绝缘的分解本质。气体组分特征随着故障类型、故障能量及涉及的绝缘材料不同而不同，即故障点产生烃类气体的不饱和度与故障源能量密度之间有密切的关系。

（2）三比值法

过热性故障产生的故障特征气体主要是 CH_4 和 C_2H_4，而放电性故障主要的特征气体是 C_2H_2 和 H_2，为此可以采用 CH_4/H_2 来区分是放电故障还是过热故障。当温度升高或绝缘纸也过热时，CH_4 的含量还要增加，如图 6-7 所示，故障 1 主要是放电性故障，故障 2 则为两种类型的故障均存在，故障 3 主要是过热性故障。

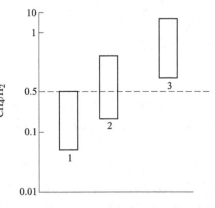

图 6-7　CH_4/H_2 与故障类型关系

国际电工委员会和我国国家标准推荐 C_2H_2/C_2H_4、CH_4/H_2、C_2H_4/C_2H_6 三个比值来判断故障的性质，见表 6-5 所示。C_2H_2/C_2H_4 编码决定故障的类型："0"代表过热故障，"1"代表高能放电故障，"2"代表低能放电故障。

表 6-5　判断变压器故障性质的特征气体法

特征气体的比值	比值范围编码		
	C_2H_2/C_2H_4	CH_4/H_2	C_2H_4/C_2H_6
<0.1	0	1	0
0.1~<1	1	0	0
1~<3	1	2	1
≥3	2	2	2

（3）其他故障诊断法

除了特征故障气体法和三比值法，还有立体图示法、大卫三角法、四比值法等其他一些传统的故障诊断法。近年来，数学工具开始广泛应用于故障诊断，并建立了一些以人工智能为基础的故障诊断专家系统。

实际应用中，由于变压器故障表现形式以及故障起因均比较复杂，所以在进行故障诊断时，常常综合利用多种方法以求得到尽可能准确的诊断结果。

6.2　局部放电在线检测

电气设备绝缘内部常存在一些弱点，例如，在一些浇注、挤制或层绕绝缘内部容易出现气隙或气泡。空气的击穿场强和介电常数都比固体介质小，因此在外施电压作用下，这些气隙或气泡会首先发生放电，这就是电气设备的局部放电。局部放电的能量很弱，不会影响到设备的短时绝缘强度，但日积月累会引起绝缘老化，最后可能导致整个绝缘在正常电压下发生击穿。造成变电站重要设备跳闸停运，严重时会造成整个供电系统崩溃。近数十年来，国内外已经越来越重视对设备进行局部放电进行在线监测。

6.2.1　局部放电的在线检测系统

1. 变压器局部放电定位

（1）超声定位法

超声波定位法主要是对变压器局部放电产生的信号进行检测。在变压器箱外壳中安装超声波传感器，如果变压器设备出现局部放电现象，超声波传感器能够及时地对放电时发出的超声波信号进行捕捉并且检测。由于变压器箱外的传感器数量不止一个，传感器由于放置的位置不同，对放电产生信号的检测时间也不相同，因此，通过检测信号的大小和时间进而对局部放电位置进行定位。

（2）电-声联合定位法

电-声联合检测方法主要是运用信号的传播速度进行定位。超声波在油和箱中的传播速度和电信号的传播速度相比在一定程度上较低，该方法利用这一特点对局部放电位置进行定位。发生局部放电现象时，速度快的信号首先触碰到监测器，由于超声波速度相对较慢，监测器通过电信号和超声波两者到达的时间差来推测局部放电的位置。

（3）电气定位法

此种方法首先需要对一些事项进行假设，假设变压器的等效电路在某特定频率范围内是纯容性电路，这种容性电路在变压器中能够计算出具体数值。如果发生局部放电现象，需要满足电压比值和放电点位置两者的函数关系，对变压器电压进行测量就能够判断出放电的位置。

2. 变压器局部放电在线检测方法

变压器绝缘在线检测最有效的方法之一是监测局部放电电脉冲参量。当发展到绝缘击穿故障期，它的放电量会大大超过正常，因此利用在线监测设备进行绝缘故障监测报警，再结合其他试验进行综合故障分析，就能有效地起到监测作用。变压器局部放电在线监测的方法主要有以下几种：

（1）差动平衡法

差动平衡检测法一般将传感器（检测脉冲电流）安装在变压器油箱接地线和高压套管末屏接地线上，原理图如图 6-8 所示。它的工作原理是比较两种信号：一种是内部的局部放电信号，在这两个接地线上产生方向相反的电流脉冲；另一种是来自外部的干扰信号，在这两个接地线上产生方向相同的电流脉冲，经移相器和衰减器调整后，通过差动放大器对外部干扰信号加以抑制。这种接线方式结构简单，在任何情况下它都不会影响变压器的正常运行。

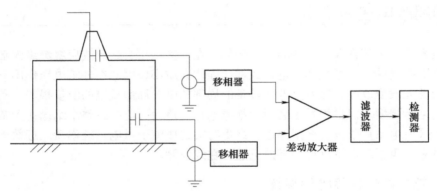

图 6-8 差动平衡检测法原理图

（2）脉冲电流法

脉冲电流检测方法是最早用于变压器局部放电监测的方法，此方法在监测中应用最为广泛。如果发生局部放电现象，会产生高频脉冲电流，这种电流能够对变压器中性点进行监测，并且还能够对外壳接地电缆脉冲电流进行监测显示。还可以利用监测器对变压器高压套管处的脉冲电流进行监测，能够准确地确认变压器中是否发生了局部放电现象。

（3）超声波检测法

变压器发生局部放电现象时会发出电脉冲信号和超声波信号，能够根据产生的两种信号来判断设备内部的局部放电状况。可通过同时产生的超声波信号和电信号判断变压器内部的绝缘状况。

（4）电气-超声波联合判别法

其原理图如图 6-9 所示，它是用电流传感器从变压器油箱接地线上和高压套管末屏接地线上检测电信号，用安装在变压器箱壁上的几个超声波传感器检测局部放电产生的超声信号。由于声信号要比电信号延迟一个时间，根据这一时间就能确定传感器和放电点之间的距离，从而确定放电的位置。

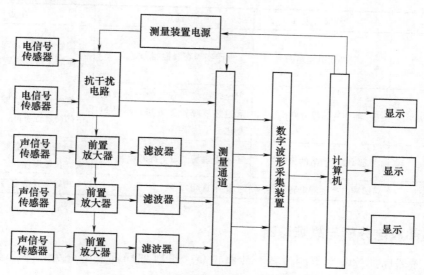

图 6-9 电气-超声波联合检测法原理图

（5）射频监测法

射频监测方法主要是采用传感器对变压器中的中性点进行监测，还能够采用传感器截取变压器内部放电产生的电磁波信号进行监测。射频监测方法和超声波法监测法相比，在很大程度上能够加快监测频率，并且监测过程中不受变压器运行方式影响。

（6）光测监测法

当变压器内部产生局部放电现象的时候，放电的产生往往伴随着脉冲电流的产生，与此同时有发光、发热现象的产生。光测方法主要是对光辐射信号进行监测，采用光电探测器对变压器内部放电产生的光辐射信号进行监测并分析，光电探测器将光辐射信号转化为电信号，把电信号经过处理输送到监测系统中。光测法在进行监测的时候不受任何环境的影响，但是检测的灵敏度相较于其他设备稍低。

（7）化学法

化学法主要是利用变压器内部分解出气体中的成分和浓度进行检测。变压器放电产生的气体中主要以氢气、一氧化碳和四氧化碳等气体为主，通过分析气体中的成分、浓度和热量来进行放电监测，但是化学监测方法有一些不可避免的缺点：①变压器内油气分离的时间长，对瞬间发生的局部电流很难发现；②化学监测方法只能对局部放电的发生进行监测，不能够对放电发生的位置进行定位。

不同检测方法的优缺点见表 6-6。

表 6-6 局部放电检测法优缺点

检测方法	检测对象	优点	缺点
脉冲电流法	局部放电脉冲电流	技术成熟，离线检测灵敏度比较高，可以标定，确定放电量	检测频带低，现场强烈的电磁干扰影响较大

（续）

检测方法	检测对象	优点	缺点
超声波法	局部放电超声波	便于实现在线检测和定位	信号衰弱快，检测灵敏度易受影响，难以确定放电量
气相色谱法	油中气体组分变化	比较权威和有效的一种放电和过热故障检测方法，不受现场电磁干扰影响	实时性较差，难以反应设备中的突发性事故
光测法	局部放电产生的光辐射	不受现场电磁干扰的影响	检测设备较复杂，成本较高、灵敏度差
超高频法	局部放电产生的电磁波信号	抗干扰能力强	难以实现放电量的直接核准

6.2.2 局部放电分析与故障诊断

根据变压器局部放电发生的位置、放电现象，可以把局部放电分为以下 3 类：内部放电、表面放电和电晕放电。

1. 内部放电

发生局部放电的比较常见的原因是由于固体绝缘体内部有一些小气泡存在或者中间夹杂着空气间隙。绝缘体内部发生放电现象主要的原理是绝缘内部随着气压和电机系统的变化而发生了改变。一般情况下，按照不同的类别，可以将放电分为很多种，根据放电过程分为电子碰撞电离放电和流注放电两种形式；根据放电形式，则可以分为脉冲型和非脉冲型两种。

内部放电大多数属于脉冲型放电，当在外界注入一个外加工频电压时，绝缘体内部可以发生局部放电现象并能在一定的相位上观察到脉冲信号。在理想状态下，内部放电的放电图形在工频正、负半波是对称的，但是在现实状况中，绝缘材料的绝缘介质并不会跟理想状况一样无穷大，它中间或多或少会存在气泡和空气间隙。因此在实际的放电图形中，正、负半波并不一定会对称的。影响它的另一个因素是电极系统，放电波形对称与否与电极系统是否对称成正比。内部放电波形图如图 6-10 所示。

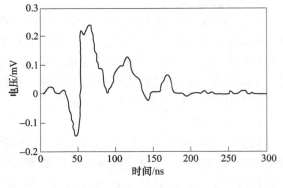

图 6-10 内部放电波形图

2. 表面放电

表面放电现象一般发生在电气设备的高压端，因为此时空间电场强度比较大，但沿面放电的场强则比较低，两者之间电压差比较大，因此会发生表面放电。此时它放电的一端是电极，另一端则是空气，这点也是与空气间隙、气泡等放电的主要区别。当放电的一端是高压端，而不放电的那一端接地的时候，正半周放电量大而且次数比较少，相反负半周则是放电次数较多，但是放电量小，表面放电波形如图 6-11 所示。

3. 电晕放电

电晕放电一般容易在高压导体被气体包围的情况下发生，因为气体分子在空间中具有流动性，它能自由移动，所以气体放电产生的带电电流会随着气体的流动而流动，而不会固定在某一个固定的位置上面。对于针板电极系统，由于针尖表面突出，导致它附近场强很高，因此针尖附近也最容易发生放电现象，同时，负极性对于电子束缚能力不强，电子容易在电场的作用下发生移动，正离子也会撞击阴极，使得其发生二次电子发射，因此在负极性附近放电也往往最先出现。当外加电压较低时，电晕放电脉冲出现在外加电压负半周 90° 相位附近，并几乎对称于 90°；当电压升高时，正半周会出现少量幅值大而数量少的放电脉冲，电晕放电波形如图 6-12 所示。

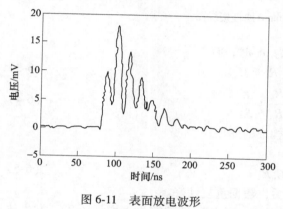

图 6-11　表面放电波形

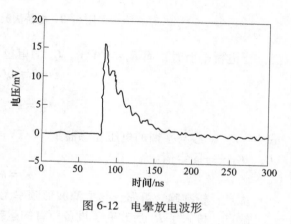

图 6-12　电晕放电波形

6.3　介质损耗角正切的在线检测

绝缘在线监测损耗因数 $\tan\delta$ 的方法很多，如电桥法、全数字测量法等，常用的方法是监测绝缘体的泄漏电流及 PT 信号，通过计算泄漏电流和电压的相角差而得到介质损耗角正切值——$\tan\delta$ 的数值。其测量原理大都使用硬件鉴相及过零比较的方法。目前的绝缘在线监测产品基本都是用快速傅里叶变换（FFT）的方法来求介损。取运行设备 PT 的标准电压信号与设备泄漏电流信号直接经高速 A/D 采样转换后送入计算机，通过软件的方法对信号进行频谱分析，仅抽取 50Hz 的基本信号进行计算求出介损。这种方法能消除各种高次谐波的干扰，测试数据稳定，能很好地反映出设备的绝缘变化。但由于绝缘体的泄漏电流非常微弱，而且现场的干扰较大，要准确监测绝缘体的泄漏电流比较困难。因此，要实现绝缘损耗因数 $\tan\delta$ 的在线监测，必须解决微弱电流的取样及抗干扰问题。

6.3.1　高压电桥法

电桥法在线监测 $\tan\delta$ 的原理如图 6-13 所示，由电压互感器带来的角差，可通过 RC 移相电路予以校正。然而角差会随负载大小等因素的影响有所变动，所以校正也不可能是很理想的。电桥中 R_3、C_4 的调节可以手动，也可以自动。由于是有触头的调节，为了长年的使用，必须选择十分可靠的 R_3、C_4 可调节元件。电桥法的优点是，它的测量与电源波形及频率不相关；其缺点是，由于 R_3 的接入，改变了被测设备原有的状态。为了安全，还要装有周密的保护装置。

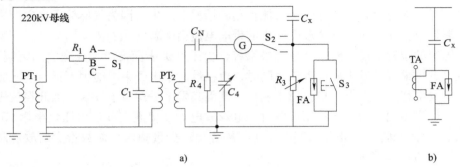

图 6-13　电桥法测 $\tan\delta$ 原理接线图

当电桥平衡时，而 $R_4 = 104/\pi$，C_4 的单位为 pF 时，有：

$$\tan\delta = \omega C_4 R_4 = C_4 \tag{6-3}$$

$$C_x = kC_n \frac{R_4}{R_3} = \frac{K}{R_3} \tag{6-4}$$

式中　k——参与平衡的电压互感器 TV_1、TV_2 构成的变比；

C_n、R_4——固定值。

$$K = kC_n R_4 \tag{6-5}$$

优点：较准确、可靠，与电源波形频率无关，数据重复性好。

缺点：接入了 R_3 后改变了设备原有的运行状态，其他元件的接入也增加了 TV_1 发生故障的概率。要选择可靠性高的元件和采取一些保护措施。可以用低频电流传感器代替相应的电阻元件，但效果并不理想。

6.3.2　相位差法

电桥法是一种间接测量法，而相位差法则是直接测量介质损耗角的正切值 $\tan\delta$，相位差法原理如图 6-14 所示。

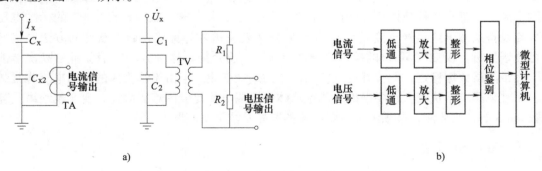

图 6-14　相位差法测 $\tan\delta$ 原理图

电流信号由设备末屏接地线或设备本身接地线上的低频电流传感器经转换为电压信号后输入检测系统。电压信号则仍由同相的电压互感器提供，并再经电阻器分压后输出。和两个信号之间的脉宽，即为电流和电压的相角差 φ，则 $\tan\delta \approx \delta = 0.5\pi - \varphi$。通过相位鉴别单元，用计数脉冲进行计数，计数值和 $\tan\delta$ 成正比关系。

误差来源：

1）频率 f 引起的误差。

2）电压互感器引起的固有误差。

3）谐波的影响。

4）两路信号在处理过程中存在时延差：

① 低通滤波器的建立约为 $10\mu s$，这将造成信号 $\pm 0.003 rad$ 的系统误差；

② 过零整形的时延引起误差；

③ 整形波形引起的误差；

④ 其他因素，例如，环境温度的变化。

6.3.3 全数字测量法

全数字测量法又称数字积分法，这是一种用 A/D 转换器分别对电压和电流波形进行数字采集，然后根据傅里叶分析法的原理进行的数字运算，最终可以求得 $\tan\delta$ 值。

数字化测量方法主要包括过零点时差比较法、过零点电压比较法、自由电压矢量法、正弦波参数法、谐波分析法和异频电源法。

过零点时差比较法对谐波干扰十分敏感，过零点电压比较法的抗干扰能力得到了加强，但所要求的条件十分苛刻。自由电压矢量法和正弦波参数法在方法设计时把试品上的电压、电流理想化为标准的正弦波，而谐波分析法和异频电源法在设计时就充分考虑到在实际电压、电流中含有干扰成分，因而有广泛的应用前景。

任意周期性函数 $f(t)$ 只要能满足狄里赫利条件（即给定的周期性函数在有限的区间内，只有有限个第一类间断点和有限个极大值和极小值，而电工技术中所遇到的周期性函数通常都能满足这个条件），则 $f(t)$ 均可分解为由直流分量和各次谐波所组成的傅里叶级数：

$$f(t) = a_0 + \sum_{k=1}^{l} \left[a_k\cos(k\omega t) + b_k\sin(k\omega t) \right] \tag{6-6}$$

根据三角函数的性质经过变换后 k 次系数：

$$a_k = \frac{1}{\pi}\int_0^{2\pi} f(t)\cos(k\omega t)\,\mathrm{d}(\omega t) \tag{6-7}$$

$$b_k = \frac{1}{\pi}\int_0^{2\pi} f(t)\sin(k\omega t)\,\mathrm{d}(\omega t) \tag{6-8}$$

对于基波，其系数为

$$a_1 = \frac{1}{\pi}\int_0^{2\pi} f(t)\cos(\omega t)\,\mathrm{d}(\omega t) = \frac{2}{T}\int_0^T f(t)\cos(\omega t)\,\mathrm{d}t \tag{6-9}$$

$$b_1 = \frac{1}{\pi}\int_0^{2\pi} f(t)\sin(\omega t)\,\mathrm{d}(\omega t) = \frac{2}{T}\int_0^T f(t)\sin(\omega t)\,\mathrm{d}t \tag{6-10}$$

经过变换基波电压信号的系数 a_{1u}、b_{1u} 为

$$\left.\begin{aligned} a_{1u} &= A_{1m}\sin\varphi_A = \frac{2}{T}\int_0^T A\cos(\omega t)\,\mathrm{d}t \\ b_{1u} &= A_{1m}\cos\varphi_A = \frac{2}{T}\int_0^T A\sin(\omega t)\,\mathrm{d}t \end{aligned}\right\} \tag{6-11}$$

基波电流信号的系数 a_{1i} 和 b_{1i} 为

$$\left.\begin{array}{l} a_{1i} = B_{1m}\sin\varphi_B = \dfrac{2}{T}\displaystyle\int_0^T B\cos(\omega t)\,\mathrm{d}t \\[3mm] b_{1i} = B_{1m}\cos\varphi_B = \dfrac{2}{T}\displaystyle\int_0^T B\sin(\omega t)\,\mathrm{d}t \end{array}\right\} \tag{6-12}$$

由式（6-11）可得

$$\varphi_A = \arctan\frac{a_{1u}}{b_{1u}}, A_{1m} = \sqrt{a_{1u}^2 + b_{1u}^2} \tag{6-13}$$

由式（6-12）可得

$$\varphi_B = \arctan\frac{a_{1i}}{b_{1i}}, A_{1m} = \sqrt{a_{1i}^2 + b_{1i}^2} \tag{6-14}$$

则

$$\tan\delta \approx \delta = 0.5\pi - (\varphi_B - \varphi_A) \tag{6-15}$$

本法主要是通过数字运算得到 $\tan\delta$，它完全避免了运算硬件带来的诸多误差因素。在最后的运算中，虽存在大数相减的问题，但计算机能保证运算的准确性。同时，通过只对基波作运算，等于对谐波进行了理想滤

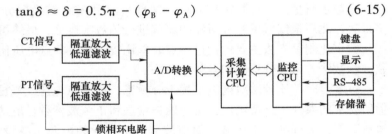

图 6-15　全数字化 $\tan\delta$ 在线检测原理框架图

波，从而排除了谐波对检测的影响。图 6-15 所示为全数字化 $\tan\delta$ 在线检测原理框架。

在理想条件下，根据采样定理的概念，A/D 的采样率不必取得很高，即可达到足够的准确度。在此条件下，求系数 a_1 和 b_1 时的数字积分的运算工作量不大。但是电力系统的频率允许在一定范围内变动［我国为（50±0.5）Hz］，尽管采样率可以很准确地达到一定值，但真正要实现同步采样是比较困难的。同步采样是指被采样信号的真正周期等于等间隔采样周期的整数倍。不能实现同步采样就会产生非同步采样误差。为了解决或减小这误差，需在软件或硬件上另行采取措施，例如，采样方法可以采用准同步采样。

本法的优点是硬件系统比直接测量介质损耗角 δ 的方法简单。此外，因为只对基波进行运算，等于对谐波进行了比较理想的数字滤波。

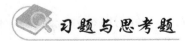

习题与思考题

6-1　简述什么是在线检测，哪些设备需要实施在线检测。在线检测与离线试验各有什么优缺点？

6-2　变压器绝缘故障有哪些类型？对应的故障气体特点是什么？

6-3　按检测对象分类，绝缘油中溶解故障气体检测装置可分为哪几类？各有什么优缺点？

6-4　按检测器带宽分类，局部放电在线检测有哪些类型？各有什么特点？

6-5　为什么说在线检测技术是实施状态维修的基础？

6-6　对于在线检测装置，测量重复性和测量精度哪个更重要？为什么？

第7章

输电线路和绕组中的波过程

07

输电线路的过电压是导致绝缘破坏的主要原因，其中电力事故中绝大部分是由绝缘事故导致的。过电压分为外部过电压与内部过电压两种，其中外部因素作用于电力系统产生过电压称为外部过电压，电力系统内部故障或开关操作导致电磁振荡产生过电压称为内部过电压。过电压会对电力系统安全运行造成极大的安全隐患和危险，因此，针对过电压产生机理、发展过程、影响因素以及限制方式等进行研究对于实现电力系统安全运行及其重要。

本章主要内容为过电压波在输电线路以及绕组上传播的基本规律以及计算方法，它是研究过电压的相关理论基础知识。

7.1 均匀无损单导线上的波过程

本节从理想的均匀无损单导线入手探讨行波沿线路传播的过程，且不考虑线路的损耗以及导线间的影响，进而揭示线路波过程的物理本质以及基本规律。输电线路往往采用三相交流电或双极直流输电，属于多导线系统。由于导线中存在电阻，绝缘中存在电导，因此在实际输电线路中必定存在一定的能量损耗。输电线路中各个点的电气参数不可能完全一致，因此均匀的无损单导线属于理想模式。

7.1.1 波传播的物理概念

从电路的观点来看，电力系统是由电源、R、L、C等元件构成的复杂系统。当线路很长或者电源频率较高，线路的实际长度与电源波长相当，此时电路中元件需要按照分布参数电路进行分析，而不能采用集总参数分析。在其中某一时刻，电路上不同位置的电压电流数值不同，电压和电流不仅是时间的函数同时也是空间的函数。分布参数电路中电磁暂态过程属于电磁波的传播过程，此过程即为波过程。

7.1.2 波动方程及解

假设单位长度的电感和电容均为定值常数，分别为L_0和C_0；忽略线路的能量损耗（$R_0 = 0$，$G_0 = 0$），即可得均匀无损单导线的单元等效电路，如图7-1所示。

其中，均匀无损单导线的方程组为

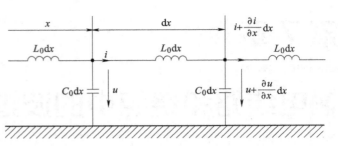

$$\begin{cases} -\dfrac{\partial u}{\partial x} = L_0 \dfrac{\partial i}{\partial t} \\[2mm] -\dfrac{\partial i}{\partial x} = C_0 \dfrac{\partial u}{\partial t} \end{cases} \qquad (7\text{-}1)$$

通过求解，发现上面波动方程的解为

图 7-1 均匀无损单导线的单元等效电路

$$u = f_1(x - vt) + f_2(x + vt) = u' + u'' \qquad (7\text{-}2)$$

$$i = \frac{1}{Z}[f_1(x - vt) - f_2(x + vt)] = i' + i'' \qquad (7\text{-}3)$$

其中，

$$v = \frac{1}{\sqrt{L_0 C_0}}$$

$$Z = \sqrt{\frac{L_0}{C_0}}$$

$$u' = f_1(x - vt)$$

$$u'' = f_2(x + vt)$$

$$i' = \frac{u'}{Z} \qquad (7\text{-}4)$$

$$i'' = -\frac{u''}{Z} \qquad (7\text{-}5)$$

通过式（7-2）可知：电压 u 由两个分量 u' 和 u'' 叠加而成。其中 $u' = f_1(x - vt)$ 代表一个任意形状并以速度 v 朝着 x 的正方向运动的电压波，如果取 x 的方向为前行方向，那么 u' 为一电压前行波。

假设波在 dt 的时间内，从线路上的 x 点移动到 $x+dx$ 的一点上，那么此处的 $x+dx-v$（$t+dt$）$= x - vt + dx - vdt = x - vt\left(v = \dfrac{dx}{dt}\right)$。导线上 $x + dx$ 那一点在 $t + dt$ 瞬间的电压与 x 点在 t 瞬间的电压完全一样，可见波的运动方向为 x 的正方向。同理，$u'' = f_2$（$x+vt$）是一个速度为 v 朝着 x 负方向的电压反行波。

但是应该注意的是电压波的符号只取决于它的极性，且与电荷的运动方向无关。而电流波的符号不仅与对应的电荷符号相关也与电荷的运动方向有关。一般认为正电荷沿着 x 方向运动所形成的即为正电流波。

7.1.3 波速和波阻抗

行波在均匀无损单导线上的传播速度为

$$v = \frac{1}{\sqrt{L_0 C_0}} \qquad (7\text{-}6)$$

根据电磁场理论，架空导线的 L_0 和 C_0 可由式（7-7）、式（7-8）求得

$$L_0 = \frac{\mu_0\mu_r}{2\pi}\ln\frac{2h_c}{r}\ \text{（H/m）} \tag{7-7}$$

$$C_0 = \frac{2\pi\varepsilon_0\varepsilon_r}{\ln\dfrac{2h_c}{r}}\ \text{（F/m）} \tag{7-8}$$

式中　　h_c—— 导线的平均对地高度（m）；

$\qquad r$—— 导线的半径（m）；

$\qquad \varepsilon_0$—— 真空或气体的介电常数为 $\dfrac{1}{36\pi\times10^9}$（F/m）；

$\qquad \varepsilon_r$—— 相对介电常数；

$\qquad \mu_0$—— 真空的磁导率为 $4\pi\times10^{-7}$（H/m）；

$\qquad \mu_r$——相对磁导率，对于架空线可取为 1。

将式（7-7）、式（7-8）带入式（7-6），可得

$$v = \frac{1}{\sqrt{\mu_0\mu_r\varepsilon_0\varepsilon_r}} = \frac{3\times10^8}{\sqrt{\mu_r\varepsilon_r}} \tag{7-9}$$

对于架空线路，$v\approx3\times10^8\text{m/s}\approx c$（光速）。

与之相似，对于单芯同轴电缆为

$$L_0 = \frac{\mu_0\mu_r}{2\pi}\ln\frac{R}{r} \tag{7-10}$$

$$C_0 = \frac{2\pi\varepsilon_0\varepsilon_r}{\ln\dfrac{R}{r}} \tag{7-11}$$

式中　　R——接地铅包的内半径（m）；

$\qquad r$——缆芯的半径（m）；

$\qquad \varepsilon_r\approx4\sim5$（油纸绝缘）；

$\qquad \mu_r\approx1$。

此时式（7-9）也适用于电缆的情况，但此时：$v\approx\dfrac{3\times10^8}{\sqrt{1\times4}}\approx\dfrac{C}{2}$。

根据上述案例分析，波速与导线半径、对地高度等几何尺寸无关，仅与导线周围煤质的性质相关。因此，波在油纸绝缘电缆中传播的速度几乎只有架空线路中的一半。行波沿导线的传播速度与带电粒子（主要为电子）在导线中的运动速度是不同的，波速是指电压波和电流波使导线周围空间建立起相应的电场和磁场这样一种状态的传播速度，而不是在导线中形成电流的自由电子沿线运动的速度。

由式（7-4）、式（7-5）可得

$$\frac{u'}{i'} = Z,\ \frac{u''}{i''} = -Z \tag{7-12}$$

可见 Z 具有阻抗的量纲，单位为欧姆，故称为波阻抗，它是一个非常重要的参数。

$$Z = \sqrt{\frac{L_0}{C_0}} = \frac{1}{2\pi}\sqrt{\frac{\mu_0\mu_r}{\varepsilon_0\varepsilon_r}}\ln\frac{2h_c}{r} \tag{7-13}$$

对于架空线（$\mu_r = 1$，$\varepsilon_r = 1$）

$$Z = 60\ln\frac{2h_c}{r} = 138\lg\frac{2h_c}{r} \tag{7-14}$$

一般处于 300Ω（分裂导线）至 500Ω（单导线）的范围内。

对于电缆线路，其波阻抗比架空线小得多，且变化范围广，约在 $10\sim50\Omega$ 之间。

以前行波为例（反行波亦然）：

$$\frac{u'}{i'} = Z = \sqrt{\frac{L_0}{C_0}}$$

即

$$\frac{u'^2}{i'^2} = \frac{L_0}{C_0}$$

将其改写为

$$\frac{1}{2}C_0u'^2 = \frac{1}{2}L_0i'^2 \tag{7-15}$$

波阻抗 Z 为电压波与电流波的比例常数。因为波在传播过程中必须遵循储存在单位长度线路周围煤质中的电场能量 $\left(\frac{1}{2}C_0u'^2\right)$ 和磁场能量 $\left(\frac{1}{2}L_0i'^2\right)$ 一定相等的规律，因此，电压波与电流波存在一定的比例关系。

波阻抗 Z 与电阻 R 在物理本质上差别很大：

1）波阻抗只是一个比例常数，线路长度的大小并不影响波阻抗 Z 大小；但是线路的电阻是与线路长度成正比；

2）波阻抗从电源吸收的功率和能量是以电磁能的形式储存在导线周围的煤质中，并未消耗掉，而电阻从电源吸收的功率和能量均转化为热能散失。

7.1.4 前行波和反行波

假设直流电压源 U 在 $t=0$ 时，对单位长度电感和对地电容分别为 L_0 和 C_0 进行充电，即电源开始向线路单元电容 ΔC 充电，在导线周围空间开始建立电场。此时靠近电源的单元电容将立即得到充电，并向相邻的单元电容放电。但是由于每段导线都存在单元电感 ΔL，离电源较远处的对地电容势必要隔上一段时间才能充电，并向更远处的电容 ΔC 放电。线路单元电容依次得到充电，沿线逐步建立起电场，形成电压，因此电压波以一定的速度 v 沿着线路按 x 正方向传播。在 ΔC 充电的过程中，电流 I 流过单元电感 ΔL，并在导线周围空间建立起磁场，因此和电压波相对应，还有一电流波以同一速度 v 沿着线路按 x 正方向传播。

电压波和电流波是相伴出现的统一体，它们沿着线路传播的实质就是电磁波沿线传播的统一过程，而且遵循储存与电场中的能量一定与储存于磁场中的能量相等的普遍规律。电压波和电流波相互伴随，它们的波形相似，而且保持一个恒定的比值 $Z\left(=\dfrac{U}{I}\right)$，波在沿无损导线传播的过程中，幅值不会衰减，波形也不会改变。

当一根导线上除了向 x 正方向传播的电压前行波 u' 和电流前行波 i' 外，还同时存在向 x 负方向传播的电压反形波 u'' 和电流反形波 i''，线路上总的电压 u 和电流 i 将分别由它们的两个分量叠加而成，此时行波计算可从如下 4 个基本方程出发：

$$u = u' + u''; \quad i = i' + i''$$

$$\frac{u'}{i'} = Z; \quad \frac{u''}{i''} = -Z$$

通过初始和边界条件即可求出该导线上任一点的电压与电流。

7.2　行波的折射和反射

在实际线路上，线路均匀性会遭到破坏。均匀性开始遭到破坏的点称为节点，当行波投射到节点时，会导致电压、电流、能量进行重新分配，即在节点处发生行波的折射与反射现象。

设一条波阻抗为 Z_1 的线路 1 与另一条波阻抗为 Z_2 的线路 2 在节点 A 处相连，一个无限长直角波（u_1''，i_1''）从线路 1 向线路 2 传播，如图 7-2 所示；就节点 A，第

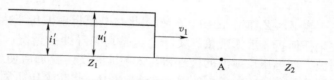

图 7-2　波从一条线路进入另一条波阻抗不同的线路

一条线路的前行波（u_1'，i_1'）就是投射到 A 点上来的入射波；第二条线路的前行波（u_2'，i_2'）就是入射波经节点 A 而折射到 Z_2 上来的折射波；第一条线路的反形波（u_1''，i_1''）是由入射波在节点 A 上因反射而产生，故可称为反射波。在第二条线路上也可以有反形波，它可能是由折射波到达第二条线路的终端引起的反射波，也可能是从第二条线路的终端入侵的另一过电压波。为了简明起见，通常分析第二条线路中不存在反形波或反形波尚未抵达节点 A 的情况。

此时在线路 1，总的电压和电流分别为

$$\begin{cases} u_1 = u_1' + u_1'' \\ i_1 = i_1' + i_1'' \end{cases} \tag{7-16}$$

线路 2 的总电压与总电流分别为

$$\begin{cases} u_2 = u_2' \\ i_2 = i_2' \end{cases} \tag{7-17}$$

根据边界条件，在节点 A 处只能有一个电压和一个电流，即

$$\begin{cases} u_{1A} = u_{2A} \\ i_{1A} = i_{2A} \end{cases} \tag{7-18}$$

因此可得

$$\begin{cases} u_1' + u_1'' = u_2' \\ i_1' + i_1'' = i_2' \end{cases} \tag{7-19}$$

上式中 $i_1' = \dfrac{u_1'}{Z_1}$，$i_1'' = -\dfrac{u_1''}{Z_1}$，$i_2' = \dfrac{u_2'}{Z_2}$；代入上式即可求得 A 点的折、反射电压：

$$\begin{cases} u_2' = \dfrac{2Z_2}{Z_1 + Z_2} u_1' = \alpha u_1' \\ u_1'' = \dfrac{Z_2 - Z_1}{Z_1 + Z_2} u_1' = \beta u_1' \end{cases} \tag{7-20}$$

式中　α——电压折射系数，$\alpha = \dfrac{2Z_2}{Z_1 + Z_2}$；

β——电压反射系数，$\beta = \dfrac{Z_2 - Z_1}{Z_1 + Z_2}$。

α 和 β 之间存在下面的关系：

$$1 + \beta = \alpha$$

随 Z_1 与 Z_2 的数值而异，α 和 β 的值在下面的范围内变化：

$$\begin{cases} 0 \leqslant \alpha \leqslant 2 \\ -1 \leqslant \beta \leqslant 1 \end{cases} \tag{7-21}$$

当 $Z_2 = Z_1$ 时，$\alpha = 1$、$\beta = 0$，此时电压折射波等于入射波，而电压反射波为零，此时不发生任何折、反射现象，实际上这是均匀导线的情况。当 $Z_2 < Z_1$ 时，电压折射波将低于入射波，而电压反射波的极性将与入射波相反，叠加后使线路 1 上的总电压低于电压入射波，如图 7-3 所示。当 $Z_2 > Z_1$ 时，$\alpha > 1$、$\beta > 0$，此时电压折射波将高于入射波，而电压入射波与入射波同号，叠加后使线路 1 上的总电压增高，如图 7-4 所示。

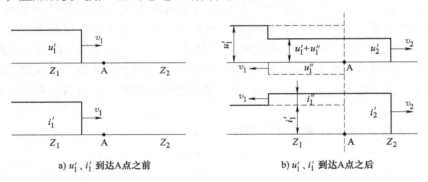

a) u_1'、i_1' 到达A点之前　　　　b) u_1'、i_1' 到达A点之后

图 7-3　$Z_2 < Z_1$ 时，波的折射和反射

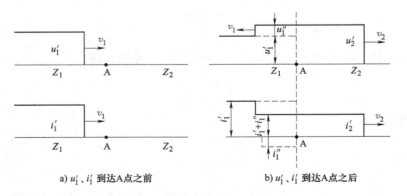

a) u_1'、i_1' 到达A点之前　　　　b) u_1'、i_1' 到达A点之后

图 7-4　$Z_2 > Z_1$ 时，波的折射和反射

7.2.1　线路末端的折射和反射

针对几种重要的特殊端接情况进行探讨：

1. 线路末端开路（见图 7-5）

线路末端开路相当于 $Z_2 = \infty$ 的情况。此时的 $\alpha = 2$、$\beta = 1$；因而 $u_2' = 2u_1'$、$u_1'' = u_1'$。电压入射波到达开路的末端后将发生全反射，导致线路末端电压上升到电压入射波的 2 倍。随着电压反射波的逆向传播，其所到之处电压均加倍。电流反射波 $i_1'' = -\dfrac{u_1''}{Z_1} = -\dfrac{u_1'}{Z_1} = -i_1'$，电流发生了负的全反射，随着电流反射波的逆向传播，其所到之处电流均降为零，这也是开路末端的边界条件决定的。

路末端处的电流永远为零，电流在此处发生负的全反射，使电流反射波所流过的线段上的总电流变为零，储存的磁场能量为零，全部转为电场能量。在线路上反射波已到达的一段上，单位长度所吸收的总能量 W 等于入射波能量的 2 倍，而入射波能量储存在单位长度线路周围空间的磁场能量恒等于电场能量，因而可得

$$W = 2\left(\frac{1}{2}C_0 u_1'^2 + \frac{1}{2}L_0 i_1'^2\right) = 2C_0 u_1'^2$$

设此时的线路电压升为 u_x，则储存的电场能量为 $\dfrac{1}{2}C_0 u_1'^2$。

令 $\dfrac{1}{2}C_0 u_1'^2 = 2C_0 u_1'^2$，即可得 $u_x = 2u_1'$。可见电流在开路末端作负的全反射后，全部磁场能量转化为电场能量储存起来，线路电压上升为 2 倍。因此，需要考虑过电压保护措施。

2. 线路末端短路（接地）（见图 7-6）

线路末端短路即 $Z_2 = 0$，$\alpha = 0$，$\beta = 1$；可得 $u_2' = 0$，$u_1'' = -u_1'$。此时电压入射波 u_1' 到达接地的末端后将发生负的全反射，导致线路末端电压下降到零，并且向着线路始端逆向发展。同时可得电流反射波 $i'' = -\dfrac{u_1''}{Z_1} = \dfrac{u_1'}{Z_1} = i_1'$，线路总电流 $i_1 = 2i_1'$，即线路末端的电流增大为电流入射的 2 倍。

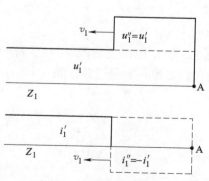

图 7-5　线路末端开路时，
波的折射和反射

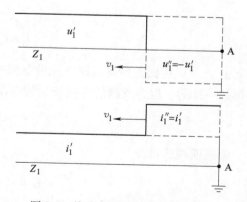

图 7-6　线路末端短路（接地）时，
波的折射和反射

3. 线路末端对地跨接一阻值 $R=Z_1$ 的电阻（见图 7-7）

从行波折、反射来看，此时 $Z_2=Z_1$。且 $\alpha=1$，$\beta=0$；因而 $u_2'=u_1'$，$u_1''=0$。行波到达线路末端 A 点并不发生反射，与 A 点后面接一条波阻抗 $Z_2=Z_1$ 的无限长导线的情况相同。在时延电缆末端跨接一只匹配电阻 R。

以上分析均采用幅值特定的无限长直角波作为电压入射波，但所得到的结论却适用于任意波形。

7.2.2　集中参数等效电路（彼得逊法则）

上述从波沿分布参数路径传播出发，对行波在均匀性遭到破坏的节点上折、反射问题进行研究，但是实际工程运用中，一个节点上通常有多条参数长线以及若干集中参数元件。为简化计算，通过统一的集中参数等效电路来解决行波的折、反射问题最佳。

设任意波形的行波 u_1' 和 i_1' 沿着一条波阻抗为 Z 的线路投射到某一节点 A 上，在整个节点上接有若干架空线、电缆线和若干集中参数元件，如图 7-8 所示。

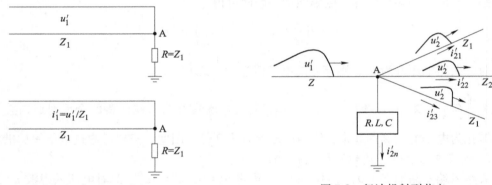

图 7-7　线路末端接电阻 R（$=Z_1$）
时，波的折射和反射

图 7-8　行波投射到节点

无论节点 A 后面的电路结构如何复杂，下面两个关系式永远成立。

$$u_2'=u_1'+u_1''$$

$$i_2'=i_1'+i_1''=\frac{u_1'}{Z}-\frac{u_1''}{Z}$$

由于 A 点后面的所有线路和元件都接在同一节点上，所以电压折射波 u_2' 对于每一个支路都是一样的，但各支路的电流折射波各不相同，但它们之和一定等于 i_2'，即

$$i_2'=\sum_1^n i_{2k}'$$

由前面两式可得

$$i_1''=i_2'-i_1'=i_2'-\frac{u_1'}{Z} \tag{7-22}$$

$$u_2'=u_1'+u_1''=u_1'-i_1''Z \tag{7-23}$$

将下式带入上式可得

$$u_2' = 2u_1' - i_2'Z \tag{7-24}$$

为了计算节点 A 上的电压与电流，将入射波与波阻抗为 Z 的线路通过集中参数等效电路代替，其中电源电势等于电压入射波的两倍，该电源的内阻等于线路波阻抗 Z。由此可得图 7-9 上的集中参数等效电路，即彼得逊法则。

当行波投射到接有分布参数线路和集中参数元件的节点上，如果只需要求取节点上的折射波与反射波，那么波过程的分析就可以简化为熟悉的集中参数电路的暂态计算。以上是采用电压源的彼得逊法则。由于实际计算中常常遇到已知电流源，因此有时采用电流源等效电路更加简单，即

$$2i_1' = \frac{u_2'}{Z} + i_2' \tag{7-25}$$

在电流入射波 i_1' 沿着导线传到一节点时，节点的电压和电流可以用图 7-10 的电流源集中参数等效电路进行计算。以上介绍的彼得逊法则只适用于一定的条件：①入射波必须是沿一条分布参数线路传播过来；②该方法只适用于节点 A 之后的任何一条线路末端产生的反射波尚未回到 A 点之前。如果需要计算线路末端产生的反射波回到节点 A 以后的过程，可通过行波折、反射计算法。

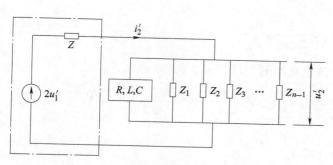

图 7-9　电压源集中参数等效电路

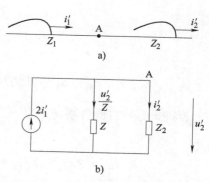

图 7-10　电流源集中参数等效电路

7.3　波在多导线系统中的传播

以上考虑的都是单导线的情况，但实际的输电线路都不是单导线，而是多导线系统。每根导线都处于沿某根或若干根导线传播的行波建立起来的电磁场中，都会感应出一定的电位。这种现象在过电压计算中具有重要的实际意义，因而作用在两根导线之间绝缘上的电压就等于这两根导线之间的电位差，因此，求出每根导线的对地电压十分必要。

此处计算仍忽略导线和大地的损耗，多导线系统中的波过程仍可近似看成平面电磁波的沿线传播，引入波速 v 的概念就可以将静电场的麦克斯韦方程应用于平行多导线系统。

根据静电场的概念，当单位长度导线上有电荷 q_0，其对地电压 $u_0 = \dfrac{q_0}{C_0}$（C_0 为单位长度导线的对地电容）。如 q_0 以速度 $v = \dfrac{1}{\sqrt{L_0 C_0}}$ 沿着导线运动，则在导线上将有一个以速度 v 传播

的电压波 u 和电流波 i：

$$i = qu = uC_0 \frac{1}{\sqrt{L_0 C_0}} = \frac{u}{Z}$$

设有 n 根平行导线系统如图 7-11 所示。它们单位长度上的电荷分别为 q_1，q_2，q_3，$\cdots$，q_n；各线的对地电压 u_1，u_2，u_3，$\cdots$，u_n 可用静电场中的麦克斯韦方程组表示如下：

$$\begin{cases} u_1 = \alpha_{11}q_1 + \alpha_{12}q_2 + \cdots + \alpha_{1n}q_n \\ u_2 = \alpha_{21}q_1 + \alpha_{22}q_2 + \cdots + \alpha_{2n}q_n \\ \qquad\qquad\qquad\vdots \\ u_n = \alpha_{n1}q_1 + \alpha_{n2}q_2 + \cdots + \alpha_{nn}q_n \end{cases} \tag{7-26}$$

式中　α_{kk}——导线 k 的自电位系数；

$\quad\quad\alpha_{kn}$——导线 k 与导线 n 之间的互电位系数。

它们的值可按下列两式求得

$$\alpha_{kk} = \frac{1}{2\pi\varepsilon_0} \ln \frac{2h_k}{r_k} \tag{7-27}$$

$$\alpha_{kn} = \frac{1}{2\pi\varepsilon_0} \ln \frac{d_{kn'}}{d_{kn}} \tag{7-28}$$

其中，h_k、r_k、$d_{kn'}$、d_{kn} 等几何尺寸的定义如图 7-11 所示。

若将式等号右侧各项均乘以 $\dfrac{u}{u}$，并将 $i_k = q_k u$，$Z_k = \dfrac{\alpha_{kn}}{u}$。即可得

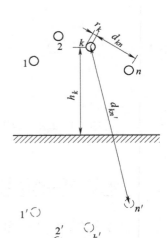

$$\begin{cases} u_1 = Z_{11}i_1 + Z_{12}i_2 + \cdots + Z_{1n}i_n \\ u_2 = Z_{21}i_1 + Z_{22}i_2 + \cdots + Z_{2n}i_n \\ \qquad\qquad\qquad\vdots \\ u_n = Z_{n1}i_1 + Z_{n2}i_2 + \cdots + Z_{nn}i_n \end{cases} \tag{7-29}$$

式中　Z_{kk}——导线 k 的自波阻抗；

$\quad\quad Z_{kn}$——导线 k 与导线 n 间的互波阻抗。

架空线路：

$$Z_{kk} = \frac{\alpha_{kk}}{u} = 60 \ln \frac{2h_k}{r_k} \tag{7-30}$$

$$Z_{kn} = \frac{\alpha_{kn}}{u} = 60 \ln \frac{d_{kn'}}{d_{kn}}$$

图 7-11　n 根平行导线
系统及其镜像

导线 k 与导线 n 靠得越近，则 Z_{kn} 越大，其极限等于导线 k 与 n 重合时的自波阻抗 Z_{kk}，因此，$Z_{kn} < Z_{kk}$。由于完全对称性，$Z_{kn} = Z_{nk}$。

若导线上同时存在前行波和反形波时，则对 n 根导线中的每一根（例如，第 k 根），都可以写出下面的关系式：

$$\begin{cases} u_k = u'_k + u''_k \qquad i_k = i'_k + i''_k \\ u'_k = Z_{k1}i'_1 + Z_{k2}i'_2 + \cdots + Z_{kn}i'_n \\ u''_k = Z_{k1}i''_1 + Z_{k2}i''_2 + \cdots + Z_{kn}i''_n \end{cases} \qquad (7\text{-}31)$$

式中　　u'_k 和 u''_k——导线 k 的电压前行波和电压反形波；

$\quad\quad\quad i'_k$ 和 i''_k——导线 k 的电流前行波和电流反形波。

针对 n 根导线可列出 n 个方程式，再加上边界条件就可以分析无损平行多导线系统中的波过程了。

7.4　波在传播中的衰减与畸变

行波在理想的无损线路上传播时，能量不会散失，波也不会衰减和变形。但实际上任何一条线路都是有损耗的，引起能量损耗的因素有：

1）导线电阻（包括趋肤效应和邻近效应的影响）；

2）大地电阻（包括波形对地中电流分布的影响）；

3）绝缘的泄漏电导与介质损耗（后者只存在于电缆线路中）；

4）极高频或陡波下的辐射损耗；

5）冲击电晕。

上述损耗因素将使行波发生下列变化：

1）波幅降低——波的衰减；

2）波前陡度减小（波前被拉平）；

3）波长增大（波被拉长）；

4）波形凹凸不平处变得比较圆滑；

5）电压波与电流波的波形不再相同。

以上现象对于电力系统过电压防护有重要意义。

7.4.1　线路电阻和绝缘电导的影响

考虑单位长度线路电阻 R_0 和对地电导 G_0 后，输电线路的分布参数等效电路如图 7-12 所示。

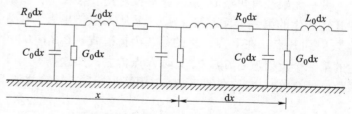

图中，R_0 包括导线电阻和大地电阻，G_0 包括绝缘泄漏和介质损耗。当行波在有损导线上传播时，由于 R_0 和 G_0 的存在，将有一部分波的能量转化为热能而耗散，导致波的衰减和变形。

图 7-12　有损导线的分布参数等效电路

如果线路参数满足无畸变线的条件，即 $\dfrac{R_0}{L_0} = \dfrac{G_0}{C_0}$，那么从均匀长线方程出发，可以求得过电压波的衰减规律如下：

$$U_x = U_0 e^{-\frac{1}{2}\left(\frac{R_0}{L_0}+\frac{G_0}{C_0}\right)t} = U_0 e^{-\frac{1}{2}\left(\frac{R_0}{Z}+G_0 Z\right)x} \qquad (7\text{-}32)$$

式中 U_0、U_x——电压波的原始幅值和流过距离 x 后的幅值；

         t、x——行波沿线流动所经过的时间和距离；

         Z——导线波阻抗，$Z = \sqrt{\dfrac{L_0}{C_0}}$。

由上式可知，电压波仅仅按指数规律衰减而并不变形。不过一般来说，无畸变线的条件很难满足，这时波在衰减的同时还将发生变形的现象。

由于一般架空线绝缘泄漏电导和介质损耗都很小，G_0 可以忽略不计，因而波沿架空线传播时的衰减可近似按下式计算：

$$U_x = U_0 e^{-\frac{1}{2}\frac{R_0}{Z}x} \qquad (7\text{-}33)$$

由式（7-33）可知，波流过的距离越长，衰减得越多；$\dfrac{R_0}{Z}$ 的比值越大，衰减得越多，由于电缆的 $\dfrac{R_0}{Z}$ 比值要比架空线大得多，可见波在电缆中传播时，一定衰减越多；又 R_0 与波的等效频率有关，波形变化越快，趋肤效应越显著，因而 R_0 也越大，可见短波沿线传播时，衰减较显著。

7.4.2   波的多次折射、反射

实际电力系统中常常会遇到一些并不太长的线路，从第二条线路末端传回来的反射波 u_2'' 不但使第二条线路上的电压变为 $u_2 = u_2' + u_2''$，而且在节点 A 上会引起新的折射和反射，以此类推，下列线路会出现更多的折、反射。为了探讨此种情况下的波过程，采用图 7-13 算例介绍一种常用且直观的多次折、反射波过程计算方法——网格法。

设在两条波阻抗各为 Z_1 和 Z_2 的长线之间插接一段长度为 l_0、波阻抗为 Z_0 的短线，两个节点分别为 A、B。为了计算简单，假设两侧的两条线路均为无线长线，即不考虑从线路 1 的始端和线路 2 的末端反射回来的行波。

设一无限长直角波 U_0 从线路 1 投射到节点 A 上，折射波 $\alpha_1 U_0$ 沿着线路 2 继续传播，而在 B 点产生的第一个反射波 $\alpha_1\beta_2 U_0$ 又从 A 点传出去，在 A 点产生的反射波 $\alpha_1\beta_2\beta_1 U_0$ 又沿着 Z_0 投射到 B 点，在 B 点产生的第二个折射波 $\alpha_1\beta_2\beta_1\alpha_2 U_0$ 沿着线路 2 继续传播，而在 B 点产生的第二个反射波 $\alpha_1\beta_2^2\beta_1 U_0$ 又向 A 点传去，如此等等。以上用到的折射系数 α_1、α_2 和反射系数 β_1、β_2 的方向均在图 7-13a 中用箭头标出，计算式如下：

$$\begin{cases} \alpha_1 = \dfrac{2Z_0}{Z_1 + Z_0}, \alpha_2 = \dfrac{2Z_2}{Z_2 + Z_0} \\[2mm] \beta_1 = \dfrac{Z_1 - Z_0}{Z_1 + Z_0}, \beta_2 = \dfrac{Z_2 - Z_1}{Z_2 + Z_0} \end{cases} \qquad (7\text{-}34)$$

线路各点上的电压即为所有折、反射波的叠加，但要注意它们到达时间的先后，波传过长度为 l_0 的中间线段所需的时间 $\tau = \dfrac{l_0}{v_0}$。以节点 B 上的电压为例，以入射波到达 A 点的瞬间作为时间的起算点（$t = 0$），则节点 B 在不同时刻的电压为

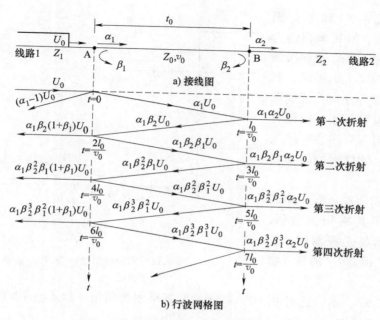

图 7-13　计算多次折、反射的网格图

当 $0 \leqslant t \leqslant \tau$ 时，$u_B = 0$

当 $\tau < t \leqslant 3\tau$ 时，$u_B = \alpha_1 \alpha_2 U_0$

当 $3\tau < t \leqslant 5\tau$ 时，$u_B = \alpha_1 \alpha_2 (1 + \beta_1 \beta_2) U_0$

当 $5\tau < t \leqslant 7\tau$ 时，$u_B = \alpha_1 \alpha_2 [1 + \beta_1 \beta_2 + (\beta_1 \beta_2)^2] U_0$

$\vdots$

当发生第 n 次折射后，即当 $(2n-1)\tau \leqslant t \leqslant (2n+1)\tau$ 时，节点 B 上的电压将为

$$u_B = \alpha_1 \alpha_2 [1 + \beta_1 \beta_2 + (\beta_1 \beta_2)^2 + \cdots + (\beta_1 \beta_2)^{n-1}] U_0$$

$$= U_0 \alpha_1 \alpha_2 \frac{1 - (\beta_1 \beta_2)^n}{1 + \beta_1 \beta_2} \tag{7-35}$$

当 $t \rightarrow \infty$ 时，即 $n \rightarrow \infty$ 时，$(\beta_1 \beta_2)^n \rightarrow 0$，所以节点 B 上的电压最终幅值为

$$U_B = U_0 \alpha_1 \alpha_2 \frac{1}{1 - \beta_1 \beta_2} \tag{7-36}$$

将上式代入可得

$$U_B = \frac{2Z_2}{Z_1 + Z_2} U_0 = \alpha U_0 \tag{7-37}$$

式中，α 表示波从线路 1 直接传入线路 2 时的电压折射系数，这意味着进入线路 2 的电压最终幅值只有 Z_1 和 Z_2 决定。但是中间线段的存在及其波阻抗 Z_0 的大小决定着 u_b 的波形、特别是它的波前。现分别讨论如下：

1）如果 $Z_0 < Z_1$ 和 Z_2，则可得 β_1、β_2 均为正值，因而每次折射波都是正的，总的电压 U_B 逐次叠加增大，如图 7-14 所示。若 $Z_0 \leqslant Z_1$ 和 Z_2，表示中间线段的电感较小、对地电容较大，就可以忽略电感而用一只并联电容代替中间线段，从而使波前抖度下降了。

2）如果 $Z_0 \geqslant Z_1$ 和 Z_2，则 β_1、β_2 均为负值，但其乘积仍为正值，所以折射电压 u_B 也逐次增大，其波形如图 7-14a 所示，若 $Z_0 \geqslant Z_1$ 和 Z_2，表示中间线段的电感较大、对地电容较小，因而可以忽略电容而用一只串联电感来代替中间线段，同样可使波前抖度减小。

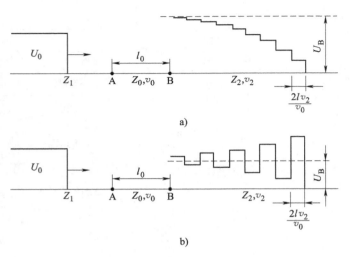

a)

b)

图 7-14 不同波阻抗组合下 U_b 的波形

3）如果 $Z_1 < Z_0 < Z_2$，此时 $\beta_1 < 0, \beta_2 > 0$，但其乘积为负值，这时 U_b 的波形将是振荡的，如图 7-14b 所示，但其 U_B 的最终稳态值 $U_B > U_0$。

4）如果 $Z_1 > Z_0 > Z_2$，此时 $\beta_1 > 0$，$\beta_2 > 0$，但其乘积为负值，故 U_b 的波形如图 7-14b 所示，且 u_B 的最终稳态值 $U_B < U_0$。

7.4.3 冲击电晕的影响

一旦过电压的幅值很大，超过导线电晕起始电压 U_c，那么波沿线传播时的衰减和变形将主要因冲击电晕而引起。

冲击电晕是在冲击电压波前上升到等于 U_c 时才出现的，形成冲击电晕所需的时间极短，可以认为是瞬时完成的，因而在波前范围内，冲击电晕的发展强度只与电压瞬时值有关而与电压陡度无关。电压的极性对冲击电晕的发展强度有明显的影响，正极性时要比负极性时为强，亦即在负极性冲击电压时，波的衰减和变形的程度较小，再加上雷电大部分也是负极性的，所以在过电压分析中，一般采用负极性冲击电压作为计算条件。

发生冲击电晕后，在导线周围形成导电性能较好的电晕套，在这个电晕区内，径向电导增大、径向电位梯度减小，相当于扩大了导线的有效半径、增大了导线的对地电容（$C_0' = C_0 + \Delta C_0$）。另一方面，虽然导线发生了冲击电晕，轴向电路仍全部集中在导线内，所以电晕的出现并不影响导线的电感 L_0。由此可知，冲击电晕会对导线波过程产生多方面的影响：

1）导线波阻抗减小：

$$Z' = \sqrt{\frac{L_0}{C_0'}} = \sqrt{\frac{L_0}{C_0 + \Delta C_0}} < Z\left(= \sqrt{\frac{L_0}{C_0}} \right)$$

一般可减小 20% ~ 30%，有冲击电晕时，避雷线与单导线的波阻抗可取 400Ω，双避雷线的并联波阻抗可取 250Ω。

2）波速减小：

$$v' = \frac{1}{\sqrt{L_0 C_0'}} = \frac{1}{\sqrt{L_0 (C_0 + \Delta C_0)}} < v\left(= \frac{1}{\sqrt{L_0 C_0}} \right)$$

当冲击电晕强烈时，v' 可减小到 $0.75c$（c—光速）。

　　3）耦合系数增大：出现冲击电晕后，导线的有效半径增大，导线的自波阻抗减小，而与相邻导线间的互波阻抗略有增大，导致线间的耦合系数变大。考虑冲击电晕的影响，输电线路避雷线与导线间的耦合系数增大为

$$k = k_1 k_0$$

式中　k_0——几何耦合系数；

　　　k_1——电晕校正系数，其值见表 7-1。

表 7-1　耦合系数的电晕校正系数 k_1

线路电压等级/kV	20~35	66~110	154~330	500
双避雷线	1.1	1.2	1.25	1.28
单避雷线	1.15	1.25	1.3	—

注：雷击档距中间避雷线时，可取 $k_1 = 1.5$。

　　4）引起波的衰减与变形：随着波前电压的上升，从 $u = U_c$ 开始，波的传播速度开始变小，此后越来越小，其具体数值与电压瞬时值有关。由于波前各点电压所对应的波速变得不一样，电压越高时波速越小，就造成了波前的严重变形。

7.5　绕组中的波过程

　　电力变压器与输电线路相连，因此来自线路的过电压波会侵袭电力变压器。此时变压器绕组内部将出现很复杂的电磁振荡过程，在绕组的主绝缘（对地和对其他两相绕组的绝缘）和纵绝缘（匝间、层间、线饼间等绝缘）上出现过电压。此类型过电压可能达到的幅值以及波形是进行变压器绝缘结构设计的前提与基础。

　　变压器绕组中的波过程与下列 3 个因素有很大关系：①绕组的接法［星形（Y）或三角形（△）］；②中性点接地方式（接地还是不接地）；③进波情况（一相、两相或三相进波）。

7.5.1　变压器绕组中的波过程

　　无论是单相变压器还是三相变压器，其绕组一定接成三相才能运行，但在下列情况下，只需要研究单相绕组间的波过程：①在采用 Y 接法的高压绕组的中性点直接接地时，如果不顾及三相绕组间的耦合，从任何一相进来的过电压波都在中性点入地，而不会传到另两相绕组中去，因而无论进波方式如何，都只需研究末端接地的单相绕组中的波过程就可以了；②在高压绕组的中性点不接地时，如果三相同时进波，那么由于各相完全对称，也只要研究末端开路中的单相绕组中的波过程就可以了。

　　变压器绕组中的基本单元就是它的线匝，每一线匝都在电和磁两个方面与其他线匝联系着。绕组的基本电气参数有：

　　1）各匝间的自感；

　　2）各匝间的互感以及与其他绕组之间的互感；

　　3）对地（包括对铁心、油箱、低压绕组）的电容；

　　4）匝间电容；

5）导体的电阻；

6）绝缘的电导。

实际上，在绕组的不同部位，上述参数不尽相同，所以情况就变得很复杂。为了便于分析，通常做如下简化：

1）假定上述参数在绕组各处均相同（即绕组都是均匀的）；

2）忽略电阻和电感；

3）不单独计入各种互感，而把它们的作用归并到自感中去。

1. 单相绕组中的波过程

这样一来，如单位长度绕组的自感为 L_0，对地电容为 C_0，匝间电容为 ΔK_0，而且每匝的长度为 Δx，即可求得图 7-15 中的单相绕组波过程简化等效电路。

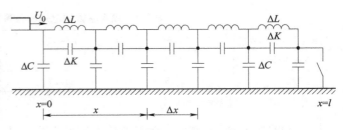

图 7-15 单相绕组波过程简化等效电路

其中，$\Delta L = L_0 \Delta x$，$\Delta C = C_0 \Delta x$，$\Delta K = \dfrac{K_0}{l}$。如果绕组全长为 l，则就整个绕组而言，上述参数的总值为 $\Delta L = L_0 \Delta x$，$\Delta C = C_0 \Delta x$，$\Delta K = \dfrac{K_0}{l}$。

当变化速度很大的冲击电压波刚投射到变压器绕组，此时电感支路中的电流不能突变，暂无电流流过，相当于电感支路开路，此时变压器的等效电路可进一步简化为一个电容链，如图 7-16 所示。此时为了计算的方便，令 $\Delta x = \mathrm{d}x$；所加电压仍采用幅值等于 U_0 的无限长直角波。

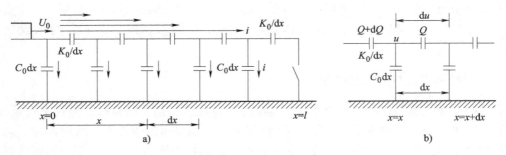

图 7-16 决定电压初始分布时的等效电路

由于绕组与输电线路在冲击波下的等效电路不一样（最大的差别是此时存在 $K_0/\mathrm{d}x$），与之相对应的波过程也有很大的差别，绕组中的波过程往往由一系列的振荡构成，具体原因如下：

1）当无线长直角波 U_0 刚到达绕组首端时（$t=0$），会立即沿电容链建立起一个电压分布 U 初始 (x)，绕组各点均立即获得一定的初始电压，这一过程几乎是瞬时完成的，因而不采用波沿绕组逐步传播的概念；

2）当时间足够长以后（理论上 $t=\infty$），绕组电压趋向稳态分布 U 稳态 (x)，这时无限长直角波已相当于直流电压，C_0、K_0 相当于开路，L_0 相当于短路，因而稳态电压分布只能由被略去的绕组导体电阻来决定；

3）由 U 初始 (x) 向 U 稳态 (x) 过渡时，绕组各处都将有一个振荡过程，在忽略损耗的情况下，和所有自由震荡一样，绕组各点在振荡中所可能达到的最大地电压可由下式决定：

$$U_{最大} = U_{稳态} + (U_{稳态} - U_{初始}) = 2U_{稳态} - U_{初始} \tag{7-38}$$

应该强调指出：各点的振荡频率不尽相同，所以各点是在不同时刻达到自己最大的 $U_{最大}$。因此变压器绕组中的波过程不应以行波传播的概念来处理，而是以一系列振荡形成的驻波的方法来探讨。

下面先来推求电压初始分布的规律：

设某一 $\dfrac{K_0}{dx}$ 上有电荷 Q，则 $Q = \dfrac{K_0}{dx}du$，它前面一个 $\dfrac{K_0}{dx}$ 上的电荷应为 $Q+dQ$，其中 $dQ = C_0 dx \cdot u$。将上面两式合并简化可得

$$\frac{d^2u}{dx^2} - \frac{C_0}{K_0}u = \frac{d^2u}{dx^2} - \alpha^2 u = 0 \tag{7-39}$$

其中

$$\alpha = \sqrt{\frac{C_0}{K_0}}, \quad \alpha l = \sqrt{\frac{C}{K}}$$

根据绕组末端（中性点）接地时：此时在 $x=0$ 处，$u=U_0$；$x=l$ 处，$K_0\dfrac{du}{dt}=0$。可以计算求得

$$u(x) = U_0 \frac{\mathrm{ch}\alpha(l-x)}{\mathrm{ch}\alpha l} \tag{7-40}$$

一般变压器的 $\alpha l = 5\sim15$，平均约为 10。

当 $\alpha l>5$ 时，$\mathrm{sh}\alpha l \approx \mathrm{ch}\alpha l$，可见中性点接地方式对电压初始分布的影响不大，如图 7-17 所示。在波刚到达绕组时，大部分电压都作用在绕组首端的一段上，无论何种接地方式，初始最大电位梯度均出现在绕组首端，其值为

$$\left.\frac{du}{dt}\right|_{x=0} \approx -U_0\alpha = -\left(\frac{U_0}{l}\right)(\alpha l) \tag{7-41}$$

式中 $\dfrac{U_0}{l}$ ——电压均匀分布时的电位梯度。

由于 αl 平均约为 10，可见最大电位梯度可等于平均电位梯度的 10 倍，上式中的负号表示绕组各点的电位随 x 的增大而降低。

α 是代表变压器冲击波特性的一个很重要的指标，α 越大，初始分布不均匀。故 α 越小越好，如图 7-18 所示。

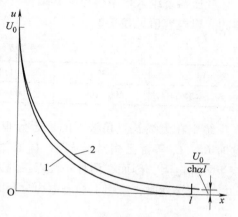

图 7-17　绕组的电压初始分布
1—末端接地　2—末端不接地

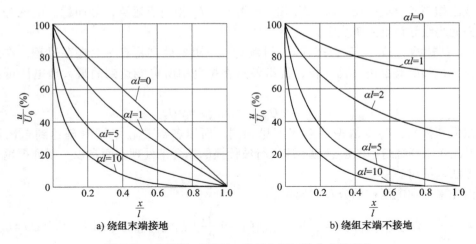

图 7-18 在不同 αl 值下，绕组电压初始分布的变化

在过电压刚到达的 $5\mu s$ 内，绕组中的振荡较少，此时可用一只与图中的电容链等效的入口电容 C_r 来代替，计算如下：

整个电容链所获得的电荷 Q 都要通过绕组首端第一只纵向电容 K_0 传入，可得：

$$Q = K_0 \left(\frac{\mathrm{d}u}{\mathrm{d}x} \right)_{x=0} = K_0 U_0 \alpha$$

入口电容 C_r 要等效于整个电容链，其吸收的电荷 Q' 应等于整个电容链的电荷 Q，即

$$Q' = C_T U_0 = Q = K_0 U_0 \alpha$$

所以
$$C_r = K_0 \alpha = \sqrt{C_0 K_0} = \sqrt{CK} \qquad (7\text{-}42)$$

式中　C——绕组总的对地电容（F）；

　　　K——绕组总的纵向电容（F）。

变压器绕组入口电容值与其结构有关，处于 $500 \sim 5000 \mathrm{pF}$ 的范围内。不同电压等级变压器的入口电容值见表 7-2。

表 7-2　变压器的入口电容值

额定电压/kV	35	110	220	330	500
入口电容/pF	500~1000	1000~2000	1500~3000	2000~5000	4000~6000

绕组在无线长直角波下的稳态分布发生在电磁振荡过程以后，从理论上说应在 $t \to \infty$，这时 K_0，C_0 等都已相当于开路，L_0 相当于短路。因而电压分布只能取决于被我们忽略了的绕组导体电阻，因而在两种中性点接地方式下的电压稳态分布为

末端接地时，绕组上稳态电压分布时均匀的，即

$$u_\infty(x) = U_0 \left(1 - \frac{x}{l} \right) \qquad (7\text{-}43)$$

末端不接地时，绕组各点的稳态电位均等于 U_0，即

$$u_\infty(x) = U_0 \qquad (7\text{-}44)$$

在由电感、电容构成的复杂回路中，如果电压的初始分布与最终稳态分布不太一致，那

必然要经过一个过渡过程才能达到一个稳定状态，在这个过程中，会出现一系列的电磁振荡。如果完全没有损耗，这个过程会长期存在，但实际变压器内存在不少损耗，因此上述振荡将有一定的阻尼制约。在无阻尼状态下，绕组各点在振荡中所能达到的最大电压将遵循式的规律。将各点最大电压值用曲线连起来，即可得到一条 l 的包络线，图 7-19 中分别画出了中性点接地和不接地的变压器绕组中的电压初始分布（$t=0$）、稳态分布（$t=\infty$）和各点的 u_{max} 包络线。由于包络线上各点并不是在同一时刻出现的，所以用虚线表示。

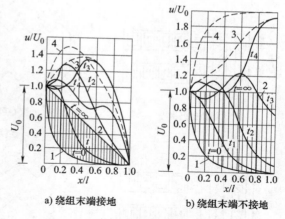

a) 绕组末端接地　　　b) 绕组末端不接地

图 7-19　振荡过程中绕组的电压分布

在振荡过程的不同时刻，绕组各点的电压分布如图中曲线 t_1、t_2、t_3、t_4 所示，其中 $t_1 < t_2 < t_3 < t_4$。将振荡过程中出现的最大电压记录并连成曲线，即可得到 u_{max} 包络线 3，作为定性分析，在图中还画出了按式（7-38）求得的无损耗时 u_{max} 包络线 4，以作比较。由图 7-19 可以看出：如果末端接地，则最大电压 u_{max} 将出现在绕组约 1/3 处，其值可以达 $1.4U_0$ 左右，如果末端不接地，则 u_{max} 将出现在绕组末端，其值可高达 $1.9U_0$.

但在此后的振荡发展过程中，绕组其他地点也有可能出现较大的电位梯度，在绕组设计和决定绝缘保护措施时都应重视这些情况。

绕组内的波过程除了与电压波的幅值 U_0 相关，还与它的波形有关。过电压波的波前时间越长，即它的波前陡度越小，则振荡过程的发展就比较缓和，绕组各点的最大对地电压和纵向电位梯度都将较小，所以设法降低入侵过电压波的幅值和陡度对保护于变压器绕组的主绝缘和纵绝缘大有裨益。

对绕组绝缘（特别是纵绝缘）最严重的威胁无疑是直角短波，这时在幅值为"$+U_0$"的直角波冲进绕组后不久，又将有一个幅值为"$-U_0$"的直角波抵达绕组首端，这样一波未平、一波又起地使两轮振荡叠加在一起，将使振荡更加剧烈，绝缘上受到更大的过电压。冲击载波就是实际运行中可能出现的最接近于直角短波的严重波形。

2. 三相绕组中的波过程

当绕组接成三相运行时，其中的波过程机理与上述单相绕组基本相同。但随着三相绕组的接法、中性点接地方式和进波情况的不同，振荡的结果也不尽相同。

1）星形接法中性点接地（Y_0）：这时三相之间相互影响很小，可以看做三个独立的末端接地的绕组。无论进波情况如何，都可按前面分析过的末端接地单相绕组中的波过程进行处理。

2）星形接法中性点不接地（Y）：这时如果三相同时进波，则与末端绝缘的单相绕组中的波过程基本相同，中性点处的最大电压可达首端电压的两倍左右。

若仅有一相进波，例如，过电压波 U_0 从 A 相入侵变压器，如图 7-21a 所示。这是因为变压器绕组对冲击波的阻抗远大于线路波阻抗，其他两相绕组的首端电位也接近于零，故可认为 B、C 两相绕组的首端均相当于接地。这样一来，电压的初始分布和稳态分布如图 7-21

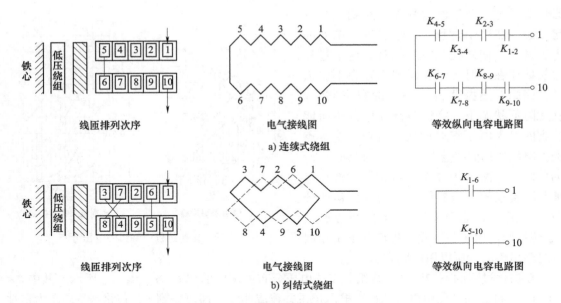

图 7-20 连续式绕组与纠结式绕组的比较

中的曲线 1 和曲线 2 所示，B、C 两相绕组中的并联对于电压初始分布没有什么影响，中性点 N 处电位也接近于零，但电压的稳态分布取决于电阻，B、C 两相绕组并联的结果是使合成的电阻只有 A 相电阻的一半，多以中性点的稳态电压应为 $\dfrac{U_0}{3}$，故在振荡过程中，中性点的最大电压极限值为 $\dfrac{2}{3}U_0$。

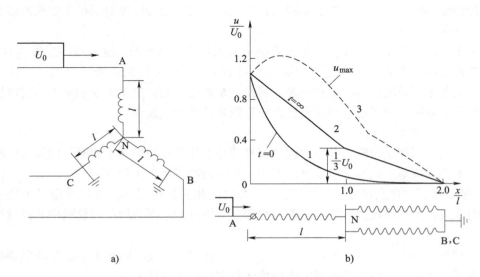

图 7-21 Y接法在一相进波时的电压分布

3. 三角形接法（△）

在一相（例如，导线 1）进波时，导线 2、3 与变压器绕组的接点 B、C 也相当于接地（如图 7-22 所示），因此 AB、AC 两相绕组内的波过程，与末端接地的单相绕组相同，而 BC 相绕组中没有波的进入。

两相或三相进波时，可以用叠加法进行分析。例如，图中 7-23a 表示三相进波时的情况，图中虚线 1 和 2 分别表示 AB 相绕组的一端进波时的电压初始分布和稳态分布，实线 3 和 4 则表示每相进波时的电压初始分布和稳态分布，可见在振荡中最大的电压 U_{max} 将出现在每相绕组的中部 M 处，其值接近 $2U_0$。

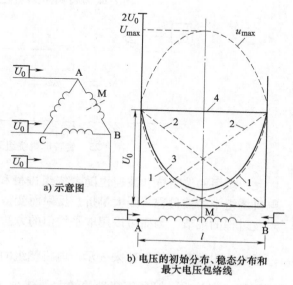

a) 示意图

b) 电压的初始分布、稳态分布和
最大电压包络线

图 7-23　三相进波时△接法绕组的电压分布

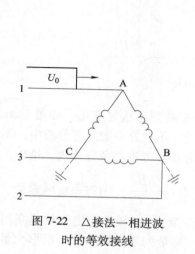

图 7-22　△接法一相进波
时的等效接线

7.5.2　旋转电机绕组中的波过程

本节中旋转电机是指经过电力变换器或直接与电网相连的发电机、同步调相机和大型电动机等，它们的绕组在运行过程中都有可能受到过电压波的作用。

当过电压波投射到电机绕组上时，后者可以像变压器那样，用 L_0、C_0 和 K_0 组成的链式等效电路来表示。但是应该强调的是，电机绕组一般可分为单匝和多匝两大类，通常高速大容量电机采用的是单匝绕组，而低速小容量电机则采用多匝绕组。由于绕组的直线部分（线棒）都嵌设在铁心中的线槽中，在多匝绕组时，只有在同槽的各匝之间存在匝间电容 ΔK，在换槽时 ΔK 支路断绝，故形成图 7-24 所示的等效电路；在单匝绕组时，槽内线棒部分相互之间不存在匝间电容，只有露在槽外的端接部分才有不大的电容耦合，因而忽略纵向电容 K_0 的作用。电机绕组波过程简化等效电路如图 7-25 所示。即使对于多匝绕组而言，虽然同槽各匝间均存在 ΔK，但是考虑到电网中的电机大都有限制波陡度的保护措施，因此抵达电机绕组首端的过电压波前陡度一般都不大，流过 ΔK 的电流很小，因此忽略 ΔK 的作用也不会引起显著的误差。

由此可以认为旋转电机绕组中的波过程与输电线路类似，而与变压器绕组中的波过程区别较大，所以需要采用输电线路波过程分析法。电机绕组槽内部分和端部的 L_0、C_0 是不同

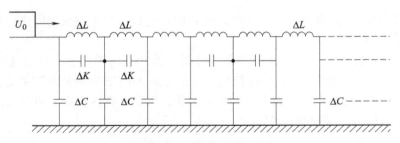

图 7-24　旋转电机绕组波过程等效电路

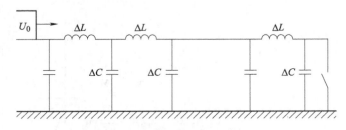

图 7-25　旋转电机绕组简化等效电路

的，因此，绕组的波阻抗和波速也随着绕组进槽和出槽而有规则地重复变化，如图 7-26 所示。电机绕组中的波过程将因大量折、反射而变得极其复杂。不过在一般工程分析中，不需要了解波过程的细节，因而可以用取平均值的方法作宏观处理，即不必区分槽内、槽外，而

用一个平均波阻抗和平均波速来表示。电机绕组的波阻抗 Z（$= \sqrt{\dfrac{L_0}{C_0}}$）与该电机的容量、额定电压和转速有关，一般是随容量的增大而减小（因为 C_0 变大），随额定电压的提高而增大（因为绝缘厚度的增加导致）。电机绕组中的波速 v 也随容量的增大而降低。根据大量实测数据，可得出汽轮发电机绕组的波阻抗 Z 与电机容量及额定电压的关系曲线（见图 7-27）和波速 v 与电机容量的关系曲线（见图 7-28）。

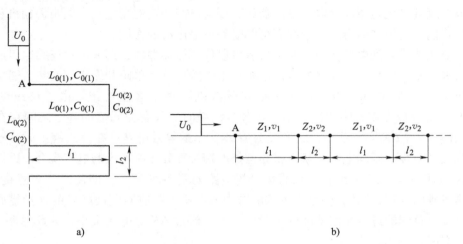

图 7-26　考虑槽内、外不同条件所得出的电机绕组波过程等效电路
下标 1—槽内　下标 2—端部

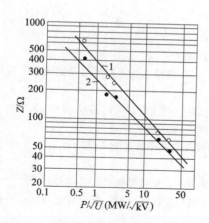

图 7-27　电机绕组（一相）的波阻抗
1—单相进波　2—三相进波

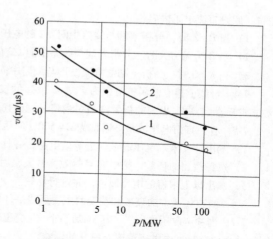

图 7-28　电机绕组中的平均波速
1—单相进波　2—三相进波

在频率极高的交流电压的冲击波作用下，电机铁心中的损耗相当大，再加上导体的电阻损耗和绝缘的介质损耗，因此波在电机绕组中传播时，衰减和变形都很显著。其中，衰减程度可按下式估计：

$$U_x = U_0 e^{-\beta x} \tag{7-45}$$

式中　U_0——绕组首端电压（kV）；

$\quad\quad U_x$——距首端 x 处的电压（kV）；

$\quad\quad \beta$——衰减系数，对中小容量和单绕组大容量电机，$\beta \approx 0.005 \mathrm{m}^{-1}$；对于 60MW 及更大容量的双绕组电机，$\beta \approx 0.0015 \mathrm{m}^{-1}$。

当波沿着电机绕组传播最大的纵向电位梯度亦将出现在绕组的首端。设绕组一匝的长度为 $l_w(\mathrm{m})$，平均波速为 $v(\mathrm{m/s})$，进波的波前陡度为 $\alpha(\mathrm{kV/\mu s})$，则作用在匝间绝缘上的电压 $u_w(\mathrm{kV})$ 将为

$$u_w = \alpha \frac{l_w}{v} \tag{7-46}$$

由式（7-47）可知，匝间电压与进波的陡度成正比。当匝间电压超过了匝间绝缘的冲击耐压值，就可能引起匝间绝缘击穿事故。通常已知电机绕组匝间绝缘的工频耐压有效值 $U_{50\sim}(\mathrm{kV})$，即可按下式求得容许的进波陡度 $\alpha_r(\mathrm{kV/\mu s})$ 为

$$\alpha_r = \frac{1.25 U_{50\sim} \sqrt{2v}}{l_w} \tag{7-47}$$

研究结果表明，为避免匝间绝缘故障，应设法将进波的陡度限制到 5~6kV/μs 以下。

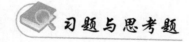

习题与思考题

7-1　为什么要用波动方程来研究电力系统中的过电压？

7-2　分析波阻抗的物理意义及其电阻的不同点。

7-3　分析直流电源 E 合闸于有限长导线（长度为 l，波阻抗为 Z）的情况，末端对地接有电阻 R（如

图），假设直流电阻内阻为 0。

1）当 $R=Z$ 时，分析末端与线路中间 $l/2$ 的电压波形；

2）当 R 为无穷大时，分析末端与线路中间 $l/2$ 的电压波形；

3）当 $R=0$ 时，分析末端的电流波形与线路中间 $l/2$ 的电压波形。

7-4　母线上接有波阻抗分别为 Z_1、Z_2、Z_3 的三条出线，从 Z_1 线路上传来幅值为 E 的无穷长直角电压波。求出在线路 Z_3 出现的折射波和在线路 Z_1 上的反射波。

7-5　有一直角电压波沿波阻抗为 $Z=500\Omega$ 的线路传播，线路末端接有对地电容 $C=0.01\mu F$。

1）画出计算末端电压的波得逊等效电路，并计算线路末端电压波形；

2）选择适当的参数，把电容 C 等效为线段，用网格法计算线路末端的电压波形；

3）画出以上求得的电压波形，并进行比较。

7-6　波在传播中的衰减和畸变的主要原因是什么？说明冲击电晕对雷电波波形影响的原因。

7-7　当冲击电压作用于变压器绕组时，在变压器绕组内部将出现振荡过程，试分析出现振荡的根本原因，并由此分析冲击电压波形对振荡的影响。

7-8　说明为何需要限制旋转电机的侵入波速度。

第8章

雷电放电及防雷保护装置

　　雷电是大自然中最宏伟壮观的气体放电现象，它从远古以来就一直吸引人类极大的关注，因为它会危及人类及动物的生命安全、引发森林大火、毁损各种建筑物。但对雷电的物理本质有所了解却还是近代的事，在这方面曾作出过杰出贡献的科学家有美国的富兰克林和俄国的罗蒙诺索夫。还应该强调指出：人类在有关雷电方面的大部分知识还是近 70 多年来才获得的，这是因为雷电放电对于现代的航空、电力、通信、建筑等领域都有很大的影响，促使人们从 20 世纪 30 年代开始加强了对雷电及其防护技术的研究，特别是利用高速摄影、自动录波、雷电定向定位等现代测量技术所做的实测研究的成果，大大丰富了人们对雷电的认识。

　　雷电放电所产生的雷电流高达数十、甚至数百千安，从而会引起巨大的电磁效应、机械效应和热效应。从电力工程的角度来看，最值得我们注意的两个方面：①雷电放电在电力系统中引起很高的雷电过电压（有时也称大气过电压），它是造成电力系统绝缘故障和停电事故的主要原因之一；②雷电放电所产生的巨大电流，有可能使被击物体炸毁、燃烧，使导体熔断或通过电动力引起机械损坏。在本书中将着重探讨的是前一类问题。

　　为了预防或限制雷电的危害性，在电力系统中采用着一系列防雷措施和防雷保护装置。在本章中将着重介绍它们的工作原理和主要特性。

8.1　雷电放电和雷电过电压

8.1.1　雷云的形成

　　雷电放电起源于雷云的形成（云的起电），这基本上是一个气象物理问题，本课程不拟作深入的探讨，但大致介绍一下雷云的形成机理对于理解雷电放电的某些特性还是有帮助的。

　　关于雷云的形成机理曾提出过不少理论，它们或从微观的物理过程出发、或从宏观的大气现象出发，对雷云形成过程中的电荷分离、电荷的积聚分布、雷云电场的形成等进行了分析研究，其中比较有代表性的理论有感应起电、对流起电、温差起电、水滴分裂起电、融化起电、冻结起电等，但至今尚无定论。

　　下面将选择其中获得比较广泛认同的水滴分裂起电理论作简要介绍：实验表明：当大水

滴分裂成水珠和细微的水沫时，会出现电荷
分离现象，大水珠带正电、小水珠带负电。
在特定的大气和地形条件下，会出现强大而
潮湿的上升热气流，造成云层中的水滴分裂
起电，细微的水沫带负电，被上升气流带往
高空，形成大片带负电的雷云；带正电的水
珠或者凝聚成雨滴落向地面，或者悬浮在云
中，形成雷云下部的局部正电荷区
（见图 8-1）。但是，探测气球所测得的云中电
荷分布表明，在雷云的顶部往往充斥着正电

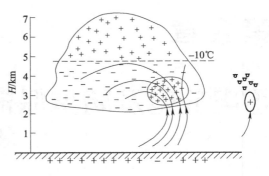

图 8-1　雷云中的电荷分布

荷，这可以用另一种起电机理来解释：在离地面 4~5km 的高空，大气温度经常处于 10~20℃，
因而此处的水分均已变成冰晶，它们与空气摩擦时也会起电，冰晶带负电、空气带正电。带正
电的气流携带着冰晶碰撞时造成的细微碎片向上运动，使雷云的上部充满正电荷，而带负电的
大粒冰晶下降到云的下部时，因此处气温已在 0℃ 以上，冰晶融化而成为带负电的水滴。

　　由上述可知：整块雷云可以有若干个电荷中心，负电荷中心位于雷云的下部、距地面
500~10000m 的范围内。直接击向地面的放电通常从负电荷中心的边缘开始。

8.1.2　雷电放电过程

　　大自然中的雷电放电就其物理本质而言，与前面介绍过的长气隙击穿过程十分相似，属
于一种特长气隙的火花放电。有一些不同之处（例如，多次重复雷击现象等）皆由于雷电
放电的两极（一极为云层，另一极为电阻率相当大的土地，且其表面有大量凸出的物体）
并非金属电极所致。下面就来介绍雷电放电的过程与特点：天空中出现雷云后，它会随着气
流移动或下降，由于雷云下部大都带负电荷，所以大多数雷击是负极性的，雷云中的负电荷
会在地面感应出大量正电荷。这样一来，在雷云与大地之间或者两块带异号电荷的雷云之
间，会形成强电场，二者之间的电位差可高达数兆伏甚至数十兆伏，但因距离很大，平均场
强仍很少超过 100kV/m（1kV/cm）。一旦在个别地方出现能使该处空气发生电子崩和电晕的
场强（例如，25~30kV/cm）时，就可能引发雷电放电。雷电有几种不同的型式，例如，线
状雷电、片状雷电、球状雷电，以下将主要探讨"云-地"之间的线状雷电，因为电力系统
中绝大多数雷害事故都是这种雷电所造成的。这时，开始引发放电的场强往往出现在云层底
部，在进一步形成流注后就出现向下发展的逐级引路或先导放电，在初始阶段，先导只是向
下推进，并无一定的目标，每级长度约 25~50m，每级的伸展速度约 104km/s，各级之间有
30~90μs 的停歇，所以平均发展速度只有 100~800km/s（或 0.1~0.8m/μs），出现的电流
也不大，只有数十至数百安培。它使我们联想起第 1 章中介绍的负极性"棒-板"长气隙的
放电不能顺利向前发展的情况。

　　当先导接近地面时，地面上一些高耸物体顶部周围的电场强度也达到了能使空气电离和
产生流注的程度，这时在它们的顶部，会发出向上发展的迎面先导。一般来说，越高的物体
上出现迎面先导的时间越早，越容易与下行的先导相接和连通，越能完成接闪的过程，这也
是避雷针保护作用的基础。在下行先导与上行迎面先导接通后，立即出现强烈的异号电荷中
和过程，出现极大的电流（数十到数百 kA），这就是雷电的主放电阶段，伴随着雷鸣和闪

光。完成主放电的时间极短，只有 $50 \sim 100 \mu s$，它是沿着下行的先导通道，由下而上逆向发展的，也称"回击"，其速度高达 $20000 \sim 150000 km/s$。

以上是下行负雷闪的情况，下行正雷闪所占的比例很小，其发展过程也基本相似。

雷电观测还表明：雷云电荷的中和过程并不是一次完成的，往往出现多次重复雷击的情况，其原因如下：在雷云起电的过程中，在云中可以形成若干个密度较大的电荷中心，第一次"先导-主放电"所造成的第一次冲击主要是中和第一个电荷中心的电荷。在第一次冲击完成之后，主放电通道暂时还保持高于周围大气的电导率，别的电荷中心将对第一个电荷中心放电，利用已有的主放电通道对地放电，从而形成第二次冲击、第三次冲击……，造成多重雷击，两次冲击之间平均相隔约 $30ms$。通常第一次冲击放电的电流最大，以后各次的电流较小。第二次及以后各次冲击的先导放电不再是分级的，而是自上而下连续发展（无停歇现象），称为箭状先导。在图 8-2 中绘出了用底片迅速转动的高速摄影装置摄得的下行负雷闪的发展过程以及用高压电子示波器录下的相应雷电流波形。

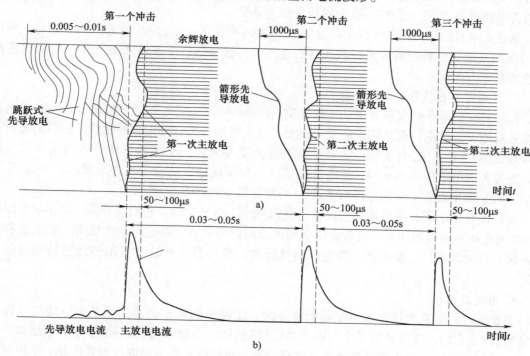

图 8-2　雷电放电的发展过程及雷电流波形

8.1.3　雷电参数

从雷电过电压计算和防雷设计的角度来看，值得注意的雷电参数如下：

1. 雷电活动频度——雷暴日及雷暴小时

电力系统的防雷设计显然应从当地雷电活动的频繁程度出发，对强雷区应加强防雷保护，对少雷区可降低保护要求。

评价一个地区雷电活动的多少通常以该地区多年统计所得到的平均出现雷暴的天数或小

时数作为指标。

雷暴日是一年中发生雷电的天数，以听到雷声为准，在一天内只要听到过雷声，无论次数多少，均计为一个雷暴日。雷暴小时是一年中发生雷电放电的小时数，在一个小时内只要有一次雷电，即计为一个雷电小时。我国的统计表明，对大部分地区来说，一个雷暴日可大致折合为 3 个雷暴小时。

各个地区的雷暴日数已或雷暴小时数 T_h 可以有很大的差别，它们不但与该地区所在纬度有关，而且也与当地的气象条件、地形地貌等因素有关。就全世界而言，雷电最频繁的地区在炎热的赤道附近，雷暴日数平均为 100~150，最多者达 300 以上。我国长江流域与华北的部分地区，雷暴日数为 40 左右，而西北地区仅为 15 左右。国家根据长期观测结果，绘制出全国各地区的平均雷暴日数分布图，以供防雷设计之需，它可从有关的设计规范或手册中查到。当然，如果有当地气象部门的统计数据，在设计中采用后者将更加合适。为了对不同地区的电力系统耐雷性能（例如，输电线路的雷击跳闸率）作比较，必须将它们换算到同样的雷电频度条件下，通常取 40 个雷暴日作为基准。

通常雷暴日数 T_d 等于 15 以下的地区被认为是少雷区，超过 40 的地区为多雷区，超过 90 的地区及运行经验表明雷害特别严重的地区为特殊强雷区。在防雷设计中，应根据雷暴日数的多少因地制宜。

2. 地面落雷密度和雷击选择性

雷暴日或雷暴小时仅仅表示某一地区雷电活动的频度，它并不区分是雷云之间的放电还是雷云对地面的放电，但从防雷的观点出发，最重要的是后一种雷击的次数，所以需要引入地面落雷密度（γ）这个参数，它表示每平方公里地面在一个雷暴日中受到的平均雷击次数，世界各国的取值不尽相同，年雷暴日数（T_d）不同地区的 γ 值也各不相同，一般 T_d 较大地区的 γ 值也较大。我国标准对 $T_d = 40$ 的地区取 $\gamma = 0.07$。

运行经验还表明：某些地面的落雷密度远大于上述平均值，它们或者是一块土壤电阻率 ρ 较周围土地小得多的场地、或者在山谷间的小河近旁、或者是迎风的山坡等。它们被称为易击区，在为发电厂、变电所、输电线路选址时，应尽量避开这些雷击选择性特别强的易击区。

3. 雷道波阻抗

主放电过程沿着先导通道由下而上推进时，使原来的先导通道变成了雷电通道（即主放电通道），它的长度可达数千米，而半径仅为数厘米，因而类似于一条分布参数线路，具有某一等效波阻抗，称为雷道波阻抗。这样一来，我们就可将主放电过程看作是一个电流波沿着波阻抗为 Z_0 的雷道投射到雷击点 A 的波过程。如果这个电流入射波为 I_0，则对应的电压入射波 $U_a = I_0 Z_0$。根据理论计算结合实测结果，我国有关规程建议取 $Z_0 \approx 300\Omega$。

4. 雷电的极性

根据各国的实测数据，负极性雷击均 75%~90%。再加上负极性过电压波沿线路传播时衰减较少较慢，因而对设备绝缘的危害较大。故在防雷计算中一般均按负极性考虑。

5. 雷电流幅值

雷电的强度可用雷电流幅值 I 来表示。由于雷电流的大小除了与雷云中电荷数量有关外，还与被击中物体的波阻抗或接地电阻的量值有关，所以通常把雷电流定义为雷击于低接地电阻（$\leq 30\Omega$）的物体时流过雷击点的电流。它显然近似等于传播下来的电流入射波 I_0

的 2 倍，即 $I \approx 2I_0$。

雷电流幅值是表示雷电强度的指标，也是产生雷电过电压的根源，所以是最重要的雷电参数，也是人们研究得最多的一个雷电参数。

根据我国长期进行的大量实测结果，在一般地区，雷电流幅值超过 I 的概率可按照下式计算：

$$\lg P = -\frac{I}{88} \tag{8-1}$$

式中　I——雷电流幅值（kA）；

　　　P——幅值大于 I 的雷电流出现概率。

例如，大于 88kA 的雷电流幅值出现的概率 P 约为 10%。除陕南以外的西北地区和内蒙古自治区的部分地区，它们的平均年雷暴日数只有 20 或更少，测得的雷电流幅值也较小，可改用下式求其出现概率：

$$\lg P = -\frac{I}{44} \tag{8-2}$$

6. 雷电流的波前时间、陡度及波长

实测表明：雷电流的波前时间 T_1 处于 1~4μs 的范围内，平均为 2.6μs 左右。雷电流的波长（半峰值时间）T_2 处于 20~100μs 的范围内，多数为 40μs 左右。我国规定在防雷设计中采用 2.6/40μs 的波形。与此同时，我们还可以看出，在绝缘的冲击高压试验中，把标准雷电冲击电压的波形定为 1.2/50μs 已是足够严格的了。

雷电流的幅值和波前时间决定了它的波前陡度 a，它也是防雷计算和决定防雷保护措施时的一个重要参数。实测表明，雷电流的波前陡度 a 与其幅值 I 是密切相关的，二者的相关系数 $r = +(0.6 \sim 0.64)$。我国规定波前时间 $T_1 = 2.6$μs，所以雷电流波前的平均陡度为

$$a = I/2.6 \, (\text{kA}/\mu\text{s}) \tag{8-3}$$

实测还表明：波前陡度的最大极限值一般可取 50kA/μs 左右。

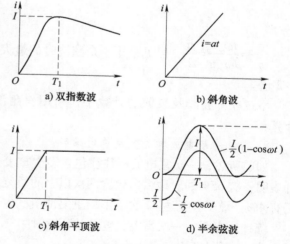

图 8-3　雷电流常用的计算波形

7. 雷电流的计算波形

由上述内容可知，雷电流的幅值、波前时间和陡度、波长等参数都在很大的范围内变化，但雷电流的波形却都是非周期性冲击波。在防雷计算中，可按不同的要求，采用不同的计算波形。经过简化和典型化后，可得出如下几种常用的计算波形（见图 8-3）：

（1）双指数波

$$i = I_0(e^{-\alpha t} - e^{-\beta t}) \tag{8-4}$$

式中　I_0——某一大于雷电流幅值 I 的电流值。这是与实际雷电流波形最为接近的等效计算波形，但比较繁复。

（2）斜角波

$$i = at \tag{8-5}$$

式中　a——波前陡度（kA/μs）。这种波形的数学表达式最简单，用来分析与雷电流波前有关的波过程比较方便。

（3）斜角平顶波

$$\begin{cases} i = at(t \leqslant t_1 \text{ 时}) \\ i = aT_1 = I(t > T_1 \text{ 时}) \end{cases} \tag{8-6}$$

用于分析发生在 10μs 以内的各种波过程，有很好的等效性。

（4）半余弦波

这种波形更接近实际雷电流波前形状，仅在特殊场合（例如，特高杆塔的防雷计算）才加以采用，使计算更加接近于实际且偏于从严。

这时雷电流的波前部分可用下式表示

$$i = \frac{I}{2}(1 - \cos\omega t) \tag{8-7}$$

式中　ω——等效半余弦波的角频率 π/T_1。

半余弦波的最大陡度出现在 $t = T_1/2$ 处，其值为

$$a_{\max} = \left(\frac{\mathrm{d}i}{\mathrm{d}t}\right)_{\max} = \frac{I\omega}{2} \tag{8-8}$$

平均陡度

$$a = \frac{I}{T_1} = \frac{I\omega}{\pi} \tag{8-9}$$

$\dfrac{a_{\max}}{a} = \dfrac{I\omega/2}{I\omega/\pi} = \dfrac{\pi}{2}$，可见采用半余弦波时的最大波前陡度要比采用斜角波时的波前陡度大 $\pi/2$ 倍。

不过在一般涉及波前的计算中，采用斜角波和平均陡度已经能满足要求，并可简化计算。

8. 雷电的多重放电次数及总延续时间

如前所述，一次雷电放电往往包含多次重复冲击放电。世界各地 6000 个实测数据的统计表明：有 55% 的对地雷击包含两次以上的重复冲击；3~5 次冲击者有 25%；10 次以上者仍有 4%，最多者竟达 42 次。平均重复冲击次数可取 3 次。

统计还表明：一次雷电放电总的延续时间（包括多重冲击放电），有 50% 小于 0.2s，大于 0.62s 的只占 5%。

9. 放电能量

为了估计一次雷电放电的能量，可假设雷云与大地之间发生放电时的电压 U 为 107V，总的放电电荷 Q 为 20C，则放电时释放出来的能量为 $A = QU = 20 \times 10^7 \text{W} \cdot \text{s}$，或约 55kW·h，可见放电能量其实是不大的，但因它是在极短时间内放出的，因而所对应的功率很大。这些能量主要消耗到下列几个方面：一小部分能量用来使空气分子发生电离、激励和光辐射，大部分能量消耗在雷道周围空气的突然膨胀、产生巨响，还有一部分能量使被击中的接地物体发热。总的来说，雷电放电就像把原先产生雷云时所吸收的能量在一瞬间返还给大自然。

8.1.4　雷电过电压的形成

1. 雷电放电的计算模型

从雷云向下伸展的先导通道中除了为数相等的大量正、负电荷外，还有一定数量的剩余电荷，其符号与雷云相同，其线密度为 $\sigma(\mathrm{C/m})$，它们在地面上感应出异号电荷，如图 8-4a 所示。主放电过程的开始相当于开关 S 的突然闭合，此时将有大量正、负电荷沿着通道相向运动，如图 8-4b 所示，使先导通道中的剩余电荷及云中的负电荷得以中和，这相当于有一电流波 i 由下而上地传播，其值为

$$i = \sigma v \tag{8-10}$$

式中　v——逆向的主放电发展速度（m/s）。

在雷击点 A 与地中零电位面之间串接着一只电阻 R，它可以代表被击中物体的接地电阻 R_{i}，也可以代表被击物体的波阻抗。实测表明：只要 R 的值不大（例如，$\leqslant 30\Omega$），雷电流的幅值几乎与 R 无关；但当 R 值大到与雷道波阻抗 $Z_0(\approx 300\Omega)$ 可以相比时，雷电流幅值 I 将显著变小。

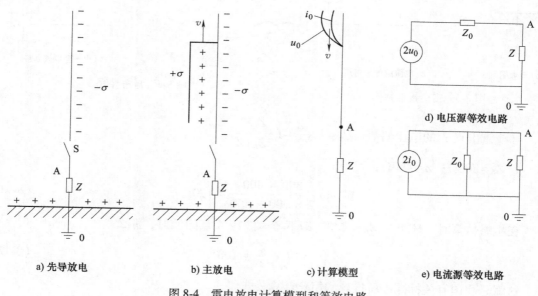

a) 先导放电　　　　b) 主放电　　　　c) 计算模型　　　　d) 电压源等效电路　　e) 电流源等效电路

图 8-4　雷电放电计算模型和等效电路

主放电电流 i 流过电阻 R 时，A 点的电位将突然变为 $U = iR$。实际上，先导通道中的电荷密度 σ 和主放电的发展速度 v 都很难测定，但主放电开始后流过 R 的电流 i 及其幅值 I 却不难测得，而我们最关心的恰恰正是雷击点 A 的电位 $U = iR$，所以可从 A 点的电位出发来建立雷电放电的计算模型。这样一来，上述主放电过程可以看作有一负极性前行波（U_0，I_0）从雷云沿着波阻抗为 Z_0 的雷道传播到 A 点的过程，如图 8-4c 所示。这样一来，就可得到图 8-4d 和图 8-4e 中的电压源彼德逊等效电路和电流源彼德逊等效电路。

2. 直接雷击过电压的几个典型算例

让我们把上述计算模型和等效电路应用到若干典型场合：

1）雷击于地面上接地良好的物体（见图 8-5，例如，其接地电阻 $R_i = 15\Omega$）。

根据雷电流的定义，这时流过雷击点 A 的电流即为雷电流 i。如采用电流源等效电路，则雷电流 $i = \dfrac{Z_0}{Z_0 + R_i} 2i_0 = \dfrac{2 \times 300}{300 + 15} i_0 = 1.9i_0 \approx 2i_0$，能实际测得的往往是雷电流幅值 I，可见从雷道波阻抗 Z_0 投射下来的电流入射波的幅值 $I_0 \approx I/2$。A 点的电压幅值 $U_A = IR_i$。

2）雷击于导线或档距中央避雷线（见图 8-6）。

当避雷线接地点的反射波尚未来到雷击点 A 时，雷击导线和雷击避雷线实际上是一样的，雷击点 A 上出现的雷电过电压可以推求如下（采用电压源等效电路）：

如果电流电压均以幅值表示 $I_2' = \dfrac{2U_0}{Z_0 + \dfrac{Z}{2}} = \dfrac{2I_0 Z_0}{Z_0 + \dfrac{Z}{2}} = \dfrac{IZ_0}{Z_0 + \dfrac{Z}{2}}$

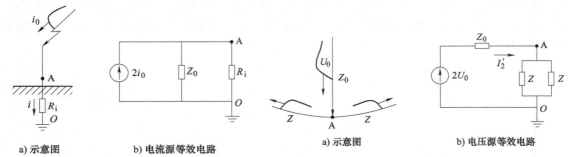

a) 示意图   b) 电流源等效电路

图 8-5　雷击接地物体

a) 示意图   b) 电压源等效电路

图 8-6　雷击导线

导线雷击点 A 的电压幅值：$U_A = I' \times \dfrac{Z}{2} = I\dfrac{Z_0 Z}{2Z_0 + Z}$

令 $Z_0 = 300\Omega$，$Z = 400\Omega$，可得

$$U_A = I\frac{300 \times 400}{2 \times 300 + 400} = 120I \tag{8-11}$$

在粗略估算时，还可令 $Z_0 \approx Z/2$，即不考虑波在 A 点的反射，那么

$$U_A \approx I \times \frac{Z}{4} = 100I \tag{8-12}$$

这就是我国有关标准中所推荐的简化计算公式。

3. 感应雷击过电压

除了前面介绍的直接雷击过电压外，电力系统中还会出现另一种雷电过电压——感应雷击过电压，它的形成机理与直接雷击过电压完全不同。

在两块带异号电荷的雷云之间或在一块雷云中两个异号电荷中心之间发生雷电放电时，均有可能引起一定的感应过电压。但是对电力系统影响较大的情况是雷击于线路附近大地或甚至雷击于接地的线路杆塔顶部时，在绝缘的导线上引起的感应过电压，下面就着重探讨这些情况下的感应过电压的产生机理。

在雷电放电的先导阶段，线路导线处于雷云、先导通道和地面构成的电场中，如图 8-7a 所示。在导线表面电场强度 E 的切线分量 E_x 的驱动下，与雷云异号的正电荷被吸引到靠近

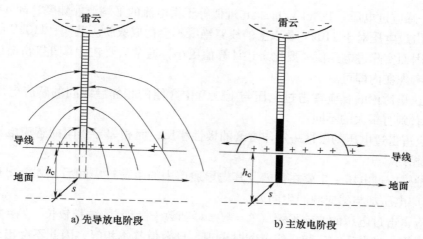

图 8-7　感应雷击过电压产生机理示意图

先导通道的一段导线上，排列成束缚电荷；而导线中的负电荷则被排斥到导线两侧远方，在该处停留或经线路的泄漏电导、变压器绕组的接地中性点、电磁式电压互感器的绕组等通路泄入地下。由于先导放电的发展速度远小于主放电，上述电荷在导线中的移动比较慢，由此而引起的电流很小，相应的电压波也可以忽略不计。这时，如果不考虑线路本身的工作电压，整条导线的电位仍为零，可见在先导放电阶段，虽然导线上有了束缚电荷，但它们在导线上的不均匀分布在导线各点所造成的电场抵消了先导通道中负电荷所产生的电场 E，使导线仍保持着地电位。

当雷电击中线路附近大地或紧靠导线的接地物体（杆塔、避雷线等）而转入主放电阶段后，先导通道中的剩余负电荷被迅速中和，它们所造成的电场迅速消失，导线上的束缚正电荷突然获释，在它们自己所造成的电场切线分量的驱动下，开始沿导线向两侧传播，而它们造成的电场法线分量使导线对地形成一定的电压，这种因先导通道中电荷突然中和而引起的感应过电压称为感应雷击过电压的静电分量。实际上，在发生主放电时，雷电通道中的雷电流还会在周围空间产生强大的磁场，它的磁通若有与导线相交链的情况，就会在导线中感应出一定的电压，称为感应雷击过电压的电磁分量，不过由于主放电通道与导线基本上是互相垂直的，所以电磁分量不会太大，通常只要考虑其静电分量即可。

根据理论分析和实测结果，导线上的感应雷击过电压的最大值 U_i 可按下列公式求得：

1）在雷击点与电力线路之间的距离 $s > 65m$ 的情况下：

$$U_i = 25 \times \frac{I h_c}{s} \tag{8-13}$$

式中　I——雷电流幅值（kA）；

　　　h_c——导线的平均对地高度（m）；

　　　s——雷击点与电路之间的距离（m）。

如果雷击于地面，由于雷击点的自然接地电阻往往很大，上式中的 I 一般不会超过 100kA。

2）雷击于塔顶等紧靠导线的接地物体：

$$U_i = a h_c (kV) \tag{8-14}$$

式中 a——感应过电压系数（kV/m）。a 近似等于雷电流的平均波前陡度，即 $a \approx I/2.6$。

感应雷击过电压对于 110kV 及以上的线路绝缘不会构成威胁。其实，110kV 线路大都装有避雷线，因而实际过电压值还要比上述计算值更小，通常只要在计算直接雷击过电压时作为一个分量考虑在内即可。

如果将这里讨论的感应雷击过电压与上一章中介绍的相邻导线间的感应电压作一番对比，即可以看到有很大的不同：

1）感应雷击过电压的极性一定与雷云的极性相反，而相邻导线间的感应电压的极性一定与感应源相同。

2）这种感应过电压一定要在雷云及其先导通道中的电荷被中和后，才能出现，而相邻导线间的感应电压却与感应源同生同灭。

3）感应雷击过电压的波前平缓（$T_1 =$ 数微秒到数十微秒），波长较长（$T_2 =$ 数百微秒）

4）感应雷击过电压在三相导线上同时出现，且数值基本相等，因此不会出现相间电位差和相间闪络；如果幅值较大，也只可能引起对地闪络。

以上是没有避雷线的情况，如果在导线上方装有接地的避雷线，由于它的电磁屏蔽作用，会使导线上的感应过电压降低，因为在导线的附近出现了带地电位的避雷线，会使导线的对地电容 C 增大，另一方面，避雷线位于导线之上，吸引了部分电力线，使导线上感应出来的束缚电荷 Q 减少。导线的对地电压为 $U = Q/C$，显然，Q 的减少和 C 的增大将使电压 U 降低。

另一方面，从电磁感应的角度来看，装设避雷线相当于在"导线-大地"回路的近旁增加了一个"避雷线-大地"短路环，因而能部分抵消导线上的电磁感应电势，所以感应雷击过电压的电磁分量也会受到削弱。

下面应用叠加原理对避雷线降低感应过电压静电分量的作用作定量的估算：

设导线和避雷线的平均对地高度分别为 h_c 和 h_g，假如避雷线未接地，即可写出它的感应过电压：

$$U_{i(g)} = U_{i(c)} \frac{h_g}{h_c} \tag{8-15}$$

式中 $U_{i(c)}$——无避雷线时导线上的感应过电压。

但实际上避雷线是接地的，其电位为零。这可以设想为在避雷线上又叠加了一个 $-U_{i(g)}$ 的感应电压，它将在导线上产生一个耦合电压 $-k_0 U_{i(g)}$，其中，k_0 为避雷线和导线之间的几何耦合系数。这时导线上的感应雷击过电压将变成

$$U'_{i(c)} = U_{i(c)} - k_0 U_{i(c)} = U_{i(c)} \left(1 - \frac{h_g}{h_c} k_0\right) \tag{8-16}$$

由此可知，在有避雷线的线路上，导线上的感应过电压计算公式可以改写为

1）当 $s > 65$m 时：

$$U'_i = 25 \frac{I h_c}{s} \left(1 - \frac{h_g}{h_c} k_0\right) \ (\text{kV}) \tag{8-17}$$

2）雷击塔顶时：

$$U_i' = ah_c\left(1 - \frac{h_g}{h_c}k_0\right) \text{（kV）} \tag{8-18}$$

8.2 防雷保护装置

雷电过电压的幅值可高达数十万伏，甚至数兆伏，如果不采取防护措施和装设各种防雷保护装置，电力设备绝缘一般是难以耐受的。如果仅仅因此而把设备的绝缘水平取得很高，从经济的角度出发，显然是难以接受的。

在现代电力系统中实际采用的防雷保护装置主要有：避雷针、避雷线、保护间隙、各种避雷器、防雷接地、电抗线圈、电容器组、消弧线圈、自动重合闸等等。其中，电抗线圈、电容器组的过电压保护作用已在前一章做过分析，而消弧线圈和自动重合闸并不是专用的防雷保护装置，它们起着处理单相接地故障和短时短路故障的作用，而不是预防故障的措施，所以在本章中也暂不讨论。

8.2.1 避雷针和避雷线

当雷电直接击中电力系统中的导电部分（导线、母线等）时，会产生极高的雷电过电压，任何电压等级的系统绝缘都将难以耐受，所以在电力系统中需要安装直接雷击防护装置，广泛采用的即为避雷针和避雷线（又称架空地线）。

就其作用原理来说，避雷针（线）的名称其实不甚合适，如称为"导闪针（线）"或"接闪针（线）"也许更加贴切。因为它们正是通过使雷电击向自身来发挥其保护作用的，为了使雷电流顺利泄入地下和降低雷击点的过电压，它们必须有可靠的引下线和良好的接地装置，其接地电阻应足够小。

避雷针比较适宜用于像变电所、发电厂那样相对集中的保护对象，而像架空线路那样伸展很广的保护对象，应采用避雷线。它们的保护作用可以简述如下：

当雷云的先导通道开始向下伸展时，其发展方向几乎完全不受地面物体的影响，但当先导通道到达某一离地高度 H 时，空间电场已受到地面上一些高耸的导电物体的畸变影响，在这些物体的顶部聚集起许多异号电荷而形成局部强场区，甚至可能向上发展迎面先导。由于避雷针（线）一般均高于被保护对象，它们的迎面先导往往开始得最早、发展得最快，从而最先影响下行先导的发展方向，使之击向避雷针（线），并顺利泄入地下，从而使处于它们周围的较低物体受到屏蔽保护，免遭雷击。上述雷电先导通道开始确定闪击目标时的高度 H 称为雷击定向高度。

为了表示避雷装置的保护效能，通常采用"保护范围"这一概念。应该强调指出，所谓"保护范围"只具有相对的意义，不能认为处于保护范围以内的物体就万无一失，完全不会受到雷电的直击；也不能认为处于保护范围之外的物体就完全不受避雷装置的保护。为此应该为保护范围规定一个绕击（概）率，所谓绕击指的是雷电绕过避雷装置而击中被保护物体的现象。显然，从不同的绕击率出发，可以得出不同的保护范围。我国有关规程所推荐的保护范围系对应于 0.1% 的绕击率，这样小的绕击率一般可以认为其保护作用已是足够可靠的了。

有些国家还按不同的绕击率给出若干不同的保护范围，供设计者选用。

我国有关标准所推荐的避雷针（线）的保护范围是根据高压实验室中大量的模拟试验结果并经多年实际运行经验校核后得出的。

1. 单支避雷针

它的保护范围是一个以其本体为轴线的曲线圆锥体，像一座圆帐篷。它的侧面边界线实际上是曲线，但我国规程建议近似地用折线来拟合，以简化计算，如图 8-8 所示。

与上图相对应的计算公式如下：

在某一被保护物高度 h_x 的水平面上的保护半径 r_x，为

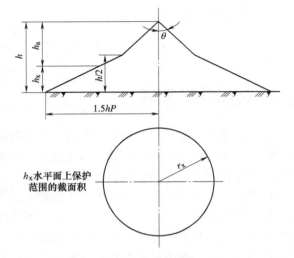

图 8-8 单支避雷针的保护范围
（当 $h \leqslant 30m$ 时，$\theta = 45°$）

$$\left.\begin{array}{l} \text{当 } h_x \geqslant \dfrac{h}{2} \text{ 时}, r_x = (h - h_x)P \\[3mm] \text{当 } h_x > \dfrac{h}{2} \text{ 时}, r_x = (1.5h - 2h_x)P \end{array}\right\} \tag{8-19}$$

式中　h——避雷针的高度（m）；

P——高度修正系数，是考虑到避雷针很高时，r_x 不与针高 h 成正比增大而引入的一个修正系数。

当 $h \leqslant 30m$ 时，$P = 1$；当 $30m < h \leqslant 120m$ 时，$P = \sqrt{\dfrac{30}{h}} = \dfrac{5.5}{\sqrt{h}}$。本节后面各公式中的 P 值也同此。

不难看出：最大的保护半径即为地面上（$h_x = 0$）的保护半径 $r_g = 1.5h$。

从 h 越高、修正系数 P 越小可知：为了增大保护范围，而一味提高避雷针的高度并非良策，合理的解决办法应是采用多支（等高或不等高）避雷针作联合保护。

2. 两支等高避雷针

这时总的保护范围并不是两

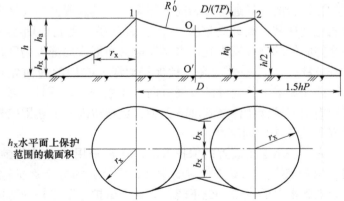

图 8-9 两支等高避雷针的联合保护范围

个单支避雷针保护范围的简单相加，而是两针之间的保护范围有所扩大，但两针外侧的保护范围仍按单支避雷针的计算方法确定，如图 8-9 所示。

两针之间的保护范围可利用下式求得

$$h_0 = h - D/(7P) \tag{8-20}$$

$$b_x = 1.5(h_0 - h_x) \tag{8-21}$$

式中　h——避雷针的高度（m）；

　　　h_0——两针间联合保护范围上部边缘的最低点的高度（m）；

　　　b_x——在高度 h_x 的水平面上，保护范围的最小宽度（m）。

求得 b_x 后，即可在 h_x 水平面的中央画出到两针连线的距离为 b_x 的两点，从这两点向两支避雷针在 h_x 层面上的半径为 r_x 的圆形保护范围作切线，便可得到这一水平面上的联合保护范围。

此时在 O-O′ 截面上的保护范围最小宽度 b_x 与 h_x 的关系如图 8-9 所示，在地面上（$h_x = 0$），$b_x = 1.5h_0$。

应该强调的是，要使两针能形成扩大保护范围的联合保护，两针间的距离 D 不能选得太大，例如，当 $D = 7P(h - h_x)$ 时，$b_x = 0$。一般两针间距离 D 不宜大于 $5h$。

3. 两支不等高避雷针

此时的保护范围可按下法确定：首先按两支单针分别作出其保护范围，然后从低针 2 的顶点作一水平线，与高针 1 的保护范围边界交于点 3，再取点 3 为一假想的等高避雷针的顶点，求出等高避雷针 2 和 3 的联合保护范围，即可得到总的保护范围，如图 8-10 所示。

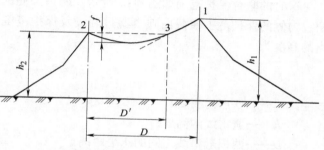

图 8-10　两支不等高避雷针 1 和 2 的联合保护范围

4. 三支或更多支避雷针

三支避雷针的联合保护范围可按每两支针的不同组合，分别计算出双针的联合保护范围。图 8-10 为两支不等高避雷针 1 和 2 的联合保护范围，只要在被保护物体高度的水平面上，各个双针的 b_x 均 ≥ 0，那么三针组成的三角形中间部分都能受到三针的联合保护，如图 8-11a 所示。

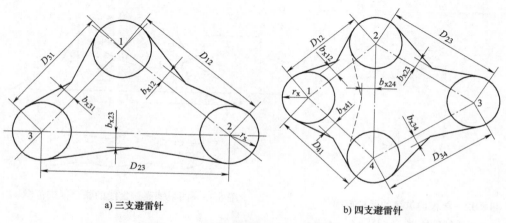

a) 三支避雷针　　　　　　　　　b) 四支避雷针

图 8-11　多支避雷针的联合保护范围

四针及多针时，可以按每三支针的不同组合分别求取其保护范围，然后叠加起来得出总的联合保护范围。如各边的保护范围最小宽度 $b_x \geq 0$，则多边形中间全部面积都处于联合保护范围之内，如图 8-11b 所示。

5. 单根避雷线

避雷线保护范围的长度与其本身的长度相同，但两端各有一个受到保护的半个圆锥体空间；沿线一侧宽度要比单避雷针的保护半径小一些，这是因为它的引雷空间要比同样高度的避雷针为小，如图 8-12 所示。

单根避雷线的保护范围一侧宽度 r_x 的计算公式如下：

$$\left. \begin{array}{l} \text{当}\ h_x \geq \dfrac{h}{2}\ \text{时，} r_x = 0.47(h - h_x)P \\[2mm] \text{当}\ h_x < \dfrac{h}{2}\ \text{时，} r_x = (h - 1.53h_x)P \end{array} \right\} \qquad (8\text{-}22)$$

6. 两根等高避雷线

这时的联合保护范围如图 8-13 所示。两边外侧的保护范围按单避雷线的方法确定；而两线内侧的保护范围横截面则由通过两线及保护范围上部边缘最低点 O 的圆弧来确定。O 点的高度为

$$h_0 = h - \frac{D}{4P}$$

式中　h_0——O 点的高度；

　　　h——避雷线的高度；

　　　D——两根避雷线之间的水平距离。

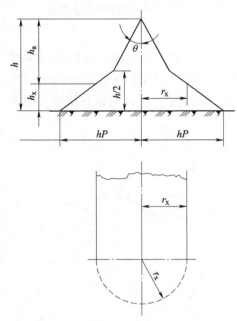

图 8-12　单根避雷线的保护范围
（当 $h \leq 30\text{m}$ 时，$\theta = 25°$）

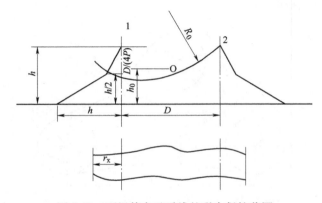

图 8-13　两根等高避雷线的联合保护范围

保护架空输电线路的避雷线保护范围还有一种更简单的表示方式，即采用它的保护角 α，所谓保护角系指避雷线和边相导线的连线与经过避雷线的铅垂线之间的夹角，如图 8-14 所示。显然，保护角越小，避雷线对导线的屏蔽保护作用越有效。

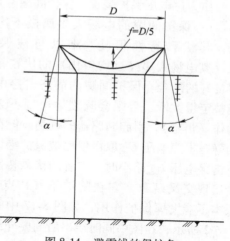

图 8-14 避雷线的保护角

8.2.2 保护间隙和避雷器

即使采用了避雷针和避雷线对直接雷击进行防护，仍不能完全排除电力设备绝缘上出现危险过电压的可能性。首先，上述避雷装置并不能保证 100% 的屏蔽效果，仍有一定的绕击率；另外，从输电线路上也还可能有危及设备绝缘的过电压波传入发电厂和变电所。所以还需要有另一类与被保护绝缘并联的、能限制过电压波幅值的保护装置，统称为避雷器，这一名称虽与避雷针、避雷线十分相似，但实际上它们的作用原理却完全不同。就其作用原理而言，避雷器这个名称也不甚合适，如果当初定名为"自恢复限压器"或简称"限压器"，也许更加贴切。

按其发展历史和保护性能的改进过程，这一类保护装置可分为：保护间隙、管式避雷器、普通阀式避雷器、磁吹避雷器、金属氧化物避雷器等类型。

1. 保护间隙

它可以说是最简单和最原始的限压器。它的工作原理很简单，如图 8-15 所示，保护间隙被保护绝缘并联，且前者的击穿电压要比后者为低，当过电压波袭来时，保护间隙先击穿，使过电压波原有的幅值 U_m 被限制到等于保护间隙 F 的击穿电压值，从而保护了被保护设备的绝缘，如图 8-16 所示。

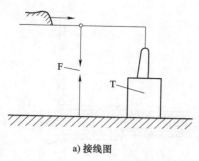

图 8-15 保护间隙
1—角形保护间隙的电极 2—主间隙
3—支柱绝缘子 4—辅助间隙
F—保护间隙 T—被保护设备 ƒ—电弧的运动方向

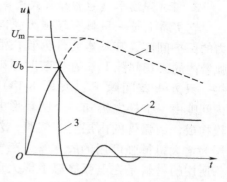

图 8-16 保护间隙的保护作用
1—过电压波 2—保护间隙的伏秒特性
3—绝缘所受到的电压

通常把间隙的电极做成角形，如图 8-15b 所示，它有助于使工频电弧在电动力和上升热气流的作用下，向上运动并拉长，以利于电弧的自熄。为了防止主间隙被外物（例如，小鸟）短接而引起误动作，在下方还串接了一个辅助间隙 4。

作为过电压保护装置，保护间隙有几个固有的缺点：

1）保护间隙的电场大多属极不均匀电场，其伏秒特性很陡，难以与被保护绝缘（其电场大多经过均匀化）的伏秒特性取得良好的配合。保护间隙的静态击穿电压不能整定得太低，否则会频繁地出现不必要的动作（击穿），引起断路器的跳闸。但在将它的静态击穿电压 U_{sm} 取得仅比被保护绝缘的静态击穿电压 U_{sm} 略小时，二者的伏秒特性必然会出现交叉现象，它在陡波下（P 点以左）根本不能发挥保护作用，如图 8-17 中的曲线 1 与 2 所示，在图中同时绘出后面要介绍的阀式避雷器的伏秒特性（曲线 3）作为比较。

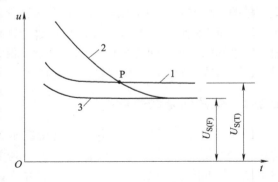

图 8-17　保护装置与被保护绝缘的伏秒特性配合
1—被保护绝缘　2—保护间隙或管式避雷器
3—阀式避雷器

2）保护间隙没有专门的灭弧装置，因而其灭弧能力是很有限的。每当间隙被雷电过电压击穿后，在工作电压的作用下，将有一个工频电流继续流过已经电离化了的击穿通道，这一电流称为工频续流。在中性点有效接地系统中，一相间隙动作后，或在中性点非有效接地系统中，两相间隙动作后，流过的工频续流就是电网的单相接地短路电流或两相短路电流，它们的数值很大，保护间隙均不能使之自熄，这样就会导致断路器跳闸、供电中断。

3）保护间隙动作后，会产生大幅值截波（见图 8-16），对变压器类设备的绝缘（特别是纵绝缘）很不利。

上述几方面的缺点使得结构简单、价格低廉的保护间隙不能广泛应用于电力系统中。它目前仅用于不重要和单相接地不会导致严重后果的场合，例如，在那些低压配电网和中性点非有效接地电网中。为了保证安全供电，往往与自动重合闸装置配合使用。

2. 管式避雷器（也称排气式避雷器）

它实质上是一只具有较强灭弧能力的保护间隙，其基本元件为装在消弧管内的火花间隙 F_1，在安装时再串接一只外火花间隙 F_2（见图 8-18）。内间隙由一个棒电极和一个圆环形电极构成，消弧管的内层为产气管，外层为增大机械强度用的胶木管，产气管所用的材料是在电弧高温下能大量产生气体的纤维、塑料或特种橡胶。管式避雷器在过电压下动作时，内、外火花间隙均被击穿，限制了过电压的幅值，接着出现的工频续流电弧使产气管分解出大量气体，一时之间，

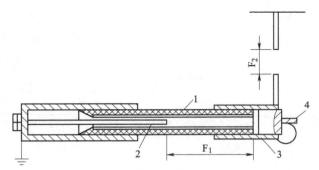

图 8-18　管式避雷器
1—产气管　2—胶木管　3—棒电极
4—圆环形电极　5—动作指示器
F_1—内火花间隙　F_2—外火花间隙

管内气压可以达到数十、甚至上百个大气压，气体从环形电极的开口孔猛烈喷出，造成对弧柱的强烈纵吹，使其在工频续流 1~3 个周波内，在某一过零点时熄灭。

增设外火花间隙 F_2 的目的是为了在正常运行时把消弧管与工作电压隔开，以免管子材料加速老化或在管壁受潮时发生沿面放电。

管式避雷器的灭弧能力与工频续流的大小有关，续流太小时产气不足，反而不能熄弧；续流过大时产气过多，管内气压剧增，可能使管子炸裂而损坏。可见管式避雷器所能熄灭的续流有一定的上下限，通常均在型号中表示出来。例如，我国生产的 GXW35/（1-5）型管式避雷器的额定电压为 35kV，能可靠切断的最小续流为 1kA（有效值），最大续流为 5kA（有效值），G 代表管式、X 代表线路用、W 代表所用的产气材料为纤维。

由于管式避雷器所采用的火花间隙也属于极不均匀电场，因而在伏秒特性和产生截波方面的缺点与保护间隙相似；再者，它虽有较强的灭弧能力，但在我们求得安装点的短路电流后，要选出一种规格合适的管式避雷器型号有时也非易事；它的运行维护也较麻烦；此外，它的运行不甚可靠，炸管等故障使它本身也成为事故源之一，因而这种保护装置不宜大量安装，目前仅装设在输电线路上绝缘比较薄弱的地方和用于变电所、发电厂的进线段保护中，而且采用得越来越少，逐渐被合成套线路 ZnO 避雷器所取代。

3. 普通阀式避雷器

变电所防雷保护的重点对象是变压器，而前面介绍的保护间隙和管式避雷器显然都不能承担保护变压器的重任（伏秒特性难以配合、动作后出现大幅值截波），因而也就不能成为变电所防雷中的主要保护装置。变电所的防雷保护主要依靠下面要介绍的阀式避雷器，它在电力系统过电压防护和绝缘配合中都起着重要的作用，它的保护特性是选择高压电力设备绝缘水平的基础。

阀式避雷器主要由火花间隙 F 及与之串联的工作电阻（阀片）R 两大部分组成，图 8-19 为其示意图。为了避免外界因素（例如，大气条件、潮气、污秽等）的影响，火花间隙和工作电阻都被安置在密封良好的瓷套中。

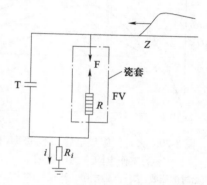

图 8-19　阀式避雷器示意图
F—火花间隙　R—工作电阻（阀片）
Z—连线波阻抗　T—被保护绝缘
R_i—接地装置的冲击接地电阻

当出现雷电过电压时，火花间隙应迅速击穿而使过电压的幅值受到限制，这时流过避雷器的冲击电流 i 会在工作电阻 R 上产生一压降（U_R），其最大值 U_R 称为"残压"，由于和避雷器并联的被保护绝缘也要受到这一残压的作用，所以最理想的情况是无论通过多大的冲击电流 i，这一残压值始终保持不变，永远小于火花间隙 F 的冲击放电（击穿）电压（因火花间隙采用的是均匀电场，一旦放电就一定导致击穿），如图 8-20 中的直线 3 所示。

可是实际上，这种理想的阀片材料是不存在的，不过以碳化硅（SiC，也称金刚砂）为主要原料而制成的阀片的非线性特性也相当理想，能够做到在电流增大时残压提高不多、基本上不会超过火花间隙的冲击放电电压。阀式避雷器两个最主要的保护特性参数就是火花间隙的冲击放电电压 $U_{b(i)}$ 和工作电阻上的残压 U_R（见图 8-20 中曲线 4 所具有的两个电压峰值）。工作电阻就由若干个阀片叠加而成，而阀片是由金刚砂粉末加结合剂（如水玻璃）模压、烧结而成的圆饼，一般其直径为 55～100mm，厚度为 20～30mm。

一切阀片的伏安特性都可以用下式表示：

$$U = Ci^{\alpha} \tag{8-23}$$

式中　　C——常数，等于阀片上流过 1A 电流时的压降，其值取决于阀片的材料及尺寸；

　　　　α——非线性指数，其值介于 0 和 1 之间，与阀片的材料及工艺过程有关。

　　阀片的 α 值越小，则工作电阻 R 的非线性越好。如果 $\alpha = 1$，R 为一线性电阻，它上面的电压波形见图 8-20 中的曲线 2，残压很高；如果 $\alpha = 0$，则 $U = C$，即电压与电流的大小无关，故为理想阀片，如图 8-20 中的曲线 3；一般低温（300～350℃）烧结的 SiC 阀片的 $\alpha = 0.2$ 左右，可见非线性已经相当好，由其组成的工作电阻上的电压波形如图 8-20 中的曲线 4 所示，残压 U_R 一般不超过冲击放电电压 $U_{b(i)}$，所以已能满足要求。从图 8-20 可以看到，无论采用何种阀片，在火花间隙击穿瞬间都会出现一个电压降 ΔU，它是经避雷器入地的电流 i 在接地电阻抗和连线波阻抗 Z 上造成的压降（见图 8-20）。

　　上述不同 a 值所对应的伏安特性曲线如图 8-21 所示。

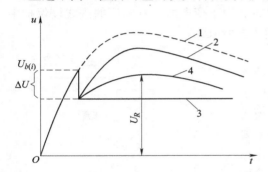 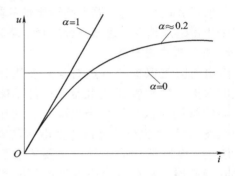

图 8-20　火花间隙放电后，不同阀片构成　　　　　　图 8-21　阀片的伏安特性
　　　　　的工作电阻上的电压波形

1—原始过电压波　2—线性电阻　3—理想阀片　4—SiC 阀片

　　在冲击电流（雷电流的一部分）入地后，随之流过工作电阻的是工频续流，这时阀片的任务应是使阻值急剧回升，让电流迅速减小，促使火花间隙中的电弧难以维持而尽快熄灭。由此可见，对工作电阻的首位要求是它应具有良好的非线性伏安特性，即在冲击大电流下，阻值应很小，让冲击电流顺利泄入地下，且残压不高；但在工频续流下，阻值要变大，以利灭弧。

　　对它的另一个要求是具有足够大的通流容量，否则易被大冲击电流所烧毁，不过雷电流的幅值很大，通流能力再大的阀片也是难以耐受的，所以变电所防雷保护的任务之一就是要设法限制流入变电所的那部分雷电流的幅值。

　　下面再探讨一下火花间隙应满足的技术要求：阀式避雷器的工作以火花间隙的击穿作为开始、又以火花间隙中续流电弧的熄灭而告终，这两个阶段都对火花间隙提出了各自的要求。

　　在雷电过电压的作用下，火花间隙的击穿取决于它的伏秒特性，我们希望它具有尽可能平坦的伏秒特性，以便与被保护绝缘的伏秒特性很好地配合，如图 8-17 中的曲线 1 与 3 所示。这就要求我们采用均匀电场的电极，但如果为单间隙，则随着所需的冲击放电电压和间隙距离的增大，势必要选用几何尺寸很大的电极，才能保证极间电场的均匀度，这显然是难以接受的。如果改用一系列尺寸不大的单元间隙串联组成多重间隙，就能解决这个问题。

在熄灭续流电弧的阶段，要求火花间隙具有良好的灭弧性能，以便在阀性电阻使续流迅速减小时，尽早实现续流的切断。现代普通阀式避雷器的火花间隙应能熄灭 80～100A（幅值）的续流电弧。显然，单间隙也是难以满足这方面的要求的，而采用多重间隙把续流电弧分割成许多段短弧，就能利用"近极效应"，从而大大有利于电弧的熄灭。

图 8-22 是目前广泛采用的多重火花间隙中的一个单元间隙，它由两只冲压成特定形状的黄铜电极和一只 0.5～1.0mm 厚的云母垫圈构成。从图中可以看出，这种间隙放电区的电场是很均匀的，因而具有平坦的伏秒特性，其冲击系数 $\beta \approx 1$，这种火花间隙按其形状可称为"蜂窝间隙"。

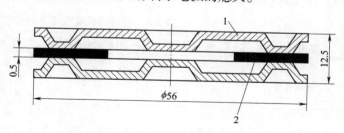

图 8-22　阀式避雷器的单元间隙
1—黄铜电极　2—云母垫圈

阀式避雷器的火花间隙由大量单元间隙串联组成，例如，110kV 避雷器中，上述单元间隙的数目就达到 96 只。由于结构和装配方面的原因，往往先把几只（例如，4 只）单元间隙装在一只小瓷筒内，配上分路电阻后，组成一个标准单元间隙组，如图 8-23 所示。

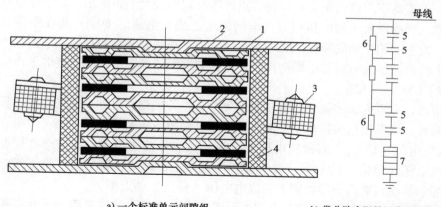

a) 一个标准单元间隙组　　　　　　b) 带分路电阻的阀式避雷器原理接线图

图 8-23　FZ 型阀式避雷器的标准单元间隙组
1—单元火花间隙　2—黄铜盖板　3—马蹄形分路电阻　4—瓷筒　5—火花间隙　6—分路电阻　7—工作电阻

由于对地电容的影响，多重间隙在电气上也是一种电容链式电路，前面我们已经知道，电压沿这种电路的分布是很不均匀的，但对阀式避雷器来说，这是好事还是坏事呢？让我们从击穿过程和灭弧过程的不同视角，对此进行探讨：在冲击放电过程中，电压沿多重间隙的不均匀分布是有好处的，因为它能降低整个火花间隙的冲击放电电压，使各个单元间隙迅速地相继击穿，为被保护绝缘提供可靠的保护。但是另一方面，这一现象对火花间隙的工频击穿特性和灭弧性能却是不利的，因为电压的不均匀分布使整个火花间隙的工频击穿电压降低了，续流的灭弧条件恶化了。为了解决这个问题，在保护对象比较重要的阀式避雷器（例如，我国生产的 FZ 系列避雷器）中，都在火花间隙上加装分路电阻（如图 8-23a 中的 3），为了获得更好的均压效果，这些分路电阻也应是非线性的，其主要原料也为 SiC。加上分路电阻后，并不会影响冲击电压沿多重间隙的不均匀分布，因为在冲击电压下，电压分布基本上仍取决于电容。图 8-23b 即为带分路电阻的阀式避雷器的原理接线图。

我国生产的普通阀式避雷器有 FS 和 FZ 两种系列，它们的结构特点和应用范围见表 8-1，这里仅就其中某些特性参数作一些说明。

表 8-1　普通阀式避雷器系列的特性参数

系列名称	系列型号	额定电压/kV	结构特点	应用范围
配电所型	FS	3、6、10	有火花间隙和阀片，但无分路电阻，阀片直径 55mm	配电网中变压器、电缆头、柱上开关等
变电所型	FZ	3~220	有火花间隙、阀片和分路电阻，阀片直径 100mm	220kV 及以下变电所电气设备保护

1）额定电压。指使用此避雷器的电网额定电压，也就是正常运行时作用在避雷器上的工频工作电压。

2）灭弧电压。指该避雷器尚能可靠地熄灭续流电弧时的最大工频作用电压。换言之，如果作用在避雷器上的工频电压超过了灭弧电压，该避雷器就将因不能熄灭续流电弧而损坏。由此可见，灭弧电压应该大于避雷器安装点可能出现的最大工频电压。在中性点有效接地电网中，可能出现的最大工频电压只等于电网额定（线）电压的 80%；而在中性点非有效接地电网中，发生一相接地故障时仍能继续运行，但另外两健全相的对地电压会升为线电压，如这两相上的避雷器此时因雷击而动作，作用在它上面的最大工频电压将等于该电网额定（线）电压的 100%~110%。

应该强调指出，灭弧电压才是一只避雷器最重要的设计依据，例如，应采用多少只单元间隙、多少个阀片，均系根据灭弧电压、而不是根据其额定电压选定的。

3）冲击放电电压 $[U_{b(i)}]$。对额定电压为 220kV 及以下的避雷器，指的是在标准雷电冲击波下的放电电压（幅值）的上限。对于 330kV 及以上的超高压避雷器，除了雷电冲击放电电压外，还包括在标准操作冲击波下的放电电压（幅值）的上限。

4）工频放电电压。普通避雷器没有专门的灭弧装置，就靠非线性电阻与火花间隙的配合来使电弧不能维持而自熄，所以它们的灭弧能力和通流容量都是有限的，故一般不容许它们在延续时间较长的内部过电压作用下动作，以免损坏。正由于此，它们的工频放电电压除了应有上限值（不大于）外，还必须规定一个下限值（不小于），以保证它们不至于在内部过电压作用下误动作。

5）残压（U_R）。指冲击电流通过避雷器时，在工作电阻上产生的电压峰值。由于避雷器所用的阀片材料的 $a \neq 0$，所以残压仍会随电流幅值的增大而有些升高，为此在规定残压的上限（不大于）时，必须同时规定所对应的冲击电流幅值，我国标准对此所做的规定分别为 5kA（220kV 及以下的避雷器）和 10kA（330kV 及以上的避雷器），电流波形则统一取 8/20μs。

此外，还有几个常用的评价阀式避雷器性能的技术指标，也一并在此加以说明：

1）阀式避雷器的保护水平 $[U_{p(l)}]$。它表示该避雷器上可能出现的最大冲击电压的峰值。我国和国际标准都规定，以残压、标准雷电冲击（1.2/50μs）放电电压及陡波放电电

压 U_s，除以 1.15 后所得电压值，三者之中的最大值作为该避雷器的保护水平，可用下式来表示：

$$U_{p(l)} = \max\left[U_R, U_{b(i)}, U_{st}/1.15 \right] \tag{8-24}$$

显然，被保护设备的冲击绝缘水平应高于避雷器的保护水平，且需留有一定的安全裕度。不难理解，阀式避雷器的保护水平越低越有利。

2）阀式避雷器的冲击系数。它等于避雷器冲击放电电压与工频放电电压幅值之比。一般希望它接近于 1，这样避雷器的伏秒特性就比较平坦，有利于绝缘配合。

3）切断比。它等于避雷器工频放电电压的下限与灭弧电压之比。这是表示火花间隙灭弧能力的一个技术指标，切断比越接近于 1，说明该火花间隙的灭弧性能越好、灭弧能力越强。

4）保护比。它等于避雷器的残压与灭弧电压之比。保护比越小，表明残压低或灭弧电压高，意味着绝缘上受到的过电压较小，而工频续流又能很快被切断，因而该避雷器的保护性能越好。

4. 磁吹避雷器

为了减小阀式避雷器的切断比和保护比之值，即为了改进阀式避雷器的保护性能，人们在普通阀式避雷器的基础上，又发展了一种新的带磁吹间隙的阀式避雷器，简称磁吹避雷器，它的基本结构和工作原理与普通阀式避雷器相似，主要区别在于采用了灭弧能力较强的磁吹火花间隙和通流能力较大的高温阀片。

前面已提到，普通阀式避雷器的灭弧性能和通流能力都不是很强，因而只能用于雷电过电压防护，而不能用作内部过电压的保护。所以它的火花间隙放电电压必须整定在相当高的数值，以免在内部过电压的作用下动作而损坏。

磁吹避雷器不仅用作雷电过电压防护，而且要求它对内部过电压也具有一定的保护作用，所以它的火花间隙放电电压取得较低，这就使工频续流的灭弧条件恶化了；另一方面，为了全面改善避雷器的保护特性（降低其保护水平），避雷器的残压也必须相应地加以降低，而残压的降低主要依靠阀片数量的减少，这样一来，续流变大，灭弧更加困难。由此可知，只有大大提高火花间隙的灭弧能力才能达到目的。

磁吹火花间隙是利用磁场对电弧的电动力，迫使间隙中的电弧加快运动、旋转或拉长，使弧柱中去电离作用增强，从而大大提高其灭弧能力。

与此同时，由于工作电阻的减小，冲击放电电流和工频续流都将增大，内部过电压延续时间又较长，所以必须相应提高阀片的通流能力（热容量）。为此，现代磁吹避雷器采用的是高温阀片。

此外，由于磁吹避雷器的动作远较普通避雷器来得频繁，因而还必须提高其火花间隙和工作电阻耐多次冲击放电而较少老化的能力。

目前，各国制造的磁吹避雷器不外乎以下两种类型：

（1）旋弧型磁吹避雷器

图 8-24 为其单元磁吹火花间隙的结构示意图，其间隙由两个同心圆式内、外电极所构成，磁场由永久磁铁产生，在外磁场的作用下，电弧受力沿着圆形间隙高速旋转（旋转方向取决于电流方向），使弧柱得以冷却，加速去电离过程，电极表面也不易烧伤。它的灭弧能力可以提高到能可靠切断 300A（幅值）的工频续流，其切断比可以降至 1.3 左右。这种

磁吹间隙用于电压较低的磁吹避雷器中（例如，保护旋转电机用的 FCD 系列磁吹避雷器）。

（2）灭弧栅型磁吹避雷器

图 8-25 为这种避雷器的结构示意图。

当过电压波袭来时，主间隙 3 和辅助间隙 2 均被击穿而限制了过电压的幅值，避雷器的冲击放电电压由主间隙和辅助间隙共同决定。辅助间隙是必需的，因为如果没有它，冲击电流势必要流过磁吹线 1，这时线圈的电感将形成很大的电抗，与工作电阻一起产生很大的残压。

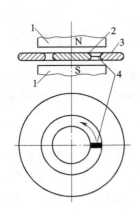

图 8-24 旋弧型磁吹间隙结构示意图
1—永久磁铁 2—内电极 3—外电极
4—电弧（箭头表示电弧旋转方向）

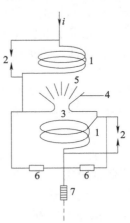

图 8-25 灭弧栅型磁吹避雷器的结构示意图
1—磁吹线圈 2—辅助间隙 3—主间隙 4—主电极
5—灭弧栅 6—分路电阻 7—工作电阻

当过电压波顺利入地后，通过避雷器的将是工频续流，因而线圈的感抗变得很小，续流将立即从辅助间隙 2 转入磁吹线圈 1。如果续流 i 的方向如图中所示，那么线圈产生自上往下的磁通，而此时流过主间隙的电流是由左向右的，因此主间隙的续流电弧被磁场迅速吹入灭弧栅 5 的狭缝内（主电极 4、灭弧栅 5 都与磁吹线圈 1 平行放置），结果被拉长或分割成许多短弧而迅速熄灭。当续流 t 相反时，磁通方向也相反，因而电弧的运动方向并不改变。

这种磁吹间隙能切断 450A 左右的工频续流，为普通间隙的 4 倍多。由于电弧被拉长、冷却，电弧电阻明显增大，可以与工作电阻一起来限制工频续流，因而这种火花间隙又称"限流间隙"。计入电弧电阻的限流作用后，就可以适当减少阀片的数目，因而也有助于降低避雷器的残压。这种避雷器的原理接线如图 8-26 所示。它被采用于电压较高的磁吹避雷器中（例如，保护变电所用的 FCZ 系列磁吹避雷器）。

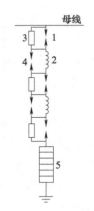

图 8-26 灭弧栅型磁吹
避雷器的原理接线图
1—主间隙 2—磁吹线圈
3—分路电阻 4—辅助间隙
5—工作电阻

磁吹避雷器所采用的高温阀片也以碳化硅作为主要原料，但它的焙烧温度高达 1350~1390℃，通流容量要比低温阀片大得多，能通过 20/40μs，10kA 的冲击电流和 2000μs、800~1000A 的方波各 20 次。

它不易受潮，但非线性特性较低温阀片稍差（其 $a \approx 0.24$）。

上述磁吹避雷器的结构特点和应用范围见表 8-2。

表 8-2　磁吹避雷器系列的结构特点和应用范围

系列名称	系列型号	额定电压/kV	结构特点	应用范围
变电所型	FCZ	35~500	灭弧栅型磁吹间隙	变电所电气设备的保护
旋转电机型	FCD	2~15	旋弧型磁吹间隙，部分间隙加并联容	旋转电机保护

在某些特殊场合，例如，容量不大、长度很大的单回超高压线路末端处的避雷器如果采用上述常规的 FCZ 型磁吹避雷器，很可能将难以承担起同时保护雷电过电压和内部过电压的重任，因为这时为了使内部过电压下的电流及工频续流减小到火花间隙和工作电阻都能耐受的程度，势必要增加阀片数，但这样一来残压也将相应增大。解决这个矛盾的一个办法是采用复合式磁吹避雷器，其基本原理见图 8-27，它由基本部件 1、附加阀片 R_2 和并联间隙 F_2 组成，基本部件 1 实际上是一台完整的避雷器，内有磁吹间隙 F_1 和串联的工作电阻 R_1。

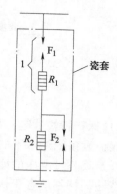

图 8-27　复合式磁吹避雷器的组成示意图

在雷电过电压下，F_1 放电后，当附加阀片 R_2 上的电压上升到一定值时，并联间隙 F_2 被击穿，附加阀片 R_2 被短接，所以此时的残压仅由阀片 R_1 决定，保持比较低的水平。在内部过电压下，并联间隙 F_2 不会动作，内部过电压电流和工频续流将由 R_1、R_2 及磁吹间隙 F_1 的弧柱电阻一起来限制，从而提高了避雷器的灭弧电压和保护性能。

5. 金属氧化物避雷器（MOA）

传统的碳化硅（SiC）避雷器在技术上几乎已发展到了极限状态，要想进一步降低其保护水平和提高其保护性能是相当困难了。为了取得新的突破，就要设法研制新的阀片材料。

20 世纪 70 年代出现的金属氧化物避雷器（MOA）是一种全新的避雷器。人们发现某些金属氧化物，主要是氧化锌（ZnO）并掺以微量的氧化铅、氧化钴、氧化锰等添加剂制成的阀片，具有极其优异的非线性特性，在正常工作电压的作用下，其阻值很大（电阻率高达 10^{10}~$10^{11}\Omega \cdot cm$），通过的漏电流很小（$<<1mA$），而在过电压的作用下，阻值会急剧变小，其伏安特性仍可用下式表示 $U = Ci^{\alpha}$，其中非线性指数 α 与电流密度有关，用 ZnO 为主要原料制成的氧化锌阀片的 α 一般只有 0.01~0.04，即使在大冲击电流（例如，10kA）下，α 也不会超过 0.1，可见其非线性要比碳化硅阀片好得多，已接近于理想值（$\alpha = 0$）。在图 8-28 中将二者的伏安特性绘在一起作比较，可以看出：如果在 $I = 10^4A$ 时二者的残压基本相等，那么在相电压下，SiC 阀片将流过幅值达数百安的电流，因而必须要用火花间隙加以隔离；而 ZnO 阀片在相电压下流过的电流数量级只有 10^5A，所以用这种阀片制成的 ZnO 避雷器可以省去串联的火花间隙，成为无间隙避雷器。

与传统的有串联间隙的 SiC 避雷器相比，无间隙 ZnO 避雷器具有一系列优点：

1）由于省去了串联火花间隙，所以结构大大简化、体积也可缩小很多。适合于大规模自动化生产，降低造价。

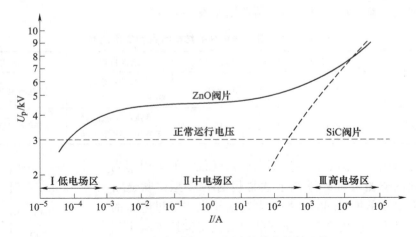

图 8-28　ZnO 阀片与 SiC 阀片的伏安特性比较

2）保护特性优越：由于 ZnO 阀片具有优异的非线性伏安特性，进一步降低其保护水平和被保护设备绝缘水平的潜力很大。其次，它没有火花间隙，一旦作用电压开始升高，阀片立即开始吸收过电压的能量，抑制过电压的发展。没有间隙的放电时延，因而有良好的陡波响应特性，特别适合于伏秒特性十分平坦的 SF_6 组合电器和气体绝缘变电所的保护。

3）元续流、动作负载轻、能重复动作实施保护：ZnO 避雷器的续流仅为微安级，实际上可认为无续流。所以在雷电或内部过电压作用下，只需吸收过电压的能量，而不需吸收续流能量，因而动作负载轻；再加上 ZnO 阀片的通流容量远大于 SiC 阀片，所以 ZnO 避雷器具有耐受多重雷击和重复发生的操作过电压的能力。

4）通流容量大，能制成重载避雷器：ZnO 避雷器的通流能力，完全不受串联间隙被灼伤的制约，仅与阀片本身的通流能力有关。实测表明：ZnO 阀片单位面积的通流能力要比 SiC 阀片大 4~4.5 倍，因而可用来对内部过电压进行保护。还可很容易地采用多阀片柱并联的办法进一步增大通流容量，制造出用于特殊保护对象的重载避雷器，解决长电缆系统、大容量电容器组等的保护问题。

5）耐污性能好：由于没有串联间隙，因而可避免因瓷套表面不均匀染污使串联火花间隙放电电压不稳定的问题，即这种避雷器具有极强的耐污性能，有利于制造耐污型和带电清洗型避雷器。

由于 ZnO 避雷器具有上述重要优点，因而发展潜力很大，是避雷器发展的主要方向，正在逐步取代普通阀式避雷器和磁吹避雷器。在用作直流输电系统的保护时，这些优异特性更显得特别重要，从而使 ZnO 避雷器成为直流输电系统最理想的过电压保护装置。

由于 ZnO 避雷器没有串联火花间隙，也就无所谓灭弧电压、冲击放电电压等特性参数，但也有自己某些独特的电气特性，简要说明如下：

（1）避雷器额定电压

它相当于 SiC 避雷器的灭弧电压，但含义不同，它是避雷器能较长期耐受的最大工频电压有效值，即在系统中发生短时工频电压升高时（此电压直接施加在 ZnO 阀片上），避雷器也应能正常可靠地工作一段时间（完成规定的雷电及操作过电压动作负载，特性基本不变，不会出现热损坏）。

（2）容许最大持续运行电压（MCOV）

该避雷器能长期持续运行的最大工频电压有效值。它一般应等于系统的最高工作相电压。

（3）起始动作电压（也称参考电压或转折电压）

大致位于 ZnO 阀片伏安特性曲线由小电流区上升部分进入大电流区平坦部分的转折处，可认为避雷器此时开始进入动作状态以限制过电压。通常以通过 1mA 电流时的电压 U_{1mA} 作为起始动作电压。

（4）残压

指放电电流通过 ZnO 避雷器时，其端子间出现的电压峰值。此时存在 3 个残压值：

雷电冲击电流下的残压 $U_{R(l)}$：电流波形为 $(7 \sim 9)/(8 \sim 22)\mu s$，标称放电电流为 5kA、10kA、20kA；

操作冲击电流下的残压 $U_{R(st)}$：电流波形为 $(30 \sim 100)/(60 \sim 200)\mu s$，电流峰值为 0.5kA（一般避雷器）、1kA（330kV 避雷器）、2kA（500kV 避雷器）；陡波冲击电流下的残压 $U_{R(st)}$：电流波前时间为 $1\mu s$，峰值与标称（雷电冲击）电流相同。

（5）保护水平

ZnO 避雷器的雷电保护水平 $U_{p(l)}$ 为下列两值中的较大者：

1）雷电冲击残压 $U_{R(l)}$；

2）陡波冲击残压 $U_{R(st)}$ 除以 1.15。即

$$U_{p(l)} = \max\left[U_{R(l)}, \frac{U_{R(st)}}{1.15}\right] \tag{8-25}$$

ZnO 避雷器的操作保护水平 $U_{P(s)}$ 等于操作冲击残压，即

$$U_{p(s)} = U_{R(s)} \tag{8-26}$$

6. 压比

指 ZnO 避雷器在波形为 $8/20\mu s$ 的冲击电流规定值（例如，10kA）作用下的残压 U_{10kA} 与起始动作电压 U_{1mA} 之比。压比（U_{10kA}/U_{1mA}）越小，表明非线性越好，避雷器的保护性能越好。目前，产品制造水平所能达到的压比约为 1.6 ~ 2.0。

7. 荷电率（AVR）

它的定义是容许最大持续运行电压的幅值与起始动作电压之比，即

$$AVR = \frac{MCOV \cdot \sqrt{2}}{U_{1mA}} \tag{8-27}$$

它是表示阀片上电压负荷程度的一个参数。设计 ZnO 避雷器时为它选择一个合理的荷电率是很重要的，这时应综合考虑阀片特性的稳定度、漏电流的大小、温度对伏安特性的影响、阀片预期寿命等因素。选定的荷电率大小对阀片的老化速度有很大的影响，一般选用 45% ~ 75% 或更大。在中性点非有效接地系统中，因一相接地时健全相上的电压会升至线电压，所以一般选用较小的荷电率。

还应指出：虽然 ZnO 避雷器可实现无间隙化而获得一系列好处，但在某些场合，为了改进某一方面的性能，也可以为它配上某种火花间隙，以适应某种特殊的需要。例如，对于超高压 ZnO 避雷器或希望大幅度降低压比时，就可以采用加装并联或串联间隙的办法，以

求降低该避雷器在大电流时的残压，而又不至于增加阀片在正常运行时的电压负担（荷电率）。

图 8-29 为带并联间隙的 ZnO 避雷器原理图，R_1、R_2 均为 ZnO 阀片，F 为并联火花间隙。正常运行时，由 R_1 与 R_2 共同承担工作电压，荷电率较低，可将泄漏电流限制到足够低的数值。当冲击放电电流太大，避雷器残压有可能超过所需的保护水平时，F 将被击穿，将 R_2 短接，整个避雷器的残压仅由 R_1 决定。正是由于避雷器的 U_{1mA} 由 R_1 和 R_2 共同决定，而 U_{10kA} 仅由 R_1 决定，所以其压比 U_{10kA}/U_{1mA} 得以降低（例如，由无间隙的 2.0~2.2 降低到 1.6~1.8）。

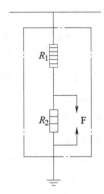

图 8-29　带并联间隙的 ZnO 避雷器原理图

为 ZnO 避雷器装上串联间隙也能减轻其 ZnO 阀片的电压负担，并降低残压，其压比甚至可以降低更多。

8.2.3　防雷接地

前面所介绍的各种防雷保护装置都必须配备合适的接地装置才能有效地发挥其保护作用，所以防雷接地装置是整个防雷保护体系中不可或缺的一个重要组成部分。

1. 接地装置一般概念

电工中"地"的定义是地中不受入地电流的影响而保持着零电位的土地。电气设备导电部分和非导电部分（例如，电缆外皮）与大地的人为连接称为接地，接地起着维持正常运行、保安、防雷、防干扰等作用。

电气设备需要接地的部分与大地的连接是靠接地装置来实现的，它由接地体和接地引线组成。接地体有人工和自然两大类，前者专为接地的目的而设置，而后者主要用于别的目的，但也兼起接地体的作用，例如，钢筋混凝土基础、电缆的金属外皮、轨道、各种地下金属管道等都属于天然接地体。接地引线也有可能是天然的，例如，建筑物墙壁中的钢筋等。

电力系统中的接地可分为 3 类：

1）工作接地：根据电力系统正常运行的需要而设置的接地，例如，三相系统的中性点接地，双极直流输电系统的中点接地等。它所要求的接地电阻值约在 0.5~10Ω 的范围内。

2）保护接地：不设这种接地，电力系统也能正常运行，但为了人身安全而将电气设备的金属外壳等加以接地，它是在故障条件下才发挥作用的，它所要求的接地电阻值处于 1~10Ω 的范围内。

3）防雷接地：用来将雷电流顺利泄入地下，以减小它所引起的过电压，它的性质似乎介于前面两种接地之间，它是防雷保护装置不可或缺的组成部分，这有些像工作接地；但它又是保障人身安全的有力措施，而且只有在故障条件下才发挥作用，这又有些像保护接地，它的阻值一般在 1~30Ω 的范围内。

对工作接地和保护接地而言，通常接地电阻是指流过工频或直流电流时的电阻值，这时电流入地点附近的土壤中均出现了一定的电流密度和电位梯度，所以已不再是电工意义上的"地"。

接地电阻 R_e 是表征接地装置功能的一个最重要的电气参数。严格说来，接地电阻包括

4 个组成部分，即接地引线的电阻、接地体本身的电阻、接地体与土壤间的过渡（接触）电阻和大地的溢流电阻。不过与最后的溢流电阻相比，前三种电阻要小得很多，一般均忽略不计，这样一来，接地电阻 R_e 就等于从接地体到地下远处零位面之间的电压 U_e 与流过的工频或直流电流 I_e 之比，即

$$R_e = U_e/I_e \tag{8-28}$$

对防雷接地而言，我们最感兴趣的将是流过冲击大电流（雷电流或它的一部分）时呈现的电阻，简称冲击接地电阻 R_i。与此相对应，我们将上面工频或直流下的接地电阻 R_e 称为稳态电阻，二者之比称为冲击系数 α_i，

$$\alpha_i = R_i/R_e \tag{8-29}$$

其值一般小于 1，但在接地体很长时也有可能大于 1。

稳态电阻通常均用发出工频交流的测量仪器实际测得，但有些几何形状比较简单和规则的接地体的工频（即稳态）接地电阻也可以利用一些计算公式近似地求得。这些计算公式大都利用稳定电流场与静电场之间的相似性，以电磁场理论中的静电类比法得出。最常见的一些接地体的工频接地电阻计算公式如下：

（1）单根垂直接地体

当 $l \gg d$ 时

$$R_e = \frac{\rho}{2\pi l}\left(\ln\frac{8l}{d} - 1\right) \tag{8-30}$$

式中　ρ——土壤电阻率（$\Omega \cdot m$）；

　　　l——接地体的长度（m）；

　　　d——接地体的直径（m）。

如果接地体不是用钢管或圆钢制成，那么可将别的钢材的几何尺寸按下面的公式折算成等效的圆钢直径，仍可利用式（8-30）进行计算：

如为等边角钢：$d = 0.84b$（b 为每边宽度）；

如为扁钢：$d = 0.5b$（b 为扁钢宽度）。

（2）多根垂直接地体

当单根垂直接地体的接地电阻不能满足要求时，可用多根垂直接地体并联的办法来解决，但 n 根并联后的接地电阻并不等于 R_e/n，而是要大一些，这是因为它们溢散的电流相互之间存在屏蔽影响的缘故，此时的接地电阻

$$R'_e = \frac{R_e}{n\eta} \tag{8-31}$$

式中　η——利用系数，为一个小于 1 的正数。

（3）水平接地体

$$R_e = \frac{\rho}{2\pi L}\left(\ln\frac{L}{hd} + A\right) \tag{8-32}$$

式中　L——水平接地体的总长度（m）；

　　　h——水平接地体的埋深（m）；

　　　d——接地体的直径（m）；若为扁钢，则 $d = 0.5b$（b 为扁钢宽度）；

　　　A——形状系数，反映各水平接地极之间的屏蔽影响，其值可从表 8-3 查得。

表 8-3　水平接地体的形状系数

序号	1	2	3	4	5	6	7	8
接地体 形式	——	∟	人	○	＋	□	✳	✳
形状系数 A	−0.6	−0.18	0	0.48	0.89	1	3.03	5.65

2. 防雷接地及有关计算

防雷接地装置可以是单独的（例如，架空线路各杆塔的接地装置、独立避雷针的接地装置等），也可以与变电所、发电厂的总接地网连成一体。

防雷接地所泄放的电流是冲击大电流，其波前陡度（$\mathrm{d}i/\mathrm{d}t$）很大，如果接地装置的延伸范围足够大（例如，很长的水平接地体），接地装置的等效电路与分布参数长线相似，如图 8-30 所示。

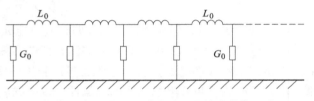

图 8-30　接地装置在冲击波下的简化等效电路

接地体本身的电感 L_0 在冲击电流下起着重要的作用，而电阻 R_0 的影响可忽略不计。

此外，与对地电导 G_0 相比，电容 C_0 的影响也较小，除了在土壤电阻率 ρ 很大的特殊地区外，C_0 的影响通常也可忽略不计，这样一来，可得出图 8-30 中的简化等效电路。

接地体单位长度电感 L_0 虽然不大，但它上面的压降 $L_0\mathrm{d}i/\mathrm{d}t$ 还是很可观的，从而使接地体变成非等电位物体，例如，离电流入地点 15m 处，电压、电流波的幅值就已降低到原始值的 20% 左右，这意味着离雷电流入地点较远的水平接地体实际上已不起作用，总的接地电阻变大，换言之，L_0 的影响是使伸长接地体的冲击接地电阻 R_i 增大。

应该指出，在防雷接地中还有另一个影响冲击接地电阻值的因素：在很大的冲击电流下，经接地体流出的电流密度 J 很大，因而在接地体表面附近的土壤中会引起很大的电场强度 $E(J\rho)$，当它超过土壤的击穿场强 $E_{\mathrm{b}(\mathrm{e})}$ 时，在接地体的周围就会出现一个火花放电区，相当于增大了接地体的有效尺寸，因而使其冲击接地电阻 R 变小。在图 8-31 中利用一垂直接地体说明这个现象，水平接地体的情况也与此相似。

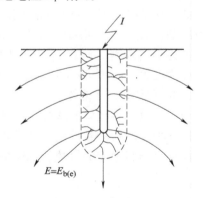

图 8-31　垂直接地体周围的火花区

上述两个因素（接地体本身的 L_0 和接地体周围的火花区）对冲击电流下的接地电阻值的影响是相反的，最后形成的冲击接地电阻 R_i 究竟大于还是小于稳态接地电阻 R_e 将视这两个因素影响的相对强弱而定，所以前面式（8-29）中的冲击系数 α_i 可能小于 1，也可能大于 1（当接地体很长时）。

如果接地装置由 n 根垂直钢管或 n 根水平钢带构成，那么它们的冲击接地电阻 R_i' 应为

$$R_\mathrm{i}' = \frac{R_\mathrm{i}}{n\eta_\mathrm{i}} = \frac{\alpha_\mathrm{i}R_\mathrm{e}}{n\eta_\mathrm{i}} \tag{8-33}$$

式中　η_i——接地装置的冲击利用系数，它考虑各接地极间的相互屏蔽而使溢流条件恶化的影响，所以小于 1。

某些常见接地装置的 α_i 与非典型（平均）值见表 8-4。

表 8-4　冲击系数 α_i 和冲击利用系数 η_i

接地体	在不同土壤电阻率 $\rho(\Omega \cdot m)$ 下的 α_i 的值				η_i
	100	200	500	1000	
用水平钢带连接起来的垂直钢棒（棒间距离等于其长度的 2 倍）					
2~4 根钢棒	0.5	0.45	0.3	—	0.75
8 根钢棒	0.7	0.55	0.4	0.3	0.75
15 根钢棒	0.8	0.7	0.55	0.4	0.75
两根长 5m 的水平钢带。埋在电流入地点两侧（一字型）	0.65	0.55	0.45	0.4	1.0
三根长 5m 的水平钢带，对称埋在电流入地点的周围（辐射形）	0.7	0.6	0.5	0.45	0.75

变电所的接地装置通常为由若干条水平钢带和若干根垂直钢管连接在一起的接地网。这种复合型接地网的工频接地电阻 R_e 可以近似地利用下面的经验公式求得

$$R_e = \rho \left(\frac{B}{\sqrt{S}} + \frac{l}{nL} \right) \tag{8-34}$$

式中　ρ——土壤电阻率（$\Omega \cdot m$）；

　　　L——全部水平接地体的总长度（m）；

　　　n——垂直接地体的根数；

　　　l——垂直接地体的长度（m）；

　　　S——接地网所占的总面积（m^2）；

　　　B——按 $1/S_{0.5}$ 值决定的一个系数，可从表 8-5 得出。

表 8-5　系数 B 值

$l/\sqrt{S}$	0	0.05	0.1	0.2	0.5
B	0.44	0.40	0.37	0.33	0.26

复合接地网的冲击系数 α_i 的大致数值见图 8-32。

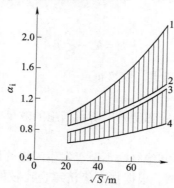

图 8-32　复合接地网的冲击系数 α_i 值

注：$\rho = 100 \sim 600\Omega \cdot m$；区域 1-2：$I = 10kA$；区域 3-4：$I = 100kA$。

8.3 电力系统防雷保护

雷害事故在现代电力系统的跳闸停电事故中占有很大的比重，除了那些地处寒带和那些雷暴日数很少的国家和地区外，各国莫不对电力系统的防雷保护给予很大的注意。

电力系统中的雷电过电压虽大多起源于架空输电线路，但因过电压波会沿着线路传播到变电所和发电厂，而且变电所和发电厂本身也有遭受雷击的可能性，因而电力系统的防雷保护包括了线路、变电所、发电厂等各个环节。

8.3.1 架空输电线路防雷保护

输电线路是电力系统的大动脉，担负着将发电厂产生和经过变电所变压后的电力输送到各地区用电中心的重任。架空输电线路往往穿越山岭旷野、纵横延伸，遭受雷电袭击的机会很多，一条100km长的架空输电线路在一年中往往要遭到数十次雷击，因而线路的雷击事故在电力系统总的雷害事故中占有很大的比重。输电线路防雷保护的根本目的就是尽可能减少线路雷害事故的次数和损失。

1. 输电线路耐雷性能的若干指标

在分析线路的耐雷性能时，首先要估计它在一年中究竟会遭受多少次雷击。第8.1节曾提到，地面落雷密度为 γ [次/（雷暴日·km^2）]，由于线路高出地面很多，因而它的等效受雷面积要比它的长度 L 和宽度 B 的乘积更大一些，线路越高，等效受雷面积越大。我国标准推荐的等效受雷宽度 $B'=b+4h$ [b 为两根避雷线间的距离（m）；h 为避雷线的平均对地高度（m）]。这样一来，每100km线路的年落雷次数 N（次/100km）即可按下式求得

$$N = \gamma \times 100 \times \frac{B'}{1000} \times T_d = \gamma \cdot \frac{b + 4h}{10} T_d \qquad (8\text{-}35)$$

式中　T_d——雷暴天数。

若取 $T_d=40$，则

$$N = 0.07 \times \frac{b + 4h}{10} 40 = 0.28(b + 4h) \qquad (8\text{-}36)$$

式中　h——避雷线的平均对地高度（m）。

通常可利用下式求得

$$h = h_t - \frac{2}{3}f \qquad (8\text{-}37)$$

式中　h_t——避雷线在杆塔上的悬点高度（m）；

　　　f——避雷线的弧垂（m）。

为了表示一条线路的耐雷性能和所采用防雷措施的效果，通常采用的指标有以下几个：

（1）耐雷水平（I）

它的定义是：雷击线路时，其绝缘尚不至于发生闪络的最大雷电流幅值或能引起绝缘闪络的最小雷电流幅值，单位为kA。根据技术经济综合比较的结果，我国标准规定的各级电压线路应有的耐雷水平值（通常指雷击杆塔的情况）见表8-6。利用式（8-35），可以求出超过该耐雷水平的雷电流出现的概率，一并列入表8-6中，可见即使是电压等级很高的线

路，也并不是完全耐雷的，仍有一部分雷击会引起绝缘闪络。

表 8-6 各级电压线路应有的耐雷水平

额定电压 U_n/kV	35	66	110	220	330	500
耐雷水平 I/kA	20~30	30~60	40~75	75~110	100~150	125~175
雷电流超过 I 的概率 P（%）	59~46	46~21	35~14	14~6	7~2	3.8~1

（2）雷击跳闸率（n）

它是指在雷暴日数 $T_d = 40$ 的情况下，100km 的线路每年因雷击而引起的跳闸次数，其单位为"次/（100km·40 雷暴日）"。当然，实际线路长度 L 不可能正好是 100km，线路所在地区的雷暴日数也不可能正好是 40，但为了评估处于不同地区、长度各异的输电线路的防雷效果，就必须将它们都换算到某一相同的条件下（100km，40 雷暴日），才能进行比较。

单是雷电流超过了线路耐雷水平，还只会引起冲击闪络，只有在冲击闪络之后还建立起工频电弧，才会引起线路跳闸。由冲击闪络转变为稳定工频电弧的概率称为建弧率（η），它与沿绝缘子串或空气间隙的平均运行电压梯度有关，可由下式求得

$$\eta = (4.5E^{0.75} - 14) \times 10^{-2} \tag{8-38}$$

式中　E——绝缘子串的平均工作电压梯度（有效值）（kV/m）。

对中性点有效接地系统：

$$E = \frac{U_n}{\sqrt{3l_1}} \tag{8-39}$$

对中性点非有效接地系统：

$$E = \frac{U_n}{2l_1 + l_2} \tag{8-40}$$

式中　U_n——线路额定电压（有效值）（kV）；

　　　l_1——绝缘子串长度（m）；

　　　l_2——木横担线路的线间距离（m）。

若为铁横担或钢筋混凝土横担线路，$l_2 = 0$。如果 $E \le 6$kV（有效值）/m，得出的建弧率很小，可以取 $\eta \approx 0$。

2. 线路雷害事故发展过程及防护措施

架空输电线路雷害事故的发展过程及相应的防护措施可以利用图 8-33 中的图解加以说明。

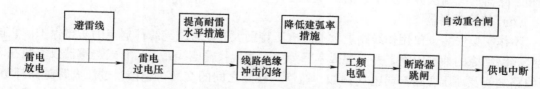

图 8-33 线路雷害事故的发展过程及防护措施

只要能设法制止上述发展过程中任一环节的实现，就可避免雷击引起长时间停电事故。

这里先扼要介绍一下现代输电线路上所采用的各种防雷保护措施：

（1）避雷线（架空地线）

沿全线装设避雷线直到目前为止仍然是 110kV 及以上架空输电线路最重要和最有效的防雷措施，它除了能避免雷电直接击中导线而产生极高的雷电过电压以外，还是提高线路耐雷水平的有效措施之一。在 110~220kV 高压线路上，避雷线的保护角 α 大多取 $20°~30°$；在 500kV 及以上的超高压线路上，往往取 $\alpha \leqslant 15°$。35kV 及以下的线路一般不在全线装设避雷线，主要因为这些线路本身的绝缘水平太低，即使装上避雷线来截住直击雷，往往仍难以避免发生反击闪络，因而效果不好；另一方面，这些线路均属中性点非有效接地系统，一相接地故障的后果不像中性点有效接地系统中那样严重，因而主要依靠装设消弧线圈和自动重合闸来进行防雷保护。

（2）降低杆塔接地电阻

这是提高线路耐雷水平和减少反击概率的主要措施。杆塔的工频接地电阻一般为 10~30Ω，具体数值可按表 8-7 选取。

表 8-7　线路杆塔的工频接地电阻

土壤电阻率 /$(\Omega \cdot m)$	≤100	>100~500	>500~1000	>1000~2000	>2000
接地电阻/Ω	≤10	≤15	≤20	≤25	≤30

在土壤电阻率 $\rho \leqslant 1000\Omega \cdot m$ 的地区，杆塔的混凝土基础也能在某种程度上起天然接地体的作用，但在大多数情况下难以满足表 8-7 中接地电阻值的要求，故需另加人工接地装置。必要时还可采用多根放射形水平接地体、连续伸长接地体、长效土壤降阻剂等措施。

（3）加强线路绝缘

例如，增加绝缘子串中的片数、改用大爬距悬式绝缘子、增大塔头空气间距等等，这样做当然也能提高线路的耐雷水平、降低建弧率，但实施起来会有相当大的局限性。一般为了提高线路的耐雷水平，均优先考虑采用降低杆塔接地电阻的办法。

（4）耦合地线

作为一种补救措施，可在某些建成投运后雷击故障频发的线段上，在导线的下方加装一条耦合地线，它虽然不能像避雷线那样拦截直击雷，但因具有一定的分流作用和增大导地线之间的耦合系数，因而也能提高线路的耐雷水平和降低雷击跳闸率。

（5）消弧线圈

能使雷电过电压所引起的一相对地冲击闪络不转变为稳定的工频电弧，即大大减小建弧率和断路器的跳闸次数。关于它的工作原理，将在下一章中再作介绍。

（6）管式避雷器

不作密集安装，仅用作线路上雷电过电压特别大的场合或绝缘薄弱点的防雷保护。它能免除线路绝缘的冲击闪络，并使建弧率降为零。在现代输电线路上，管式避雷器仅安装在高压线路之间及高压线路与弱电（例如，通信）线路之间的交叉跨越档、过江大跨越高杆塔、变电所的进线保护段等处。由于此种避雷器的规格选择、外火花间隙的整定、自身故障等均较复杂，在现代线路上装用已越来越少。

（7）线路阀式避雷器

由于 ZnO 阀片的通流能力比过去的 SiC 阀片大得多，再加上采用硅橡胶套筒可使避雷器的重量和体积大减，因而有可能把合成套 ZnO 避雷器安装到线路杆塔上去保护线路，减小其雷击跳闸率，效果良好。当然，我们不应在全线密集安装，而是在雷击事故频发、存在绝缘弱点、杆塔接地电阻超标或高度特别大的那些杆塔上作有选择性的重点安装。

（8）不平衡绝缘

为了节省线路走廊用地，在现代高压及超高压线路中，采用同杆架设双回线路的情况日益增多。为了避免线路落雷时双回路同时闪络跳闸而造成完全停电的严重局面，当采用通常的防雷措施仍无法满足要求时，可以再采用不平衡绝缘的方案，即使一回路的三相绝缘子片数少于另一回路的三相，这样在雷击线路时，绝缘水平较低的那一回路将先发生冲击闪络，甚至跳闸、停电。这就保护了另一回路使之继续正常运行，不致完全停电，以减少损失。

（9）自动重合闸

由于线路绝缘具有自恢复功能，大多数雷击造成的冲击闪络和工频电弧在线路跳闸后能迅速去电离，线路绝缘不会发生永久性的损坏或劣化，因此装设自动重合闸的效果很好，例如，我国 110kV 及以上高压线路的重合闸成功率高达 75%～95%，可见自动重合闸是减少线路雷击停电事故的有效措施。

3. 线路耐雷性能的分析计算

设线路的年落雷总次数为 N，那么在这 N 次雷击中，又可按雷击点的不同而区分为 3 种情况（见图 8-34）：

（1）绕击导线

尽管线路全线装了避雷线（1～2 根），并使三相导线都处于它的保护范围之内，仍然存在雷闪绕过避雷线而直接击中导线的可能性，发生这种绕击的概率称为绕击率 P_α。模拟试验、运行经验和现场实测均证明：P_α 的值与避雷线对边相导线的保护角 α、杆塔高度 h，

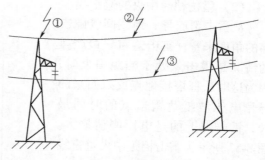

图 8-34　雷击有避雷线线路的 3 种情况
①—雷击杆塔塔顶　②—雷击避雷线档距中央
③—雷电绕过避雷线击于导线

以及线路通过地区的地形地貌等因素有关，可利用下列公式求得

对平原线路

$$\lg P_\alpha = \frac{\alpha \sqrt{h_t}}{86} - 3.9 \tag{8-41}$$

对山区线路

$$\lg P_\alpha = \frac{\alpha \sqrt{h_t}}{86} - 3.35 \tag{8-42}$$

式中　α——保护角（°）；

h_t——杆塔高度（m）。

山区线路因地面附近的空间电场受山坡地形等影响，其绕击率约为平原线路的 3 倍，或相当于保护角增大 8°。

虽然绕击率都很小，绕击导线的可能性不大，但一旦发生绕击，所产生的雷电过电压很

高，即使是绝缘水平很高的超高压线路也往往难免闪络。绕击导线时的雷电过电压（kV）为

$$U_A = 100I$$

如令 U_A 等于线路绝缘子串的 50% 冲击放电电压 $U_{50\%}$，则上式中的 I 即为绕击时的耐雷水平 I_2(kA)，于是

$$I_2 = U_{50\%}/100 \tag{8-43}$$

例如，采用 13 片 XP-70 型绝缘子的 220kV 线路绝缘子串的 $U_{50\%} \approx 1200$kV，代入上式可得 $I_2 = 12$kA，大于 I_2 的雷电流出现概率 $P_2 \approx 73\%$，可见即便是 220kV 高压线路，大多数绕击都会引起绝缘的冲击闪络。

显然，绕击跳闸次数

$$n_2 = NP_\alpha P_2 \eta \tag{8-44}$$

式中　N——年落雷总次数；

　　　P_α——绕击率；

　　　P_2——超过绕击耐雷水平 I_2 的雷电流出现概率；

　　　η——建弧率。

（2）雷击档距中央的避雷线

从雷击引起导、地线间气隙击穿的角度来看，雷击避雷线最严重的情况是雷击点处于档距中央时，因为这时从杆塔接地点反射回来的异号电压波抵达雷击点的时间最长，雷击点上的过电压幅值最大。图 8-35 所示为雷击档距中央避雷线示意图。

运行经验表明：在有避雷线的线路上，只有 1/6～1/3 的雷电击中杆塔及其附近的避雷线，其他雷击点就分布在档距中部那一段避雷线上，但真正击中档距中央避雷线的概率也只有 10% 左右。

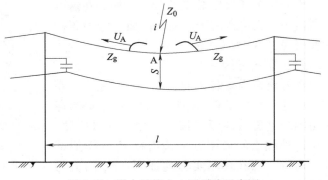

图 8-35　雷击档管中央避雷线示意图

雷击档中避雷线时，起初的情况与绕击导线没有什么两样，但当两侧杆塔接地点反射回来的异号电压波到达雷击点时，情况就改变了。下面就以平顶斜角波作为雷电流的计算波形对此进行分析：

此时雷电流 i 的波前表达式为 $i = at$，从雷道波阻抗投射下来的电流入射波应为 $i/2$，由于雷道波阻抗 Z_0 与两侧避雷线波阻抗 Z_g 的并联值（$Z_g/2$）近似相等，所以可近似认为放在雷击点 A 处没有折、反射现象，这样两侧避雷线上的电流波将为 $i/4$，如图 8-35 所示。

可见从雷击避雷线瞬间开始，就有两个与 $i/4$ 相对应的电压波 $iZ_g/4$（Z_g 为避雷线波阻抗）从雷击点 A 向两侧杆塔及其接地装置传播，由于杆塔的接地电阻 R_i 要比避雷线和杆塔的波阻抗小得多，为简化计，可以设 $R_i = 0$。这样一来，在接地点将发生电压的负全反射（$\beta = -1$）。即接地点的电压反射波与电压入射波（$iZ_g/4$）大小相等、极性相反。从雷击 A 点开始（$t = 0$），这个异号电压波抵达 A 点的瞬间为止。

所经过的时间 $t_1 = \dfrac{2\left(\dfrac{l}{2}+h_t\right)}{v}$，高度 h_t 一般要比 $l/2$ 小得多，可以忽略不计，这样一来：

$t_1 \approx \dfrac{t}{v}$（μs）。式中，l 为档距长度（m）；v 为避雷线上的波速（m/μs），考虑到避雷线上的强烈电晕，通常取 $v \approx 0.75c$（c 为光速）。

这样一来，我们就可得出雷击点电压 U_A 的数学表达式：

当 $t < t_1$ 时，$u_{A(t<t_1)} = \dfrac{Z_g}{4}at$

当 $t \geqslant t_1$ 时，$u_{A(t\geqslant t_1)} = \dfrac{Z_g}{4}\left[at-a\left(t-\dfrac{i}{v}\right)\right] = \dfrac{Z_g l}{4v}a$

由此可知，在 $t = t_1$ 时，雷击点电压 U_A 就达到了它的最大值 U_A，即

$$U_A = \frac{Z_g l}{4v}a \tag{8-45}$$

式中　Z_g——避雷线的波阻抗（Ω）。考虑冲击电晕的影响，可取 $Z_g \approx 350\Omega$；v 为避雷线上的波速，$v \approx 0.75c = 225\text{m/μs}$；$a$ 为雷电流的波前陡度，$a = 30\text{kA/μs}$。

由式（8-45）可知：雷击点电压幅值 U_A 与雷电流幅值的大小无关，而仅仅取决于它的波前陡度 a。

以上过程还可以用图 8-36 清楚地表示出来。

将有关数据代入式（8-45），可得 $U_A = \dfrac{350l}{4 \times 225} \times 30 = 11.7t$（kV），由于避雷线与导线间的耦合作用，在导线的 B 点将感应出电压 $U_B = kU_A$（k 为耦合系数）。

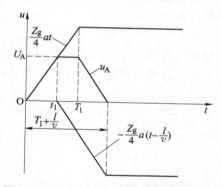

图 8-36　雷击档距中央避雷线时的过电压

作用在气隙 s 上的电压为 $U_{AB} = U_A - U_B = U_A(1-k)$，导、地线间的电场是很不均匀的，其伏秒特性较陡，当击穿时间在 2.6μs 左右时，气隙的平均击穿场强 E_{av} 只有 750kV/m 左右。这样一来，导、地线间的气隙发生击穿的临界条件将为 $U_A(1-k) = E_{av}s = 750s$。

考虑冲击电晕的影响时，$k \approx 0.25$。所以 $s = \dfrac{U_A(1-k)}{750} = \dfrac{11.7(1-0.25)}{750}l = 0.0117l$

我国标准从上式出发，结合多年来的运行经验作了修正，规定按下式确定应有的 s 值：

$$s = 0.012l + 1 \tag{8-46}$$

长期运行经验证明，只要按式（8-46）来确定档距中央导、地线间的空气间距 s，就不会发生此种雷击故障，因而在计算线路的雷击跳闸率时，不必再计入这种雷击情况。

在大跨越、高杆塔的情况下，l 很长，h_t 也不应再忽略，$t_1 = (l+2h)/v$ 将大于雷电流的波前时间 T_1（例如，2.6μs），这时从杆塔接地点来的异号电压波抵达雷击点 A 时，雷电流已过峰值，所以这时的雷击点最大电压 U_A 将取决于雷电流幅值，应有的 s 值可以用类似的方法由雷击点最大电压 U_A 和气隙平均击穿场强 E_{av} 来决定。

（3）雷击杆塔

从雷击线路接地部分（避雷线、杆塔等）而引起绝缘子串闪络（通常称为反击或逆闪络）的角度来看，最严重的条件应为雷击某一基杆塔的塔顶，因为这时大部分雷电流将从该杆塔入地，产生的雷电过电压最高。

运行经验表明，在线路落雷总数中雷击杆塔所占的比例与避雷线根数及地形有关。雷击杆塔次数与落雷总数的比值称为击杆率（g），规程推荐的 g 值见表 8-8 所示。

表 8-8　击杆率（g）

地形 避雷线数	0	1	2
平原	1/2	1/4	1/6
山区	—	1/3	1/4

雷击塔顶时，由于一般杆塔不高、其接地电阻 R_i 较小，从接地点反射回来的电流波立即到达塔顶，使入射电流加倍，因而注入线路的总电流即为雷电流 i，而不是沿雷道波阻抗传播的入射电流 $i/2$。

由于避雷线的分流作用，流经杆塔的电流 i_t 将小于雷电流 i，它们的比值 β 称为杆塔分流系数。即

$$\beta = i_t/i \tag{8-47}$$

总的雷电流 $i = i_t + i_g$，杆塔分流系数 β 之值处于 0.86～0.92 的范围内，可见雷电流的绝大部分是经该受雷塔泄入地下的。各种不同情况下的 β 值可由表 8-9 查得。

表 8-9　一般长度档距的线路杆塔分流系数 β 值

线路额定电压/kV	避雷线根数	β
110	1	0.90
	2	0.86
220	1	0.92
	2	0.88
330	2	0.88
500	2	0.8

线路绝缘子串上所受到的雷电过电压包括了 4 个分量：

1）杆塔电流 i_t 在横担以下的塔身电感 L_a 和杆塔冲击接地电阻 R_i 上造成压降，使横担具有一定的对地电位 U_a：

$$U_a = R_i i_t + L_a \frac{\mathrm{d}i}{\mathrm{d}t} = \beta\left(R_i + L_a \frac{\mathrm{d}i}{\mathrm{d}t}\right) \tag{8-48}$$

式中　$\mathrm{d}i/\mathrm{d}t$——雷电流的波前陡度。$\mathrm{d}i/\mathrm{d}t$ 可取其平均陡度，即 $\mathrm{d}i/\mathrm{d}t = I/T_1 = I/2.6$（kA/μs）。其中，$I$ 为雷电流幅值（kA）；T_1 为雷电流波前时间（μs）。

代入式（8-48）可得到横担对地电位的幅值

$$U_a = \beta I(R_i + L_a/2.6) \tag{8-49}$$

其中，横担以下的塔身电感 L_a 值可由表 8-10 查得的单位高度塔身电感 $L_{o(t)}$ 乘以横担高

度 h_a ，求得 $L_a = L_{o(t)} h_a = L_t \dfrac{h_a}{h_1}$ ，式中，$L_{o(t)}$ 为杆塔总电感。

代入式（8-49），得

$$U_a = \beta I \left(R_i + \frac{L_a}{2.6} \times \frac{h_a}{h_1} \right) \qquad (8\text{-}50)$$

2）塔顶电压 U_{top} 沿着避雷线传播而在导线上感应出来的电压 U_1 。与上一分量 U_a 相似，杆塔电流 i_t 造成的塔顶电位为 $U_{top} = R_i i_t + L_t \dfrac{di}{dt} = \beta \left(R_i i + L_t \dfrac{di}{dt} \right)$ ，塔顶电位幅值为

$$U_{top} = \beta I \left(R_i + \frac{L_t}{2.6} \right) \qquad (8\text{-}51)$$

式中 L_t ——杆塔总电感。

应该指出，如果杆塔很高（例如，大于 40m），就不宜再用一集中参数电感 L_t 来表示，而应采用分布参数杆塔波阻抗 Z_t 来进行计算，故在表 8-10 中也列出了 Z_t 的参考值。

表 8-10　杆塔的电感和波阻抗参考值

杆塔形式	杆塔单位高度电感 $L_{0(t)}/(\mu\text{H/m})$	杆塔波阻抗 Z_t/Ω
无拉线钢筋混凝土单杆	0.84	250
有拉线钢筋混凝土单杆	0.42	125
无拉线钢筋混凝土双杆	0.42	125
铁塔	0.5	150
门型铁塔	0.42	125

因塔顶电压波 U_{top} 沿避雷线传播而在导线上感应出来的电压分量 U_1 为 $U_1 = kU_{top}$ ，式中，k 为考虑冲击电晕影响的耦合系数。

3）雷击塔顶而在导线上产生的感应雷击过电压 $U'_{i(c)}$ 。

$$U'_{i(c)} = U_{i(c)} \left(1 - \frac{h_g}{h_c} k_0 \right)$$

式中　$U_{i(c)}$ ——避雷线时的感应雷击过电压；

k_0 ——导线和地之间的几何耦合系数。

4）线路本身的工频工作电压 U_2 。在上述 4 个电压分量中，U_1 与 U_a 同极性，$U'_{i(c)}$ 与 U_a 异极性，而 U_2 为工频交流电压，当发生雷击瞬间，它可能与 U_a 同极性，也可能与 U_a 异极性，在计算中应从严要求，取与 U_a 异极性的情况。这样一来，即可得出作用在绝缘子串上的合成电压 U_{11} ：$U_{11} = U_a - U_1 + U'_{i(c)} + U_2$ 。

在一般计算中，通常可不计入极性不定的工作电压分量 U_2 ，因而

$$U_{11} = U_a - kU_{top} + U_{i(c)} \left(1 - \frac{h_g}{h_c} k_0 \right)$$

上式中，U_a 的幅值可按式（8-50）求得，U_{top} 的幅值可按式（8-51）求得，$U_{i(c)}$ 的幅值可按式（8-14）求得。为简化计，可假定各电压分量的幅值均在同一时刻出现，那么 U_{11} 的幅值即可按下式求得

$$U_{11} = U_a - KU_{top} + U_{i(c)}\left(1 - \frac{h_g}{h_c}k_0\right) = \beta I\left(R_i + \frac{L_t}{2.6} \times \frac{h_a}{h_t}\right) - k\left[\beta I\left(R_i + \frac{L_t}{2.6}\right)\right] + \frac{L_t}{2.6}h_c\left(1 - \frac{h_g}{h_c}k_0\right)$$

$$= I\left[(1-k)\beta R_i + \left(\frac{h_a}{h_t} - k\right)\beta\frac{L_t}{2.6} + \left(1 - \frac{h_g}{h_c}k_0\right)\frac{h_c}{2.6}\right]$$

当作用在绝缘子串上的电压 U_{11} 等于线路绝缘子串的 50%冲击闪络电压 $U_{50\%}$ 时，绝缘子串将发生闪络，与这一临界条件相对应的雷电流幅值 I 显然就是这条线路雷击杆塔时的耐雷水平 I_1，可见

$$I_1 = \frac{U_{50\%}}{(1-k)\beta R_i + \left(\frac{h_a}{h_t} - k\right)\beta\frac{L_t}{2.6} + \left(1 - \frac{h_g}{h_c}k_0\right)\frac{h_c}{2.6}} \tag{8-52}$$

由式（8-52）可以看出：加强线路绝缘（即提高 $U_{50\%}$）、降低杆塔接地电阻 R_i、增大耦合系数 k（例如，将单避雷线改为双避雷线、加装耦合地线）等，都是提高线路耐雷水平的有效措施。

在三相导线中，距避雷线最远的那一相导线的耦合系数最小，一般较易发生闪络，所以应以此作为计算条件。

这种雷电击中接地物体（杆塔），使雷击点对地电位（绝对值）大大增高，引起对导线的逆向闪络的情况，通常称为反击。

求得反击耐雷水平 I_1 后，即可得出大于 I_1 的雷电流出现概率 P，于是可按下式计算反击跳闸次数

$$n_1 = N(1 - P_a)gP_1\eta$$

式中　N——年落雷总次数；

　　　P_a——绕击率；

　　　g——击杆率；

　　　η——建弧率。

由于 $P_a \ll 1$，故上式可改写为

$$n_1 = NgP_1\eta \tag{8-53}$$

综合以上分析，最后可得出该线路的年雷击跳闸总次数

$$n' = n_1 + n_2N\eta(gP_1 + P_aP_2) \tag{8-54}$$

如果上式中的 N 表示每 100km 线路在 40 个雷暴日的条件下的落雷总次数，即可将式（8-36）代入上式而得出线路的雷击跳闸率 $n[$次/（100km·40雷暴日）$]$ 为

$$n = 0.28(b + 4h)\eta(gP_1 + P_aP_2) \tag{8-55}$$

8.3.2　变电所的防雷保护

变电所（特别是高压大型变电所）是多条输电线路的交汇点和电力系统的枢纽。本节第一部分介绍的输电线路雷害事故相对来说影响面还比较小，而且现代电网大多具有备用供电电源，所以线路的雷害事故往往只导致电网工况的短时恶化；变电所的雷害事故就要严重得多，往往导致大面积停电。其次，变电设备（其中最主要的是电力变压器）的内绝缘水平往往低于线路绝缘，而且不具有自恢复功能，一旦因雷电过电压而发生击穿，后果十分严重。不过另一方面，变电所的地域比较集中，不像线路那样绵亘延伸，因而也比较容易加强

集中保护。总之，变电所的防雷保护与输电线路相比，要求更严格，措施更严密、可靠。

变电所中出现的雷电过电压有两个来源：①雷电直击变电所；②沿输电线路入侵的雷电过电压波。下面将分别介绍针对这两种情况的保护对策。

1. 变电所的直击雷保护

如果让雷电直接击中变电所设施的导电部分（例如，母线），则出现的雷电过电压很高，一般都会引起绝缘的闪络或击穿，所以必须装设避雷针或避雷线对直击雷进行防护，让变电所中需要保护的设备和设施均处于其保护范围之内。我国大多数变电所采用的是避雷针，但近年来，国内外新建的 500kV 变电所也有一些采用的是避雷线。

按照安装方式的不同，要将避雷针分为独立避雷针和装设在配电装置构架上的避雷针（以后简称构架避雷针）两类。从经济观点出发，当然希望采用构架避雷针，因为它既能节省支座的钢材，又能省去专用的接地装置，但对绝缘水平不高的 35kV 以下的配电装置来说，雷击构架避雷针时很容易导致绝缘逆闪络（反击），这显然是不能容许的。独立避雷针是指具有自己专用的支座和接地装置的避雷针，其接地电阻一般不超过 10Ω。

我国规程规定：

1) 110kV 及以上的配电装置，一般将避雷针装在构架上。但在土壤电阻率 $\rho > 1000\Omega \cdot m$ 的地区，仍宜装设独立避雷针，以免发生反击；

2) 35kV 及以下的配电装置应采用独立避雷针来保护；

3) 60kV 的配电装置，在 $\rho > 500\Omega m$ 的地区宜采用独立避雷针，在 $\rho < 500\Omega \cdot m$ 的地区容许采用构架避雷针。

变电所的直击雷防护设计内容主要是选择避雷针的支数、高度、装设位置、验算它们的保护范围、应有的接地电阻、防雷接地装置设计等。对于独立避雷针，则还有一个验算它对相邻配电装置构架及其接地装置的空气间距及地下距离的问题，因为如果雷击于独立避雷针上，但继而仍然反击到配电装置构架或在地下造成土壤击穿而与配电装置的接地装置连在一起，岂不有违选用独立避雷针的初衷？

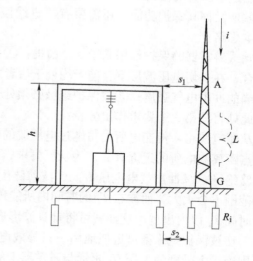

图 8-37 独立避雷针应有的空气间距和地下距离

如图 8-37 所示，当独立避雷针遭受雷击时，雷电流 i 将在避雷针电感 L 和接地电阻 R_i 上造成压降，结果形成：

避雷针支座上高度为 h 处的对地电压（h 为相邻配电装置构架的高度）：

$$u_A = R_i i + L_0 h \frac{\mathrm{d}i}{\mathrm{d}t} (\mathrm{kV}) \tag{8-56}$$

式中 R_i——独立避雷针的冲击接地电阻（Ω）；

L_0——避雷针单位高度的等效电感（$\mu H/m$）。

接地装置上的对地电压为

$$u_B = R_i i \, (kV) \tag{8-57}$$

如果空气间隙的平均冲击击穿场强为 $E_1(kV/m)$，为了防止避雷针对构架发生反击，其空气间距 s_1 应满足下式要求：

$$s_1 \geqslant \frac{U_A}{E_1} \, (m) \tag{8-58}$$

与此相似，如果土壤的平均冲击击穿场强为 $E_2(kV/m)$，为了防止避雷针接地装置与变电所接地网之间因土壤击穿而连在一起，其地下距离 s_2 也应满足下式要求：

$$s_2 \geqslant \frac{U_B}{E_2} \, (m) \tag{8-59}$$

我国标准取雷电流 i 的幅值 $I = 100kA$，$L_0 \approx 500kV/m$，$E_2 \approx 300kV/m$，平均波前陡度 $di/dt_{av} \approx 100/2.6 = 38.5kA/\mu s$，将以上数值代入式（8-56）~式（8-59），并按实际运行经验进行校验后，我国标准最后推荐用下面两个公式校核独立避雷针的空气间距 s_1 和地中距离 s_2：

$$s_1 \geqslant 0.2R_i + 0.1h \tag{8-60}$$

$$s_2 \geqslant 0.3R_i \tag{8-61}$$

在一般情况下，s_1 不应小于 5m，s_2 不应小于 3m。

2. 阀式避雷器保护作用的分析

装设阀式避雷器是变电所对入侵雷电过电压波进行防护的主要措施，它的保护作用主要是限制过电压波的幅值。但是，为了使阀式避雷器不至于负担过重（流过的冲击电流太大）和有效地发挥其保护功能，还需要有"进线段保护"与之配合，这是现代变电所防雷接线的基本思路。

阀式避雷器的保护作用基于 3 个前提：①它的伏秒特性与被保护绝缘的伏秒特性有良好的配合，在一切电压波形下，前者均处于后者之下；②它的伏安特性应保证其残压低于被保护绝缘的冲击电气强度；③被保护绝缘必须处于该避雷器的保护距离之内。

此处将就第 3 个要求作出分析：

从输电线路入侵变电所的雷电过电压波的幅值受到线路绝缘水平的限制，而波前陡度与雷击点距离变电所的远近有关，为从严要求，可取抵达变电所的为一斜角平顶波，其幅值等于线路绝缘 50% 冲击放电电压 $U_{50\%}$，波前陡度 $a = U_{50\%}/T_1$，波前时间 T_1 取 2.6s。由于变电所的范围不会太大，而波在 T_1 的时间内所能传播的距离约为 780m，可见各种波过程大多在波前时间 T_1 以内出现。这样就可将计算波形进一步简化为斜角波 $u = at$。

一切被保护绝缘都可近似地用一只等效电容 C 来代表，如果它与避雷器 A 直接连在一起，则绝缘上受到的电压 U_2 永远与避雷器上的电压 U_1 完全相同，只要避雷器的特性能够满足上面所说的①、②两个条件，绝缘就能得到有效的保护。但在实际变电所中，接在母线上的阀式避雷器应该保护好所有变电设备的绝缘，它们离避雷器有近有远，这时在被保护绝缘与避雷器之间就会出现一个电压差 ΔU，为了确定 ΔU 值，可利用图 8-38 中的接线图。

首先让我们来看一下最简单的只有一路进线的终端变电所的情况，这时图 8-38 中的 $Z_2 = $ 无穷大，C 即为电力变压器的入口电容。由于一般电力设备的等效电容 C 都不大，可以忽略波刚到达时电容使电压上升速度减慢的影响，而讨论电容充电后相当于开路的情况。

如果取过电压波到达避雷器 FV 的端子 1 的瞬间作为时间的起算点（$t=0$），避雷器上的

电压即按 $u_1 = at$ 的规律上升。当 $t = T$ 时（T 为波传过距离 l 所需的时间 l/v），波到达设备端子 2 上，如取 $C = 0$，波在此将发生全反射，因而设备绝缘上的电压表达式应为

$$u_2 = 2a(t - T) \tag{8-62}$$

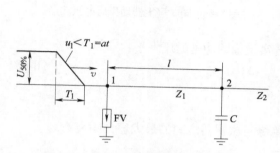

图 8-38　求取 ΔU 值的简化计算电路图

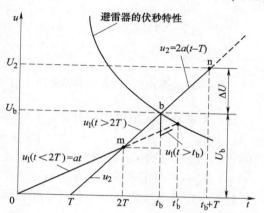

图 8-39　避雷器和被保护绝缘上的电压波形

当 $t = 2T$ 时，点 2 的反射波到达点 1，使避雷器上的电压上升陡度加大，如图 8-39 中的线段 mb 所示。由图 8-39 可知：如果没有从设备来的反射波，避雷器将在 $t = t_b'$ 时动作，而有了反射波的影响，避雷器将提前在 $t = t_b$ 时动作，其击穿电压为 U_b，它等于 $U_b = a(2T) + 2a(t_b - 2T) = 2a(t_b - T)$

由于一切通过点 1 的电压波都将到达点 2，但在时间上要后延 T，所以避雷器放电后所产生的限压效果要到 $t = t_b + T$ 时才能对设备绝缘上的电压产生影响，这时 u_2 已经达到下式所表示的数值 $U_2 = 2a[(t_b + T) - T] = 2at_b$。

可见电压差

$$\Delta U = U_2 - U_b = 2at_b - 2a(t_b - T) = 2aT = 2a\frac{l}{v}(\text{kV}) \tag{8-63}$$

如果以进波的空间陡度 $a'(\text{kV/m})$ 来代替上式中的时间陡度 $a(\text{kV/μs})$，则上式可改写为

$$\Delta U = 2a'l(\text{kV}) \tag{8-64}$$

由此可知，被保护绝缘与避雷器间的电气距离（沿母线和连接线计算的距离）l 越大，进波陡度 a 或 a' 越大，电压差值 ΔU 也就越大。

前面还曾提到（见图 8-20 的曲线 4），阀式避雷器动作后会出现一个不大的电压降落，然后就大致保持着残压水平。如果被保护设备直接靠近避雷器，它所受到的电压波形与此相同；但如存在着某一距离 l，绝缘上实际受到的电压波形就不一样了，这是因为母线、连接线等都有某些杂散电感与电容，它们与绝缘的电容 C 将构成某种振荡回路，图 8-40 即为其示意图。其结果是使得绝缘上出现的电压波形由一非周期分量（避雷器工作电阻上的电压）与一衰减性振荡分量组成，如图 8-41 所示。这种波形与冲击全波的差别很大，而更接近于冲击截波。因此，对于变压器类电力设备来说，往往采用 2μs 截波冲击耐压值作为它们的绝缘冲击耐压水平，在绝缘上出现的实际过电压波形。

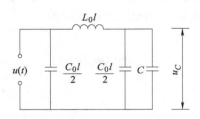

图 8-40　杂散电抗与绝缘电容示意图

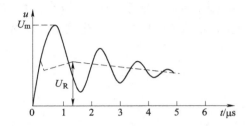

图 8-41　阀式避雷器动作后电压波形

为了使设备绝缘不至于被击穿，应按下式选定绝缘的冲击耐压水平：

$$U_{W(i)} \geqslant U_{is} + \Delta U \tag{8-65}$$

式中　$U_{W(i)}$——绝缘的雷电冲击耐压值；

U_{is}——阀式避雷器的冲击放电电压。

对于一定的进波陡度 a'，即可求得被保护绝缘与避雷器之间的最大容许距离为

$$l_{max} = \frac{U_{W(i)} - U_{is}}{2a'}(m) \tag{8-66}$$

或者，对于已经安装好的距离 l，可以求出最大容许进波陡度为

$$a'_{max} = \frac{U_{W(i)} - U_{is}}{2l}(kV/m) \tag{8-67}$$

如果是中间变电所或多出线变电所，出线数将≥2，这时图 8-38 中的 Z_2 将等于或小于 Z_1，情况显然要有利得多，这时的最大容许距离要比终端变电所时大得多，可用下式计算：

$$l_{max} = K\frac{U_{W(i)} - U_{is}}{2a'}(m) \tag{8-68}$$

式中　K——变电所出线修正系数。

根据上述方法计算出来的结果，我国标准所推荐的到变压器的最大电气距离 $l_{max(T)}$ 见表 8-11 和表 8-12。

式（8-68）中的 l_{max} 就是阀式避雷器的保护距离，一般的做法可先求出电力变压器的 $l_{max(T)}$，而其他变电设备不像变压器那样重要，但它们的冲击耐压水平却反而比变压器更高，因而不一定要利用式（8-68）——验算，而可以近似地取它们的最大容许距离 l'_{max} 比变压器大 35% 即可：

$$l'_{max} \approx 1.35 l_{max(T)} \tag{8-69}$$

表 8-11　普通阀式避雷器至主变压器间的最大电气距离　　　　　（单位：m）

系统额定 电压/kV	进线段长度 /km	进线路数			
		1	2	3	≥4
35	1	25	40	50	55
	1.5	40	55	65	75
	2	50	75	90	105
66	1	45	65	80	90
	1.5	60	85	105	115
	2	80	105	130	145

（续）

系统额定 电压/kV	进线段长度 /km	进线路数			
		1	2	3	≥4
110	1	45	70	80	90
	1.5	70	95	115	130
	2	100	135	160	180
220	2	105	165	195	220

注：1. 全线有避雷器时，按进线长度为 2km 选取；进线长度在 1~2km 之间时，按补插法确定，表 8-12 也如此。

2. 35kV 也适用于有串联间隙金属氧化物避雷器的情况。

表 8-12　金属氧化物避雷器至主变压器间的最大电气距离　（单位：m）

系统额定 电压/kV	进线段长度 /km	进线路数			
		1	2	3	≥4
110	1	55	85	105	115
	1.5	90	120	145	165
	2	125	170	205	230
220	2	125 （90）	195 （140）	235 （170）	265 （190）

注：1. 本表也适用于电站碳化硅磁吹避雷器（FM）的情况。

2. 本表括号内距离所对应的雷电冲击全波耐受电压为 850kV。

通过以上分析可知，为了得到阀式避雷器的有效保护，各种变电设备最好都能装得离避雷器近一些，这显然是不可能的，所以在我们选择避雷器在母线上的具体安装点时，应遵循"确保重点、兼顾一般"的原则。在诸多的变电设备中，需要确保的重点无疑是主变压器，所以应在兼顾到其他变电设备保护要求的情况下，尽可能把阀式避雷器装得离主变压器近一些。在某些超高压大型变电所中，可能出现一组（三相）避雷器不可能同时保护好所有变电设备的情况，这时应再加装一组、甚至更多组避雷器，以满足保护要求。

不难理解，采用保护特性比普通阀式避雷器更好的磁吹避雷器或氧化锌避雷器，就能增大保护距离（有时能导致减少所需的避雷器组数）或增大绝缘裕度、提高保护的可靠性。

3. 变电所的进线段保护

从前面的分析可知：为了使阀式避雷器有效地发挥保护作用，就必须采取措施：①限制进波陡度 a'（或 a），使之小于式（8-67）中的 a'_{max}；②限制流过避雷器的冲击电流幅值 I_{Fv}，使之不会造成过高的残压、甚至造成避雷器的损坏。这两个任务都要依靠变电所进线段保护来完成。

如果在靠近变电所（例如，1~2km）的线路上发生绕击或反击，进入变电所的雷电过电压的波前陡度和流过避雷器的冲击电流幅值都很大，上述两个要求都很难满足。为此必须保证在靠近变电所的一段不长（一般为 1~2km）的线路上不出现绕击或反击。对于那些未沿全线架设避雷线的 35kV 及以下的线路来说，首先必须在靠近变电所（1~2km）的线段上加装避雷线，使之成为进线段；对于全线有避雷线的 110kV 及以上的线路，也必须将靠近变电所的一段长 2km 的线路划为进线段。在一切进线段上都应加强防雷措施（例如，选用不大于 20° 的保护角 α、杆塔的冲击接地电阻 R 降至 100 以下等等）、提高耐雷水平（进线段的耐雷水平应达到表 8-6 中较大的那些数值），尽量减少在这一段线路上出现绕击或反击的次数。

进线段能起两方面的作用：①进入变电所的雷电过电压波将来自进线段以外的线路，它们在流过进线段时将因冲击电晕而发生衰减和变形，降低了波前陡度和幅值；②利用进线段来限制流过避雷器的冲击电流幅值。

（1）从限制进波陡度的要求来确定应有的进线段长度

行波流过距离 l 后的波前时间 τ_1 可由下式求得 $\tau_1 = \tau_0 + \left(0.5 + \dfrac{0.008u}{h_c}\right) l$。最严格的计算条件应该是在进线段始端出现具有直角波前的过电压波，即取 $\tau_0 = 0$。这时波流过的距离 l 即为进线段长度 l_p，代入上式即可求得抵达变电所时的进波波前时间为 $\tau_1 = \left(0.5 + \dfrac{0.008u}{h_c}\right) l_p$。

相应的波前陡度为

$$a = \frac{U}{\tau_1} = \frac{U}{\left(0.5 + \dfrac{0.008u}{h_c}\right) l_p} \tag{8-70}$$

如令 a 为进波陡度的容许值，则所需的进线段长度（km）

$$l_p = \frac{U}{a\left(0.5 + \dfrac{0.008u}{h_c}\right)} \tag{8-71}$$

式中　U——行波的初始幅值，通常可取之等于进线段始端线路绝缘的 50% 冲击闪络电压 $U_{50\%}$（kV）；

h——进线段导线的平均对地高度（m）。

计算结果表明，l_p 一般均不大于 1~2km。或反之，当进线段长度 l_p 已选定时，也可以应用式（8-70）计算出不同电压等级变电所的进波陡度 a，然后再按下式求得进波的空间陡度 $a' = \dfrac{a}{v} = \dfrac{a}{300}$。在表 8-13 中列出了标准所推荐的计算用进波陡度 a' 值。

表 8-13　变电所计算用进波坡度

额定电压/kV	计算用进波陡度 $a'/(\text{kV/m})$	
	$l_p = 1\text{km}$	$l_p = 2\text{km}$ 或全线有避雷器
35	10	0.5
110	1.5	0.75
220	—	1.5
330	—	2.2
500	—	2.5

按已知的进线段长度 l_p 查出正值后，即可按式（8-68）和式（8-69）求得变压器及其他变电设备到避雷器的最大容许电气距离。

（2）计算流过进雷器的冲击电流幅值 I_{FV}

最不利的情况为雷击于进线段始端，过电压波的幅值可以取为线路绝缘的 50% 冲击闪络电压 $U_{50\%}$，波前时间平均为 2.6μs 左右。

在进线段长度为 1 ~ 2km 时，行波在进线段上往返一次需要的时间为 $2l_{\mathrm{p}}/v = (2000 \sim 4000)/300 = 6.7 \sim 13.3μs$，它已经远远超过行波的波前时间，所以避雷器动作后所产生的负电压波传到雷击点后所产生的反射波再回到避雷

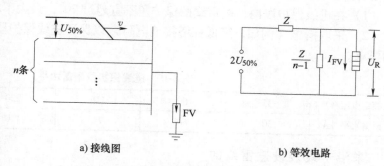

a) 接线图　　　　b) 等效电路

图 8-42　避雷器电流的计算

器去增大其电流 i 时，原先流过避雷器的冲击电流早已过了幅值 I，因而可以不必按多次折、反射的情况来考虑流过避雷器的电流增大的现象。这样一来，就可以应用彼德逊法则按图 8-42 中的等效电路来计算流过避雷器的电流 I_{FV}：

$$2U_{50\%} = \left[I_{\mathrm{FV}} + \frac{\dfrac{U_{\mathrm{R}}}{Z}}{n-1} \right] Z + U_{\mathrm{R}} = I_{\mathrm{FV}} Z + n U_{\mathrm{R}} \tag{8-72}$$

式中　U_{R}——阀式避雷器的残压（kV）；

n——变电所母线上接的总条数。

在单条进线时（$n=1$），I_{FV} 最大，其值为

$$I_{\mathrm{FV}} = \frac{2U_{50\%} - n U_{\mathrm{R}}}{Z} \tag{8-73}$$

用同样的方法，可以计算出流过不同电压等级阀式避雷器的冲击电流幅值，如表 8-14 所示。可知取 $l_{\mathrm{p}} = 1 \sim 2km$，以足以保证流过各种电压等级避雷器的冲击电流均不会超过各自的容许值：35 ~ 220kV 避雷器不超过 5kA；330 ~ 500kV 避雷器不超过 10kA。这也正是按避雷器伏安特性作绝缘配合时所规定的配合电流值。

表 8-14　流过阀式避雷器最大冲击电流幅值计算结果

额定电压/kV	避雷器型号	$U_{50\%}$/kV	I_{FV}/kA
35	FZ-35	350	1.41
110	FZ-110J	700	2.67
220	FZ-220J	1200 ~ 1400	4.35 ~ 5.38
330	FCZ-330J	1645	7.06
500	FCZ-500J	2060 ~ 2310	8.63 ~ 10

4. 变电所防雷的几个具体问题

（1）变电所防雷接线

为了限制进入变电所的雷电过电压波的波前陡度和阀式避雷器动作后流过的电流（例如，不超过 5kA），均应采取措施，防止或减少在直接接近变电所的一段线路上发生雷击闪络。为了这个目的，对未沿全线装设避雷线的 35 ~ 110kV 架空线路，应在接近变电所 1 ~

2km 的进线段上装设避雷线；对全线装有避雷线的架空线路，也应取接近变电所 2km 的线路段为进线保护段。对上述两种进线保护段要采取措施提高其耐雷性能：

    1）在进线保护段内，避雷线的保护角不宜超过 20°，最大不应超过 30°；

    2）采取措施（例如，降低杆塔接地电阻）以保证进线保护段的耐雷水平不低于表 8-15 的要求。

表 8-15　进线保护段耐雷水平

额定电压/kV	35	66	110	220	330	500
耐雷水平/kA	30	60	75	110	150	175

未沿全线装设避雷线的 35~110kV 线路，其变电所的进线段应采用图 8-43 所示的保护接线。

全线装有避雷线的 35~220kV 变电所，如果其进线断路器在雷季可能经常断开运行，也宜在断路器外侧安装一组保护间隙或阀式避雷器。

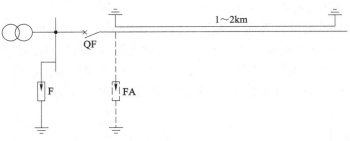

图 8-43　未沿全线装设避雷线的 35~110kV 变电所进线段保护接线

（2）三绕组变压器的防雷保护

当三绕组变压器的高压侧或中压侧有雷电过电压波袭来时，通过绕组间的静电耦合和电磁耦合，其低压绕组上也会出现一定的过电压，最不利的情况是低压绕组处于开路状态，这时静电感应分量可能很大而危及绝缘，考虑到这一分量将使低压绕组的三相导线电位同时升高，所以只要在任一相低压绕组出线端加装一只该电压等级的阀式避雷器，就能保护好三相低压绕组。中压绕组虽也有开路运行的可能，但因其绝缘水平较高，一般不需加装避雷器来保护。

（3）自耦变压器的防雷保护

自耦变压器一般除了高、中压自耦绕组外，还有三角形接线的低压非自耦绕组，以减小零序电抗和改善电压波形。在运行中，可能出现高、低压绕组运行、中压绕组开路和中、低压绕组运行、高压绕组开路的情况。由于高、中压自耦绕组的中性点均直接接地，因而在高压侧进波时（幅值为 U_0），自耦绕组各点的电压初始分布、稳态分布和各点最大电压包络线均与中性点接地的单绕组相同，如图 8-44a 所示，在开路的中压侧端子 A′ 上可能出现的最大电压为高压侧电压 U_0 的 $2/k$ 倍（k 为高、中压绕组的电压比），因而有可能引起处于开路状态的中压侧套管的闪络，为此应在中压断路器 QF_2 的内侧装设一组阀式避雷器（图 8-45 中的 FV_2）进行保护。

当中压侧进波时（幅值为 $U_0' < U_0$），自耦绕组各点的电压分布如图 8-44b 所示，由中压端 A′ 到开路的高压端 A 之间的电压稳态分布是由中压端 A′ 到中性点 N 之间的电压稳态分布的电磁感应所产生的，高压端 A 的稳态电压为 kU_0'，在振荡过程中，A 点的最大电压可高达 $2kU_0'$，因而将危及高压侧绝缘，为此在高压断路器 QF_1 的内侧也应装设一组避雷器（图 8-45 中的 FV_1）进行保护。

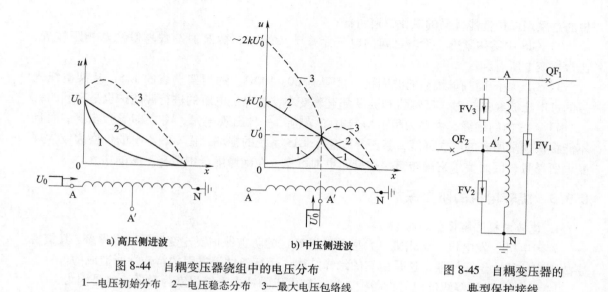

a) 高压侧进波　　　　　　b) 中压侧进波

图 8-44　自耦变压器绕组中的电压分布
1—电压初始分布　2—电压稳态分布　3—最大电压包络线

图 8-45　自耦变压器的
典型保护接线

此外，尚须注意下述情况：当中压侧接有出线时（相当于 A′点经线路波阻抗接地），如高压侧有过电压波入侵，A′点的电位接近于零，大部分过电压将作用在 AA′一段绕组上，这显然是危险的；同样地，高压侧接有出线时，中压侧进波也会造成类似的后果。显然，AA′绕组越短（即电压比 k 越小），危险性越大。一般在 k<1.25 时，还应在 AA′之间再跨接一组避雷器（图 8-45 中的 FV_3）。最后就得出了图 8-45 所示的避雷器配置图。

（4）变压器中性点的保护

在 110kV 及以上的中性点有效接地系统中，为了减小单相接地时的短路电流，有一部分变压器的中性点采用不接地的方式运行，因而需要考虑其中性点绝缘的保护问题。

用于这种系统的变压器，其中性点绝缘水平有两种情况：①全绝缘，即中性点的绝缘水平与绕组首端的绝缘水平相同；②分级绝缘，即中性点的绝缘水平低于绕组首端的绝缘水平。在 220kV 及更高的变压器中，采用分级绝缘的经济效益是比较显著的。

当中性点为全绝缘时，一般不需采取专门的保护。但在变电所只有一台变压器且为单路进线的情况下，仍需在中性点加装一台与绕组首端同样电压等级的避雷器，这是因为在三相同时进波的情况下，中性点的最大电压可达绕组始端电压 U_0 的两倍，这种情况虽属罕见，但因变电所中只有一台变压器，万一中性点绝缘被击穿，后果十分严重。

当中性点为降级绝缘时，则必须选用与中性点绝缘等级相当的避雷器加以保护，但应注意校核避雷器的灭弧电压，它应始终大于中性点上可能出现的最高工频电压。

35kV 及以下的中性点非有效接地系统中的变压器，其中性点都采用全绝缘，一般不设保护装置。

（5）气体绝缘变电所防雷保护的特点

作为一种新型变电所，全封闭 SF_6 气体绝缘变电所（GIS）因具有一系列有点而获得越来越多的采用。它的防雷保护除了与常规变电所具有共同的原则外，也有自己的一些特点：

1）GIS 绝缘的伏秒特性很平坦，其冲击系数接近于 1，其绝缘水平主要取决于雷电冲击水平，因而对所用避雷器的伏秒特性、放电稳定性等技术指标都提出了特别高的要求，最理想的是采用保护性能优异的氧化锌避雷器；

2）GIS 中结构紧凑，设备之间的电气距离大大缩减，被保护设备与避雷器相距较近，比常规变电所有利；

3）GIS 中的同轴母线筒的波阻抗一般只有 $60 \sim 100\Omega$，约为架空线的 1/5，从架空线入侵的过电压波经过折射，其幅值和陡度都显著变小，这对变电所的进行波防护也是有利的；

4）GIS 内的绝缘，大多为稍不均匀电场结构，一旦出现电晕，将立即导致击穿，而且不能很快恢复原有的电气强度，甚至导致整个 GIS 系统的损坏，而 GIS 本身的价格远较常规变电所昂贵，因而要求它的防雷保护措施更加可靠，在绝缘配合中留有足够的裕度。

8.3.3 旋转电机的防雷保护

1. 旋转电机防雷保护的特点

旋转电机（发电机、调相机、大型电动机等）的防雷保护要比变压器困难得多，其雷害事故率也往往大于变压器，这是由它的绝缘结构、运行条件等方面的特殊性所造成的。

1）在同一电压等级的电气设备中，以旋转电机的冲击电气强度为最低。这是因为：

① 电机具有高速旋转的转子，因此电机只能采用固体介质，而不能像变压器那样可以采用固体-液体（变压器油）介质组合绝缘。因而电机的额定电压、绝缘水平都不可能太高；

② 在制造过程中（特别是将线棒嵌入并固定在铁心的槽内时），电机绝缘容易受到损伤，绝缘内易出现空洞或缝隙，在运行过程中容易发生局部放电，导致绝缘劣化；

③ 电机绝缘的运行条件最为严酷，要受到热、机械振动、空气中的潮气、污秽、电气应力等因素的联合作用，老化较快；

④ 电机绝缘结构的电场比较均匀，其冲击系数接近于 1，因而在雷电过电压下的电气强度是最薄弱的一环。

2）电机绝缘的冲击耐压水平与保护它的避雷器的保护水平相差不多，裕度很小。采用现代 ZnO 避雷器后，情况有所改善，但仍不够可靠，还必须与电容器组、电抗器、电缆段等配合使用，以提高保护效果。

3）发电机绕组的匝间电容很小和不连续，迫使过电压波进入电机绕组后只能沿着绕组导体传播，而它每匝绕组的长度又远较变压器绕组为大。作用在相邻两匝间的过电压与进波的陡度 a 成正比，为了保护好电机的匝间绝缘，必须严格限制进波陡度。

总之，旋转电机的防雷保护要求高、困难大，而且要全面考虑绕组的主绝缘、匝间绝缘和中性点绝缘的保护要求。

2. 旋转电机防雷保护措施及接线

从防雷的观点来看，发电机可分为两大类：

1）经过变压器再接到架空线上去的电机，简称非直配电机；

2）直接与架空线相连（包括经过电缆段、电抗器等元件与架空线相连）的电机，简称直配电机。

理论分析和运行经验均表明：非直配电机所受到的过电压均须经过变压器绕组之间的静电和电磁传递。以前已经说明：只要变压器的低压绕组不是空载（例如，接有发电机），那么传递过来的电压就不会太大，只要电机的绝缘状态正常，一般不会构成威胁。所以只要把变压器保护好就可以了，不必对发电机再采取专门的保护措施。不过，对于处在多雷区的经升压变压器送电的大型发电机，仍宜装设一组氧化锌或磁吹避雷器加以保护，如果再装上并联电容 C 和中性点避雷器，那就可以认为保护已经足够可靠了。

直配发电机的防雷保护是电力系统防雷中的一大难题，因为这时过电压波直接从线路入侵，幅值大、陡度也大。在旋转电机保护专用的 FCD 型磁吹避雷器问世以前，由于普通阀式避雷器和其他防雷措施实际上都不能满足直配电机的保护要求，因而有相当长的一段时期不得不作出以下规定："容量在 15000kVA 以上的旋转电机不得与架空线相连，如果发电机容量大于 15000kVA，而又必须以发电机电压给邻近负荷供电时，只能选用下列两种方法中的一种：①经过电压比为 1：1 的防雷变压器再接到架空线上去；②全线采用地下电缆送电"。显然，从经济观点来看，这两种方法都是极其不利的。

FCD 型磁吹避雷器，特别是现代氧化钵避雷器的问世为旋转电机的防雷保护提供了新的可能性，但是仍需有完善的防雷保护接线与之配合，方能确保安全。图 8-46 就是我国标准推荐的 25～60MW 直配发电机的防雷保护接线。其他容量较小的中小型发电

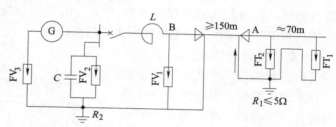

图 8-46　25～60MW 直配发电机的防雷保护接线

机的防雷保护接线则可以降低一些要求，作某些简化，例如，缩短电缆段的长度，省去某些元件等。

图 8-46 中的防雷接线可以说已是"层层把关，处处设防"了，现对图中各种措施、各个元件的作用简要介绍如下：

1）发电机母线上的 FV_2 是一组保护旋转电机专用的 ZnO 避雷器或 FCD 型磁吹避雷器，是限制进入发电机绕组的过电压波幅值的最后一关。

2）发电机母线上的一组并联电容器 C 起着限制进波陡度和降低感应雷击过电压的作用；为了保护发电机的匝间绝缘，必须将进波陡度限制到一定值以下，所需的 C 值（每相）约处于 $0.25～0.5\mu F$ 的范围内。

3）L 为限制工频短路电流的电抗器，但它在防雷方面也能发挥降低进波陡度和减小流过 FV_2 的冲击电流的作用。阀式避雷器 FV_1 则用来保护电抗器 L 和 B 处电缆头的绝缘。

4）插接的一段长 150m 以上的电缆段主要是为了限制流入避雷器 FV_2 的冲击电流不超过 3kA 而设（与发电机冲击耐压作绝缘配合的是 3kA 下的残压）。以下对此作更深入的分析。

从分布参数的角度来看，电缆是波阻抗较小的线路；从集中参数的角度来看，电缆段相当于一只大电容。可见插接电缆段对于削弱入侵的过电压无疑是有利的。但电缆段在这里的主要作用却不在此，而是在于电缆外皮的分流作用。当入侵的过电压波到达 A 点后，如幅值较大，使管式避雷器 FT_2 发生动作，电缆的芯线与外皮就短接了起来，大部分雷电流从 R_1 处入地，所造成的压降 iR_1 将同时作用在缆芯和缆皮上，而缆芯与缆皮为同轴圆柱体，凡是交链缆皮的磁通一定同时交链缆芯，即互感 M 就等于缆皮的自感 L_2，如缆芯中有电流 i_1 流过，则处于绝缘层中的那部分磁通，只交链缆芯而不交链缆皮，可见缆芯中感应出来的反向电动势将大于缆皮中感应出来的反向电动势，迫使电流从缆皮中流过而不是经缆芯流向发

电机绕组，如图 8-47 所示。总之，只要 FT_2 动作，大部分雷电流将从 R_1 入地，其余部分 i_2 的绝大部分都从缆皮一路泄入地下，最后剩下的电流也从发电厂的接地网 R_2 入地。可见即使发电机母线上的阀式避雷器 FV_2 发生动作，流过的冲击电流 i_1 也只是雷电流中极小的一部分，远小于配合电流 3kA，因此残压不会太高。

5）管式避雷器 FT_1 和 FT_2 的作用：由以上分析可知，电缆段发挥限流作用的前提是管式避雷器 FT_2 发生动作，但实际上，由于电缆的波阻抗远小于架空线，过电压波到达电缆始端 A 点时会发生异号反射波，使 A 点的电压立即下降，所以 FT_2 很难动作，这样电缆也就无从发挥作用了。为了解决这一问题，可以在离 A 点 70m 左右的前方安装一组管式避雷器 FT_1。应特别注意的是，FT_1 不能就地接地，而必须用一段专门的耦合连线（它在 FT_1 处需对塔身绝缘）连接到 A 点的接地装置 R_1 上，R_1 的阻值应不大于 50)，只有这样，FT_1 的动作才能代替 FT_2 的动作，让电缆段发挥其限流作用。

6）发电机的中性点大多不接地或经消弧线圈接地，因此在电网中发生一相接地故障时，发电机的中性点电位将升至相电压，所以用于保护中性点绝缘的中性点避雷器 FV_3 的灭弧电压应选得高于相电压。

最后，还应指出：即使采用了上述严密的保护措施后，仍然不能确保直配电机绝缘的绝对安全，因此规程仍规定 60MW 以上的发电机不能与架空线路直接连接，即不能以直配电机的方式运行。

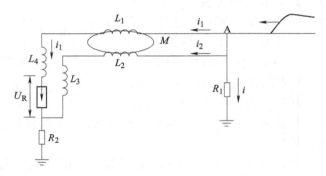

图 8-47 FT_2 动作后的等效电路

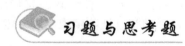习题与思考题

8-1 试述雷电放电的基本过程和各阶段的特点。

8-2 试述雷电流幅值的定义，并分别计算下列雷电流幅值出现的概率：30kA、50kA、88kA、100kA、150kA 和 200kA。

8-3 雷电过电压是如何形成的？

8-4 某变电所配电构架高 11m、宽 10.5m，拟在构架侧旁装设独立避雷针进行保护，避雷针距构架至少 5m，试计算避雷针的最低高度。

8-5 设某变电所的 4 支等高避雷针，高度为 25m，布置在边长为 42m 的正方形的 4 个顶点，试绘制出高度为 11m 的被保护设备，并求出被保护物高度的最小保护宽度。

8-6 什么是避雷线的保护角？保护角对线路绕击有何影响？

8-7 试分析排气式避雷器与保护间隙的异同。

8-8 试比较普通阀式避雷器与金属氧化物避雷器的性能，说说金属氧化物避雷器的优点。

8-9 试述金属氧化物避雷器的特性及各项参数的意义。

8-10 限制雷电过电压破坏作用的基本措施是什么？这些防雷设备各起了什么保护作用？

8-11 某平原地区 550kV 输电线路档距为 400m，导线水平布置，导线悬挂高度为 28.15m，相间距离为 12.5m，15℃时弧垂 12.5m。导线为四分裂，半径 11.75mm，分裂距离 0.45m（等值半径 19.8cm）。两根避雷线半径 5.3mm，相距 21.4m，其悬挂高度为 37m，15℃时弧垂 9.5m。杆塔电感 15.6μH，冲击接地电阻为 10Ω。线路采用 28 片 XP-16 绝缘子，串长 4.48m，其正极性 $U_{50\%} = 2.35MV$，负极性 $U_{50\%} = 2.74MV$，求该线路的耐雷水平和雷击跳闸率。

8-12 为什么 110kV 及以上线路一般采用全线架设避雷线的保护措施，而 35kV 及以下线路不采用？

8-13 输电线路防雷的基本措施有哪些？

8-14 变电所进线段保护的作用和要求是什么？

8-15 试述变电所进线段保护的标准接线中各元件的作用。

8-16 某 110kV 变电所内装有 FZ-110J 型阀式避雷器，其安装点到变压器的电气距离为 50m，运行中经常有两路出线，其导线的平均对地高度为 10m，试确定应有的进线保护段长度。

8-17 试述旋转电机绝缘的特点和直配电机的防雷保护措施。

8-18 说明直配电机防雷保护中电缆段的作用。

8-19 试述气体绝缘变电所防雷保护的特点和措施。

8-20 什么是接地？接地有哪些类型？各有何用途？

8-21 什么是接地电阻、接触电压和跨步电压？

8-22 某 220kV 变电所，采用 Π 型布置，变电所面积为 194.5m×201.5m，土壤电阻率为 300Ω·m，试估算其接地网的工频接地电阻。

第9章

内部过电压与绝缘配合

在电力系统中，除了前面所介绍的雷电过电压以外，还经常出现另一类过电压——内部过电压。顾名思义，它的产生根源在电力系统内部，通常都是因系统内部电磁能量的积聚和转换而引起。

内部过电压可按其产生原因而分为操作过电压和暂时过电压，而后者又包括谐振过电压和工频电压升高。它们也可以按持续时间的长短来区分，一般操作过电压的持续时间在 0.1s（5 个工频周波）以内，而暂时过电压的持续时间要长得多。

与雷电过电压产生原因的单一性（雷电放电）不同，内部过电压因其产生原因、发展过程、影响因素的多样性，而具有种类繁多、机理各异的特点。作为示例，在下面的图解中列出了若干出现频繁、对绝缘水平影响较大、发展机理也比较典型的内部过电压：

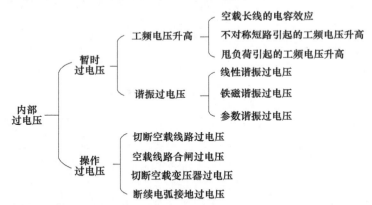

应该强调，操作过电压所指的操作并非狭义的开关倒闸操作，而应理解为"电网参数的突变"，它可以因倒闸操作，也可以因发生故障而引起。这一类过电压的幅值较大，但可以设法采用某些限压保护装置和其他技术措施来加以限制。谐振过电压的持续时间较长，而现有的限压保护装置的通流能力和热容量都很有限，无法防护谐振过电压。消除或降低这种过电压的有效办法是采用一些辅助措施（例如，装设阻尼电阻或补偿设备），而且在设计电力系统时，应考虑各种可能的接线方式和操作方式，力求避免形成不利的谐振回路。一般在选择电力系统的绝缘水平时，要求各种绝缘均能可靠地耐受尚有可能出现的谐振过电压的作用，而不再专门设置限电压保护措施。至于工频电压升高，虽然其幅值不大，本身不会对绝缘构成威胁，但其他内部过电压是在它的基础上发展的，所以仍需加以限制和降低。

前面介绍的雷电过电压系由外部能源（雷电）所产生，其幅值大小与电力系统的工作电压并无直接的关系，所以通常均以绝对值（单位：kV）来表示；而内部过电压的能量来自电力系统本身，所以它的幅值大小与电力系统的工作电压大致上有一定的比例关系，因而用工作电压的倍数（标幺值 pu）来表示是比较恰当和方便的，其基准值通常取电力系统的最大工作相电压幅值 U_φ 为

$$U_\varphi = k\frac{\sqrt{2}}{\sqrt{3}}U_n \tag{9-1}$$

式中　U_n——系统额定（线）电压有效值（kV）；

　　　k——容许电压偏移系数，等于系统的最大工作电压 U_m／系统额定电压 U_n，其具体数值见表 9-1。

在分析内部过电压的发展过程时，可以采用分布参数等效电路及行波理论，有时也可以采用集中参数等效电路暂态计算的方法来处理。为此，在以下各节中，有意地或者采用前一种方法，或者采用后一种方法来分析各种内部过电压。

表 9-1　容许电压偏移系数

额定电压/kV	220 及以下	330~500
k	1.15	1.1

9.1　切断空载线路过电压

切除空载线路是电力系统中常见操作之一，这时引起的操作过电压幅值大、持续时间也较长，所以是按操作过电压选择绝缘水平的重要因素之一。在实际电力系统中，常可遇到切空线过电压引起阀式避雷器爆炸、断路器损坏、套管或线路绝缘闪络等情况。在没有进一步探究这种过电压的发展机理之前，许多人对于能够切断巨大短路电流的断路器反而不能无重燃地切断一条空载的输电线路感到难以理解。

9.1.1　发展过程

让我们采用分布参数等效电路和行波理论来分析这种过电压的发展机理：

设被切除的空载线路的长度为 l，波阻抗为 Z，电源容量足够大，工作相电压 u 的幅值为 U_φ。

如图 9-1a 所示，当断路器 QF 闭合时，流过的电流将是空载线的充电（电容）电流 i_c，它比电压 u 超前 90°，如图 9-1b 所示。当断路器在任何瞬间拉闸时，其触头间的电流总是要到电流过零点附近才能熄灭，这时电源电压正好处于幅值 U_φ 的附近，触头间的电弧熄灭后，线路对地电容上将保留一定的剩余电荷，如果忽略泄漏，导线对地电压将保持等于电源电压的幅值。

设第一次熄弧（取这一瞬间为时间起算点 $t=0$）发生在 $u=-U_\varphi$ 的瞬间，因而熄弧后全线对地电压将保持"$-U_\varphi$"值，如图 9-2a 所示，此时全线均无电流（$i=0$）。

当 $t=T/2$ 时（T 为正弦电源电压的周期），电源电压已变为 $+U_\varphi$，因而作用在触头间的电位差将达到 $2U_\varphi$，虽然触头间隙的电气强度在这段时间内已有所恢复，但仍有可能在这一

电位差下被击穿而出现电弧重燃现象，这样一来，线路又与电源连了起来，其对地电压将由
"$-U_\varphi$"变成此时的电源电压$+U_\varphi$，这相当于一个幅值为$+2U_\varphi$的电压波和相应的电流波i（$=2U_\varphi/Z$）从线路首端向末端传播，所到之处电压将变为$+U_\varphi$，电流将由零变为$2U_\varphi/Z$，如图 9-2b 所示。

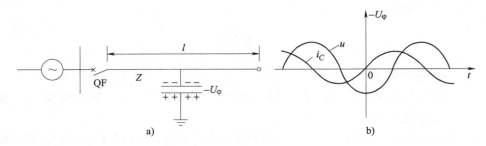

图 9-1　空载线上的电压和电流

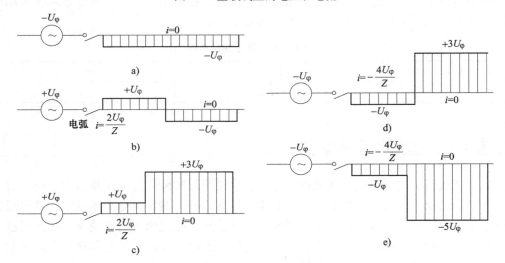

图 9-2　切空线时电压沿线分布图

当上述幅值为$+2U_\varphi$的电压波传到线路的开路末端时（此时$t=T/2+\tau$，$\tau=l/v$），将发生全反射而造成$+3U_\varphi$的对地电压[$+4U_\varphi+(-U_\varphi)=+3U_\varphi$或$+U_\varphi+2U_\varphi=+3U_\varphi$]；与此相反，电流波将发生负的全反射，以反射波所到之处，合成电流$i=0$，如图 9-2c 所示。当这个反射波到达线路首端时（$t=T/2+\tau$），触头间的电流将反向（见图 9-3），因而必然有一过零点，电弧再次熄灭。

熄弧后，线路再次与电源分离而保持$+3U_\varphi$的对地电压，而电源电压仍按正弦规律变化，当$t=T$时，电源电压u又由$+U_\varphi$变为"$-U_\varphi$"，作用在触头间的电位差增大为$4U_\varphi$，如这时触头间的距离还分得不够大，或触头间隙的

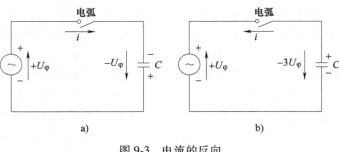

图 9-3　电流的反向

电气强度还没有很好地恢复，就有可能再次被这一电位差所击穿，电弧再一次重燃。这时线路的对地电压将由 $+3U_\varphi$ 转变为此时的电源电压 "$-U_\varphi$"，这相当于一个幅值等于 "$-4U_\varphi$" 的电压波由线路首端向末端传播，相应的电流 $i = -4U_\varphi/Z$，如图 9-2d 所示。当这个电压波和电流波到达开路末端时（$t = T+\tau$ 又将发生全反射，线路上的合成电压将等于 $-8U_\varphi = -5U_\varphi$ [或 $-U_\varphi + (-4U_\varphi) = -5U_\varphi$]，如图 9-2e 所示。

依此类推，线路上的过电压将不断增大（$-U_\varphi \rightarrow +3U_\varphi \rightarrow -5U_\varphi \rightarrow +4U_\varphi$），不过实际上，现代断路器的触头分离速度很快、灭弧能力很强，在绝大多数情况下，只可能发生 1~2 次重燃，国内外大量实测数据表明：这种过电压的最大值超过 $3U_\varphi$ 的概率很小（<5%）。

在上述过程中，电源电压、线路首端和末端电压及流过断路器的电流波形变化如图 9-4 所示。

9.1.2　影响因素和降压措施

以上分析都是按最严重的条件来进行的，实际上电弧的重燃不一定要等到电源电压到达异极性半波的幅值时才发生，重燃的电弧也不一定在高频电流首次过零时就立即熄灭，电源电压在 2τ 的时间内会稍有下降，线路上的电晕放电、泄漏电导等也会使过电压的最大值有所降低。除了这些因素外，还有一些因素也会影响这种过电压的最大值：

1) 中性点接地方式：中性点非有效接地电力系统的中性点电位有可能发生位移，所以某一相的过电压可能特别高一些。

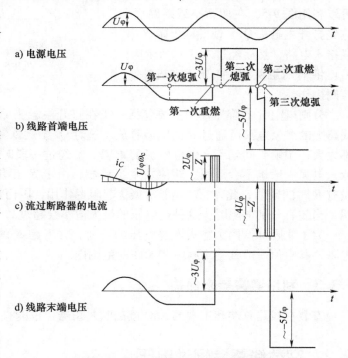

a) 电源电压

b) 线路首端电压

c) 流过断路器的电流

d) 线路末端电压

图 9-4　切空线时的电压、电流波形

一般可以估计比中性点有效接地电力系统中的切空线过电压高 20% 左右。

2) 断路器的性能：重燃次数对这种过电压的最大值有决定性的影响。采用灭弧性能优异的现代断路器，可以防止或减少电弧重燃的次数，因而使这种过电压的最大值降低。

3) 母线上的出线数：当母线上同时接有几条出线，而只切除其中的一条时，这种过电压将较小。

4) 在断路器外侧是否接有电磁式电压互感器等设备：它们的存在将使线路上的剩余电荷有了附加的泄放路径，因而能降低这种过电压。

切空线过电压在 220kV 及以下高压线路绝缘水平的选择中有重要的影响，所以设法采取适当措施以消除或降低这种操作过电压是有很大的技术、经济意义的，主要措施如下：

1) 采用不重燃断路器。如前所述，断路器中电弧的重燃是产生这种过电压的根本原因，如果断路器的触头分离速度很快，断路器的灭弧能力很强，熄弧后触头间隙的电气强度恢复速度大于恢复电压的上升速度，则电弧不再重燃，当然也就不会产生很高的过电压了。在 20 世纪 80 年代之前，由于断路器制造技术的限制，往往不能完全排除电弧重燃的可能性，因而这种过电压曾是按操作过电压选择 220kV 及以下线路绝缘水平的控制性因素；但随着现代断路器设计制造水平的提高，已能基本上达到不重燃的要求，从而使这种过电压在绝缘配合中降至次要的地位。

2）加装并联分闸电阻。这也是降低触头间的恢复电压、避免重燃的有效措施。为了说明它的作用原理，可以利用图 9-5，在切断空载线路后，应先打开主触头 Q_1，使并联电阻 R 串联接入电路，然后经过 $1.5 \sim 2$ 个周期后再将辅助触头 Q_2 打开，完成整个拉闸操作。

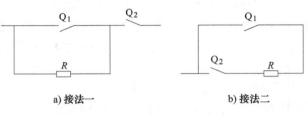

a）接法一　　　　　　　　b）接法二

图 9-5　并联分闸电阻的接法

分闸电阻 R 的降压作用主要包括：①在打开主触头 Q_1 后，线路仍通过 R 与电源相连，线路上的剩余电荷可通过 R 向电源释放。这时 Q_1 上的恢复电压就是 R 上的压降；只要 R 值不太大，主触头间就不会发生电弧的重燃。②经过一段时间后再打开 Q_2 时，恢复电压已较低，电弧一般也不会重燃。即使发生了重燃，由于 R 上有压降，沿线传播的电压波远小于没有 R 时的数值；此外，R 还能对振荡起阻尼作用，因而也能减小过电压的最大值。实测表明，当装有分闸电阻时，这种过电压的最大值不会超过 $2.28U_\varphi$。

为了兼顾降低两个触头恢复电压的需要，并考虑 R 的热容量，这种分闸电阻应为中值电阻，其阻值一般处于 $1000 \sim 3000\Omega$ 的范围内。

9.1.3　利用避雷器来保护

安装在线路首端和末端的 ZnO 或磁吹避雷器，也能有效地限制这种过电压的幅值。

9.2　空载线路合闸过电压

将一条空载线路合闸到电源上去，也是电力系统中一种常见的操作，这时出现的操作过电压称为合空线过电压或合闸过电压。空载线的合闸又可分为两种不同的情况，即正常合闸和自动重合闸。重合闸过电压是合闸过电压中最严重的一种。与许多别的操作过电压相比，合闸过电压的倍数其实并不算大，但在现代的超高压和特高压输电系统中，由于采取了种种措施将其他幅值更高的操作过电压——加以抑制或降低（例如，采用不重燃断路器、新的变压器铁心材料等），而这种过电压却很难找到限制保护措施，因而它在超/特高压系统的绝缘配合中，上升为主要矛盾，成为选择超/特高压系统绝缘水平的决定性因素。

9.2.1　发展过程

让我们用集中参数等效电路暂态计算的方法来分析这种过电压的发展机理。正常合闸时，若断路器的三相完全同步动作，则可按单相电路进行分相研究，于是可以画出图 9-6a

所示的等效电路，其中空载线路用一个 T 效等效电路来代替，R_T，L_T、C_T 分别为其等效电阻、电感和电容，u 为电源相电压，R_0、L_0 分别为电源的电阻和电感。在作定性分析时，还可忽略电源电阻和线路电阻的作用，这样就可进一步简化成图 9-6b 所示的简单振荡回路，其中电感 $L = L_0 + L_T/2$。若取合闸瞬间为时间起算点（$t = 0$），则电源电压的表达式为 $u(t) = U_\varphi \cos\omega t$。

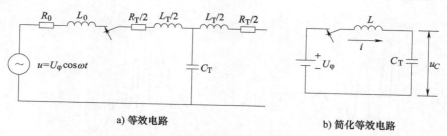

a) 等效电路　　　　　　　　　　b) 简化等效电路

图 9-6　合空线过电压时的集中参数等效电路

在正常合闸时，空载线路上没有残余电荷，初始电压 $u_c(0) = 0$，也不存在接地故障。图 9-6b 的回路方程为 $L\mathrm{d}i/\mathrm{d}t + u_c = u(t)$，由于 $i = C_T\mathrm{d}u_c/\mathrm{d}t$，代入上式得

$$LC_T \frac{\mathrm{d}^2 u_c}{\mathrm{d}t^2} + u_c = u(t) \tag{9-2}$$

先考虑最不利的情况，即在电源电压正好经过幅值 U_φ 时合闸，由于回路的自振频率 f_0 要比 50Hz 的电源频率高得多，所以可认为在振荡的初期，电源电压基本上保持不变，即近似地视为振荡回路合闸到直流电源 U_φ 的情况，于是式（9-2）变成

$$LC_T \frac{\mathrm{d}^2 u_c}{\mathrm{d}t^2} + u_c = U_\varphi \tag{9-3}$$

上式的解为

$$u_c = U_\varphi + A\sin\omega_0 t + B\cos\omega_0 t \tag{9-4}$$

式中　ω_0——振荡回路的自振角频率 $\dfrac{1}{\sqrt{LC_T}}$；

A 和 B——积分常数。

按 $t = 0$ 时的初始条件，$u_c(0) = 0$，$i = C_T\mathrm{d}u_c/\mathrm{d}t = 0$，可求得 $A = 0$，$B = -U_\varphi$，代入式（9-4）可得

$$u_c = U_\varphi(1 - \cos\omega_0 t) \tag{9-5}$$

当 $t = \pi/\omega_0$ 时，$\cos\omega_0 t = -1$，u_c 达到其最大值，即

$$u_c = 2U_\varphi \tag{9-6}$$

实际上，回路存在电阻与能量损耗，振荡将是衰减的，通常以衰减系数 δ 来表示，式（9-5）将变为

$$u_c = U_\varphi(1 - \mathrm{e}^{-\delta t}\cos\omega_0 t) \tag{9-7}$$

式中衰减系数 δ 与图9-6中的总电阻 $(R_0+R_\mathrm{T}/2)$ 成正比。其波形见图9-7a，最大值 U_C 将略小于 $2U_\varphi$。

再者，电源电压并非直流电压 U_φ，而是工频交流电压 $u(t)$，此时 $u_C(t)$ 的表达式将为

$$u_C(t) = U_\varphi(\cos\omega t - \mathrm{e}^{-\delta t}\cos\omega_0 t) \tag{9-8}$$

其波形见图9-7b。

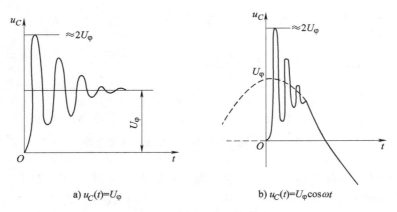

a) $u_C(t)=U_\varphi$ b) $u_C(t)=U_\varphi\cos\omega t$

图9-7 合闸过电压的波形

如果按分布参数等效电路中的波过程来处理，设合闸也发生在电源电压等于幅值 U_φ 的瞬间，且忽略电阻与能量损耗，则沿线传播到末端的电压波将在开路末端发生全反射，使电压增大为 $2U_\varphi$，与式（9-6）的结果是一致的。

以上是正常合闸的情况，空载线路上没有残余电荷，初始电压 $u_C(0)=0$。如果是自动重合闸的情况，那么条件将更为不利，主要原因在于这时线路上有一定残余电荷和初始电压，重合闸时振荡将更加激烈。

例如，在图9-8中，线路的 A 相发生了接地故障，设断路器 QF_2 先跳闸，然后断路器 QF_1 再跳闸，在 QF_2 跳闸后，

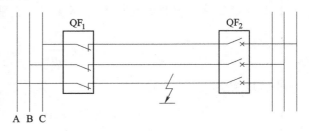

图9-8 中性点有效接地系统中的
单相接地故障和自动重合闸示意图

流过 QF_1 健全相的电流为线路的电容电流，所以 QF_1 动作后，B、C 两相的触头间的电弧将分别在该相电容电流过零时熄灭，这时 B、C 两相导线上的电压绝对值均为 U_φ（极性可能不同）。经过约 $0.5s$ 左右，QF_1 或 QF_2 自动重合，如果 B、C 两相导线上的残余电荷没有泄漏掉，仍然保持着原有的对地电压，那么在最不利的情况下，B、C 两相中有一相的电源电压在重合闸瞬间（$t=0$）正好经过幅值，而且极性与该相导线上的残余电压（设为"$-U_\varphi$"）相反，那么重合闸后出现的振荡将使该相导线上出现最大的过电压，其值可按下式求得

$$U_C = 2U_\mathrm{W} - u_C(0) = 2U_\varphi - (-U_\varphi) = 3U_\varphi$$

式中 U_W——稳态电压。

如果计入电阻及能量损耗的影响，振荡分量也将逐渐衰减，过电压波形将如图9-9a所

示；如果再考虑实际电源电压为工频交流电压，则实际过电压波形将如图 9-9b 所示。

如果采用的是单相自动重合闸，只切除故障相，而健全相不与电源电压相脱离，那么当故障相重合闸时，因该相导线上不存在残余电荷和初始电压，就不会出现上述高幅值重合闸过电压。

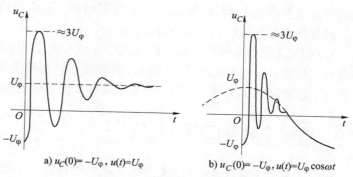

a) $u_C(0)=-U_\varphi$，$u(t)=U_\varphi$ b) $u_C(0)=-U_\varphi$，$u(t)=U_\varphi\cos\omega t$

图 9-9　自动重合闸过电压波形

由上述可知：在合闸过电压中，以三相重合闸的情况最为严重，其过电压理论幅值可达 $3U_\varphi$。

9.2.2　影响因素和限制措施

以上对合闸过电压的分析也是考虑最严重的条件、最不利的情况。实际出现的过电压幅值会受到一系列因素的影响，其中最主要的有：

1）合闸相位：电源电压在合闸瞬间的瞬时值取决于它的相位，它是一个随机量，遵循统计规律。如果合闸不是在电源电压接近幅值 $+U_\varphi$ 或 $-U_\varphi$ 时发生，出现的合闸过电压当然就较低了。

2）线路损耗：实际线路上能量损耗的主要来源是：①线路及电源的电阻 [图 9-6a 中的 R_T 和 R_0]；②当过电压超过导线的电晕起始电压后，导线上出现电晕损耗。

线路损耗能减弱振荡，从而降低过电压。

3）线路残余电压的变化：在自动重合闸之前，大约有 0.5s 的间歇期，导线上的残余电荷在这段时间内会泄放掉一部分，从而使线路残余电压下降，因而有助于降低重合闸过电压的幅值。如果在线路侧接有电磁式电压互感器，那么它的等效电感和等效电阻与线路电容构成一阻尼振荡回路，使残余电荷在几个工频周期内即泄放一空。

合闸过电压的限制、降低措施主要有：

1）装设并联合闸电阻。它是限制这种过电压最有效的措施。并联合闸电阻的接法与图 9-5 中的分闸电阻相同，不过这时应先合 Q_2（辅助触头）、后合 Q_1（主触头）。整个合闸过程的两个阶段对阻值的要求是不同的：在合 Q_2 的第一阶段，R 对振荡起阻尼作用，使过渡过程中的过电压最大值有所降低，R 值越大、阻尼作用越大、过电压就越小，所以希望选用较大的阻值；大约经过 8～15ms，开始合闸的第二阶段，Q_1 闭合，将 R 短接，使线路直接与电源相连，完成合闸操作。

在第二阶段，R 值越大，过电压也越大，所以希望选用较小的阻值。在同时考虑两个阶段互相矛盾的要求后，可找出一个适中的阻值，以便同时照顾到两方面的要求，这个阻值一般处于 400～1000Ω 的范围内，与前面介绍的分闸电阻（中值）相比，合闸电阻应属低值电阻。

2）同电位合闸。所谓同电位合闸，就是自动选择在断路器触头两端的电位极性相同甚至电位也相等的瞬间完成合闸操作，以降低甚至消除合闸和重合闸过电压。具有这种功能的同电位合闸断路器已经研制成功，它既有精确、稳定的机械特性，又有检测触头间电压（捕捉同电位瞬间）的二次选择回路。

3）利用避雷器来保护。安装在线路首端和末端（线路断路器的线路侧）的 ZnO 或磁吹避雷器，均能对这种过电压进行限制，如果采用的是现代 ZnO 避雷器，就有可能将这种过电压的倍数限制到 1.5~1.6，因而可不必再在断路器中安装合闸电阻。

9.3　切除空载变压器过电压

切除空载变压器也是电力系统中常见的一种操作。空载变压器在正常运行时表现为一个励磁电感，因此切除空载变压器就是开断一个小容量电感负荷，这时会在变压器上和断路器上出现很高的过电压。可以预期：在开断并联电抗器、消弧线圈等电感元件时，也会引起类似的过电压。

9.3.1　发展过程

产生这种过电压的原因是流过电感的电流在到达自然零值之前就被断路器强行切断，从而迫使储存在电感中的磁场能量转为电场能量而导致电压的升高。实验研究表明：在切断 100A 以上的交流电流时，开关触头间的电弧通常都是在工频电流自然过零时熄灭的；但当被切断的电流较小时（空载变压器的励磁电流很小，一般只是额定电流的 0.5%~5%，约数安到数十安），电弧往往提前熄灭，也即电流会在过零之前就被强行切断（截流现象）。

为了具体说明这种过电压的发展过程，可利用图 9-10 中的简化等效电路，图中 L_T 为变压器的励磁电感，C_T 为变压器绕组及连接线的对地电容（其值处于数百到数千皮法的范围内）。在工频电压作用下，$i_C \ll i_L$，因而开关所要切断的电流 $i = i_L + i_C \approx i_L$。

假如电流 i_L 是在其自然过零时被切断的话，电容 C_T 和电感 L_T 上的电压正好等于电源电压 u 的幅值 U_φ。

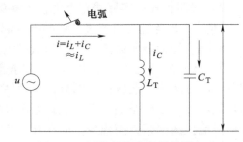

图 9-10　切除空载变压器等效电路

这时 $i_L = 0$ 及 $L_T i_T^2 / 2 = 0$，因此 i_L 被切断后的情况是电容 C_T 上的电荷（$q = C_T U_\varphi$）通过电感 L_T 作振荡性放电，并逐渐衰减至零（因为存在铁心损耗和电阻损耗），可见这样的拉闸不会引起大于 U_φ 的过电压。

如果电流 i_L 在自然过零之前就被提前切断，设此时 i_L 的瞬时值为 I_0，U_C 的瞬时值为 U_0，则切断瞬间在电感和电容中所储存的能量分别为

$$W_L = \frac{1}{2} L_T I_0^2$$

$$W_C = \frac{1}{2} C_T I_0^2$$

此后即在 L_T、C_T 构成的振荡回路中发生电磁振荡，在某一瞬间，全部电磁能量均变为

电场能量，这时电容 C_T 上出现最大电压 U_{max}，因 $\dfrac{1}{2}C_T U_{max}^2 = \dfrac{1}{2}L_T I_0^2 + \dfrac{1}{2}C_T U_0^2$，则有

$$U_{max} = \sqrt{\frac{L_T}{C_T}I_0^2 + U_0^2} \tag{9-9}$$

若略去截流瞬间电容上所储存的能量 $C_T U_0^2/2$，则

$$U_{max} \approx \sqrt{\frac{L_T}{C_T}I_0^2} = Z_T I_0 \tag{9-10}$$

式中，$Z_T = \sqrt{\dfrac{L_T}{C_T}}$ 为变压器的阻抗特性。

在一般变压器中，Z_T 值很大，从而 $\dfrac{L_T}{C_T}I_0^2 \gg U_0^2$，在近似计算中，完全可以忽略 $C_T U_0^2/2$。

截流现象通常发生在电流曲线的下降部分，设 I_0 为正值，则相应的 U_0 必为负值。当开关中突然灭弧时，L_T 中的电流 i_L 不能突变，将继续向 C_T 充电，使电容上的电压从"$-U_0$"向更大的负值方向增大，如图 9-11 所示，此后在 L_0-C_T 回路中出现衰减性振荡，其频率为

$$f = \frac{1}{2\pi\sqrt{L_T C_T}}$$

以上介绍的是理想化了的切除空载变压器过电压的发展过程，实际过程往往要复杂得多，断路器触

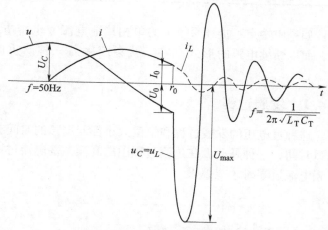

图 9-11　切除空载变压器过电压

头间会发生多次电弧重燃，不过与切空线时相反，这时电弧重燃将使电感中的储能越来越小，从而使过电压幅值变小。

9.3.2　影响因素与限制措施

这种过电压的影响因素主要有：

1）断路器性能：由式（9-10）可知，这种过电压的幅值近似地与截流值 I_0 成正比，每种类型的断路器每次开断时的截流值 I_0 有很大的分散性，但其最大可能截流值 $I_{0(max)}$ 有一定的限度，且基本上保持稳定，因而成为一个重要的指标，并使每种类型的断路器所造成的切空变过电压最大值也各不相同。一般来说，灭弧能力越强的断路器，其对应的切空变过电压最大值也越大。

2）变压器特性：首先是变压器的空载励磁电流 $I_L\left(=\dfrac{U_\varphi}{\omega L_T}\right)$ 或电感 L_T 的大小，对 U_{max} 会有一定的影响。令 I_L 为 i_L 的幅值，如果 $I_L \leqslant I_{0max}$，则过电压幅值 U_{max} 将随 I_L 的增大而增高，最大的过电压幅值将出现在 $i_L = I_L$ 时；如果 $I_L > I_{0max}$，则最大的 U_{max} 将出现在 $i_L = I_{0max}$ 时。空

载励磁电流的大小与变压器容量有关，也与变压器铁心所用的导磁材料有关。近年来，随着优质导磁材料的应用日益广泛，变压器的励磁电流减小很多；此外，变压器绕组改用纠结式绕法以及增加静电屏蔽等措施也使对地电容 C_T 有所增大，使过电压有所降低。

这种过电压的幅值是比较大的，国内外大量实测数据表明：通常它的倍数为 2~3，有10% 左右可能超过 3.5 倍，极少数更高达 4.5~5.0 倍甚至更高。但是这种过电压持续时间短、能量小，因而要加以限制并不困难，甚至采用普通阀式避雷器也能有效地加以限制和保护。如果采用磁吹避雷器或 ZnO 避雷器，效果更好。

在断路器的主触头上并联一个线性或非线性电阻，也能有效地降低这种过电压，不过为了发挥足够的阻尼作用和限制励磁电流的作用，其阻值应接近于被切电感的工频励磁阻抗（数万 Ω），故为高值电阻，这对于限制切、合空线过电压都显得太大了。

9.4 断续电弧接地过电压

如果中性点不接地系统中的单相接地电流（电容电流）较大，接地点的电弧将不能自熄，而以断续电弧的形式存在，就会产生另一种严重的操作过电压——断续电弧接地过电压。

9.4.1 发展过程

这种过电压的发展过程和幅值大小都与熄弧的时间有关。随情况的不同，有两种可能的熄弧时间，一种是电弧在过渡过程中的高频振荡电流过零时即可熄灭，另一种是电弧要等到工频电流过零时才能熄灭。

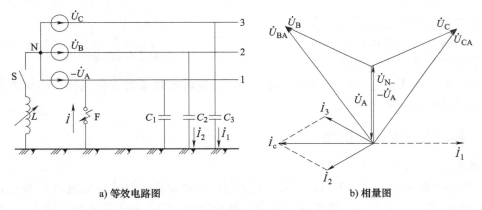

a) 等效电路图   b) 相量图

图 9-12 中性点不接地系统中的单相接地故障

下面就用工频电流过零时熄弧的情况来说明这种过电压的发展机理：为了使分析不致过于复杂，可作下列简化：①略去线间电容的影响；②设备相导线的对地电容均相等，即 $C_1 = C_2 = C_3 = C$。这样就可得出图 9-12a 中的等效电路，其中故障点的电弧以发弧间隙 F 来代替，中性点不接地方式相当于图中性点 N 处的开关 S 呈断开状态。设接地故障发生于 A 相，而且是正当 U_A 经过正幅值时发生，这样 A 相导线的电位立即变为零，中性点电位 U_N 由零升至相电压，即 $U_N = -U_A$，B、C 两相的对地电压都升高到线电压 U_{BA}、U_{CA}。

流过 C_2 和 C_3 的电流 I_2 和 I_3 分别比 U_{BA} 和 U_{CA} 超前 $90°$，其幅值为

$$I_2 = I_3 = \sqrt{3}\,\omega C U_{\varphi}$$

因为 I_2 和 I_3 在相位上相差 $60°$，所以故障点的电流幅值为

$$I_c = \sqrt{3}\,I_2 = 3\omega C U_{\varphi} \propto U_N l \tag{9-11}$$

式中　U_N——电力系统的额定（线）电压（kV）；

　　　l——线路总长度（km）；

　　　C——每相导线的对地电容，$C = C_0 l\,(F)$，C_0 为单位长度的对地电容（F/km）。

由此可知：①流过故障点的电流是线路对地电容所引起的电容电流，其相位较 U_A 滞后 $90°$（较 U_N 超前 $90°$）；②故障电流的大小与电力系统额定电压和线路总长度成正比。

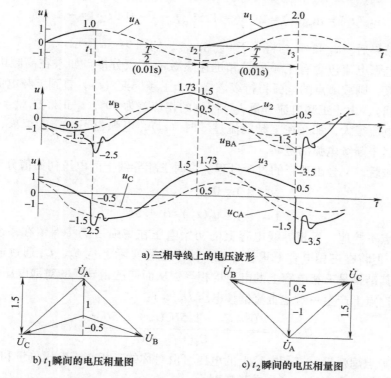

a) 三相导线上的电压波形

b) t_1 瞬间的电压相量图　　　c) t_2 瞬间的电压相量图

图 9-13　在工频电流过零时熄弧的条件下，断续电弧接地过电压的发展过程

如果以 U_A、U_B、U_C 代表三相电源电压；以 u_1、u_2、u_3 代表三相导线的对地电压，即 C_1、C_2、C_3 上的电压，则通过以下分析即可得出图 9-13 所示的过电压发展过程。

设 A 相在 $t = t_1$ 瞬间（此时 $u_A = +U_{\varphi}$）对地发弧，发弧前瞬间（以 t_1^- 表示），三相电容上的电压分别是（见图 9-13b）

$$\begin{cases} u_1(t_1^-) = +U_{\varphi} \\ u_2(t_1^-) = -0.5U_{\varphi} \\ u_3(t_1^-) = -0.5U_{\varphi} \end{cases}$$

发弧后瞬间（以 t_1^+ 表示），A 相 C_1 上的电荷通过电弧泄入地下，其电压降为零；而两健全相电容 C_2、C_3 则由电源的线电压 u_{BA}、u_{CA} 经过电源的电感（图中未画出）进行充电，由原来的电压"$-0.5U_\varphi$"向 u_{BA}、u_{CA}（此时的瞬时值"$-1.5U_\varphi$"）变化。显然，这一充电过程是一个高频振荡过程，其振荡频率取决于电源的电感和导线的对地电容 C。

可见三相导线电压的稳态值分别为

$$\begin{cases} u_1(t_1^+) = 0 \\ u_2(t_1^+) = U_{BA}(t_1) = -1.5U_\varphi \\ u_3(t_1^+) = U_{CA}(t_1) = -1.5U_\varphi \end{cases}$$

在振荡过程中，C_2、C_3 上可能达到的最大电压均为

$$u_{2m}(t_1) = u_{3m}(t_1) = 2 \times (-1.5U_\varphi) - (-0.5U_\varphi) = -2.5U_\varphi$$

过渡过程结果后，u_2 和 u_3 均将等于 u_{BA} 和 u_{CA}，如图 9-13a 所示。

故障点的电弧电流包含有工频分量和迅速衰减的高频分量。如果在高频电流分量过零时，电弧不熄灭，则故障点的电弧将持续燃烧半个工频周期（t），直到工频电流分量过零时才熄灭（t_2 瞬间），由于工频电流分量 I_C 与 U_A 的相位差为 $90°$，t_2 正好是 $u_A = -U_\varphi$ 的瞬间。

如果故障电流很大，那么在工频电流过零时（t_2），电弧也不一定能熄灭，这是稳定电弧的情况，不属于断续电弧的范畴。

t_2 瞬间熄弧后，又会出现新的过渡过程。这时三相导线上的电压初始值分别为

$$\begin{cases} u_1(t_2^-) = 0 \\ u_2(t_2^-) = u_3(t_2^-) = +1.5U_\varphi \end{cases}$$

由于中性点不接地，各相导线电容上的初始电压在熄弧后仍将保留在系统内（忽略对地泄漏电导），但将在三相电容上重新分配，这个过程实际上是 C_2、C_3 通过电源电感给 C_1 充电的过程，其结果是三相电容上的电荷均相等，从而使三相导线的对地电压也相等，即使对地绝缘的中性点上产生一对地直流偏移电压 $U_N(t_2)$：

$$U_N(t_2) = \frac{0 \times C_1 + 1.5U_\varphi C_2 + 1.5U_\varphi C_3}{C_1 + C_2 + C_3}$$

可见在故障点熄弧后，三相电容上的电压可由对称的三相交流电压分量和一个直流电压分量叠加而得，即熄弧后的电压稳态值分别为

$$\begin{cases} u_1(t_2^+) = u_A(t_2) + U_N = -U_\varphi + U_\varphi = 0 \\ u_2(t_2^+) = u_B(t_2) + U_N = 0.5U_\varphi + U_\varphi = 1.5U_\varphi \\ u_3(t_2^+) = u_C(t_2) + U_N = 0.5U_\varphi + U_\varphi = 1.5U_\varphi \end{cases}$$

故

$$\begin{cases} u_1(t_2^+) = u_1(t_2^-) \\ u_2(t_2^+) = u_2(t_2^-) \\ u_3(t_2^+) = u_3(t_2^-) \end{cases}$$

可见三相电压的新稳态值均与起始值相等，因此在 t_2 瞬间熄弧时将没有振荡现象出现。

再经过半个周期 $T/2$，即在 $t_3=t_2+T/2$ 时，故障相电压达到最大值 $2U_\varphi$，如果这时故障点再次发弧，u_1 又将突然降为零，电网中将再一次出现过渡过程。

这时在电弧重燃前，三相电压初始值分别为

$$\begin{cases} u_1(t_3^-) = 2U_\varphi \\ u_2(t_3^-) = u_3(t_3^-) = U_N + u_B(t_3) = U_\varphi + (-0.5U_\varphi) = 0.5U_\varphi \end{cases}$$

新的稳态值为

$$\begin{cases} u_1(t_3^+) = 0 \\ u_2(t_3^+) = u_{BA}(t_3) = -1.5U_\varphi \\ u_3(t_3^+) = u_{CA}(t_3) = -1.5U_\varphi \end{cases}$$

振荡过程中过电压的最大值可达 $u_{2m}(t_3) = u_{3m}(t_3) = 2\times(-1.5U_\varphi) - 0.5U_\varphi = -3.5U_\varphi$。

显然，此后"熄弧—重燃"过程均将与此相同，故过电压最大值也相同（$3.5U_\varphi$）。按工频电流过零时熄弧的理论所做的分析结论是：①两健全相的最大过电压倍数为 3.5；②故障相上不存在振荡过程，最大过电压倍数等于 2.0。

不过，长期以来大量试验研究表明：故障点电弧在工频电流过零时和高频电流过零时熄灭都是可能的。一般来说，发生在大气中的开放性电弧往往要到工频电流过零时才能熄灭；而在强烈去电离的条件下（例如，发生在绝缘油中的封闭性电弧或刮大风时的开放弧），电弧往往在高频电流过零时就能熄灭。在后一种情况下，理论分析所得到的过电压倍数将比上述结果更大。

还应指出，电弧的燃烧和熄灭会受到发弧部位的周围媒质和大气条件等的影响，具有很强的随机性质，因而它所引起的过电压值具有统计性质。在实际电力系统中，由于发弧不一定在故障相上的电压正好为幅值时，熄弧也不一定发生在高频电流第一次过零时，导线相间存在一定的电容，线路上存在能量损耗，同时考虑过电压下将出现电晕而引起衰减等因素的综合影响，这种过电压的实测值不超过 $3.5U_\varphi$，一般在 $3.0U_\varphi$ 以下。但由于这种过电压的持续时间可以很长（例如，数小时），波及范围很广，在整个电力系统某处存在绝缘弱点时，即可在该处造成绝缘闪络或击穿，因而是一种危害性很大的过电压。

9.4.2 防护措施

为了防护这种过电压，最根本的办法就是不让断续电弧出现，这可以通过改变中性点接地方式来实现。

1. 采用中性点有效接地方式

这时单相接地将造成很大的单相短路电流，断路器将立即跳闸，切断故障，经过一段短时间歇，故障点电弧熄灭后再自动重合。如果能成功，可立即恢复送电；如果不能成功，断路器将再次跳闸，不会出现断续电弧现象。我国 110kV 及以上电力系统均采用这种中性点接地方式，除了避免出现这种过电压外，还因为能降低所需的绝缘水平，缩减建设费用。

2. 采用中性点经消弧线圈接地方式

采用中性点有效接地方式虽然能解决断续电弧问题，但每次发生单相接地故障都会引起断路器跳闸，大大降低了供电可靠性，对于 66kV 及以下的线路来说，降低绝缘水平的经济效益不明显，所以大都采用中性点非有效接地的方式，以提高供电可靠性。当单相接地流过故障点的电容电流不大时，不能维持断续电弧长期存在，因而可采用中性点不接地（绝缘）的方式；当电网的电容电流 I_C 达到一定数值时，单相接地点的电弧将难以自熄，需要装设消弧线圈来加以补偿，方能避免断续电弧的出现。

关于消弧线圈的应用场合，我国标准有如下规定：

1）对于 35kV 和 66kV 系统，如单相接地电容电流 I_C 不超过 10A 时，中性点可采用不接地方式；如 I_C 超过上述容许值（10A）时，应采用经消弧线圈接地方式。

2）对于不直接与发电机连接的 3~10kV 系统，I_C 的容许值如下：

① 由钢筋混凝土或金属杆塔的架空线路构成者：10A；

② 由非钢筋混凝土或非金属杆塔的架空线路构成者：3kV、6kV~30A，10kV~20A；

③ 由电缆线路构成者：30A。

3）对于与发电机直接连接的 3~20kV 系统，如 I_C 不超过表 9-2 所示容许值，其中性点可采用不接地方式；如超过容许值，应采用经消弧线圈接地方式。

表 9-2　接有发电机的系统电容电流容许值

发电机额定电压/kV	发电机额定电压/MW	I_C 容许值/A
6.3	≤50	4
10.5	50~100	3
13.8~15.75	125~200	2（非氢冷）
		2.5（氢冷）
18~15.75	≥300	1

消弧线圈是一只具有分段（即带间隙的）铁心和电感可调的电感线圈，接在电力系统中性点与大地之间（见图 9-12a 中合上开关 S 的情况）。在电力系统正常运行时，其中性点的对地电位很低，流过消弧线圈的电流很小、电能损耗也很有限。一旦电力系统中发生单相（例如，A 相）接地故障时，中性点对地电压 U_N 立即升为 $-U_A$，流过消弧线圈的电感电流 I_L 正好与接地电容电流 I_C 反相（见图 9-12b）。

前面已经求得，流过故障点的电容电流为

$$| \dot{I}_C | = 3\omega C U_\varphi$$

接有消弧线圈后，流过故障点的电感电流为

$$| \dot{I}_L | = \frac{U_\varphi}{\omega L}$$

如果调节 L 值，使 $| I_L | = | I_C |$，则二者将相互抵消，这种情况称为全补偿。由此可求出全补偿时的电感值应为

$$L = \frac{1}{\omega^2 3C} \tag{9-12}$$

从消弧的视角出发，采用全补偿无疑是最佳方案，但在实际电力系统中，由于其他方面的原因（特别是为了避免中性点位移电压过高），并不采用上式所示的全补偿时的 L 值，而是取得比它小一些或大一些。如果 $| I_L | > | I_C |$（即 $L < 1/3\omega^2 C$，称为过补偿；如果

$|I_L| < |I_C|$ （即 $L>1/3\omega^2 C$），称为欠补偿。由于多方面原因，一般均希望采用以过补偿为主的运行方式。

消弧线圈的运行主要就是调谐值的整定。在选择消弧线圈的调谐值（即 L 值）时，应该满足下述两方面的基本要求：

1）单相接地时，流过故障点的残流应符合能可靠地自动消弧的要求；

2）在电力系统正常运行和发生故障时，中性点位移电压 U_N 都不可以升高到危及绝缘的程度。

实际上，这两个要求是互相矛盾的，因而我们只能采取折中的方案来同时满足两方面的要求。

9.5 有关操作过电压若干总的概念与结论

通过以上对 4 种常见的典型操作过电压及其防护措施的分析与介绍，我们可以得到一些有关操作过电压的总的概念与结论：

1）电力系统中各种操作过电压的产生原因和发展过程各异、影响因素很多，但其根源均为电力系统内部储存的电磁能量发生交换和振荡。其幅值和波形与电网结构及参数、中性点接地方式、断路器性能、运行接线及操作方式、限压保护装置的性能等多种因素有关。

2）操作过电压具有多种多样的波形和持续时间（从数百微秒到工频的若干周波），较长的持续时间对应于线路较长的情况。经过适当筛选、简化和处理，可将它归纳成两种典型的波形：①在工频电压分量上叠加一高频（数百到数千赫兹）衰

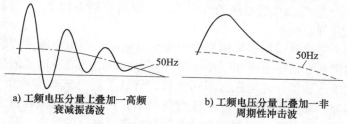

a）工频电压分量上叠加一高频 衰减振荡波　　b）工频电压分量上叠加一非 周期性冲击波

图 9-14　典型的操作过电压波形

减性振荡波，如图 9-14a 所示；②在工频电压分量上叠加一非周期性冲击波，后者的波前时间为 0.1～0.5ms，半峰值时间约 3～4ms，如图 9-14b 所示。在此基础上，国际电工委员会（IEC）和我国国家标准推荐图 9-14a 的 250/2500μs 冲击长波和图 9-14b 的衰减振荡波作为试验用的标准操作冲击电压波形，应该说是合适的。

3）在断路器内安装并联电阻是降低多种操作过电压的有效措施，但这些操作过电压对并联电阻的阻值提出了不同的要求。显然，我们不可能在断路器内为每种过电压单独安装一组并联电阻，而只能合用一组，那么它的阻值究竟应怎么选择呢？首先，切空变过电压要求采用高值并联电阻，这与切、合空线过电压所要求的大不相同，好在切空变过电压持续时间短、能量小，可以用任何一种避雷器加以限制和保护，因而在选择并联电阻的阻值时，可以不予考虑。但切、合空线过电压所要求的阻值也不相同，因而只能采取折中的方案：在 220kV 及以上电力系统中，通常更多地倾向于采用以限制切空线过电压为主的中值电阻；而在 500kV 及以上电力系统中，倾向于以限制合空线过电压为主的低值电阻。在采用现代 ZnO 避雷器的情况下，是否尚需装用并联合闸电阻，可以通过验算决定。

4）操作过电压的幅值受到许多因素的影响，因而具有显著的统计性质。根据国内外大量实测资料，综合考虑各种操作过电压的幅值及出现概率，我国标准规定了在未采用避雷器对操作过电压幅值进行限制的情况下按操作过电压作绝缘配合时，可采用表9-3给出的计算倍数。3~220kV电力系统的相间操作过电压可以取相对地过电压的1.3~1.4倍。

表9-3　操作过电压的计算倍数

系统额定电压/kV	中性点接地方式	相对地操作过电压计算倍数
66及以下	非有效接地	4.0
35及以下	有效接地（经小电阻）	3.2
110~220	有效接地	3.0

5）能同时保护操作过电压和雷电过电压的磁吹避雷器，特别是现代金属氧化物避雷器的问世，为操作过电压的限制与防护提供了新的可能性。普通阀式避雷器是不能用来保护操作过电压的，因为它的通流能力和热容量有限，如果在操作过电压下动作，往往发生爆炸或损坏。对于保护操作过电压用的避雷器，有以下一些特殊的要求：

① 有间隙避雷器的火花间隙在操作过电压下的放电电压可以与工频放电电压不同，而且分散性较大；

② 操作过电压下，流过避雷器的电流虽然一般均小于雷电流，但持续时间长，因而对阀片通流容量的要求较高；

③ 在操作过电压的作用下，避雷器可能多次动作，因而对阀片和火花间隙的要求都比较苛刻。

磁吹避雷器虽可用来限制操作过电压，但由于所采用的高温阀片的非线性指数较大，当避雷器在雷电过电压下动作时，流过的冲击电流所造成的残压可能偏高。为了协调限制雷电过电压和操作过电压的不同要求，研制了复合式磁吹避雷器。现代 ZnO 避雷器由于具有无间隙、动作电压低、非线性指数较小、残压低、通流容量大、保护距离长等一系列优点，所以可以同时满足限制雷电过电压和操作过电压的要求，是目前最理想的保护装置。

9.6　工频电压升高

作为暂时过电压中的一类，工频电压升高的倍数虽然不大，一般不会对电力系统的绝缘直接造成危害，但是它在绝缘裕度较小的超高压输电系统中仍受到很大的注意。这是因为：

1）由于工频电压升高大都在空载或轻载条件下发生，与多种操作过电压的发生条件相同或相似，所以它们有可能同时出现、相互叠加，也可以说，多种操作过电压往往就是在工频电压升高的基础上发生和发展的，所以在设计高压电网的绝缘时，应计及它们的联合作用。

2）工频电压升高是决定某些过电压保护装置工作条件的重要依据。例如，避雷器的灭弧电压就是按照电力系统单相接地时健全相上的工频电压升高来选定的，所以它直接影响到避雷器的保护特性和电力设备的绝缘水平。

3）由于工频电压升高是不衰减或弱衰减现象，持续的时间很长，对设备绝缘及其运行条件也有很大的影响，例如，有可能导致油纸绝缘内部发生局部放电、染污绝缘子发生沿面闪络、导线上出现电晕放电等。

下面分别介绍电力系统中常见的几种工频电压升高的产生机理及降压措施：

9.6.1　空载长线电容效应引起的工频电压升高

输电线路在长度不很大时，可用集中参数的电阻、电感和电容来代替，图 9-15a 给出了它的 T 型等效电路，图中 R_0、L_0 为电源的内电阻和内电感，R_T、L_T、C_T 为 T 型等效电路中的线路等效电阻、电感和电容，$e(t)$ 为电源相电动势；由于线路空载，就可简化成一个 R、L、C 串联电路，如图 9-15b 所示。一般 R 要比 X_L 和 X_C 小得多，而空载线路的工频容抗 X_C 又要大于工频感抗 X_L，因此在工频电动势 E 的作用下，线路上流过的容性电流在感抗上造成的压降 U_L 将使容抗上的电压 U_C 高于电源电动势。其关系式如下：

$$\dot{E} = \dot{U}_R + \dot{U}_L + \dot{U}_C = R\dot{I} + jX_L\dot{I} - jX_C\dot{I} \tag{9-13}$$

若忽略 R 的作用，则

$$\dot{E} = \dot{U}_L + \dot{U}_C = j\dot{I}(X_L - X_C) \tag{9-14}$$

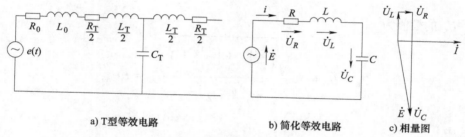

a) T 型等效电路　　　　b) 简化等效电路　　　　c) 相量图

图 9-15　空载长线的电容效应

由于电感与电容上的压降反相，且 $U_C > U_L$，可见电容上的压降大于电源电动势，如图 9-15c 所示。

随着输电电压的提高、输送距离的增长，在分析空载长线的电容效应时，也需要采用分布参数等效电路，但基本结论与前面所述相似。为了限制这种工频电压升高现象，大多采用并联电抗器来补偿线路的电容电流，以削弱电容效应，效果十分显著。

9.6.2　不对称短路引起的工频电压升高

不对称短路是电力系统中最常见的故障形式，当发生单相或两相对地短路时，健全相的电压都会升高，其中单相接地引起的电压升高更大一些。此外，阀式避雷器的灭弧电压通常也就是依据单相接地时的工频电压升高来选定的。所以下面将只讨论单相接地的情况。

单相接地时，故障点各相的电压、电流是不对称的，为了计算健全相上的电压升高，通常采用对称分量法和复合序网进行分析，不仅计算方便，且可计及长线的分布特性。

当 A 相接地时，可求得 B、C 两健全相上的电压为

$$\begin{cases} \dot{U}_B = \dfrac{(a^2 - 1)Z_0 + (a^2 - a)Z_2}{Z_0 + Z_1 + Z_2}\dot{U}_{A0} \\[4mm] \dot{U}_C = \dfrac{(a - 1)Z_0 + (a^2 - a)Z_2}{Z_0 + Z_1 + Z_2}\dot{U}_{A0} \\[4mm] a = e^{j\frac{2\pi}{3}} \end{cases} \tag{9-15}$$

式中　　$\dot{U}_{A0}$——正常运行时故障点处 A 相电压；

Z_1、Z_2、Z_0——从故障点看进去的电网正序、负序和零序阻抗。

对于电源容量较大的系统，$Z_1 \approx Z_2$，如果再忽略各序阻抗中的电阻分量 R_0、R_1、R_2，则式（9-15）可改写成

$$\begin{cases} \dot{U}_{B} = \left(-\dfrac{1.5\dfrac{X_0}{X_1}}{2+\dfrac{X_0}{X_1}} - j\dfrac{\sqrt{3}}{2} \right)\dot{U}_{A0} \\[4mm] \dot{U}_{C} = \left(-\dfrac{1.5\dfrac{X_0}{X_1}}{2+\dfrac{X_0}{X_1}} + j\dfrac{\sqrt{3}}{2} \right)\dot{U}_{A0} \end{cases} \qquad (9\text{-}16)$$

U_B、U_C 的模值为

$$U_B = U_C = \sqrt{3}\,\frac{\sqrt{\left(\dfrac{X_0}{X_1}\right)^2 + \left(\dfrac{X_0}{X_1}\right) + 1}}{\dfrac{X_0}{X_1} + 2} U_{A0} = K U_{A0} \qquad (9\text{-}17)$$

上式中

$$K = \frac{\sqrt{3\left(\dfrac{X_0}{X_1}\right)^2 + \left(\dfrac{X_0}{X_1}\right) + 1}}{\dfrac{X_0}{X_1} + 2} \qquad (9\text{-}18)$$

系数 K 称为接地系数，表示单相接地故障时健全相的最高对地工频电压有效值与无故障时对地电压有效值之比。根据式（9-18）即可画出如图 9-16 所示的接地系数 K 与 X_0/X_1 的关系曲线。

下面按电力系统中性点接地方式分别分析健全相电压升高的程度。对中性点不接地（绝缘）的电力系统，X_0 取决于线路的容抗，故为负值。单相接地时，健全相上的工频电压升高约为额定（线）电压 U_n 的 1.1 倍，避雷器的灭弧电压按 110%U_n 选择，可称为"110%避雷器"。

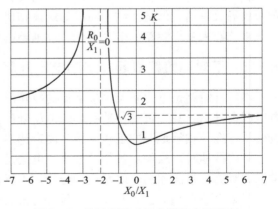

图 9-16　单相接地时健全相的电压升高

对中性点经消弧线圈接地的 35~60kV 电力系统，在过补偿状态下运行时，X_0 为很大的正值，单相接地时，健全相上电压接近于额定电压 U_n，故采用"100%避雷器"。

对中性点有效接地的 110~220kV 电网，X_0 为不大的正值，其 $X_0/X_1 \leqslant 3$，单相接地时健全相上的电压升高不大于 $1.4U_{A0}(\approx 0.8U_n)$，故采用的是"80%避雷器"。

9.6.3　甩负荷引起的工频电压升高

当输电线路在传输较大容量时，断路器因某种原因而突然跳闸甩掉负荷时，会在原动机与发电机内引起一系列机电暂态过程，它是造成工频电压升高的又一原因。

在发电机突然失去部分或全部负荷时，通过励磁绕组的磁通因须遵循磁链守恒原则而不会突变，与其对应的电源电动势 E'_d 维持原来的数值。原先负荷的电感电流对发电机主磁通的去磁效应突然消失，而空载线路的电容电流对主磁通起助磁作用，使 E'_d 反而增大，要等到自动电压调节器开始发挥作用时，才逐步下降。

另一方面，从机械过程来看，发电机突然甩掉部分有功负荷后，因原动机的调速器有一定惯性，在短时间内输入原动机的功率来不及减少，将使发电机转速增大、电源频率上升，不但发电机的电动势随转速的增大而升高，而且还会加剧线路的电容效应，从而引起较大的电压升高。

最后，在考虑线路的工频电压升高时，如果同时计及空载线路的电容效应、单相接地及突然甩负荷等 3 种情况，那么工频电压升高可达到相当大的数值（例如，2 倍相电压）。实际运行经验表明：在一般情况下，220kV 及以下的电网中不需要采取特殊措施来限制工频电压升高；但在 330～500kV 超高压电网中，应采用并联电抗器或静止补偿装置等措施，将工频电压升高限制在 1.3～1.4 倍相电压以下。

9.7　谐振过电压

电力系统中存在着大量储能元件，即储存静电能量的电容元件（导线的对地电容和相间电容，串、并联补偿电容器组，过电压保护用电容器，各种设备的杂散电容等）和储存磁能的电感元件（变压器、互感器、发电机、消弧线圈、电抗器及各种杂散电感等）。当系统中出现扰动时（操作或发生故障），这些电感、电容元件就有可能形成各种不同的振荡回路，引起谐振过电压。

9.7.1　谐振过电压的类型

通常认为，系统中的电阻元件和电容元件均为线性元件，而电感元件则可分为 3 类：一类也是线性的（在一定条件下）；第二类是非线性的，还有一类是电感值呈周期性变化的电感元件。与之相对应，可能发生 3 种不同形式的谐振现象：

1. 线性谐振过电压

这种电路中的电感 L 与电容 C、电阻 R 一样，都是线性参数，即它们的值都不随电流、电压而变化。这些或者是磁通不经过铁心的电感元件，或者是铁心的励磁特性接近线性的电感元件。

它们与电力系统中的电容元件形成串联回路，当电力系统的交流电源频率接近于回路的自振频率时，回路的感抗和容抗相等或相近而互相抵消，回路电流只受回路电阻的限制而可以达到很大的数值，这样的串联谐振将在电感元件和电容元件上产生远远超过电源电压的过电压。

限制这种过电流和过电压的方法是使回路脱离谐振状态或增加回路的损耗。在电力系统设计和运行时，应设法避开谐振条件，以消除这种线性谐振过电压。

　　2. 参数谐振过电压

　　系统中某些元件的电感会发生周期性变化，例如，发电机转动时，其电感的大小随着转子位置的不同而周期性地变化。当发电机带有电容性负载（例如，一段空载线路）时，如果再存在不利的参数配合，就有可能引发参数谐振现象，产生参数谐振过电压。有时将这种现象称为发电机的自励磁或自激过电压。

　　由于回路中有损耗，所以只有当参数变化所吸收的能量（由原动机供给）足以补偿回路中的损耗时，才能保证谐振的持续发展。从理论上来说，这种谐振的发展将使振幅无限增大，而不像线性谐振那样受到回路电阻的限制；但实际上，当电压增大到一定程度后，电感一定会出现饱和现象，而使回路自动偏离谐振条件，使过电压不致无限增大。

　　发电机在正式投入运行前，设计部门要进行自激的校核，避开谐振点，因此一般不会出现参数谐振现象。

　　3. 铁磁谐振过电压

　　当电感元件带有铁心时，一般都会出现饱和现象，这时电感不再是常数，而是随着电流或磁通的变化而改变，在满足一定条件时，就会产生铁磁谐振现象。它具有一系列不同于其他谐振过电压的特点，可在电力系统中引发某些严重事故，为此将在下面作比较详细的分析。

9.7.2　铁磁谐振过电压

　　为了探讨这种过电压最基本的物理过程，可利用图 9-17 中最简单的 L-C 串联谐振电路。不过这时的 L 是一只带铁心的非线性电感，电感值是一个变数，因而回路也就没有固定的自振频率，同一回路中，既可能产生振荡频率等于电源频率的基频谐振，也可以产生高次谐波（如 2 次、3 次、5 次等）和分次谐波（如 1/2 次、

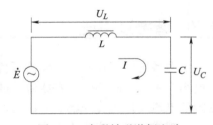

图 9-17　串联铁磁谐振电路

1/3 次、1/5 次等）谐振，具有各种谐波谐振的可能性是铁磁谐振的一个重要特点。不过为了简化和突出基频谐振的基本物理概念，可略去回路中各种谐波的影响，并忽略回路中一定会有的能量损耗。

　　在图 9-18 中分别画出了电感上的电压 U_L 及电容上的电压 U_C 与电流 I 的关系（电压、电流均以有效值表示）。由于电容是线性的，所以 $U_C(I)$ 是一条直线 $U_C = I/\omega C$；随着电流的增大，铁心出现饱和现象，电感 L 不断减小，设两条伏安特性相交于 P 点。

　　由于 U_L 与 U_C 的相位相反，当 $\omega L > 1/\omega C$，即 $U_L > U_C$ 时，电路中的电流是感性的；但当 $I > I_P$ 以后，$U_C > U_L$，电流变为容性。由回路元件上的压降与电源电动势的平衡关系可得

$$\dot{E} = \dot{U}_L + \dot{U}_C \tag{9-19}$$

上面的平衡式也可以用电压降总和的绝对值 ΔU 来表示，即

$$E = \Delta U = |\, U_L - U_C\,| \tag{9-20}$$

ΔU 与 I 的关系曲线 $\Delta U(I)$ 也在图 9-18 中绘出。

　　电动势 E 和 ΔU 曲线相交点，就是满足上述平衡方程的点。由图 9-18 中可以看出，有

a_1、a_2、a_3 三个平衡点，但这三点并不都是稳定的。研究某一点是否稳定，可以假定回路中有一微小的扰动，分析此扰动是否能使回路脱离该点。例如，a_1 点，若回路中电流稍有增加，$\Delta U > E$，即电压降大于电动势，使回路电流减小，回到 a_1 点。反之，若回路中电流稍有减小，$\Delta U < E$，电压降小于电动势，使回路电流增大，同样回到 a_1 点。因此，a_1 点是稳定点。用同样的方法分析 a_2、a_3 点，即可发现 a_3 也是稳定点，而 a_2 是不稳定点。

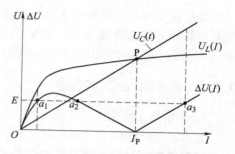

图 9-18　串联铁磁谐振电路的特性曲线

同时，从图中可以看出，当电动势较小时，回路存在着两个可能的工作点 a_1、a_3，而当 E 超过一定值以后，可能只存在一个工作点。当有两个工作点时，若电源电动势是逐渐上升的，则能处在非谐振工作点 a_1。为了建立起稳定的谐振点 a_3，回路必须经过强烈的扰动过程，例如，发生故障、断路器跳闸、切除故障等。这种需要经过过渡过程建立的谐振现象称之为铁磁谐振的"激发"。而且一旦"激发"起来以后，谐振状态就可以保持很长时间，不会衰减。

根据以上分析，基波的铁磁谐振有下列特点：

1）产生串联铁磁谐振的必要条件是：电感和电容的伏安特性必须相交，即

$$\omega_L > 1/\omega C \tag{9-21}$$

因而，铁磁谐振可以在较大范围内产生。

2）对铁磁谐振电路，在同一电源电动势作用下，回路可能有不止一种稳定工作状态。在外界激发下，回路可能从非谐振工作状态跃变到谐振工作状态，电路从感性变为容性，发生相位反倾，同时产生过电压与过电流。

3）铁磁元件的非线性是产生铁磁谐振的根本原因，但其饱和特性本身又限制了过电压的幅值。此外，回路中的损耗，会使过电压降低，当回路电阻值大到一定数值时，就不会出现强烈的谐振现象。

电力系统中的铁磁谐振过电压常发生在非全相运行状态中，其中电感可以是空载变压器或轻载变压器的励磁电感、消弧线圈的电感、电磁式电压互感器的电感等，电容是导线的对地电容、相间电容以及电感线圈对地的杂散电容等。

为了限制和消除铁磁谐振过电压，人们已经找到了许多有效的措施：

1）改善电磁式电压互感器的励磁特性，或改用电容式电压互感器。

2）在电压互感器开口三角绕组中接入阻尼电阻，或在电压互感器一次绕组的中性点对地接入电阻。

3）在有些情况下，可在 10kV 及以下的母线上装设一组三相对地电容器，或用电缆段代替架空线段，以增大对地电容，从参数搭配上避开谐振。

4）在特殊情况下，可将系统中性点临时经电阻接地或直接接地，或投入消弧线圈，也可以按事先规定投入某些线路或设备，以改变电路参数，消除谐振过电压。

9.8　电力系统绝缘配合

随着电力系统电压等级的提高，正确解决电力系统的绝缘配合问题显得越来越重要。为

了处理好这个问题，需要很好地掌握电介质和各种绝缘结构的电气强度、电力系统中的过电压及其防护装置的特性等方面的知识，甚至涉及电力系统的设计运行、故障分析和事故处理。它是电力系统中涉及面最广的综合性科学技术课题之一。

9.8.1 绝缘配合基本概念

1. 绝缘配合的根本任务

电力系统绝缘配合的根本任务是：正确处理过电压和绝缘这一对矛盾，以达到优质、安全、经济供电的目的，更具体的说法是：根据电气设备所在系统中可能出现的各种电气应力（工作电压和各种过电压），并考虑保护装置的保护性能和绝缘的电气特性，适当选择设备的绝缘水平，使之在各种电气应力的作用下，绝缘故障率和事故损失均处于经济上和运行上都能够接受的合理范围内。

在就绝缘配合算经济账时，应该全面考虑投资费用（特指绝缘投资和过电压防护措施的投资）、运行维护费用（也指绝缘和过电压防护装置的运行维护）和事故损失（特指绝缘故障引起的事故损失）等3个方面，以求优化总的经济指标。

绝缘配合的核心问题是确定各种电气设备的绝缘水平，它是绝缘设计的首要前提，往往以各种耐压试验所用的试验电压值来表示。由于任何一种电气设备在运行中都不是孤立存在的，首先是它们一定和某些过电压保护装置一起运行并接受后者的保护，其次是各种电气设备绝缘之间，甚至各种保护装置之间在运行中都是互有影响的，所以在选择绝缘水平时，需要考虑的因素很多，需要协调的关系很复杂。电力系统中存在着许多绝缘配合方面的问题，下面就是一些例子。

（1）架空线路与变电所之间的绝缘配合

大多数过电压发源于输电线路，在电网发展的早期，为了使侵入变电所的过电压不致太高，曾一度把线路的绝缘水平取得比变电所内电气设备的绝缘水平低一些，因为线路绝缘（它们都是自恢复绝缘）发生闪络的后果不像变电设备绝缘故障那样严重，这在当时的条件下，有一定的合理性。

在现代变电所内，装有保护性能相当完善的阀式避雷器，来波的幅值大并不可怕，因为有避雷器可靠地加以限制，只要过电压波前陡度不太大，变电设备均处于避雷器的保护距离之内，流过避雷器的雷电流也不超过规定值，大幅值过电压波就不会对设备绝缘构成威胁。

实际上，现代输电线路的绝缘水平反而高于变电设备，因为有了避雷器的可靠保护，降低变电设备的绝缘水平不但可能，而且经济效益显著。

（2）同杆架设的双回路线路之间的绝缘配合

为了避免雷击线路引起这两回线路同时跳闸停电的事故，在第8章中曾介绍过"不平衡绝缘"的方法，两回路绝缘水平之间应选择多大的差距，就是一个绝缘配合问题。

（3）电气设备内绝缘与外绝缘之间的绝缘配合

在没有获得现代避雷器的可靠保护以前，曾将内绝缘水平取得高于外绝缘水平，因为内绝缘击穿的后果远较外绝缘（套管）闪络更为严重。

（4）各种外绝缘之间的绝缘配合

有不少电力设施的外绝缘不止一种，它们之间往往也有绝缘配合问题。架空线路塔头空气间隙的击穿电压与绝缘子串的闪络电压之间的关系就是一个典型的绝缘配合问题，这在后面将有详细的介绍。又如高压隔离开关的断口耐压必须设计得比支柱绝缘子的对地闪络电压更高一些，这样的配合是保证人身安全所必需的。

（5）各种保护装置之间的绝缘配合

图 8-43 的变电所防雷接线中的阀式避雷器 FV 与断路器外侧的管式避雷器 FT 放电特性之间的关系就是不同保护装置之间绝缘配合的一个很典型的例子。

（6）被保护绝缘与保护装置之间的绝缘配合

这是最基本和最重要的一种配合，将在后面作详细的分析。

2. 绝缘配合的发展阶段

从电力系统绝缘配合的发展过程来看，大致上可分为 3 个阶段。

（1）多级配合（1940 年以前）

由于当时所用的避雷器保护性能不够好、特性不稳定，因而不能把它的保护特性作为绝缘配合的基础。

当时采用的多级配合的原则是：价格越昂贵、修复越困难、损坏后果越严重的绝缘结构，其绝缘水平应选得越高。按照这一原则，显然变电所的绝缘水平应高于线路，设备内绝缘水平应高于外绝缘水平，等等。

有些国家直到 20 世纪 50 年代仍沿用这种绝缘配合方法。例如把变电所中的绝缘水平分为 4 级（见图 9-19）：①避雷器（FV）；②并联在套管（外绝缘）上的放电间隙（F），其作用是防止沿面电弧灼烧套管的釉面，图 9-20 为其示意图；③套管（外绝缘）；④内绝缘。按照上述多级配合的原则，这四级绝缘的伏秒、特性应作图 9-19 表示的配合方式。

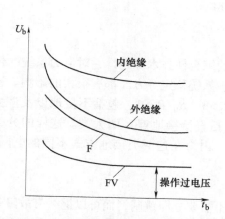

图 9-19　以 50%伏秒特性表示的多级配合

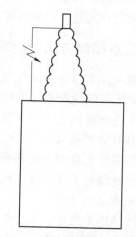

图 9-20　在套管上跨接放电间隙

粗略看来，这种配合原则似乎也有一定的合理性。但实际上采用这种配合原则会引起严重的困难，其中最主要的问题是：为了使上一级伏秒特性带的下包线不与下一级伏秒特性带的上包线发生交叉或重叠，相邻两级的 50%伏秒特性之间均需保持 15% ~ 20% 左右的差距（裕度），这是冲击波下闪络电压和击穿电压的分散性所决定的。因此不难看出，采用多级配合必然会把设备内绝缘水平抬得很高，这是特别不利的。

如果说在过去由于避雷器的保护性能不够稳定和完善，因而不能过于依赖它的保护功能而不得不把被保护绝缘的绝缘水平再分成若干档次，以减轻绝缘故障后果、减少事故损失；那么在现代阀式避雷器的保护性能不断改善、质量大大提高了的情况下，再采用多级配合的原则就是严重的错误了。

（2）两级配合（惯用法）

从20世纪40年代后期开始，有越来越多的国家逐渐摒弃多级配合的概念而转为采用两级配合的原则，即各种绝缘都接受避雷器的保护，仅仅与避雷器进行绝缘配合，而不再在各种绝缘之间寻求配合。换言之，阀式避雷器的保护特性变成了绝缘配合的基础，只要将它的保护水平乘上一个综合考虑各种影响因素和必要裕度的系数，就能确定绝缘应有的耐压水平。从这一基本原则出发，经过不断修正与完善，终于发展成为直至今日仍在广泛应用的绝缘配合惯用法。

（3）绝缘配合统计法

随着输电电压的提高，绝缘费用因绝缘水平的提高而急剧增大，因而降低绝缘水平的经济效益也越来越显著。

在习惯用法中，以过电压的上限与绝缘电气强度的下限作绝缘配合，而且还要留出足够的裕度，以保证不发生绝缘故障。但这样做并不符合优化总经济指标的原则。从20世纪60年代以来，国际上出现了一种新的绝缘配合方法，称为"统计法"。它的主要原则如下：电力系统中的过电压和绝缘的电气强度都是随机变量，要求绝缘在过电压的作用下不发生任何闪络或击穿现象，未免过于保守和不合理了（特别是在超高压和特高压输电系统中）。正确的做法应该是规定出某一个可以接受的绝缘故障率（例如，将超、特高压线路绝缘在操作过电压下的闪络概率取做 0.1%~1%），容许冒一定的风险。总之，应该用统计的观点及方法来处理绝缘配合问题，以求获得优化的总经济指标。

9.8.2 中性点接地方式对绝缘水平的影响

电力系统中性点接地方式也是一个涉及面很广的综合性技术课题，它对电力系统的供电可靠性、过电压与绝缘配合、继电保护、通信干扰、系统稳定等方面都有很大的影响。通常将电力系统中性点接地方式分为非有效接地（$X_0/X_1 > 3$，$R_0/R_1 > 1$，包括不接地以及消弧线圈接地等）和有效接地（$X_0/X_1 \leqslant 3$，$R_0/R_1 \leqslant 1$，包括直接接地等）两大类。这样的分类方法从过电压和绝缘配合的角度来看也是特别合适的。因为在这两类接地方式不同的电网中，过电压水平和绝缘水平都有很大的差别。

1. 最大长期工作电压

在非有效接地系统中，由于单相接地故障时并不需要立即跳闸，而可以继续带故障运行一段时间（例如，两个小时），这时健全相上的工作电压升高到线电压，再考虑最大工作电压可以比额定电压 U_N 高 10%~15%，可见其最大长期工作电压为 $(1.1~1.15)U_N$。

在有效接地系统中，最大长期工作电压仅为 $(1.1~1.15)\dfrac{U_N}{\sqrt{3}}$。

2. 雷电过电压

不管原有的雷电过电压波的幅值有多大，实际作用到绝缘上的雷电过电压幅值均取决于阀式避雷器的保护水平。由于阀式避雷器的灭弧电压是按最大长期工作电压选定的，因而有效接地系统中所用避雷器的灭弧电压较低，相应的火花间隙数和阀片数较少，冲击放电电压和残压也较低，一般约比同一电压等级的中性点为非有效接地系统中的避雷器低 20%左右。

3. 内部过电压

在有效接地系统中，内部过电压是在相电压的基础上发生和发展的，而在非有效接地系统中，则有可能在线电压的基础上发生和发展，因而在有效接地系统中，内部过电压也要比相电压低 20%~30%。

综合以上 3 方面的原因，中性点有效接地系统的绝缘水平可比非有效接地系统低 20%左右。但降低绝缘水平的经济效益大小与系统的电压等级有很大的关系：在 110kV 及以上的系统中，绝缘费用在总建设费用中所占比重较大，因而采用有效接地方式以降低系统绝缘水平在经济上好处很大，成为选择中性点接地方式时的首要因素；在 66kV 及以下的系统中，绝缘费用所占比重不大，降低绝缘水平在经济上的好处不明显，因而供电可靠性上升为首要考虑因素，所以一般均采用中性点非有效接地方式（不接地或经消弧线圈接地）。不过，6~35kV 配电网往往发展很快，采用电缆的比重也不断增加，且运行方式经常变化，给消弧线圈的调谐带来困难，并易引发多相短路。因此，近年来有些以电缆网络为主的 6~10kV 大城市或大型企业配电网不再像过去那样一律采用中性点非有效接地的方式，有一部分改用了中性点经低值或中值电阻接地的方式，它们属于有效接地系统，发生单相接地故障时立即跳闸。

9.8.3　绝缘配合惯用法

到目前为止，惯用法仍是采用得最广泛的绝缘配合方法，除了在 330kV 及以上的超高压线路绝缘（均为自恢复绝缘）的设计中采用统计法以外，在其他情况下主要采用的仍均为惯用法。

根据两级配合的原则，确定电气设备绝缘水平的基础是避雷器的保护水平，它就是避雷器上可能出现的最大电压，如果再考虑设备安装点与避雷器间的电气距离所引起的电压差值、绝缘老化所引起的电气强度下降、避雷器保护性能在运行中逐渐劣化、冲击电压下击穿电压的分散性、必要的安全裕度等因素而在保护水平上再乘以一个配合系数，即可得出应有的绝缘水平。

由于 220kV（其最大工作电压为 252kV）及以下电压等级（高压）和 220kV 以上电压等级（超高压）电力系统在过电压保护措施、绝缘耐压试验项目、最大工作电压倍数、绝缘裕度取值等方面都存在差异，所以在作绝缘配合时，将它们分成如下两个电压范围（以系统的最大工作电压 U_m 来表示）

范围 I：$3.5\text{kV} \leqslant U_m \leqslant 252\text{kV}$；

范围 II：$U_m > 252\text{kV}$。

1. 雷电过电压下的绝缘配合

电气设备在雷电过电压下的绝缘水平通常用它们的基本冲击绝缘水平（BIL）来表示（有时也称为额定雷电冲击耐压水平），它可由下式求得

$$BIL = K_l U_{p(l)} \tag{9-22}$$

式中　$U_{p(l)}$——阀式避雷器在雷电过电压下的保护水平，可由式（8-25）求得，不过通常往往简化为以配合电流下的残压 U_R 作为保护水平（kV）；

K_l——雷电过电压下的配合系数。

国际电工委员会（IEC）规定 $K_i \geqslant 1.2$，而我国根据自己的传统与经验，规定在电气设备与避雷器相距很近时取 1.25、相距较远时取 1.4，即

$$BIL = (1.25 \sim 1.4)U_R \qquad (9\text{-}23)$$

2. 操作过电压下的绝缘配合

在按内部过电压作绝缘配合时，通常不考虑谐振过电压，因为在系统设计和选择运行方式时，均应设法避免谐振过电压的出现；此外，也不单独考虑工频电压升高，而把它的影响包括在最大长期工作电压内。这样一来，就归结为操作过电压下的绝缘配合了。

这时要分为两种不同的情况来讨论：

1）变电所内所装的阀式避雷器只用作雷电过电压的保护；对于内部过电压，避雷器不动作以免损坏，但依靠别的降压或限压措施（例如，改进断路器的性能等）加以抑制，而绝缘本身应能耐受可能出现的内部过电压。

我国标准对范围 I 的各级系统所推荐的操作过电压计算倍数 K，见表 9-3 所示。

对于这一类变电所中的电气设备来说，其操作冲击绝缘水平（SIL）（有时也称额定操作冲击耐压水平）可按下式求得

$$SIL = K_s K_0 U_\varphi \qquad (9\text{-}24)$$

式中 K_s——操作过电压下的配合系数。

2）对于范围 II（EHV）的电力系统，过去虽然也分别采用过以下的操作过电压计算倍数：330kV：2.75 倍；500kV：2.0 或 2.2 倍。

但目前由于普遍采用氧化锌或磁吹避雷器来同时限制雷电与操作过电压，故不再采用上述计算倍数，因为这时的最大操作过电压幅值将取决于避雷器在操作过电压下的保护水平 $U_{p(s)}$。对于 ZnO 避雷器，它等于规定的操作冲击电流下的残压值；而对于磁吹避雷器，它等于下面两个电压中的较大者：①在 250/2500μs 标准操作冲击电压下的放电电压；②规定的操作冲击电流下的残压值。

对于这一类变电所的电气设备来说，其操作冲击绝缘水平应按下式计算

$$SIL = K_s U_{p(s)} \qquad (9\text{-}25)$$

式中，操作过电压下的配合系数 $K_s = 1.15 \sim 1.25$。操作配合系数 K_s 较雷电过电压下的配合系数 K_i 为小，主要是因为操作波的波前陡度远较雷电波为小，被保护设备与避雷器之间的电气距离所引起的电压差值很小，可以忽略不计。

3. 工频绝缘水平的确定

为了检验电气设备绝缘是否达到了以上所确定的 BIL 和 SIL，就需要进行雷电冲击和操作冲击耐压试验。它们对试验设备和测试技术提出了很高的要求。对于 330kV 及以上的超高压电气设备来说，这样的试验是完全必需的，但对于 220kV 及以下的高压电气设备来说，应该设法用比较简单的高压试验去等效地检验绝缘耐受雷电冲击电压和操作冲击电压的能力。对高压电气设备普遍施行的工频耐压试验，实际上就包含着这方面的要求和作用。

假如我们在进行工频耐压试验时所采用的试验电压仅仅比被试品的额定相电压稍高，那么它的目的将只限于检验绝缘在工频工作电压和工频电压升高下的电气性能。但是实际上，短时（1min）工频耐压试验所采用的试验电压值往往要比额定相电压高出数倍，可见它的目的和作用是代替雷电冲击和操作冲击耐压试验，等效地检验绝缘在这两类过电压下的电气强度。对于这一点只要看一下图 9-21 所表示的确定短时工频耐压值的流程，就不难理解了。

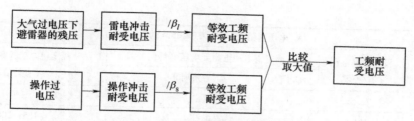

图 9-21　确定短时工频耐压值的流程图

β_l、β_s—雷电与操作冲击系数

由此可知，凡是合格通过工频耐压试验的设备绝缘，在雷电和操作过电压作用下均能可靠地运行。尽管如此，为了更加可靠和直观，国际电工委员会（IEC）仍作如下规定：

1）对于 300kV 以下的电气设备：

① 绝缘在工频工作电压、暂时过电压和操作过电压下的性能，用短时（1min）工频耐压试验来检验；

② 绝缘在雷电过电压下的性能，用雷电冲击耐压试验来检验。

2）对于 300kV 及以上的电气设备：

① 绝缘在操作过电压下的性能，用操作冲击耐压试验来检验；

② 绝缘在雷电过电压下的性能，用雷电冲击耐压试验来检验。

4. 长时间工频高压试验

当内绝缘的老化和外绝缘的染污对绝缘在工频工作电压和过电压下的性能有影响时，尚需作长时间工频高压试验。

显然，由于试验的目的不同，长时间工频高压试验时所加的试验电压值和加压时间均与短时工频耐压试验不同。

按照上述惯用法的计算，根据我国的电气设备制造水平，结合我国电力系统的运行经验，并参考 IEC 推荐的绝缘配合标准，我国国家标准 GB 311.1—1997 中对各种电压等级电气设备以耐压值表示的绝缘水平作出表 9-4 的规定。下面需作一些说明：

表 9-4　我国国标对各种电压等级电气设备以耐压值
表示绝缘水平的规定

（单位：kV）

A. 电压范围 I（$1kV < U_m \leqslant 252kV$）的设备				
系统标称电压（有效值）	设备最高电压（有效值）	额定雷电冲击耐受电压（峰值）		额定短时工频耐受电压（有效值）
		系列 I	系列 II	
3	3.5	20	40	18
6	6.9	40	60	25
10	11.5	60	75 95	30/42[③]；35
15	17.5	75	95 105	40；45
20	23.0	95	125	50；55
35	40.5		185/200	80/95[③]；85

（续）

A. 电压范围Ⅰ（1kV<U_m≤252kV）的设备

系统标称电压 （有效值）	设备最高电压 （有效值）	额定雷电冲击耐受电压（峰值）		额定短时工频耐受电压 （有效值）
		系列Ⅰ	系列Ⅱ	
66	72.5	325		140
110	126	450/480①		185；200
220	252	（750）②		（325）②
		850		360
		950		395
		1050		（460）②

注：系统标称电压3~15kV所对应设备的系列Ⅰ的绝缘水平，在我国仅用于中性点有效接地系统。

① 该栏斜线下的数据仅用于变压器类设备的内绝缘。

② 220kV设备，括号内的数据不推荐选用。

③ 为设备外绝缘在干燥状态下的耐受电压。

B. 电压范围Ⅱ（U_m>252kV）的设备

系统标称电压 （有效值）	设备最高电压 （有效值）	额定操作冲击耐受电压（峰值）					额定雷电冲击耐受电压（峰值）		额定短时工频耐受电压（有效值）
		相对地	相间	相间与相对地之比	纵绝缘②		相对地	纵绝缘	相对地③
330	363	850	1300	1.50	950	850（+295）①	1050		（460）
		950	1425	1.50			1175		（510）
500	550	1050	1675	1.60	1175	1050（+450）①	1425	—	（630）
		1175	1800	1.50			1550		（680）
							1675		（740）

① 括号中之数值是加在同一极对应相端子上的反极性工频电压的峰值。

② 纵绝缘的操作冲击耐受电压选取哪一栏数值，决定于设备的工作条件，在有关设备标准中规定。

③ 括号内之短时工频耐受电压值，仅供参考。

1）对3~15kV的设备给出了绝缘水平的两个系列，即系列Ⅰ和系列Ⅱ。系列Ⅰ适用于下列场合：①在不接到架空线的系统和工业装置中，系统中性点经消弧线圈接地，且在特定系统中安装适当的过电压保护装置；②在经变压器接到架空线上去的系统和工业装置中，变压器低压侧的电缆每相对地电容至少为$0.05\mu F$，如果不足此数，应尽量靠近变压器接线端增设附加电容器，使每相总电容达到$0.05\mu F$，并应用适当的避雷器保护。在所有其他场合，或要求很大的安全裕度时，均需采用系列Ⅱ。

2）对220~500kV的设备，给出了多种标准绝缘水平，由用户根据电网特点和过电压保护装置的性能等具体情况加以选用，制造厂按用户要求提供产品。

9.8.4 架空输电线路的绝缘配合

本节将以惯用法作架空输电线路的绝缘配合，主要内容为线路绝缘子串的选择、确定线路上各空气间隙的极间距离-空气间距。虽然架空线路上这两种绝缘都属于自恢复绝缘，但除了某些 500kV 线路采用简化统计法作绝缘配合外，其余 500kV 以下线路至今大多仍采用惯用法进行绝缘配合。

1. 绝缘子串的选择

线路绝缘子串应满足三方面的要求：

① 在工作电压下不发生污闪；

② 在操作过电压下不发生湿闪；

③ 具有足够的雷电冲击绝缘水平，能保证线路的耐雷水平与雷击跳闸率满足规定要求。通常按下列顺序进行选择：①根据机械负荷和环境条件选定所用悬式绝缘子的型号；②按工作电压所要求的泄漏距离选择串中片数；③按操作过电压的要求计算应有的片数；④按上面②、③所得片数中的较大者，校验该线路的耐雷水平与雷击跳闸率是否符合规定要求。

1）按工作电压要求：为了防止绝缘子串在工作电压下发生污闪事故，绝缘子串应有足够的沿面爬电距离。我国多年来的运行经验证明，线路的闪络率［单位：次/（100km·年）］与该线路的爬电比距 A 密切相关。

设每片绝缘子的几何爬电距离为 L_0（单位：cm），即可按爬电比距的定义写出

$$\lambda = \frac{nK_e L_0}{U_m} \tag{9-26}$$

式中　n——绝缘子片数；

　　　U_m——系统最高工作（线）电压有效值（kV）；

　　　K_e——绝缘子爬电距离有效系数，该值主要由各种绝缘子几何泄漏距离对提高污闪电压的有效性来确定，并以 XP-70（或 X-4.5）型和 XP-160 型普通绝缘子为基准，即取它们的 K_e 为 1。

可见为了避免污闪事故，所需的绝缘子片数应为

$$n_1 \geqslant \frac{\lambda U_m}{K_e L_0} \tag{9-27}$$

应该注意，①按式（9-27）求得的片数 n_1 中已经包括零值绝缘子（指串中已经丧失绝缘性能的绝缘子），故不需再增加零值片数；②式（9-27）能适用于中性点接地方式不同的电网。

2）按操作过电压要求：绝缘子串在操作过电压的作用下，也不应发生湿闪。在没有完整的绝缘子串在操作波下的湿闪电压数据的情况下，只能近似地用绝缘子串的工频湿闪电压来代替，对于最常用的 XP-70（或 X-4.5）型绝缘子来说，其工频湿闪电压幅值 U_w 可利用下面的经验公式求得

$$U_w = 60n + 14(\text{kV}) \tag{9-28}$$

式中　n——绝缘子片数。

电力系统中操作过电压幅值的计算值等于 $K_0 U_\varphi$（kV），其中，K_0 为操作过电压计算倍数，具体数值可从表 9-3 查得。

设此时应有的绝缘子片数为 n_2'，则由 n_2' 片组成的绝缘子串的工频湿闪电压幅值应为

$$U_w = 1.1 K_0 U_\varphi(\text{kV}) \tag{9-29}$$

式中　1.1——综合考虑各种影响因素和必要裕度的一个综合修正系数。

只要知道各种类型绝缘子串的工频湿闪电压与其片数的关系，就可利用式（9-29）求得应有的 n'_2 值。再考虑需增加的零值绝缘子片数 n_0 后，最后得出的操作过电压所要求的片数为

$$n_2 = n'_2 + n_0 \qquad (9\text{-}30)$$

我国规定应预留的零值绝缘子片数见表9-5。

表 9-5　零值绝缘子片数 n_0

额定电压/kV	35~220		330~500	
绝缘子串类型	悬垂串	耐张串	悬垂串	耐张串
n_0	1	2	2	3

现将按以上方法求得的不同电压等级线路应有的绝缘子片数 n_1 和 n_2 以及实际采用的片数综合列于表9-6中。

表 9-6　各级电压线路悬垂串应有的绝缘子片数

线路额定电压/kV	35	66	110	220	330	500
n_1	2	4	7	13	19	28
n_2	3	5	7	12	17	22
实际采用值 n	3	5	7	13	19	28

注：1. 表中数值仅适用于海拔1000m及以下的非污秽区。

　　2. 绝缘子均为XP-70（或X-4.5）型。其中330kV和500kV线路实际上采用的很可能是别的型号绝缘子（例如，XP-160型），可以按泄漏距离和工频湿闪电压进行折算。

如果已经掌握该绝缘子串在正极性操作冲击波下的50%放电电压 $U_{50\%(s)}$ 与片数的关系，那么也可以用下面的方法来求出此时应有的片数 n'_2 和 n_2：

该绝缘子串应具有下式所示的50%操作冲击放电电压：

$$U_{50\%(s)} \geqslant K_s U_s \qquad (9\text{-}31)$$

式中，U_s 对范围 I（$U_m \leqslant 252\text{kV}$），它等于 $K_0 U_\varphi$，其中操作过电压计算倍数 K_0 可以由表9-3查得，对范围 II（$U_m > 252\text{kV}$），它应为合空线、单相重合闸、三相重合闸这三种操作过电压中的最大者；K_s 为绝缘子串操作过电压配合系数，对范围 I 取1.17，对范围 II 取1.25。

3）按雷电过电压要求：按上面所得的 n_1 和 n_2 中较大的片数，校验线路的耐雷水平和雷击跳闸率是否符合有关规程的规定。

不过实际上，雷电过电压方面的要求在绝缘子片数选择中的作用一般是不大的，因为线路的耐雷性能并非完全取决于绝缘子的片数，而是取决于各种防雷措施的综合效果，影响因素很多。即使验算的结果表明不能满足线路耐雷性能方面的要求，一般也不再增加绝缘子片数，而是采用诸如降低杆塔接地电阻等其他措施来解决。

2. 空气间距的选择

输电线路的绝缘水平不仅取决于绝缘子的片数，同时也取决于线路上各种空气间隙的极间距离空气间距，而且后者对线路建设费用的影响远远超过前者。

输电线路上的空气间隙包括：

1）导线对地面：在选择其空气间距时主要考虑地面车辆和行人等的安全通过、地面电

场强度及静电感应等问题。

2）导线之间：应考虑相间过电压的作用、相邻导线在大风中因不同步摆动或舞动而相互靠近等问题。当然，导线与塔身之间的距离也决定着导线之间的空气间距。

3）导、地线之间：按雷击于档距中央避雷线上时不至于引起导、地线间气隙击穿这一条件来选定。

4）导线与杆塔之间：这将是下面要探讨的重点内容。

为了使绝缘子串和空气间隙的绝缘能力都得到充分的发挥，显然应使气隙的击穿电压与绝缘子串的闪络电压大致相等。但在具体实施时，会遇到风力使绝缘子串发生偏斜等不利因素。

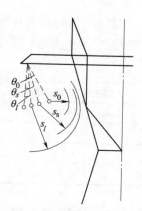

就塔头空气间隙上可能出现的电压幅值来看，一般是雷电过电压最高、操作过电压次之、工频工作电压最低；但从电压作用时间来看，情况正好相反。由于工作电压长期作用在导线上，所以在计算它的风偏角 θ_0（见图 9-22）时，应取该线路所在地区的最大设计风速 v_{max}（取 20 年一遇的最大风速，在一般地区约为 $25\sim35\mathrm{m/s}$）；操作过电压持续时间较短，通常在计算其风偏角 θ_s 时，取计算风速等于 $0.5v_{max}$；雷电过电压持续时间最短，而且强风与雷击点同在一处出现的概率极小，因此通常取其计算风速为 $10\sim15\mathrm{m/s}$，可见它的风偏角 $\theta_l<\theta_s<\theta_0$，如图 9-22 所示。

图 9-22　塔头上的风偏角与空气间距

三种情况下的净空气间距的确定方法如下：

1）工作电压所要求的净间距 s_0：s_0 的工频击穿电压幅值：

$$U_{50\sim} = K_1 U_\varphi \tag{9-32}$$

式中　K_1——综合考虑、工频电压升高、气象条件、必要的安全裕度等因素的空气间隙工频配合系数，对 66kV 及以下的线路取 $K_1=1.2$，对 $110\sim220\mathrm{kV}$ 线路取 $K_1=1.35$，对范围 Ⅱ 取 $K_1=1.40$。

2）操作过电压所要求的净间距 s_s：要求 s_s 的正极性操作冲击波下的 50%击穿电压为

$$U_{50\%(s)} = K_2 U_s = K_2 K_0 U_\varphi \tag{9-33}$$

式中，U_s 为计算用最大操作过电压，与式（9-31）相同；K_2 为空气间隙操作配合系数，对范围 Ⅰ 取 1.03，对范围 Ⅱ 取 1.1。

在缺乏空气间隙 50%操作冲击击穿电压的实验数据时，也可以采取先估算出等效的工频击穿电压 $U_{50\sim}$，然后求取应有的空气间距 s_s 的办法。

由于长气隙在不利的操作冲击波形下的击穿电压显著低于其工频击穿电压，其折算系数 $\beta_s<1$，如再计入分散性较大等不利因素，可取 $\beta_s=0.82$，即

$$U_{e(50\sim)} = \frac{U_{50\%(s)}}{\beta_s} \tag{9-34}$$

3）雷电过电压所要求的净间距 s_l：通常取 s_l 的 50%雷电冲击击穿电压 $U_{50\%(l)}$ 等于绝缘子串的 50%雷电冲击闪络电压 U_{CFO} 的 85%，即

$$U_{50\%(l)} = 0.85 U_{CFO} \tag{9-35}$$

其目的是减少绝缘子串的沿面闪络，减少釉面受损的可能性。

求得以上的净间距后，即可确定绝缘子串处于垂直状态时对杆塔应有的水平距离

$$\begin{cases} L_0 = s_0 + l\sin\theta_0 \\ L_s = s_s + l\sin\theta_s \\ L_l = s_l + l\sin\theta_l \end{cases} \qquad (9\text{-}36)$$

式中 l——绝缘子串长度（m）。

最后，选三者中最大的一个，就得出了导线与杆塔之间的水平距离 L，即

$$L = \max\left[L_0, L_s, L_l\right] \qquad (9\text{-}37)$$

表 9-7 中列出了各级电压线路所需的净间距值。当海拔超过 1000m 时，应按有关规定进行校正；对于发电厂变电所，各个 s 值应再增加 10% 的裕度，以策安全。

表 9-7　各级电压线路所需的净间距值

线路额定电压/kV	35	66	110	220	330	500
X-4，5 型绝缘子片数	3	5	7	13	19	28
s_0	10	20	25	55	90	130
s_s	25	50	70	145	195	270
s_1	45	65	70	190	260	370

9.8.5　绝缘配合统计法

随着超高压输电技术的发展，降低绝缘水平的经济效益越来越显著。在上述惯用法中，以绝缘的电气强度下限（最小耐压值）与过电压的上限（最大过电压值）作配合，还要留出足够大的安全裕度。实际上，过电压和绝缘的电气强度都是随机变量，无法严格地求出它们的上、下限，而且根据经验选定的安全裕度（配合系数或称惯用安全因数）带有一定的随意性。这些做法从经济的视角去看，特别是对超、特高压输电系统来说，是不能容许的、不合理的。要求绝缘在过电压的作用下不发生闪络或击穿是要付出代价的（改进过电压保护措施和提高绝缘水平），因而要和绝缘故障所带来的经济损失综合起来考虑，才能得出合理的结论。以综合经济指标来衡量，容许有一定的绝缘故障率反而较为合理。

由于上述种种原因，从 20 世纪 60 年代起，国际上开始探索新的绝缘配合思路，并逐渐形成"统计法"，IEC 于 20 世纪 70 年代初期对此作出正式推荐，目前已被一些国家应用于超高压外绝缘的设计中。

采用统计法作绝缘配合的前提是充分掌握作为随机变量的各种过电压和各种绝缘电气强度的统计特性（概率密度、分布函数等）。

设过电压幅值的概率密度函数为 $f(U)$，绝缘的击穿（或闪络）概率分布函数为 $P(U)$，且 $f(U)$ 与 $P(U)$ 互不相关，如图 9-23 所示。$f(U_0)\mathrm{d}U$ 为过电压在 U_0 附近的 $\mathrm{d}U$ 范围内出现的概率，而 $P(U_0)$ 为在过电压 U_0 的作用下绝缘的击穿概率。

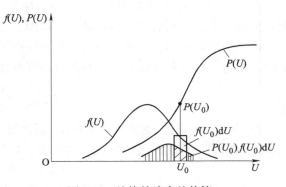

图 9-23　绝缘故障率的估算

由于它们是相互独立的，所以由概率积分的计算公式可以写出出现这样高的过电压并使绝缘发生击穿的概率为

$$P(U_0)f(U_0)\,dU = dR \tag{9-38}$$

式中的 dR 称为微分故障率，即图 9-23 中有斜线阴影的那一小块面积。

我们在统计电力系统中的过电压时，一般只按绝对值的大小，而不分极性（可以认为正、负极性约各占一半）。根据定义可知，过电压幅值的分布范围应为 $U_\varphi \sim \infty$（U_φ 为最大工作相电压幅值），因而绝缘故障率

$$R = \int_{U_\varphi}^{\infty} P(U)f(U)\,dU \tag{9-39}$$

即图 9-23 中的阴影部分总面积。它就是该绝缘在过电压作用下被击穿（或闪络）而引起故障的概率。

如果提高绝缘的电气强度，图 9-23 中的 $P(U)$ 曲线向右移动，阴影部分的面积缩小，绝缘故障率降低，但设备投资将增大。可见采用统计法，我们就能按需要对某些因素作调整，例如，根据优化总经济指标的要求，在绝缘费用与事故损失之间进行协调，在满足预定的绝缘故障率的前提下，选择合理的绝缘水平。

利用统计法进行绝缘配合时，安全裕度不再是一个带有随意性的量值，而是一个与绝缘故障率相联系的变数。

不难看出，在实际工程中采用上述统计法来进行绝缘配合，是相当繁复和困难的。为此 IEC 又推荐了一种"简化统计法"，以利实际应用。

在简化统计法中，对过电压和绝缘电气强度的统计规律作了某些假设，例如，假定它们均遵循正态分布，并已知它们的标准偏差。这样一来，它们的概率分布曲线就可以用与某一参考概率相对应的点来表示，分别称为"统计过电压 U_s"（参考累积概率取 2%）和"统计绝缘耐压 U_w"（参考耐受概率取 90%，即击穿概率为 10%）。它们之间也由一个称为"统计安全因数 K_s"的系数联系着

$$K_s = U_w / U_s \tag{9-40}$$

在过电压保持不变的情况下，如提高绝缘水平，其统计绝缘耐压和统计安全因数均相应增大、绝缘故障率减小。

式（9-40）的表达形式与惯用法十分相似，可以认为：简化统计法实质上是利用有关参数的概率统计特性，但沿用惯用法计算程序的一种混合型绝缘配合方法。把这种方法应用到概率特性为已知的自恢复绝缘上，就能计算出在不同的统计安全因数 K_s 下的绝缘故障率 R，这对于评估系统运行可靠性是重要的。

不难看出，要得出非自恢复绝缘击穿电压的概率分布是非常困难的，因为一件被试品只能提供一个数据，代价太大了。所以，时至今日，在各种电压等级的非自恢复绝缘的绝缘配合中均仍采用惯用法，对降低绝缘水平的经济效益不很显著的 220kV 及以下的自恢复绝缘也均采用惯用法；只有对 330kV 及以上的超高压自恢复绝缘（例如，线路绝缘），才有采用简化统计法进行绝缘配合的工程实例。

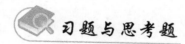 习题与思考题

9-1　试用集中参数等效电路来分析切空载线路过电压。

9-2　空载线路合闸过电压产生的原因和影响因素是什么？

9-3　某 220kV 线路全长 500km，电源阻抗 $X_s = 115\Omega$，线路参数为 $L_0 = 1.0\text{mH/km}$，$C_0 = 0.015\mu\text{F/km}$，设电源的电动势 $E = 1.0\text{pu}$，求线路空载时首末端的电压。

9-4　切除空载线路过电压与切除空载变压器时产生过电压的原因有何不同？断路器灭弧性能对这两种断路器有何影响？

9-5　为何阀式避雷器只能限制切空载变压器过电压而不能用来限制其他操作过电压？

9-6　断路器中电弧的重燃对这种过电压有何影响？

9-7　试分析在电弧接地引起的过电压中，若电弧不是在工频电流过零点时熄灭，而是在高频振荡电流过零时熄灭，过电压发展情况如何？

9-8　试述消除断续电弧接地过电压的途径。

9-9　试说明绝缘配合的重要性，实际应用中是如何考虑绝缘配合的？

9-10　试确定 220kV 线路杆塔的空气间隙距离和每串绝缘子的片数，假定该线路在非污秽地区。

第10章

高电压与绝缘技术的前沿应用

本章主要收录了高电压与绝缘技术几个前沿领域部分学者的研究成果，作为本部分的主要内容。

10.1 脉冲功率技术的应用

脉冲功率科学技术兴起于美俄核武器与高新技术武器研制，是研究高功率电脉冲的产生、加载及其相关物理过程的交叉学科，是当代高科技的主要基础学科之一。我国的脉冲功率研究始于 20 世纪 60 年代，经过几代人的努力，已逐步进入国际领先行列，并在推动相关学科发展建设、人才培养、国内外学术交流等方面取得了令人瞩目的成绩。中国核学会脉冲功率技术及其应用分会成立于 2008 年，次年在安徽芜湖举办首届全国脉冲功率会议，2010 年，在四川绵阳举办首届脉冲功率暑期培训班，此后这两项活动每年轮流进行，既引领了脉冲功率学术技术和人才成长，也带动了特种电源、等离子体、高电压工程和绝缘材料等相关领域的发展应用。由中国作为主要发起人的亚欧脉冲功率会议已经举办 7 届，现已成为国际脉冲功率领域最重要的学术交流平台之一。

10.1.1 我国脉冲功率科技发展历程

脉冲功率科学技术是研究通过能量的时空压缩以产生高功率电脉冲并加以转化利用的学问。脉冲功率主要涉及脉冲电源和负载两部分，大致的工作过程是脉冲电源首先启动初级储能系统通过能量快速释放产生初始电脉冲，再经过适当的中间储能、脉冲压缩成形和汇聚等过程，输出符合一定要求的高功率脉冲波形，最后在负载上完成脉冲能量的转化利用。脉冲电源常用的初级储能系统主要包括：以电场储能的电容器或者 Marx 发生器、以磁场储能的电感或者脉冲变压器、具有一定转动惯量的各类机械能发电机、化学能装置与核能装置等。常用的中间储能和脉冲成形系统包括：中间储能电容、脉冲形成线、脉冲变压器、磁通压缩器（磁放大器）和发电系统等。需要指出，这些系统包括了不可或缺且至关重要的各种转换开关。负载有多种应用类型，最常见的是辐射型负载，如高功率粒子束二极管、等离子体和天线等，电子束二极管进一步与微波器件或谐振腔结合还可以产生高功率微波和激光；动能型负载则是将脉冲电磁能转化为自身的动能，如电磁发射。这些手段正在被广泛应用在国防科研、高新技术和民用工业等诸多领域。

按照高功率脉冲装置建设历程，我国脉冲功率技术发展史可大致分成三个阶段：自主创业、加速成长到创新超越。

1. 自主创业期

从 20 世纪 60 年代开始，以王淦昌等老一辈科学家为代表的创业者，自力更生、艰苦探索，初步掌握了 Marx 发生器、传输线、辐射转换靶和测量等关键技术，建成了系列脉冲 X 射线机，并应用到闪光照相、辐射探测和抗核加固等研究领域。20 世纪 70 年代，中国工程物理研究院（以下简称"中物院"）研制了 6MV 高阻抗电子束加速器"闪光一号"；20 世纪 90 年代，西北核技术研究所（现改称"西北核技术研究院"，以下简称"西核院"）建成了 1MA 低阻抗电子加速器"闪光二号"（见图 10-1），中物院建成了 12MeV 的直线感应加速器。并在之后的研究中，针对系统电磁脉冲效应的研究需求，项目组对"闪光二号"加速器进行了进一步的适应性改造，以便于产生脉冲硬 X 射线。主要采用二次成形的水线结构，重点进行了水开关设计，并完成了实验调试。装置输出电压 650kV ~ 1.3MV 稳定可调，脉冲宽度 60ns，前沿由改造前的 80ns 缩短至改造后的 30ns，在国内首次成功驱动串级二极管，产生前沿 29ns、射线宽度约 53ns 的脉冲硬 X 射线。这些大型高功率脉冲装置的建成，标志着我国脉冲功率加速器研制能力开始进入国际先进行列。

2. 加速成长期

进入 20 世纪 90 年代以后，国际脉冲功率学科日趋活跃，我国脉冲功率步入快速发展阶段。2000 年以后，西核院建成了集成多项先进技术的多功能加速器"强光一号"（见图 10-2），中物院建成了"阳"加速器，清华大学建成了 PPG-1 装置，这些装置奠定了国内 Z 箍缩研究的实验基础。2002 年，中物院研制了输出电子能量 20MeV 的"神龙一号"直线感应加速器，我国精密闪光照相技术水平继美、法之后步入世界前三甲。国防科技大学、中物院和西核院等单位，进一步把应用拓展到高功率激光和高功率微波领域，并开始取得了国际瞩目的成就。

图 10-1　闪光二号

图 10-2　强光一号

3. 创新超越期

2010 年以后，中物院相继建成了 10MA 的 Z 箍缩装置"聚龙一号"（见图 10-3）与猝发多脉冲 20MV 的闪光照相装置"神龙二号"（见图 10-4），预示着我国脉冲功率技术正在实现从追赶到超越的转变。前者使我国装置规模从单台单路驱动发展到了多路并联汇聚，电功率水平从 TW 级提升到 10TW 级，成为继美国之后第二个拥有此类设备的国家；"神龙二号"

在多脉冲 X 射线产生方面独辟蹊径，开创了多脉冲直线感应加速器（LIA）技术新高度，成为了美国后续同类装置建设的范本。

图 10-3　聚龙一号

图 10-4　神龙二号

10.1.2　主要进展

利用强流脉冲电子束加速器产生高能脉冲 X 射线（0.5~20MeV），主要用于爆轰物理的闪光照相诊断与抗核加固的辐照效应测试，两类应用的 X 射线时空参数不同，前者要求点源（直径在 mm 级），后者通常是面源（直径在 cm 级以上），对波形和出光时刻精确性要求不如前者严格。

我国类似用途的加速器主要涉及传输线型、LIA 型和感应电压叠加型三种。20 世纪 60 年代，英国原子武器中心（AWE）的 Martin J C，在原有的 Marx 后面加入传输线，将 μs 级脉冲成功压缩为 ns 级脉冲，解决了高储能 Marx 到二极管电子束能量转换效率低的瓶颈问题，研制了传输线型的闪光 X 射线机 SWARF。我国的"闪光一号"和"闪光二号"同属于传输线型加速器，前者采用高阻抗的变压器油绝缘 Blumlein 线，获得了能量高达 6MeV 的电子束，后者采用低阻抗的去离子水绝缘单同轴线，获得了 1MA 的电子束流。

"强光一号"相对复杂，除了超低阻抗的水介质传输线，又采用了电感储能+断路开关技术，兼具低阻抗和高阻抗两类运行状态，分别输出强电流（1~2MA）和高电压脉冲（1~4MV），驱动多种负载产生能量百 eV~MeV、宽度 20~200ns 的 X 射线脉冲。这些装置适合产生 10MeV 以下的电子束及 X 射线，当电压超过 10MV 以后，迅速增大的负载绝缘堆栈电感（正比于电压二次方）限制了脉冲的有效输出。为进一步提高脉冲 X 射线能量，美国和苏联分别提出了新的多腔电子加速技术，期间直线感应加速器（LIA）逐渐得到发展。最迟的 LIA 装置电子束品质不高（发射度偏大、能散度偏高），X 射线光斑较大，如：美国劳伦斯利弗莫尔国家实验室（LLNL）早期的 FRX 装置和中国中物院 12MeV 的 LIA 型 X 射线机。新一代的精密闪光 X 射线照相装置出现在 2000 年左右，美国、法国和中国相继研制了 DARHT-Ⅰ、AIRIX 和"神龙一号"，这三台装置的指标基本相当，X 射线能量高达 20MeV，脉宽约 60ns，光斑 1~2mm，1m 处照射量约 500R。

2010 年前后，美国和中国先后研制成功了 LIA 型多脉冲 X 射线源 DARHT-Ⅱ 和"神龙二号"，DARHT-Ⅱ产生 16~17MeV/1.7kA 四脉冲电子束，"神龙二号"产生 18~20MeV/2kA 三脉冲电子束（见图 10-5），从已公开的实验结果看，"神龙二号"的脉冲波形一致性明显占优。两台装置最大区别在于产生多脉冲的技术路线不同，DARHT-Ⅱ产生并加速一个 1.6μs 平顶的长脉冲电子束，打靶前通过踢束器将其切割成时间间隔一定的 4 个脉冲束，除了踢束器、热阴极和极靶，LIA 技术与此前的 DARHT-Ⅰ基本相同，主体仍然为单脉冲模式。"神龙二号"则是直接产生并加速三个 60ns 的脉冲电子束，主体在猝发脉冲串模式下工作，是真正意义的多脉冲 LIA 加速器，这种设计最大优点是三脉冲可以独立调节，工程实用性强。美国最新规划装置已放弃 DARHT-Ⅱ昂贵的电子束切割方案，转而采取更为先进的中国方案。

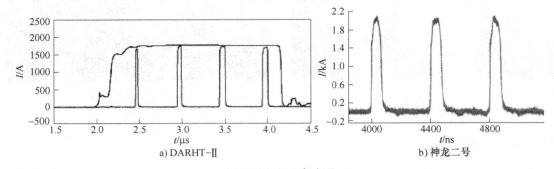

a) DARHT-Ⅱ   b) 神龙二号

图 10-5   电子束波形

为了获得更高亮度的脉冲高能 X 射线，人们发展了感应电压叠加（IVA）技术。IVA 技术最早用于 LIA 的注入器，它利用感应腔可将脉冲压缩和电压倍增功能相对分离，每个感应腔的初级脉冲被控制在绝缘相对容易的电压下，通过 N 个感应腔串联在其共用的次级中央导体（MITL/VTL），输出近似 N 倍的电压并直接驱动二极管，它解决了单纯传输线型装置对 10MV 以上电压难以可靠绝缘的问题，巧妙地实现了低阻抗驱动源到高阻抗负载的结合，同时可以输出比 LIA 高 1 个量级以上的电子束流，从而获得更高亮度的高能 X 射线。

美国圣地亚国家实验室（SNL）利用 IVA 技术建立了世界最大的核爆伽马射线模拟装置 Hermes-Ⅲ（见图 10-6），产生大面积辐照用于抗核加固。随 RPD 等强聚焦二极管技术出现，美国先后建立了 IVA 型闪光照相研究装置 SABRE、RITS 和 Cygnus，其中 2MV 电压的 Cygnus 已用于内华达试验场（NTS）的次临界试验。当前 IVA 型装置输出 10MeV 的 X 射线光斑为 2 ~ 3mm，

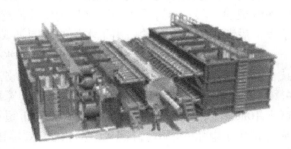

图 10-6   Hermes-Ⅲ示意图

3MeV 的 X 光斑 1~2mm。我国西核院 2008 年和 2019 年研制了 2MV 的"剑光一号"（见图 10-7）和 4MV 的"剑光二号"，2018 年中物院设计了高可靠 4MV"天蝎"装置，并重点进行了可靠性实验研究。

10.1.3   Z 箍缩与惯性约束聚变

Z 箍缩主要用于高强度低能 X 射线（10keV 量级以下）产生、高能密度物理和惯性约束聚变研究。Z 箍缩是采用脉冲强电流驱动圆柱筒型负载形成的等离子体自箍缩效应，负载依

靠轴向（Z 方向）大电流产
生的洛伦兹力，沿径向（r
方向）高速运动到对称中心
Z 轴附近止滞，将电磁能转
换为物质动能、内能和辐射
能。Z 箍缩因其电能到 X 射
线的转化效率高（≥15%）
和辐照均匀性好等优点，被

图 10-7　剑光一号

认为是一条有竞争力的惯性约束聚变（ICF）技术路线，基于 Z 箍缩的聚变能源（IFE）研
究也得到了国际上普遍重视。实现 Z 箍缩驱动聚变的关键是高功率驱动器与高性能聚变靶。
驱动器产生幅度为数十 MA 量级的百 ns 脉冲电流，Z 箍缩负载在脉冲强电流加载下内爆压缩
氘氚靶达到聚变条件，从而为出中子、增殖和放能等后续系列物理过程创造条件。1997 年，
美国在 18MA/100ns 的 PBFA-Z 装置上的 Z 箍缩实验取得突破，获得了功率 250~300TW 的 X
射线，引起了国际 Z 箍缩研究热潮。2000 年，国内三家单位在自然科学基金委支持下启动
了 Z 箍缩研究，中物院组建了集理论、实验、测试、制靶和驱动器"五位一体"的科研群
体，针对电磁内爆、能量耦合、X 射线转化机制、RT 不稳定性、D-D 聚变中子产生规律和
驱动器关键技术，进行了系统深入的理论和实验研究；西核院主要依托"强光一号"开展 Z
箍缩 X 射线实验和应用研究，清华大学和较晚加入的西安交通大学则主要开展 Z 箍缩早期
过程及基础研究。

　　2009 年，我国科学家提出了 Z 箍缩驱动聚变与次临界裂变堆结合的聚变能源新途
径（Z-FFR），这一途径的提出有可能加快聚变能源的解决和实验室演示进程。国外基于中
心点火的聚变方案对驱动器要求较高，理论上需 60MA 左右的电流才可实现聚变点火，大于
90MA 的电流才能实现有价值的能量增益。中物院提出创新的负载黑腔靶设计和基于"局部
整体点火"的物理思想，能够更好地克服能量加载不对称性。理论分析表明：在 30~40MA
电流条件下有可能实现点火，在 60~70MA 下可以实现有商业价值的能源输出。负载构型对
于提高内爆加载效率有重要作用，球形结构具有最小的面积/体积比，理论上准球形比圆柱
形负载有更高的能量加载密度和利用效率，中物院设计了一种全新的准球形负载并完成了实
验验证，国际上首次获得了有明显聚心效果的准球形内爆。

　　2013 年，中物院 10MA/90ns 的"聚龙一号"研制成功，使我国 Z 箍缩实验能力超越俄
罗斯仅次于美国。为开发新一代 Z 箍缩驱动器，国际上正大力发展直线变压器（LTD）和
Marx 发生器技术。中国进一步针对聚变能源需求，开展了体现重频运行要求的相关研究，
并初步完成了 Z 箍缩驱动的聚变-裂变混合堆总体概念设计。

10.1.4　高功率电磁辐射

　　高功率电磁辐射主要包括高功率微波（HPM）和高空核爆炸电磁脉冲（HEMP）。脉冲
驱动源主要为高功率电磁辐射提供高功率电脉冲或电子束，从产生脉冲波形的特点，可大致
分为高重频、长脉宽和快前沿 3 种类型。

　　提高重复频率目的之一是提高平均功率，俄罗斯的重复频率脉冲驱动源性能优越，托木
斯克强流电子学研究所的 Tesla 型 SINUS 系列驱动源，输出从几 ns 到数十 ns 的脉冲，重复

频率 100Hz，峰值功率最大 40GW；叶卡捷琳堡电物理研究所的 SOS 型 S 系列全固态驱动源，输出几十 ns 脉冲，重复频率可达几 kHz，峰值功率 GW 级。

2000 年以来，西核院等单位分别研制了涵括上述指标的 Tesla 型和 SOS 型两个系列的重复频率脉冲源，包括 Tesla 型 2×5GW 双路输出的 880kV/4ns 脉冲源；SOS 型"胡杨200"脉冲源（210kV/1kA/35ns），在 2kHz 超过 10kW 的平均功率下稳定运行 30s，在 300Hz 下可稳定运行 12h 以上，显示了固态脉冲源长寿命的优点。提高平均功率的另一措施是延长脉冲宽度，使之达到 100ns 以上。国防科技大学采用脉冲变压器和高储能密度液体介质技术路线，与螺旋脉冲形成线相结合，研制出紧凑型重频 HEART 系列加速器，峰值功率 1~35GW、阻抗 10~50Ω、脉冲宽度 10~200ns、重复频率 10~100Hz。美国海军研究实验室研制了基于磁开关技术的 Marx 发生器（200kV/4.5kA/300ns），实现了 10Hz 重复频率下超过千万次的运行寿命。中物院和国防科技大学在 Marx 型长脉冲重频驱动源研制方面成效显著，中物院研制 1MV/20kA/180ns 的 Marx 型脉冲源，重复频率 1~50Hz，平面二极管负载在 30Hz/16GW 状态下稳定运行 10s，系统体积 2.5m³、重量 2.2t。国防科技大学研制了 10GW/100ns/5Hz 的 PFN-Marx 型脉冲源。

国内的固态脉冲源新技术探索比较活跃，国防科技大学利用大功率晶闸管组件、磁脉冲压缩网络、双线型低阻抗脉冲形成网络和感应电压叠加器等技术研制了一种全固态长脉冲源，在水电阻负载上获得了功率 2.1GW、170ns 的脉冲输出。西南交通大学采用 Blumlein 型 PFN 驱动 LTD，在 20Hz/40Hz 下获得了抖动小于 2ns 的 200ns 脉冲输出。中物院采用半导体开关研制了 500kV 全固态 Marx 发生器，在 50Hz 下实现数十个脉冲的猝发输出，脉冲宽度 3~10μs，峰值功率约 0.5GW；研制了四模块 LTD 型直接驱动负载的长脉冲发生器，电子束功率数 GW，重频 25Hz，波形前沿 40ns，脉冲宽度 160ns。

HEMP 脉冲源要求输出前沿为亚 ns 或 ns 级的高达数 MV 的快脉冲电压。由于 HEMP 的作用距离远、影响范围广，所以不少国家都重视 HEMP 的研究。当前全球多达 14 个国家现有 HEMP 模拟器 40 多台，其中美国

图 10-8　Turtle 电磁脉冲模拟设施

数量最多，其 Turtle 是世界最大的 HEMP 模拟器（见图 10-8），输出电压 6~8MV、脉冲宽度 500ns、前沿 20ns。

1995 年，西核院研制了 1MV 的 HEMP 模拟器"春雷号"（见图 10-9），输出脉宽 300ns、前沿 10ns；2013 年，研制了 2.5MV 的脉冲源，输出脉冲宽度 56ns、前沿 1.2ns，可驱动天线输出符合 IEC61000-2-9 的电磁脉冲。

10.1.5　电磁驱动

电磁驱动是利用大电流产生强磁场推动待发射物体加速，把电磁能转换为动能的技术，主要用于材料力学性能研究和电磁发射。进行材料力学性能研究时，驱动质量小，但速度高（>10km/s），前述的 ZR 和"聚龙一号"用途之一就是进行材料加载实验。我国中物院

还建立了电流上升沿 200~600ns、幅值 1~7MA 的 CQ 系列装置，专门用于材料等熵加载和高速飞片实验。

电磁发射质量大，速度一般为 3~8km/s。美国通用原子能 GA 和英国 BAE 研制的 32MJ 轨道炮代表了当今电磁发射的最高水平。

2014 年，电磁弹射装置已经应用于"福特号"航母。2000 年以前，我国主要处于跟踪研究阶段，最近十几年发展迅速。我国电磁发射电源研究单位包括：海军工程大

图 10-9　"春雷号"电磁脉冲模拟器

学，中科院电工研究所、等离子体物理研究所，北京特种机电技术研究所，中物院流体物理研究所，南京理工大学和华中科技大学等。

大功率脉冲电源是电磁发射关键技术之一，按照储能原理不同，主要分成电容储存电能、电感储能磁能和电机惯性储存动能等类型。其中电容型储能技术相对成熟，应用最为广泛。尤其是自愈式金属膜电容器和半导体开关技术的发展，使其成为工程应用的主要选择。

2003 年，华中科技大学针对电磁发射用的金属化薄膜电容器，综合分析了储能密度与寿命的关系，结合国际电容器制造水平，给出了金属化膜电容器寿命指标选取建议。2008 年，海军工程大学完成了电磁弹射原理样机攻关，开展了验证设备研制工作。2016 年，研制了 13MJ 脉冲电源，输出电流峰值 1.1MA，脉冲宽度 3.5ms。2017 年利用 RSD 研制了输出电流 960kA 的 1MJ 电源模块。

10.1.6　工业应用

脉冲功率与特种电源、等离子体和加速器的发展相辅相成，逐渐进入新能源、环境保护、先进制造、农业生产、生物医学、科学仪器等各领域。

在装置研制方面，由于工业领域的负载类型广泛，在功率水平适当的前提下，对装置的通用性、紧凑化、灵活可调、免维护和长期稳定运行等方面有着更高的要求。正像会议上展现的一样，更加紧凑、灵活的全固态脉冲功率源是未来民用领域的发展趋势。国内高校如复旦大学、西安交通大学、浙江大学、重庆大学、西南交通大学、上海理工大学等高校积极发展基于全控半导体器件的固态 Marx、LTD 及脉冲形成线技术。中科院：电工研究所、高能物理研究所、上海硅酸盐研究所等分别发展了磁压缩、感应叠加、碳化硅光导开关陶瓷形成线等高压纳秒短脉冲技术。中物院基于国产砷化镓光导开关和陶瓷基板传输线实现了 300kV/10ns 脉冲输出，但在长寿命运行方面有待进一步研究。在国家科技部的支持下，中物院和重庆大学联合承担了"高重复频率高压脉冲源研制与产业化"重点研发项目。本项目成果预期能实现我国 10kV/400kHz/10ns~100μs 的系列全固态脉冲电源产品化，有效替代同类进口产品。在应用研究方面，俄罗斯、德国、荷兰和日本等国的研究应用比较突出。近年来，葡萄牙牵头成立了欧洲 18 个国家参与的脉冲功率技术协会（A2P2），专门从事脉冲功率推广应用，已有产品推出。日本特别注重脉冲功率技术在深紫外光源、废气废水处理、食品杀菌保鲜等方面的应用，长冈技术科学大学正在开发的 10kA/100ns/10kHz 固态 LTD 已

成为日本光刻机巨头 Gigaphoton（千兆光量子）会社新一代光刻机光源用高压脉冲电源备选方案。俄罗斯科学院约菲技术物理研究所一直致力于研发 RSD 的矿业开采用百 kA 级大电流脉冲源。美国弗吉尼亚理工大学的研究人员配合美国 Angio Dynamics 公司研发团队，开发了脉冲电场消融肿瘤设备"纳米刀"已经进入中国市场，美国欧道明大学正力图通过皮秒脉冲聚焦技术实现癌症的无创治疗。国内的重频脉冲功率技术应用研究近几年也呈现出旺盛的发展态势。在环境保护和治理领域，浙江大学领导的电除尘项目已走出国门，成套装备和示范工程正出口印度；新能源探测和开采领域，浙江大学依托科技部重点研发计划"深拖式高分辨率多道地震探测技术与装备研究"，正将脉冲功率技术用于天然气水合物资源勘查和试采工程研究。华中科技大学与西安交通大学将脉冲放电产生的液电效应用于石油开采领域，效果明显。在先进制造领域，华中科技大学、三峡大学和重庆大学等高校正在拓展强电磁成形技术在材料加工工艺中的应用。山东大学、大连理工大学和南京农业大学等高校在脉冲放电等离子材料表面处理应用也取得突破。生物医学领域，由中物院牵头、清华大学参与的"重要病原体的现场快速多模态谱学识别与新型杀灭技术"重点研发项目中，脉冲电场联合低温等离子杀灭病原体应用研究也取得了突破。重庆大学在脉冲电场治疗肿瘤应用方面成就明显，研发的国产首台微秒脉冲电场治疗肿瘤设备已通过国家第三类医疗器械的特别审批，多中心临床疗效显著。

10.1.7　结束语

我国脉冲功率发展世界瞩目，在装置建设、部件研制、技术研究和应用开发方面取得了全面系统的进步。建议继续做好以下工作：

1. 大力发展先进辐射源技术

Z-FFR 目前处于概念与技术研究阶段，亟需加快工程前沿技术研究，创新 30MA 以上的 Z 箍缩驱动器概念设计，搞好 LTD/Marx 开关、绝缘和汇流等关键技术验证，尽早拿出切实可行的工程方案，围绕聚变物理及聚变靶研究，建立脉冲功率基础数据库，发展辐射磁流体力学数值模拟能力路-场联合仿真计算软件。10MV 电压等级的 IVA 型高能 X 射线源。脉冲功率离不开种类繁多的放电过程，这些放电与高压绝缘、脉冲产生和能量转化息息相关，深入理解放电等离子体物理，有助于上述问题的解决。

2. 关注爆磁压缩技术

爆磁压缩发生器（EMG）是把炸药化学能转化为电磁能加以利用的紧凑脉冲源，可产生数十至百 MA 的大电流，获得高达 100T 的强磁场，用于极端高能量密度物理研究和电磁武器研制。我国从事 EMG 研究的主要是流体物理研究所和国防科技大学。俄罗斯 EMG 技术世界领先，其最新动向值得特别关注。现有 EMG 只能输出微秒级电流脉冲，目前正在发展 100ns 前沿的 10MA 电流的 EMG 装置；利用爆炸磁压缩发生器驱动 D-T 等离子体焦点负载，获得了 2×1012 个 14MeV 中子。

3. 加强 HPM、抗核加固和电磁发射等各类负载技术攻关

明确应用需求和目标要求，深化科学认识，摸清原理找准问题，是推动科技进步的根本。最近 10 年来，国防科技大学、中物院和西核院在电子束二极管和微波器件方面的创新成果突出。负载技术与驱动源技术的发展互为依托，以"强光一号""闪光二号"为例，在适应负载物理实验要求的过程中，开关和绝缘等技术水平持续提升，不断使驱动源焕发出新

活力。

4. 加大协同创新和应用推广

依托工业技术进步，搞好融合创新，发展高功率半导体器件及其智能化电源，开发工业化的气体开关、二极管等关键部件系列产品，推动脉冲测量技术标准化，联合攻克介质壁加速器关键技术。全面融入国民经济建设，积极参与医用高端数字诊疗设备、先进制造、新能源、环境保护等领域技术开发，弥补国家关键设备制造领域的短板弱项，助力中国制造2025 计划实施。

当前脉冲功率技术正朝着重复频率、模块化、阵列化、紧凑化、固态化和长寿命方向发展，从国防和高新技术领域逐渐向工业、民用领域延伸，发挥更大的推动作用，同时工业应用也正在拓展脉冲功率科技内涵的深广度。我国的脉冲功率科技在基础研究水平和创新能力方面，总体上与欧美发达国家还有差距。我们仍需要不忘初心使命，坚定理想信念，以国家重大需求为牵引，勇抓机遇，强化基础研究，突出关键技术、前沿引领技术和颠覆性技术的创新，不断实现脉冲功率科学技术研究应用的新突破，为建设创新型国家和世界科技强国而努力奋斗。

10.2　雷电防护技术

雷电是自然界中最常见的地球物理现象之一，具有时空分布范围广、随机性强等特点，放电物理过程机制复杂，研究难度大。对雷电的研究可追溯到 1746 年富兰克林时代，经历200 多年的观测和分析，人们对雷电现象已形成较为完整的认识，但至今仍有许多雷电现象与机理有待深入揭示。同时，雷电及与其紧密相关的强对流天气等对于电力系统、交通运输、电子通信、建筑物、人体健康与公共安全等生产生活诸多方面有显著影响。因此，雷电现象、雷电物理、雷电预警与防护等问题仍是大气电学、电力系统、放电物理等领域的热点研究问题。

10.2.1　雷电观测

1. 雷电定位系统

雷电定位系统（Lightning Locating System，LLS）可实时获取记录包括云闪（Intra Cloud，IC）、地闪（Cloud-to-Ground，CG）在内的雷电过程的时空分布、强度、极性等特征，在雷电参数与特性分析、雷电物理研究、雷电预警、风险评估与雷电防护等多领域有重要的应用。全球著名的雷电定位系统有美国的 NLDN（US National Lightning Detection Network）、欧洲的 EUCLID（European Cooperation for Lightning Detection）、巴西的 BrasilDAT、监测全球范围雷电的 ENTLN（Earth Networks Total Lightning Network）和 WWLLN（World Wide Lightning Location Network）等，其多年来为雷电研究与防雷应用提供了大量数据。雷电定位系统也是当前电力系统研究雷电活动的最主要手段之一。雷电定位技术目前主要有地面观测和卫星观测 2 种形式。雷电过程可以产生从几 Hz 的低频电磁波到 1020 Hz 的硬 X 射线乃至 Gamma 射线，一般而言，雷电定位技术所探测的波段在极低频（ELF，3~30Hz）到特高频（UHF，0.3~3GHz）之间，此外也有利用 X 射线进行雷电定位的应用。在雷电定位中最常用的技术是基于地面传感器的到达时间定位技术（Time-Of-Arrival，TOA）和定向定位技术（Direction Finding，DF），后者由磁场定向技术 [用于甚低频（Very Low Frequency，VLF）频段和中低频（Low and Medium Frequency，LF-MF）频段] 和干涉技术组成 [用于甚高频（Very High Frequency，VHF）频段]。当前大部分雷电定位系统综合应用两者，既探测雷电辐射源的方位角，又探测电磁波的到达时间。此外，基于卫星的观测技术通常利用光学成像方式对可见光波段和近红外波段的信号进行广域探测，其时空分辨率较低且不能对雷电流进行定量，也不能区分雷电类型（云闪、地闪）和雷电极性雷电定位系统及其应用在近期国内外发表的研究论文中均为热点，包括雷电定位技术的研发和改进、雷电定位系统的评估、基于雷电定位系统的雷电活动与特性观测等等。综上所述，提高对辐射源尤其是弱辐射源的定位准确度、提高对雷电流幅值的定量准确度、提高雷电探测效率、提升类型判定准确性是当前雷电定位技术的主要热点问题与发展方向。

2. 高速光学观测技术

高速光学观测主要有两种手段：高速摄像技术和光电阵列观测技术。在 20 世纪 50~60 年代，对闪电进行摄影摄像的主要观测手段为扫描相机拍摄和静态相机拍摄。近年来，随着 CMOS 高速摄像技术的发展，高速摄像机被广泛应用于雷电观测中，其时间分辨率可达 μs 量级，在直窜先导、梯级先导、雷电连接过程、高空暂态发光（如 Sprites、Halo 等）、输电线路雷击模拟试验和实验室长空气间隙放电的观测中发挥了重要作用。图 10-10 为 Jiang 等拍摄的自然雷电的负极性先导发展图像，小箭头为梯形先导形成方向。可以清晰观察到负极性先导的梯级发展和分支过程，并观测到了空间先导（space leader）的形成与连接，这是高速摄像技术在雷电观测中的典型应用。

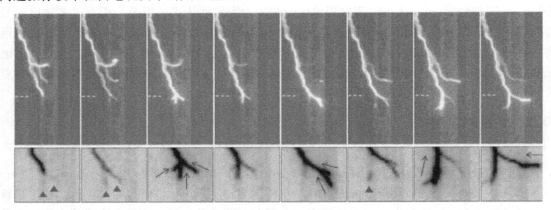

图 10-10　高速摄像记录负极性先导梯级发展与分支（帧率 180 千帧/s，时间分辨率为 5.56μs）

光电阵列观测技术的典型系统为 Wang 等开发应用的自动雷电发展特征观测系统（Automatic Lightning Progressing Feature Observation System，ALPS）和雷电连接过程观测系统（Lightning Attachment Process Observation System，LAPOS），二者的基本原理相似，均利用光电二极管配合增益元件对雷电发光现象进行探测，前者将光电二极管阵列置于相机系统的成像平面上，而后者则是利用光纤阵列替代，由光纤束传输至光电二极管，图 10-11 为 LAPOS 的系统原理图。LAPOS 专为观测雷电连接过程设计，克服了 ALPS 动态响应范围窄、记录长度短、观测雷电连接过程时视角小的缺点。

光电阵列观测技术较高速摄像技术而言，具有很高的时间分辨率，ALPS 的时间分辨率

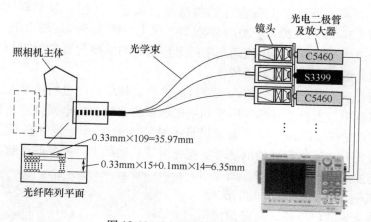

图 10-11　LAPOS 结构示意图

为 100ns，LAPOS 的时间分辨率为 10ns 或 100ns，其可对雷电过程尤其是雷电连接过程进行精细观测。

图 10-12 为基于 LAPOS 的火箭引雷试验中 1 次典型回击过程的光信号记录，其中设回击起始时刻为 0s，S1～S13 为不同观测位置的光信号输出。近年来，多名学者利用 ALPS 和 LAPOS 对雷电过程进行了大量观测，例如，Chen 等利用 ALPS 对 2 次自然雷电的梯级先导特性进行了观测；Wang 等利用 ALPS 和 LAPOS 对回击起始过程的上下行先导发展速度、回击点高度等参数和回击

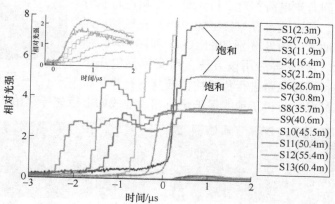

图 10-12　LAPOS 记录的 1 次回击过程的发光信号

光信号的高度衰减特性等进行了观测；Zhou 等利用 LAPOS 与电流测量系统对火箭引雷试验中回击过程的雷电流和发光强度进行分析，得到二者的幅值关系与时延规律。

3. 上行雷观测

上行雷电或上行先导的观测主要集中在两方面：高层结构（建筑、铁塔等）顶端的上行雷观测和超、特高压输电线路上行先导模拟试验研究。

近年来全球范围内数座高达上百 m 的信号塔、摩天楼频繁观测到上行雷电，引起了越来越广泛的关注，典型的有美国帝国大厦、澳大利亚 Gaisberg 塔、瑞士 Säntis 塔、德国 Peissenberg 塔等。会议文章与近期发表的大量文献对高层结构顶端的上行雷电进行了观测、分析与比较，例如，Warner 等对美国 Rapid City 的高塔上行雷电进行了观测、Wang 等对日本 Uchinada-chou 风机及其雷电保护塔在冬季的上行雷电活动进行了观测、Zhou 等总结并评估了山顶高塔的有效高度的计算方法，将 Rizk 模型应用于有效高度的计算中等。会议中 2 位获得青年科学家奖的学者的工作均为高层建筑上行雷观测与分析：Zhou 等对 Gaisberg 塔的

上行雷电进行了观测，分析了上行雷起始与温度、风速、气压、湿度等气象参数的关系；Smorgonskiy 等对 Gaisberg 塔 2000—2013 年间 759 次上行雷和 Säntis 塔 2011—2012 年间 326 次的上行雷进行观测与分析，得出该两高塔的上行雷电均主要为自发性起始（约 85%），而非受周边雷击现象触发等上行雷起始特性。

近年来，随着电力系统输电线路电压等级的升高，杆塔高度也明显增大，超、特高压输电线路的雷击事件中，上行先导的作用受到越来越多的关注，输电线路的上行先导研究也是近年来的热点问题之一。Zeng、Li 等通过设计一种特殊的板-棒电极并在其上施加冲击电压模拟雷云和下行先导在线路附近的电场时空变化对导、地线上行先导的影响，对输电线路上行先导的起始与发展特征进行观测。通过对特高压交、直流输电线进行雷击模拟试验，结合同轴分流器采集放电电流、高速摄像机拍摄上行先导起始和发展过程，获取了上行先导起始时间、发展速度、单位长度电荷量等多种参数，并对雷电极性、直流预电压、空间背景电荷等对上行先导的影响进行了分析。其试验布置与典型的 800kV 直流预电压下的放电图像分别如图 10-13 和图 10-14 所示。Wang 等沿用该方法，对交流预电压下的特高压线路进行负极性雷云及下行先导模拟试验，分析了地线保护角对相、地线的上行先导起始的影响。

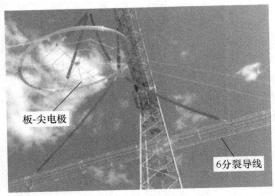

图 10-13　导线上行先导观测试验布置

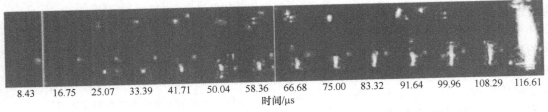

图 10-14　800kV 直流预电压下导线上行先导起始与发展典型图像

10.2.2　雷电物理与现象

1. 雷电起始过程

雷电起始机理是雷电物理研究乃至大气物理研究领域一直悬而未决的问题之一。雷电起始过程涉及雷云电化、云内电场测量、雷云预击穿、紧凑云间放电（Compact Intracloud Discharge，CID）、流注模型以及逃逸电子机制等多个前沿课题。雷云起始过程的核心是起始机制的研究。近几十年来，多名学者通过飞行器、火箭，对雷云内部的最大电场强度进行了测量，其典型值为 $100 \sim 200 \mathrm{kV/m}$，在少数测量中，雷云内部的最大电场强度值可 $\geqslant 400 \mathrm{kV/m}$。而对于经典放电理论而言，雷电起始所需的最大电场强度值应在 $\mathrm{MV/m}$ 量级，经典击穿电场强度（以下简称场强）为 $3 \mathrm{MV/m}$（海平面），而流注-先导转换场强约为 $2 \mathrm{MV/m}$。考虑海拔对气压、气体密度的影响，将雷云中测得的场强值转换为海平面场强，其典型值在 $200 \sim 600 \mathrm{kV/m}$，仍远小于雷电起始的所需场强。

Griffiths、Phelps、Cooray、Gurevich、Dwyer 等多名学者对雷电起始机制进行了大量理论和试验研究，主要提出 3 种可能原因和机制：

1）雷云内局域电场强于目前试验测量所得电场，例如，雷云内的涡流导致电场畸变，局域电场增强；

2）在水汽凝结体（水珠、冰粒等）表面流注起始并发展，增强局部电场，引发云内击穿和雷电起始。例如，Griffiths 等研究表明，凝结体表面场强达 $250\sim950kV/m$ 时流注起始，流注在雷云内发展所需的场强在海拔 6.5km 处为 $150kV/m$，而在海拔 3.5km 处为 $250kV/m$；

3）高能快电子或逃逸电子（runaway electron）的产生在雷电起始中起重要作用。例如，海拔 4~6km 处相对论逃逸电子崩（Relativistic Runaway Electron Avalanche，RREA）产生所需的场强约 $100\sim150kV/m$，在电子崩头部产生极强的表面电场。

上述这 3 种机制密切联系，可能 2 种或多种同时起作用，其核心均在于云内局域场强的增强，引起雷电起始。

2. 雷电下行先导发展过程

雷电先导发展过程，尤其是负极性雷电梯级先导的发展过程，一直是雷电物理领域观测和理论研究的热点问题。近年来大量研究利用雷电定位系统、光学观测技术等对负极性雷电先导进行观测，高速摄像技术的发展，使得观测更为精细。

20 世纪 70 年代，Gorin 等利用扫描摄像等方法对实验室内数米长的放电现象进行了研究，对长度>2m 的间隙，可以显著观测到负极性先导的梯级发展，揭示了负极性先导梯级发展过程中空间预先导（space stem）和空间先导（space leader）的存在。即在已形成的先导头部下方的空间未与先导头部连接处，形成等离子体（空间预先导），其两端分别为向已形成的先导头部发展的正极性流注和反向发展的负极性流注，空间预先导被流注电流加热，形成双向发展的空间先导，其与已形成的先导头部连接，完成 1 次梯级发展。近年来利用高速摄像技术，在雷电负极性先导的发展过程中也观测到了空间预先导和空间先导，典型的观测如 Biagi 等对人工引雷的先导梯级发展观测、Hill 等第 1 次观测到自然雷电的空间先导现象、以及 Jiang 等对自然雷电负极性先导梯级发展和分支的观测。图 10-15 为 Biagi 等在 Florida 拍摄的人工引雷负极性梯级先导的发展图像，每幅图像的视野范围约 20m×20m，拍摄的时间分辨率为 4.17μs，图中白色箭头所指为空间预先导或空间先导。高速摄像观测获取了大量先导梯级发展参数，例如，Biagi 等得出，下行直窜-梯级先导在其最终 150m 的平均发展速度为 $2.7×10^6\sim3.4×10^6 m/s$，远高于普通长空气间隙放电先导发展速度；Hill 总结 16 个观测到的空间预先导或空间先导，其平均长度为 3.9m，平均距下行先导头部 2.1m，每一梯级发展形成后，产生的强发光的上行速度>$10^7 m/s$ 等。

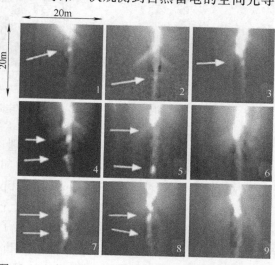

图 10-15　人工引雷负极性梯级先导的高速摄像观测
（帧率 240 千帧/s，即每帧 4.17μs）

除高速摄像技术外，利用雷电定位系统、光电阵列观测技术等也获取了大量先导梯级发展特性参数，例如，Shao 等利用 VHF 干涉雷电定位技术，测量得到梯级先导的典型发展速度为 $2×10^5$m/s；Chen 等利用 ALPS 系统对 2 次自然雷电的负极性先导进行观测，1 次在离地高度 367~1620m 处，平均发展速度为 $7.3×10^5$m/s，每级先导长度在 7.9~30m，每级间隔时间在 5~50μs 间，另 1 次在离地高度 33~102m 处，平均发展速度为 $5.4×10^5$m/s，每级先导长度约为 8.5m，每级间隔时间约 20μs；Wang 等利用 ALPS 系统对人工引雷进行观测，观察到每次梯级发展形成之后，存在向上发展的发光现象，平均速度约 $6.7×10^7$m/s，这与 Hill 等的高速摄像观测结果一致。

3. 雷电连接与回击过程

雷电先导与地面或地面物体连接（attachment）的过程是雷电物理中认识较为贫乏的领域之一，通常认为在雷电连接过程中地面或地面尖状物体可能会有上行先导形成，其头部的流注区域与下行先导的流注区域汇合，完成连接进而引发回击过程。近年来基于人工引雷试验和光学手段等，对雷电连接与回击过程进行了观测，获取了其部分特征参数。Wang 等利用 ALPS 和 LAPOS 对雷电连接与回击过程进行观测，获取了上行先导长度、回击起始点高度、回击上下行发展速度、雷电连接过程先导发展速度等等，例如，1 次人工引雷试验的观测中，得到临近回击发生前的下行直窜先导速度为 $4×10^7$m/s，上行连接先导约为 $2×10^7$m/s，为下行先导的 1/2，该数据被 Cooray 和 Rakov 用于估算击距；其对 2011 年 Florida 14 次人工引雷的观测结果表明，回击从交汇点的上行发展速度为 $0.4×10^8$~$2.5×10^8$m/s，而下行发展速度为 $0.6×10^8$~$1.9×10^8$m/s 等。Biagi 等利用高速摄像机（20×106 帧/s）对雷电连接过程进行记录，上行连接先导的长度为 9~22m，在下行先导和上行连接先导之间可观测到流注放电；Xie、Chen 等利用棒-棒电极进行雷电连接过程的模拟试验，分析了间隙尺寸、两接地体距离等参数的影响，图 10-16 为其 1 次典型高速摄像结果，图中 Ⅰ、Ⅱ、Ⅲ 为梯级先导，Ⅳ 为上行先导，Ⅴ 为下行先导最大长度。

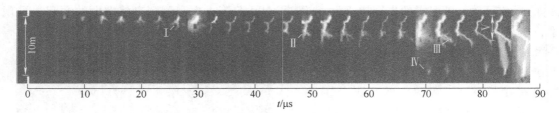

图 10-16 10m 棒-棒间隙雷电连接模拟试验典型高速图像

上行先导的起始与发展模型是雷电连接理论研究中的最主要问题之一，学者 Becerra 和 Cooray 近年对该问题进行了深入研究，基于 Gallimberti 等对长间隙放电的理论研究，提出自洽先导起始与发展模型（Self-Consistent Upward Leader Inceptionand Propagation Model, SLIM），在雷电研究领域得到应用。其中，上行先导的起始尤其得到关注。在本次会议中，Liu 等对水平导体辉光向流注的转换过程进行了 2 维仿真，Arevalo、Zhou 等对流注向先导的转换过程进行了建模和仿真。其中，Zhou 分析了气体动力学过程和热传导在先导起始中的作用，将空气动力学方程和传导损失引入先导起始模型中，建立 1 维热流体先导起始模型（One-Dimensional Thermo-Fluid Dynamics Model, 1D-TFD），利用实测放电电流对先导起

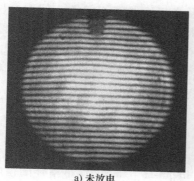

a) 未放电　　　　　　　　　　　　b) 先导放电

图 10-17　典型的 Mach-Zehnder 先导干涉图像

始过程及后续发展过程的温度、密度变化以及热通道直径扩张等进行了仿真，仿真所得热通道直径扩张规律与利用 Mach-Zehnder 干涉仪观测所得结果基本一致。图 10-17 为典型的 Mach-Zehnder 先导干涉观测图像，从中可获取先导通道的热尺寸，图 10-18 为试验与 1D-TFD 模型所得先导热通道扩张的结果对比。此外，会议中还有大量论文对回击过程进行了建模和分析。

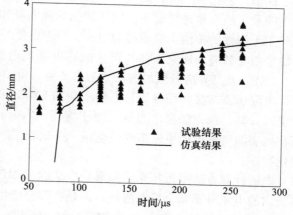

图 10-18　先导热通道扩张的试验结果与仿真结果对比

4. 高能射线与逃逸电子

高能大气物理的研究始于 1925 年，此后 75 年间大量学者进行观测研究，探询雷电过程中是否存在高能射线。直至 2000 年后，雷云内部和雷电过程中高能射线的存在才被广泛接受，并成为雷电物理领域新的研究热点。此前，雷电和长间隙放电过程理论只涉及经典放电理论和低能量电子（数 eV）的放电过程，近年来随探测技术的发展，从自然雷电、人工引雷试验、长间隙放电中大量观测到高能射线，这些观测揭示在雷电与长间隙放电中，能够产生能量高达数百 keV 甚至 MeV 以上的逃逸电子，预示着在雷云和闪电中局部存在极强的电场。

高能射线可粗略地分为 2 类，即雷电先导产生的 X 射线和雷云内产生的 Gamma 射线。在人工引雷和自然雷电中，在梯级先导、直窜先导、直窜-梯级先导等回击发生之前的雷电发展过程中，均观测到 X 射线。X 射线一般起始于回击前数 μs 至数 ms 之间，偶尔表现为极短的亚 μs 的脉冲爆发，与雷电先导的梯级发展相对应。雷电过程的 X 射线能量通常在数百 keV，部分可达 MeV 量级，理论分析表明，逃逸电子是由流注或先导头部局部场强（$\geqslant$ 300kV/cm）产生。Gamma 射线可分为两种基本类型：Gamma 射线辉光（gamma-ray glow）和 Gamma 地面闪现（Terrestrial Gamma-Ray Flashe，TGF），前者持续数 s 至数 min，后者平均持续时间为 200μs。Gamma 射线的能量可达几至几十 MeV 以上，其机理或产生条件应与 X 射线存在显著区别（如相对论正反馈机制等）。由于逃逸电子可产生大量的二次低能电子（数 eV），逃逸电子与高能射线对雷电的形成与发展密切相关，例如，长持续时间的 Gamma 射线辉光在雷云电化过程中发挥重要作用。

高能射线与逃逸电子的研究中，众多的理论、模型被提出，例如，热逃逸电子产生、相对论逃逸电子崩（RREA）、相对论正反馈机制等。高能射线的观测与机理、高能射线对雷电的影响等问题目前还有待更为深入的研究和探讨。

10.2.3 雷电电磁暂态效应分析

1. 雷电电磁脉冲及其效应分析方法

雷电电磁脉冲（Lightning Electro Magnetic Impulses，LEMP）是指伴随雷电放电发生的电流的瞬变和强电磁辐射，属于雷电的二次效应，是常见的天然强电磁脉冲干扰源之一。LEMP 的影响区域远大于直击雷，可以由云闪和地闪产生，影响范围遍布对流层以下至地表以上区域，包括空中飞行的火箭、飞机、导弹、地面架空输电线、各种电子装备和深埋地下的电缆及至油气输送管道等。它所产生的强电场和强磁场能够耦合到电气或电子系统中，从而产生干扰性的浪涌电流或感应电压。LEMP 会产生静电感应、电磁感应、高电位反击、电磁波辐射等效应。研究 LEMP 产生的雷电感应电流、感应电压对雷电防护有十分重要的意义。LEMP 及其感应效应的方法主要有 2 种：电路仿真和电磁计算。

电路仿真方法利用电磁暂态程序（如 EMTP 或 EMTDC）建立雷电发生时的电路仿真模型进行计算，该方法简单直观，便于应用。Peppas 等利用该方法计算了由于雷击输电线路而在地表油气管道产生的感应过电压，并比较了距离雷击点不同距离处的管道上感应过电压变化特性。

电磁计算方法是近年来应用最为广泛的 LEMP 分析方法，其考虑全波过程，分析在导体系统内的电流分布和合成电磁场，但是在部分应用中计算成本较大。目前常用的电磁计算方法主要有矩量法（Method of Moments，MoM）、时域有限差分（Finite Difference Time Domain，FDTD）法、有限元法（Finite Element Method，FEM）、传输线模型（Transmission Line Model，TLM）法和部分单元等效电路（Partial Element Equivalent Circuit，PEEC）法等。典型的研究应用如 Baba 等利用 TLM 方法在 2 维柱坐标系中模拟了 LEMP 及其在输电线路上的感应效应，其计算结果与有限时域差分法的计算结果基本一致；Rakov 等分别在时域和频域利用 MoM 和 FDTD 法建立了雷电回击的电磁模型；Izadi 等测量了距雷击点不同距离处的电场，在考虑了所有电场组分后，利用 TLM 方法计算了雷电回击电流波形，与雷电流的试验测量结果基本一致。

2. 接地

雷电是严重威胁电力系统安全可靠运行的重要因素，线路杆塔接地装置的冲击接地电阻值直接影响到线路的防雷效果。

雷击相关接地领域的研究内容主要包括对接地装置冲击特性的试验与计算、土壤特性的时频变特性研究、接地体的结构优化设计等等。其中土壤的时频变特性是当前研究的热点，主要通过试验测试和仿真计算，综合考虑土壤的非线性时变和频变特性，从而建立合理的接地装置暂态计算模型。

土壤是非均匀的媒质，由矿物质、有机质（土壤固相）、土壤水分（液相）和土壤空气（气相）三相物质组成，其体系复杂程度远高于无机成分和有机成分的简单混合。当施加冲击电压时，土壤电离使得电离区域的土壤电阻率呈明显的非线性时变特征。同时土壤作为一种特殊的电介质，其特征参数如电阻率、介电常数等会随着频率的变化而明显变化。对土壤的时频变特性的规律、影响因素、模型机理进行更为全面细致的研究对于正确分析接地系统的冲击暂态特性有着十分重要的理论意义。典型研究如 Souza、Wu 等建立了接地装置的时域仿真模型，分析了土壤电离对接地体冲击响应特性和输电线路雷电暂态响应的影响，并通过场地试验验证了仿真模型的合理性；Li 等通过不同温、湿度的测量试验得到了土壤参数从 1Hz 到 10MHz 频变特性，得出土壤电阻率和介电常数随频率增加而减小，并讨论了土壤频变特性对输电线路暂态响应的影响。

10.2.4　雷害风险评估与防护

1. 电力系统雷击防护

直击雷是造成超、特高压输电线路跳闸的首要原因，主要有反击和绕击两种形式。随着输电线路电压等级提高，雷电绕击在输电线路雷击事故中所占比例增大。由于反击计算模型相对成熟，且在超、特高压线路中，雷击事故主要由绕击引起，因此雷电绕击分析得到更为广泛的关注。电气几何模型（Electro-Geometric Model，EGM）于 20 世纪 60 年代提出，被广泛应用于输电线路屏蔽效应的分析中，但不同学者给出的击距公式不同，且其不能考虑线路高度、线路运行电压和上行先导的影响，因此在超、特高压线路的绕击分析中有一定局限性。20 世纪 80 年代末先导发展模型（Leader Progression Model，LPM）提出，考虑了上行先导的发展，更贴近雷电发展的物理过程，近年越来越得到认可。LPM 的核心难题之一即为上行先导的起始判据，国内外大量研究给出了不同的先导起始模型与判据，如起始场强判据、流注-先导转换判据、起始电压判据等，其中 Becerra 与 Cooray 提出的自洽上行先导起始判据较为成熟。

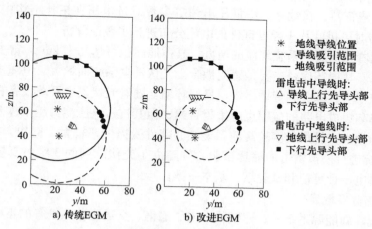

图 10-19　传统 EGM 与改进 EGM 的绕击分析对比

此外，Zhuang 等利用 LPM 的分析结果对 EGM 进行改进，重新定义了地线和导线对雷电的吸引范围：以上行先导头部为圆心、以末跃长度为半径的圆弧，考虑上行先导发展的长度对雷电击穿过程的影响。对导线和地线的上行先导长度、上行先导发展角度、末跃长度以及地面击距与回击电流峰值和杆塔高的关系，得到了考虑上行先导与输电线路高度的改进

EGM。图 10-19 为传统 EGM 与改进 EGM 的对比（雷电流 25kA），y、z 轴为空间坐标，y、z 平面为与导线、地线垂直的平面。可见当雷电下行先导击中导线时，传统 EGM 的下行先导头部位于地线的吸引范围内，而改进 EGM 则相反，从而验证了改进 EGM 的有效性。

对于配电网络、直流输电系统换流站、变电站等，雷击风险主要来源于感应过电压和侵入波，大量研究通过试验观测与暂态仿真对电力系统的过电压与波过程进行了研究。例如，Wang 等利用人工引雷试验，对回击雷电流和配电线路产生的感应过电压进行了测量，获取了感应过电压的幅值、上升时间等波形参数；Zhang 等通过人工短路试验模拟雷击故障，对 ±800kV 直流系统的整流站进行了电磁暂态过程观测，测量了暂态电压、电流、电场波形，这是此类试验首次在特高压直流系统中进行。

电力系统雷电保护的措施主要有减小接地保护角、降低接地电阻、增强绝缘强度、增设避雷器等。

2. 新能源发电系统防雷

新能源中风力发电、太阳能发电及储能技术不断成熟，大型风光储能互补并网传输已成为电力供应的重要手段，近年来新能源系统的雷电防护问题引起了大量关注，成为防雷领域的热点问题。风力发电机组一般安装在野外广阔的平原或近海区域，陆上风力发电机组轮毂中心高达 70m 左右，主流机型叶片长度在 40m 左右，海上风电机组高度更高；风力发电机叶片是由复合材料制成的大型中空结构，如玻璃纤维增强复合材料（也称玻璃钢）、木材、复合木板和碳纤维增强塑料。实际的运行经验表明，其极易直接成为雷电的接闪物，且电弧对叶片内外部的损害十分严重。Wang 等对日本 Uchinada-chou 风机及其雷电保护塔的上行雷观测研究表明，旋转叶片更易产生上行雷；Yokoyama 等总结了前人对风力发电机叶片遭受雷击损害的研究成果，对叶片损害的程度进行了分类，对叶片受雷击损害的原因进行推测；Hernandez 等基于转动叶片静电放电的假设，建立了雷击时几 MW 规模的风力发电机拓扑结构模型，计算了避雷器、接地体、中低压电缆等参数对过电压在拓扑结构中的影响；Smorgonskiy 等对雷击时风机叶片中导电部件的电流分布进行了数值分析。

近年来，随着光伏发电系统规模的增大，其占地面积可达几十 km^2，雷击成为光伏系统主要的事故隐患。其损坏途径主要是感应耦合。光伏发电系统面积大、电缆多、线路长，为雷电电磁脉冲的产生、耦合和传播提供了良好环境。随着光伏发电系统设备智能化程度越来越高，低压电路和集成电路的应用也越来越普遍，但其抗过电压能力越来越差，极易受到雷电感应过电压的侵入，且集成度较高的系统核心部件受损概率较大。例如，Charalambous 等对 2kW 光伏系统进行模拟雷击的缩比试验，并建立了光伏阵列的 3 维仿真模型，直流电缆上的雷电感应过电压计算值和试验结果基本一致。

3. 其他系统防雷概述

除电力系统、新能源系统外，建筑物、电子通信、交通运输系统等的雷电保护研究也是防雷领域的研究重点。

近年来高层建筑的不断兴建，各种电子信息设备广泛应用于现代建筑中，因此建筑物防雷与电子信息设备防雷通常紧密联系，尤其是电子系统存在绝缘强度低、过电压和过电流耐受能力差、受电磁干扰敏感等弱点，极易遭受雷电浪涌的损害。对建筑物和电子系统，除利用避雷针等防止雷电直击外，还可以采取分流、均压、屏蔽、接地、钳位等多项措施进行雷电防护。电涌保护器（Surge Protection Device，SPD）是一种为电子设备、仪器仪表、通信线路提供安全防护的电子装置，当雷击事件发生时，电涌保护器能在极短时间内导通分流，从而避免电涌对回路中其他设备的损害。相关发表论文主要围绕 SPD 的特性及其应用展开。

在铁路、航空、汽车等交通运输领域，雷电防护问题也日益引起关注，例如，Arai 等对铁路信号系统中采用 SPD 限制雷电过电压的效果进行了评估；Peppas 对希腊航空控制塔（Airport Traffic Control Tower，ATCT）的雷电保护系统进行了改进，利用由引下线、均压环、接地系统组成的外部雷电保护系统，提高了对 ATCT 的直击雷过电压防护水平；Naito 等利用冲击电压发生器在电动汽车上施加冲击电压，观测了雷击电动汽车的现象与特征，分析了汽车车轮与地之间的雷电放电电流。

10.2.5　雷电防护研究的趋势探讨

1）雷电观测技术的迅速发展，使得人们对雷电现象、雷电活动规律、雷电特征参数等有了更为深入的了解，未来雷电观测技术将进一步提高对弱信号的检测能力、测量准确度、时空分辨率等，为揭示雷电机理和雷电预警等提供基础数据。

2）雷电起始、雷电先导梯级发展、雷电连接过程的研究近年来虽有进展，但对其认识和理解仍有限，其参数观测、机理分析和理论建模仍有大量工作需要开展。

3）雷电和实验室长间隙放电中高能射线和逃逸电子的观测改变了人们对传统雷电放电机理的认识，高能射线与逃逸电子的机理及其在雷电形成与发展中的作用有待深入研究。

4）上行雷研究逐步升温，对高层结构上行雷的观测和规律分析，超、特高压线路上行先导的观测与参数获取等问题将得到持续的关注。

5）在雷电绕击分析中，LPM 逐渐取得与 EGM 同等的地位，LPM 的核心问题在于上行先导的起始判据，对先导起始进行深入的试验观测和仿真建模仍是未来防雷与长间隙放电研究的重点之一。

6）新能源、智能电网等新领域的雷电防护问题正成为国际防雷领域的新热点，例如，风机叶片的雷击机理和防护措施的研究目前仍处于起步阶段，有待进一步工作的开展。

10.3　电机绝缘故障诊断与在线监测技术

在工业中，交流电机广泛应用于水泵、风机、机床、压缩机等领域。近年来，随着新能源的推广，在风力发电、电动汽车等应用中，交流电机也起到越来越重要的作用。随着交流电机应用的推广，在其运行维护上投入的成本也越来越多。以风电为例，离岸风机的运维成本占据整个风场年收入的 20%~25%。电机故障不仅会导致设备的损害，威胁生产的安全进行，而且电机故障带来的额外停工时间也会造成大量的经济损失。表 10-1 是 IEEE 工业应用协会（IEEE Industry Application Society）关于电机可靠性的一次调查。据统计结果显示，电机故障的平均故障时间在几十到上百小时，严重影响了正常生产工作。因此，发展故障诊断和监测技术，实现故障预警，有着重要的应用价值。

在交流电机故障中，常见故障类型包括定子故障、轴故障和转子故障。根据调查结果，30%~40% 的交流电机故障与定子有关。定子绝缘在老化过程中要承受电老化、热老化、机械老化等老化过程。而随着脉宽调制（Pulse Wide Modulation，PWM）技术在逆变器控制中的广泛应用，电机定子绝缘系统需要承受更高变化率的电压，这进一步加速了绝缘老化。此

表 10-1　工业大型电机可靠性调研统计

每年检测样本大小	报告的故障数	故障率	平均故障小时数/h	故障时间中位数/h
42463	561	0.0132	111.6	—
19610	213	0.0109	114.0	18.3
4229	171	0.0404	76.0	91
13790	10	0.0007	35.3	35.3
4276	136	0.0318	175.0	153.0
558	31	0.0556	37.5	16.2
16105	196	0.0122	123.4	—
3834	156	0.0407	74.3	—

外，当电缆和电机之间存在较大的阻抗不匹配时，在机端会产生反射现象，造成过电压，危害绝缘。因此，电机绝缘的故障诊断与在线监测技术需要予以更多的关注。

为了保证电机的可靠运行，需要开发完善的电机定子绝缘故障诊断和状态监测系统。我国的国家标准和国际上的标准都对电机定子绝缘的故障诊断做出了规定。目前，离线的绝缘诊断方法较为完善。但是对于在线运行的电机，如果其故障仍处于较轻微的状态（如几匝线圈的匝间短路、绝缘老化而非击穿等），则现有的诊断和监测手段仍不能满足工业需求。在定子绝缘故障的诊断方面，国内外学者都做了大量的研究工作。而在定子绝缘在线状态监测方面，国外近年发展了基于漏电流和阻抗频谱的监测方法，而国内的研究主要集中在基于局部放电的监测手段。

因此，本部分主要内容包括对交流电机定子绝缘的故障诊断和在线监测技术进行整理和分析，介绍近年来的一些新进展。首先阐述定子绝缘老化的机理，进而对故障初期的匝间短路故障的诊断技术从电信号和磁信号两方面进行整理和分析；然后从预防故障的角度出发，先整理分析常用的离线试验方法的原理和优缺点，再从电信号和温度信号两方面，阐述在线状态监测方法的最新进展，通过对比，体现出在线状态监测技术在故障预警方面相比于离线试验技术的继承和先进之处；最后针对目前研究中存在的问题和发展趋势，展望定子绝缘故障诊断和在线监测技术的发展，以期能够为交流电机系统高可靠性运行的研究提供一定的参考价值。

10.3.1　定子绝缘故障诊断技术

1. 电机定子绝缘老化机理

电机定子绝缘的常见结构如图 10-20 所示。电机定子绝缘容易受到多种因素的影响而老化，包括温度过热、机械振动和逆变器开关过程带来的电压冲击等。电机绝缘故障主要包括主绝缘、匝间绝缘、相间绝缘等部分的故障。绝缘故障一般从匝间短路故障开始发展。匝间短路时，短路线圈内会产

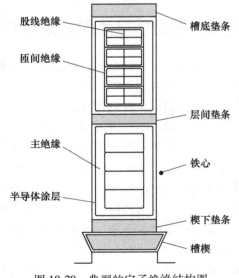

图 10-20　典型的定子绝缘结构图

生很大的环流，产生大量的热量，进而危害主绝缘和相间绝缘。从故障开始发展到严重绝缘故障，这一过程在小型电机中一般需要 20~60s。对于更高电压等级的电机，这一过程发展速度会更快。如果能够在故障初期及时监测到故障并停机，则电机只需要进行重新绕线等较为简单的维修就可以重新使用；而等到故障发展成对地短路故障后再停机，则电机会受到严重的损坏，需要大量的停工时间。传统的继电保护方法是在故障严重发生后及时切除故障，避免故障进一步蔓延；而并不能做到早期故障的快速诊断。因此，除了继电保护之外，早期匝间绝缘故障的诊断就显得尤为重要。近些年来出现的一些重要匝间绝缘故障诊断技术见表10-2。

表 10-2　匝间绝缘故障诊断技术

监测信号	方法	优点	缺点
电信号	对称分量法，Park 变换	简单易行	受固有不对称的干扰
	FFT	可分析不同频率分量	受转速和负载条件的影响
	STFT	适用于一定范围的变频率变负载情况	适用的转速负载变化范围有限
	小波变换	适用于变频率变负载情况	需要挑选合适的小波函数
	神经网络，支持向量机	能够解决其他不平衡因素和噪声的影响	需要合适的训练数据
磁信号	外部漏磁场	非侵入式，能够得到位置信息	信号较弱，易受到干扰
	内部气隙磁场	信号较强，能得到位置信息	侵入式，需要改变电机结构

2. 基于电信号的匝间故障在线诊断

匝间绝缘故障监测主要使用电流信号进行监测，即电机电流信号分析（Motor Current Signature Analysis，MCSA）方法，是一种非侵入式的监测手段。该方法从 20 世纪就被研究者提出，并不断被完善。该方法主要通过对电机电流信号进行频谱分析，提取故障的特征量，从而实现对故障的在线诊断。

通过对称分量法得到负序电流，从而对电机绝缘状态进行分析的方法广泛应用于电机保护，也是一种匝间绝缘故障诊断方法。当电机正常工作时，负序和零序电流几乎为 0。当发生如匝间短路这种不对称性故障时，会出现负序电流分量，因此负序电流可以用作故障特征量。但是这种方法会受到电机本体固有的不对称、供电不平衡和传感器误差等的影响。通过对这种方法的改进，进一步产生了一种通过负序阻抗矩阵对角线元素来进行监测的方法，它能够排除负荷、工况和测量等的误差影响，但是需要离线时的电机数据和额外的设备。在之后的研究中，通过改进的补偿方法，能够排除传感器误差、固有不对称和电压不平衡的影响。但是还不能排除负载波动、其他不对称故障（如转子断条和偏心等故障）的影响。此外，通过注入高频负序电压分量来监测电机匝间故障的方法提供了一种在逆变器驱动或软起动电机中的新诊断思路。这种方法在一定程度上会对电机正常运行造成影响，但是由于监测所需的时间较短，不需要一直进行负序电压注入，因此造成的影响较为有限。

使用 Park 变换进行分析是一种常用的故障诊断方法，其原理是在发生匝间故障时，α 和 β 轴的电流矢量和的轨迹会和原来的圆形轨迹发生偏移。进一步地，在计算 α 和 β 轴的电流的矢量和之后，将其中直流部分的基波分量过滤掉，关注 2 倍基频的非对称性故障分量。但是派克变换也容易受到电机本体固有的不对称、供电电压不对称和传感器误差等的影响，因此在派克变换的基础上，可以结合小波变换和支持向量机等数据处理方法对监测的特征量进行提取和分析。

此外，还有使用定子三相电流的包络线进行故障诊断的方法。当发生匝间短路故障时，定子三相电流的包络线会有工频周期的波动。稳态下的二次谐波也可以用作分析匝间短路故障的特征量。通过分析 q 轴电流二次谐波分量，可以实现 1 匝匝间绕组短路故障的监测，不过仍局限于稳态分析。在异步电机中，匝间短路故障造成的电流信号频率分布如下

$$f_{st1} = f_s \left[\frac{m}{p}(1 - s) \pm k \right] \tag{10-1}$$

式中　f_s——基波频率；

$\quad\quad$ p——极对数；

$\quad\quad$ s——转差；$m = 0$、1、2，$k = 0$、1、3、5。

在早期的故障诊断中，一般使用快速傅里叶变化（Fast Fourier Transform，FFT）对故障电流波形进行频率成分分析。但是 FFT 主要适用于恒定频率分量的问题，不适用于变频率变负载的问题。针对这一问题，一种办法是使用短时傅里叶变换（Short Time Fourier Transform，STFT），通过加窗来计算各个部分信号的傅里叶变换结果。但是 STFT 由于窗函数事先定好，不能更改，导致其不能兼顾时间分辨率和频率分辨率，只能在有限的转速和负荷条件下进行诊断，另一种方法是使用小波变换。小波变换通过使用随频率改变的窗口，实现了在高频信号和低频信号区都能得到足够的信息。例如，使用离散小波变换（Discrete Wavelet Transform，DWT），对关注的故障频率区域的细节系数进行阈值比较，以确定是否发生了匝间短路故障。

还可以通过 DWT 在 1.2% 总匝数的匝间故障发生几秒内检测到故障的发生，且能够在不同的负荷条件下得到验证，但是主要由仿真数据支持，缺乏实验验证。此外，使用静态小波变换（Stationary Wavelet Transform，SWT）也能在一定程度上实现以上功能，且其在噪声环境和电压不平衡条件下的故障诊断性能更好。使用交叉小波变换（Cross Wavelet Transform，XWT）用于故障的提取，可以反映两个波形在时间-频率域上的关联程度，用于比较 d 轴和 q 轴电流。但选取合适的小波函数仍是一个难题。有文献专门研究各种小波函数在故障诊断中的灵敏度，以选择出适用于诊断的函数。

为了排除噪声等因素的干扰，研究者们不断尝试将人工智能和机器学习方法应用于匝间故障诊断。神经网络（Neural Networks，NN）是使用最多的用于提取故障特征信号的智能算法，在经过充分训练后能够有效地排除噪声、供电不平衡等因素的影响，并实现对故障的定位。为了提高模型的性能，研究者们进一步尝试了前馈神经网络，结合了模糊理论的模糊神经网络（Fuzzy Neural Networks，FNN）等算法。但是，这些算法最大的问题在于缺乏合适的训练数据。一方面，文章中的训练数据大多来自于仿真数据，而不是实际运行中采集到的数据；另一方面，算法的普适性不强。训练好的模型只适用于提供训练数据的特定电机，而应用于更多电机需要更多的训练数据。

人工神经网络是基于经验风险最小化原则，而支持向量机（Support Vector Machine，SVM）基于结构风险最小化原则，更适用于小样本、非线性的问题。常用的支持向量机有标准支持向量机和最小二乘支持向量机。研究者们进一步提出了将支持向量机与小波变换相结合的方法、与递归式特征消除算法（Recursive Feature Elimination，RFE）相结合的方法等。通过多种方法综合使用来提高机器学习算法的准确性是当前主要的研究方向。

基于电信号的匝间故障诊断方法具有非侵入性的优点,一般对原有系统的正常运行不会产生任何影响,只需要测量机端电流信号(有时也需要电压信号)。但是该测量方法会受到其他故障及工况波动等因素的影响。研究者们提出了基于各种信号处理方法的解决方案,但是仍存在着所需计算资源大、缺乏足够的训练数据等问题。

3. 基于磁信号的匝间故障在线诊断

目前,有多种通过监测磁场来对电机定子绝缘故障进行监测的方法。从探测线圈或传感器放置的位置上来分,主要分为安装在电机外和电机内两大类。安装在电机外部的探测线圈或传感器通过监测漏磁通的变化,对电机状况进行在线监测。这种监测方法相比于 MCSA,包含了更多关于位置的信息,能够有效地确定故障发生的位置,对于偏心等故障因素的影响也能有效地进行区分。但是由于磁通信号在传递到机壳外部的过程中会受到过滤和衰减,因此这种方法的准确度会受到一定程度上的影响。而且测量结果受到电机结构和探测位置等的影响,可重复性较差,也较难确定故障报警的信号阈值。还有一些研究者提出了使用巨磁阻效应(Giant Magnet-Resistance,GMR)传感器,对低幅值的磁场监测具有宽频带、高准确度的特性,价格较为低廉,一定程度上缓解了机壳外测量信号偏弱的问题。安装在电机内的探测线圈或传感器主要是通过监测气隙磁场的变化来进行状态监测。

通过在电机定子槽内不同位置布置观测线圈,可以对气隙磁场进行监测。当发生匝间短路故障时,气隙磁场会产生相应的故障附加谐波,在探测线圈中会感应出相应的电动势。这种方法相对于电机外的探测方法,其信号强度更大,同样具有包含了位置信息的优点,具有更高的准确性。但是需要在电机绕线时将探测线圈放入定子槽内,是一种侵入式的监测方式,不利于应用于已经投入生产的电机。此外,在气隙内放置霍尔效应传感器(Hall Effect Flux Sensors,HEFS)阵列。在逆变器驱动的情况下,由于这种方法直接探测的是磁场强度,而探测线圈探测的是磁通变化率,因此这种方法能够有效避免电磁干扰的影响。但是这种方法为了放置传感器,对气隙宽度有一定的要求(1mm 以上),因此一般只适用于 MW 级别的大型电机。

基于磁信号的监测方法相对于电信号测量,能够获得更多的位置信息,对各种类型故障的区分能力较强。但是漏磁信号本身信号强度较弱,且容易受到在线运行时电磁干扰的影响;而气隙磁场信号的测量需要对电机结构进行改变,不具备非侵入性的优点,应用范围较窄。

10.3.2　定子绝缘在线监测技术

为了避免因为突然性的电机定子绝缘故障导致严重的经济损失,需要对定子绕组的状态和其剩余寿命进行评估,以及时发现潜在的故障可能。传统的做法是通过定期的预防性离线试验,检查定子绝缘是否存在缺陷,以便及时安排维修,避免故障的发生。基于离线试验的原理,研究者们提出了许多在线运行条件下的状态监测和故障预警方法,以期能在不停机的情况下对电机定子绝缘状态做连续的跟踪,及时发现潜在的故障可能。

1. 预防性离线试验

离线试验技术发展较为成熟,很多在线监测手段都是基于离线试验的原理,因此有必要总结常用定子绝缘离线试验的优缺点。常用的离线试验中,绝缘电阻和极化指数测试可以发现潮湿、脏污和严重的绝缘结构性缺陷(裂隙、孔洞等)。极化去极化电流(Polarization and Depolarization Current，PDC）测试除了能检测绝缘脏污问题外，还能检测由于热老化导致的主绝缘厚度分层的问题。这是因为通常只有交流试验能够反映大块绝缘的劣化问题，所以 PDC 测试相对于绝缘电阻和极化指数测试具有优势。而介质损耗因数和电容量（Capacitance and Dissipation Factor，C/DF）测试相当于 PDC 测试在频域上的结果，同样能够有效表征定子绝缘整体上的热老化状况。DF 揭示了绝缘问题的存在，但并不能确定老化类型；低频下的电容量揭示了极化现象导致的绝缘老化，不能反映传导电流相关的老化问题；而 PDC 能够反映与极化、传导相关的老化和热老化、脏污等问题。但是，决定绝缘健康状况的判据需要电容量和 DF，而不是 PDC。综合时域和频域上的两种离线试验的结果，才能得到完整的绝缘状态信息。而离线局部放电（Partial Discharge，PD）测试能够有效地发现任何以局部放电为绝缘老化表征的故障过程，包括电机误操作、热老化和机械振动等原因引起的绝缘分层和孔洞，以及脏污和半导体涂层的缺陷等诸多问题。

离线试验一般按照一定的周期进行，因此存在着在两次试验的间隔期绝缘发生较为严重的老化的情况。而在线监测相比于离线试验，能够在不停机的情况下完成绝缘状态的评估，既节省试验的时间和花费，也能做到连续监测。而且在离线条件下，绝缘所处的电压、机械应力和温度等条件与在线试验还存在差别。因此，在线监测得到结果更具有代表意义。常用的在线状态监测技术见表 10-3 所示。

表 10-3 在线状态监测技术

监测信号	方法	优点	缺点
电信号	局部放电	能反映大部分绝缘老化信息	易受干扰，结果解释复杂
	绝缘漏电流和阻抗频谱	结果意义明确，能有效反映绝缘热老化	漏电流很小测量困难
	冲击电压响应	能够反映匝间绝缘信息	对绝缘有一定损害
温度信号	温度传感器	结果精确	用于大型电机，维护更换困难
	直流电压注入	非侵入式监测，成本低	动态响应存在一定滞后
	标识化合物法	从整体上监测过温现象	成本高昂，需要定期维护

2. 主绝缘在线状态监测

（1）在线局部放电监测

在线局部放电监测是一种较常应用的在线绝缘状态监测手段。与离线局部放电相比，其最大的区别在于需要应对在线条件下各种干扰的考验。因此，在线局部放电监测的频段较高，一般在 30~300MHz，而离线局部放电监测一般工作在 30kHz~3MHz。这是因为高频段能够有效避免其他噪声的干扰，但是相应地也损失了一定的灵敏度。为了测量高频率的 PD 信号，常用的传感器有天线、高频电流传感器或射频电流传感器等，也有的厂家使用电机内固有的温度监测器作为天线，但是由于传感器与局部放电部位的距离对监测的灵敏度影响较大，这种方法一般只用于对其他在线局部放电监测的补充。

现阶段，限制在线局部放电监测的一大问题是噪声干扰问题。尤其是在使用逆变器驱动的电机装置中，PWM 电压中含有与待测局放信号频率近似的成分，极大影响了局部放电监测的准确性。这导致了在实际生产中，定期离线检测准确性更高，比在线局部放电监测的使用范围更广。为了消除噪声干扰的影响，主要采取的方法有两种：一是通过安装多个传感器，根据信号到达各个测量点的时刻不同来判断信号是属于噪声还是 PD 信号；二是通过脉冲波形判断。此外，还有多种依靠机器学习等特征提取手段进行 PD 结果解释的方法。

　　限制在线局部放电监测方法推广的另一大问题是可信度。根据在线局部放电测试得到的结果并不一定能够准确预测绝缘的剩余寿命，常常发生误报和漏报。进一步的研究发现，局部放电值较大并不一定意味着绝缘老化严重。尤其是新投入的设备，其局部放电值反而很高。这也说明需要进一步研究局部放电结果的解释。

　　最后需要指出，局部放电监测一般应用于 6kV 以上电压等级的电机。虽然对于逆变器驱动的电机，在电压等级为 440V 时仍有可能出现局部放电现象。但是目前局部放电监测主要仍是应用于较高电压等级的电机系统，在低压范围应用很少。

　　（2）基于漏电流和阻抗频谱的在线监测方案

　　在主绝缘老化过程中，主绝缘的等效电阻逐渐减小，等效电容逐渐增大，介质损耗因数逐渐增大。近年来研究者们提出了各种基于绝缘流测量，来确定绝缘等效阻抗及介质损耗因数以及基于差模漏电流的监测方法。这种方法将每相绕组入线端和出线端的电缆共同穿过电流传感器，来测量差模漏电流，如图 10-21 所示。通过这种方法，在物理上消除了较大的工作电流，只测量绝缘漏电流。其中电流传感器需要使用特定的材料来使其满足差模测量的准确度。

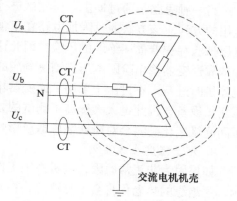

图 10-21　基于差模漏电流的
定子绝缘在线监测方法

　　但是，这种监测方法只能测量工频的漏电流，而且无法应用于三抽头的电机。因此，文献提出了一种应用于逆变器驱动的电机的共模漏电流监测方法。这种方法将三相电缆在入线端共同穿过电流传感器，将正序、负序电流分量都抵消掉，只测量共模的绝缘漏电流部分，从而得到电容量和介质损耗因数等绝缘特征量。而且由于逆变器产生的共模电压的频率成分丰富，这种方法可以测得不同频率下的绝缘性质信息，做到更全面的分析绝缘状态。近些年还有学者提出一种基于共模信号注入的宽频带绝缘阻抗监测方案。该方案通过额外的信号注入电路，测量电机共模阻抗频谱，通过频谱信息反映绝缘状态。这种方法在本质上与前一种方法相同。优点是该方法的频谱测量更为细致，容易获得谐振点等信息；缺点是需要额外的设备，不利于在实际工业中的应用。

　　此外，还有学者对电机绕组绝缘的等效电容在老化过程的变化趋势提出不同看法。研究认为，在老化过程中，绝缘等效电容的变化不一定与绝缘剩余寿命成单调关系，而是与绝缘老化过程中具体经历的机理有关。这意味着在通过前述的方法测得绝缘阻抗的变化信息后，还要根据进一步的研究结果来确定故障预警策略，而不是通过简单的阈值比较来判定电机定子绕组绝缘是否需要检修。一些绝缘方面的研究学者对绝缘的剩余寿命模型进行了研究，提出了以电压、频率和温度为主要参数的绝缘剩余寿命估计模型。但是这些模型一般都是从绝缘材料还未投入使用时开始进行估计的。为了让这些模型更适用于在线监测和故障预警的需求，迫切需要研究结合运行中测量到的绝缘信息（如漏电流等）的绝缘剩余寿命模型。

　　3. 匝间绝缘的在线状态监测

　　匝间绝缘的绝缘特征量（如电容等）一般很小，且不容易测量，因此匝间绝缘的在线状态监测手段很少。阻抗频谱监测方法也能在一定程度上监测匝间绝缘的老化。仿真和离线试验表明，在匝间绝缘的等效电容改变时，阻抗频谱的谐振点也会发生微小的改变。但是这需要对高频率（几百 kHz）的小幅值（mA 级别）电流进行精确的测量（准确度要达到0.1%以上）。而且为了实现绝缘漏电流的在线测量，一般用电流传感器将三相电缆整体包围，这样可以实现正序和负序电流磁场的相互抵消，直接对共模漏电流进行测量。目前大部分能满足对应频带、幅值和准确度要求的电流传感器都是接线式的，而不是穿心式的。而能满足所需要求的电流传感器只有少数几家厂商能够制作，价格较为昂贵。此外，应用于在线监测，尤其是逆变器驱动的电机系统中时，干扰较为严重，需要进行特殊的屏蔽处理，这进一步提高了成本。这些问题都有待进一步的研究解决。

另一种思路是通过冲击电压测试进行分析。一般采用将离线的冲击电压测试拓展到在线应用的方法。该方法通过附加电路在正常运行的电机上叠加一个短暂的冲击电压。但是冲击电压试验存在着损坏绝缘的风险，因此这种在线测试方法存在一定的危险性。此外，还有一种依靠逆变器输出阶跃电压来测量响应的方法。这种方法是一种伪在线监测方式，需要在电机停机时进行。不过由于采用了逆变器输出阶跃电压的方式，不需要拆线接入额外的冲击电压测试设备，因此也大大提高了测试的方便性和测试频率。但是目前的实验结果只是验证了匝间绝缘老化确实会对阶跃响应造成影响，而不能从理论上解释这一变化的原因。

4. 定子温度在线监测

如果因为非正常原因，电机系统工作在超出其设计范围的温度环境下时，如图 10-22 所示，主绝缘的热老化将会十分迅速，在几分钟到几小时内就将发生接地故障。因此，需要对电机进行定子温度在线监测，主要的方法有温度传感器监测、定子绕组电阻监测和标识化合物监测。

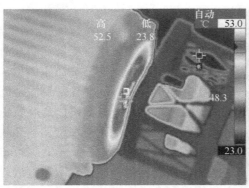

图 10-22　红外热成像法测定电机温度分布

对于温度监测，包括埋设温度传感器和无温度传感器两种方式。监测定子绕组绝缘温度使用的温度传感器一般埋设在定子绕组线圈中或上下层线圈之间，主要包括电阻式温度检测器（Resistance Temperature Detector，RTD）和热电偶（Thermal Couple，TC）。大型电机一般都会安装这些温度传感器用作热保护。有研究者提出了一种适用于软起动器驱动的电机的温度监测方法，通过控制软起动器的导通方式注入一个直流偏置电压，以此来监测定子绕组阻值的变化，进而得到温度信息。由于只需注入 0.5s 的电压就可以完成温度监测过程，因此对于系统原有性能（如转矩脉动等）的影响非常有限。进一步通过使用一阶热模型，可以对电机的冷却情况进行监测。由于使用的热模型较为简单，因此需要在工况稳定下来后才会得到较为准确的温度监测结果。在前面工作的基础上，研究者们通过使用自适应卡尔曼滤波器，进一步提高了温度监测的准确度，从而提出了一种新的基于传递函数的热模型，相对于传统多阶模型，所需的参数更少，且充分考虑了电机运行中的各种损耗，误差最终可以控制在 4℃ 以内，并可以进一步将这种方法应用于逆变器驱动的电机系统中。综上，这种通过电信号测量绕组阻值变化的温度监测方法只需使用电流传感器，无需改变原有系统的结构，可靠性高；适用于软起动器和逆变器驱动的电机系统，通过改变电力电子开关的控制信号就可以实现直流偏置电压注入，无需额外的设备；监测所需的注入信号时间很短，对原系统的性能影响很小，因此具有良好的应用前景。

标识化合物法是一种应用于大型氢气冷却或全封闭空气冷却的电机的温度监测方法。将标识化合物按照需求涂抹在待监测的绝缘表面，当待测部分温度上升到一定温度时，标识化合物会释放特定的物质，被工况监测仪监测到并触发警报。但是，这种方法的设备要求较为昂贵，且标识化合物每隔一定时间（一般为 5 年左右）就需要重新涂抹，局限较大。

定子温度在线监测属于一种保护性的在线监测方法，其目的是为了防止绝缘工作在非正常环境下而导致其加速老化。这种方法对于绝缘正常老化过程没有监测作用，需要其他在线监测方法进行补充。

10.3.3　技术发展趋势和未来展望

为了提高交流电机系统的可靠性，交流电机定子绝缘的故障诊断与在线监测技术需要进一步在可靠性和精确性上做出改善。综合目前已有的研究成果，未来的主要发展方向包括以下几点：

1. 解决在线监测时其他故障的干扰问题

在进行在线监测时，往往会有多种故障原因导致相似的监测结果，需要设计合适的监测方案将故障类型进行区分。例如，通过电流信号来监测匝间短路故障时，会受到电机本体固有的不对称、供电不平衡和传感器误差等因素的影响。通过设计补偿的方法来解决这一问题，较为复杂，且效果不佳；通过人工智能等方法来解决这一问题，又缺乏足够的训练数据。对于其他在线监测方案，也有类似的干扰问题，有待研究者们进一步解决。

2. 考虑环境和工况因素干扰的影响

目前的在线监测研究中，多数研究考虑的都是在稳态工况下的监测结果。对于工况变化的情况，缺乏足够的讨论。如果因为工况的突变导致监测结果出现误报，那将大大降低在线监测方案的可靠性。此外，一些在线监测手段是基于绝缘材料性质的，如在线监测电介质损耗角和电容量等。这些绝缘材料性质会受到温度、湿度和电压等因素的影响。在应用于在线监测时，这些因素对于测量结果的影响大小、是否需要补偿等问题都需要进一步地研究解决。

3. 考虑逆变器驱动时电磁干扰的问题

如今，逆变器驱动的电机系统大量使用，也因此出现了新的需要解决的问题。在逆变器驱动的系统中，在线监测所使用的电流传感器、磁传感器和探测线圈等，都会在一定程度上受到电磁干扰的影响，如采用探测线圈会受到逆变器开关过程的噪声干扰问题。因此在设计时，需要考虑电磁干扰带来的监测准确度下降问题，做好电磁屏蔽设计。

4. 充分利用逆变器开关的可控性，变被动监测为主动监测

随着逆变器的大量使用，研究者可以通过设计逆变器的开关指令，向电机注入不同的电压信号，通过测量响应，获得更多关于电机内部结构和绝缘的信息。这种监测方法改变了传统的被动监测方式，能够更为主动地获取电机内的信息，拓展了在线监测的研究范围。

5. 需要更多来自现场的数据

目前研究中的所使用数据在一定程度上与实际工业应用中的数据存在差异。例如，实验中模拟绝缘老化时，研究者们主要采用加速老化实验、模拟老化实验和计算机仿真等方法。这与实际工业应用中自然老化得到的数据存在一定的差异。部分研究中所使用的模拟老化数值（如绝缘等效电阻等）过于夸大，与实际老化过程中绝缘参数的变化范围不符。另一方面，实验中所使用的电机大部分是小型电机。由于绝缘结构上的差异，实验数据和大型电机存在一定的差异。对于数据驱动类的研究，如基于人工智能、机器学习等研究方法来说，来自于工业界的第一手大量数据尤为重要。这一问题需要研究者和工业界共同努力解决。

6. 基于离线绝缘检测原理，开发新的在线监测手段

离线绝缘检测方法经过多年发展，较为成熟。很多在线监测方法都基于离线检测的原理。例如，局部放电测试目前已有许多在线监测上的研究和应用。近年来有学者提出将冲击电压测试、介质损耗因数及电容量测试等应用于在线测试中，并取得了一定成果。通过设计新电路拓扑结构，采用新测量方法，利用离线检测的原理实现在线监测，是未来的一个研究发展趋势。

10.3.4　结论

本节叙述了交流电机定子绝缘的故障诊断和在线监测技术。对于故障初期，在基于定子绝缘老化机理的基础上，重点分析了基于电信号和磁信号的匝间短路故障诊断技术；对于故障潜伏期，在离线预防性试验的原理基础上，重点分析了基于电信号和温度信号的在线监测技术。在阐述交流电机定子绝缘故障诊断和在线监测技术在国内外取得的进展的同时，基于目前研究成果，指出了故障诊断和在线监测技术未来的发展方向。

10.4　电机定子的漏电流绝缘在线监测

10.4.1　电机定子等效绝缘系统的介绍

常见的典型电气设备（如三相电机与变压器）都有其等效电路模型，同理对于电机定子绝缘系统也有对应的等效电路。对等效绝缘系统的分析可以帮助更好地理解后面详细介绍的漏电流法原理。这里使用三相异步电机绝缘系统为例，基于三相电机的差分漏电流的绝缘在线监测技术采用了一种主绝缘和相间绝缘组合的等效绝缘系统。如图 10-23 所示，对于某健康三相异步电机，每相绕组盘绕在电机内部且呈电感性，电阻 R 与电容 C 组成的并联分支 Z 都属于绝缘层中的等效成分。

这些分支的分布存在规律，可以简化成两个部分，相地的主绝缘 Z_{ag}、Z_{bg} 及 Z_{cg} 是绝缘系统中的第一个部分，呈 Y 形分布；每相之间的相间绝缘 Z_{ab}、Z_{bc} 及 Z_{ca} 是绝缘系统的第二

个部分，呈三角形分布。每个部分都含有三个分支，分支中的电阻 R 代表当前绝缘层的电阻性成分，电容 C 则代表电容性成分。

如图 10-24a 所示，由于绝缘层的并联结构，当有漏电流 I_1 流过时，会将其分为阻性漏电流 I_R 与容性漏电流 I_C。在相量图 10-24b 中，I_1 与支路漏电流 I_C 之间的相位角为当前等效绝缘支路的介质损耗因数角 δ，这是评估绝缘状态的重要参数之一。健康的绝缘支路中电阻性分量极大，因此阻性漏电流很微小，几乎无法观测到，这就导致漏电流基本完全属于电容性，此时介质损耗因数角 δ 近似为 0°。随着绝缘的逐渐老化，等效电阻 R_{eq} 会缩小，漏电流中的电阻性分量随之增大，如图 10-25 所示，此时介质损耗角 δ 以及正切值 DF 会随之增大，直至最终绝缘损坏。

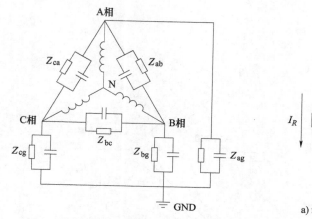

图 10-23　三相电机定子等效绝缘系统

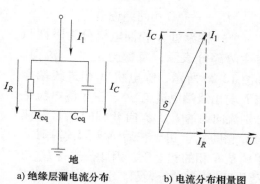

a) 绝缘层漏电流分布　　　b) 电流分布相量图

图 10-24　绝缘层分支中的电流成分

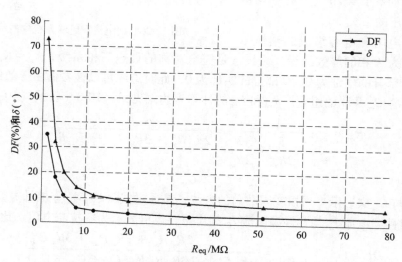

图 10-25　绝缘老化过程中各参数变化曲线

除了对单独的支路进行介质损耗角分析外，还可以将支路整合到一起构成总等效绝缘电路来对电机某相绝缘状况进行整体分析。以 A 相为例，漏电流方程如式（10-2）所示：

$$\dot{I}_{\mathrm{al}} = \frac{1}{2}\dot{U}_{\mathrm{ag}}\left[\left(\frac{1}{R_{\mathrm{ag}}} + \frac{\sqrt{3}}{R_{\mathrm{ab}}}\angle 30° + \frac{\sqrt{3}}{R_{\mathrm{ac}}}\angle -30°\right) + \mathrm{j}\omega\left(C_{\mathrm{ag}} + \sqrt{3}C_{\mathrm{ab}}\angle 30° + \sqrt{3}C_{\mathrm{ac}}\angle -30°\right)\right]$$

（10-2）

式中　$\dot{I}_{\mathrm{al}}$——A 相的漏电流；

$\quad\quad\dot{U}_{\mathrm{ag}}$——A 相的相电压；

$\quad\quad R_{\mathrm{ag}}$——A 相主绝缘电阻；

$\quad\quad R_{\mathrm{ab}}$——AB 相间绝缘电阻；

$\quad\quad R_{\mathrm{ac}}$——AC 相间绝缘电阻；

$\quad\quad C_{\mathrm{ag}}$——A 相主绝缘电容；

$\quad\quad C_{\mathrm{ab}}$——AB 相间绝缘电容；

$\quad\quad C_{\mathrm{ac}}$——AC 相间绝缘电容。

　　公式将流过 A 相漏电流分为阻性和容性两部分表示，每部分的 3 个流向。如图 10-26 所示，除电机 A 相进线端电流 I_{in} 与出线端电流 I_{out} 外，三个漏电流是分别流向地的 I_{ag}、流向 B 相的 I_{ab} 以及流向 C 相的 I_{ac}。由于在后续实际计算时采用的是 A 相的相电压，因此公式将 U_{ab} 与 U_{ac} 均通过 U_{ag} 进行表示。公式前系数 1/2 产生的原因是由于电压在绕组中呈线性衰减趋势，从而导致绕组电压的平均值为端部被测电压的 1/2。

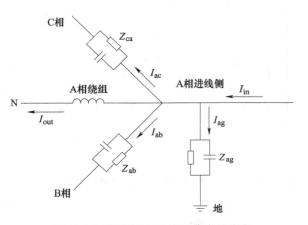

图 10-26　漏电流在绝缘系统中的流向

　　式中，由电阻和电容组成的整体阻抗可以被理解为 A 相的等效绝缘，假设这是完全对称的理想三相系统，$R_{\mathrm{ab}} = R_{\mathrm{ac}}$，$C_{\mathrm{ab}} = C_{\mathrm{ac}}$，那么阻抗中 R 部分的虚部为 0，C 部分的实部为 0，此时绝缘可以被看做由等效绝缘电阻 R_{eq} 和等效绝缘电容 C_{eq} 并联的组合。R_{eq} 和 C_{eq} 的计算表达式见式（10-3）及式（10-4）。

$$R_{\mathrm{eq}} = \frac{1}{\dfrac{1}{R_{\mathrm{ag}}} + \dfrac{3}{2R_{\mathrm{ab}}} + \dfrac{3}{2R_{\mathrm{ac}}}} = \frac{2R_{\mathrm{ag}}R_{\mathrm{ab}}R_{\mathrm{ac}}}{2R_{\mathrm{ab}}R_{\mathrm{ac}} + 3R_{\mathrm{ag}}R_{\mathrm{ac}} + 3R_{\mathrm{ag}}R_{\mathrm{ab}}}$$

（10-3）

$$C_{\mathrm{eq}} = C_{\mathrm{ag}} + C_{\mathrm{ab}} + C_{\mathrm{ac}}$$

（10-4）

　　利用 R_{eq} 与 C_{eq} 来表示介质损耗因数角的方法，是通过式（10-5）直接计算其正切值 DF，可以表示为阻性漏电流 I_R 与容性漏电流 I_C 的比值，也可表示为容抗与电阻的比值。

$$DF = \tan\delta = \frac{|I_R|}{|I_C|} = \frac{1}{\omega R_{\mathrm{eq}}C_{\mathrm{eq}}} = \frac{2R_{\mathrm{ab}}R_{\mathrm{ac}} + 3R_{\mathrm{ag}}R_{\mathrm{ac}} + 3R_{\mathrm{ag}}R_{\mathrm{ab}}}{2\omega R_{\mathrm{ag}}R_{\mathrm{ab}}R_{\mathrm{ac}}(C_{\mathrm{ag}} + C_{\mathrm{ab}} + C_{\mathrm{ac}})}$$

（10-5）

　　以上三个式子解释的是等效参数以及 DF 的构成原理，但实际进行测算时，除了当前计算所用的频率 f 外，其余的所有 R 和 C 都是未知的。所以为了能够通过计算获得这三个量，需要变换公式的表达形式，采用实际可检测的量来进行表示，而相电压 $\dot{U}_{\mathrm{ag}}$ 与漏电流 $\dot{I}_{\mathrm{al}}$ 就是这种实际可以被检测的量。在将原公式中代表各绝缘层的 R 与 C 使用 R_{eq} 与 C_{eq} 替代后，得到式（10-6）。

$$\dot{I}_{\mathrm{al}} = \frac{1}{2}\dot{U}_{\mathrm{ag}}\left(\frac{1}{R_{\mathrm{eq}}} + \mathrm{j}\omega C_{\mathrm{eq}}\right) \tag{10-6}$$

对公式进行移项，得到式（10-7），可以发现，漏电流与相电压比值得到的导纳中，实部的倒数即为 R_{eq}，而虚部除以角频率 ω 即为 C_{eq}。

$$\frac{2\dot{I}_{\mathrm{al}}}{\dot{U}_{\mathrm{ag}}} = \frac{1}{R_{\mathrm{eq}}} + \mathrm{j}\omega C_{\mathrm{eq}} \tag{10-7}$$

三相等效绝缘参数 R_{eq} 与 C_{eq} 均可采用如式（10-8）与式（10-9）所示的计算方法：

$$R_{\mathrm{eq.abc}} = \frac{|\dot{U}_{\mathrm{abc.g}}|}{2\,|\dot{I}_{\mathrm{l.abc}}|\,\sin\delta_{\mathrm{abc}}} \tag{10-8}$$

$$C_{\mathrm{eq.abc}} = \frac{2\,|\dot{I}_{\mathrm{l.abc}}|\,\cos\delta_{\mathrm{abc}}}{\omega\,|\dot{U}_{\mathrm{abc.g}}|} \tag{10-9}$$

而介质损耗角正切值 DF 使用电压和电流表示的表达式为

$$DF_{\mathrm{abc}} = 100\tan\delta_{\mathrm{abc}} = 100\tan\left(90° - \angle\left|\frac{\dot{U}_{\mathrm{abc.g}}}{\dot{I}_{\mathrm{l.abc}}}\right|\right) \tag{10-10}$$

研究这些参数的最终目的在于通过发生绝缘故障时这些参数的变化规律实现对绝缘状态的评估，当电机的等效绝缘系统中任何分支的某一元素发生了变化，变化量造成的影响都会在 R_{eq}、C_{eq} 及 DF 三个参数中体现出来，具体体现方式为增加或减小。需要注意的是，这种通过三参数配合诊断电机绝缘问题的方法通常用来识别电阻性绝缘老化，在设备的工作频率下进行分析计算，属于低频频段专用的方法。

实际上，并非所有电机都可以进行高频的共模差模信号分析计算，共模和差模频率是一系列由逆变器产生的特定频率。若设备不是由逆变器驱动的变频电机，而是普通电机，此时就只能监测到低频的工频信号，所以这种方法存在的意义专用于分析不存在高频共模与差模信号的普通电机绝缘健康状况。但对于逆变器驱动的电机，这种方法也能够适用。下面对如何利用三个参数判断绝缘状况进行介绍。

10.4.2　绝缘故障类型的判断方法

1. 主绝缘故障

主绝缘为相地绝缘，低频时绝缘中的电容成分的变化对于整体绝缘的性质影响较小。此时对绝缘状况影响效果最大的是电阻性成分。绝缘老化表征在电阻上的特征就是支路中的电阻出现了明显降低，支路漏电流也会随之增大。研究的方法可以采用公式推导，对故障前后 R_{eq}、C_{eq} 及 DF 三个参数的变化量进行计算，从而探究主绝缘故障的参数变化特征。

假设健康状况下的 A 相主绝缘电阻为 R_{ag}，发生老化后为 R'_{ag}，通过系数 k 来反映降低后的比例，计算式如式（10-11）所示。

$$R'_{\mathrm{ag}} = kR_{\mathrm{ag}}(0 < k < 1) \tag{10-11}$$

主绝缘电阻降低引起的 R_{eq} 变化量 ΔR_{eq} 如式（10-12）所示，结果小于 0：

$$\Delta R_{eq} = R'_{eq} - R_{eq} = \frac{6R_{ab}^2 R_{ac}^2 R_{ag}(k-1)}{(2R_{ab}R_{ac} + 3kR_{ab}R_{ag} + 3kR_{ac}R_{ag})(2R_{ab}R_{ac} + 3R_{ab}R_{ag} + 3R_{ac}R_{ag})}$$

$$(10\text{-}12)$$

需要注意的是，当某相主绝缘电阻减小时，仅会影响本相的特征参数。对比三相漏电流式（10-13）可以发现，每相的主绝缘电阻 R_{ag}、R_{bg} 及 R_{cg} 仅作为当前相等效绝缘电阻 R_{eq} 的组成成分之一，所以它不会出现在另外两相的 R_{eq} 表达式中，自然也不会影响到另外两相的 C_{eq} 及 DF 的值。

$$\begin{cases} \dot{I}_{al} = \frac{1}{2}\dot{U}_{ag}\left[\left(\frac{1}{R_{ag}} + \frac{\sqrt{3}}{R_{ab}}\angle 30° + \frac{\sqrt{3}}{R_{ac}}\angle -30°\right) + j\omega\left(C_{ag} + \sqrt{3}C_{ab}\angle 30° + \sqrt{3}C_{ac}\angle -30°\right)\right] \\[2mm] \dot{I}_{bl} = \frac{1}{2}\dot{U}_{bg}\left[\left(\frac{1}{R_{bg}} + \frac{\sqrt{3}}{R_{bc}}\angle 30° + \frac{\sqrt{3}}{R_{ab}}\angle -30°\right) + j\omega\left(C_{bg} + \sqrt{3}C_{bc}\angle 30° + \sqrt{3}C_{ab}\angle -30°\right)\right] \\[2mm] \dot{I}_{cl} = \frac{1}{2}\dot{U}_{cg}\left[\left(\frac{1}{R_{cg}} + \frac{\sqrt{3}}{R_{ca}}\angle 30° + \frac{\sqrt{3}}{R_{bc}}\angle -30°\right) + j\omega\left(C_{cg} + \sqrt{3}C_{ca}\angle 30° + \sqrt{3}C_{bc}\angle -30°\right)\right] \end{cases}$$

$$(10\text{-}13)$$

由于 R_{ag} 变化引起的阻抗变化量仅在式（10-2）的实部上造成影响，所以引起的 C_{eq} 变化为 0。由于 R_{eq} 降低，由式（10-5）可得，DF 会随之增大。

因此当主绝缘电阻出现故障时，反映在三个特征参数上的变化趋势为

$$\begin{cases} \Delta R_{eq} < 0 \\ \Delta C_{eq} = 0 \\ \Delta DF > 0 \end{cases}$$

2. 相间绝缘故障

当两相之间的绝缘发生了老化，会引起相间绝缘电阻降低。用与推导对地绝缘故障相同的公式推导法，研究相间绝缘故障发生时三参数的变化特征。以 AB 相为例，健康状况下的相间绝缘电阻为 R_{ab}，发生老化后为 R'_{ab}，同样通过系数 k 来反映降低后的比例，式（10-14）为老化前后的比例关系：

$$R'_{ab} = kR_{ab}(0 < k < 1)$$

$$(10\text{-}14)$$

首先对 A 相计算得到的等效绝缘参数进行分析，相间绝缘电阻 R_{ab} 降低引起的 R_{eq} 变化量见式（10-15），结果是小于 0 的。

$$\Delta R_{eq} = \frac{6R_{ab}R_{ac}^2 R_{ag}^2(k-1)}{(3R_{ac}R_{ag} + 2kR_{ab}R_{ac} + 3kR_{ab}R_{ag})(2R_{ab}R_{ac} + 3R_{ab}R_{ag} + 3R_{ac}R_{ag})}$$

$$(10\text{-}15)$$

不同于对地绝缘故障的情况，当相间绝缘电阻降低时，观察漏电流表达式可以发现，相间绝缘电阻前的系数均是相量，而不是实数。如果用坐标系来反映故障引起的变化量，实轴和虚轴均会产生变化。所以这种故障不仅会影响到等效绝缘电阻的值 R_{eq}，还会影响到 C_{eq}，式（10-16）为变化量 ΔC_{eq} 的计算公式，结果是大于 0 的。

$$\Delta C_{eq} = \frac{\sqrt{3}(1-k)}{2kR_{ab}}$$

$$(10\text{-}16)$$

由于相间绝缘电阻降低引起漏电流中的阻性分量占比增加，因此介质损耗因数角 δ 增大，DF 值也随之增大。

观察三相漏电流公式（10-13）可以发现，与之前分析的对地绝缘故障不同，一个相间绝缘电电阻会同时出现在两相的漏电流公式中，且其系数为相量。这就会导致相间绝缘故障，会引起两相的等效绝缘参数同时发生变化，并且同时影响到两相共 6 个参数。

采用式（10-13）中的 B 相漏电流公式计算得到的等效绝缘电阻变化量表达式见式（10-17），相间绝缘故障引起的 ΔR_{eq} 小于 0。

$$\Delta R_{eq} = \frac{6R_{ba}R_{bc}^2R_{bg}^2(k-1)}{(3R_{bc}R_{bg} + 2kR_{ba}R_{bc} + 3kR_{ba}R_{bg})(2R_{ba}R_{bc} + 3R_{ba}R_{bg} + 3R_{bc}R_{bg})} \tag{10-17}$$

通过式（10-18）计算得到的 ΔC_{eq} 也小于 0：

$$\Delta C_{eq} = -\frac{\sqrt{3}(1-k)}{2kR_{ba}} \tag{10-18}$$

代入到式（10-5）中，发现 DF 值的变化趋势与 A 相相同，也是随 R_{ab} 的减小而增大。

这种相间绝缘故障对应的特征变化量要将涉及的两相放在一起进行综合分析：

$$A\ 相: \begin{cases} \Delta R_{eq} < 0 \\ \Delta C_{eq} > 0 \\ \Delta DF > 0 \end{cases} \qquad B\ 相: \begin{cases} \Delta R_{eq} < 0 \\ \Delta C_{eq} < 0 \\ \Delta DF > 0 \end{cases}$$

观察主绝缘和相间绝缘两种故障的特征值变化规律可以发现，当绝缘故障老化表征为绝缘层电阻 R 缩小，无论发生这种老化的部位是对地支路还是相间支路，都会导致当前相所测得的等效绝缘电阻 R_{eq} 降低，介质损耗角正切值 DF 增大。

表 10-4　利用等效绝缘参数变化特征判断故障类型

故障位置	A 相		B 相		C 相	
	R_{eq}	DF	R_{eq}	DF	R_{eq}	DF
A 相主绝缘	↓	↑				
B 相主绝缘			↓	↑		
C 相主绝缘					↓	↑
AB 相间绝缘	↓	↑	↓	↑		
BC 相间绝缘			↓	↑	↓	↑
CA 相间绝缘	↓	↑			↓	↑

这是一个普遍的规律，可以应用在所有绝缘电阻降低引发的故障中；等效绝缘电容的值仅在相间绝缘老化时才会发生变化，其他情况下均保持健康值。按照公式的推导，可以将三相所有分支的绝缘电阻降低故障的特征参数变化规律推导出，并汇总成表 10-4。

在实际测量中即可通过该表查阅各参数对于不同故障形式的改变趋势，结合实际测量数据实现故障类型判断。

3. CM、DM 分量计算对地和相间绝缘方法

在之前的部分，介绍了通过每相的等效绝缘参数综合判断绝缘故障的方法，它可以适用于普通电机和变频电机。但是这种方法并不能精确得出具体的 GW（对地）和 PP（相间）绝缘，且无法实现故障定位。由此引出了通过分离漏电流和电压中的共模 CM 和差模 DM 分量，对它们进行综合分析计算，从而实现 GW、PP 绝缘分别监测的办法。由于这种方法采

用的共模和差模频率对比前文采用的工频相对较高，所以在这种频段上，漏电流主要由容性分量组成。绝缘中的电阻性成分所占比重较小，且绝缘电阻降低引起的漏电流分量变化很微小。漏电流分量的主要变化原因是故障引起的绝缘层中等效电容增大，因此该频段主要监测的是电容性故障，且使用等效电容来进行分析计算。

（1）共模与差模频率

漏电流和电压中都含有 CM 和 DM 分量，CM 电压仅导致 GW 绝缘泄漏电流，而 DM 电压不仅会导致 GW 绝缘泄漏电流（CM 漏电流），还会导致 PP 绝缘泄漏电流（DM 漏电流）。所以可以利用漏电流和电压中的 CM、DM 分量来分别求解 GW 和 PP 绝缘的具体值。

分析计算采用的共模和差模频率是一系列特定的频率，它是由驱动变频电机与换流变压器的 PWM 的载波频率 f_s 与当前设备的工作频率 f_0 通过特定组合规律混合而成的。共模频率主要为 PWM 载波频率及其 n 次谐波，共模漏电流主要在相地间流动，共模频率 f_{CM} 表达式（10-19）；

$$f_{CM} = (2n-1)f_s, n = 1,2,3\cdots \qquad (10\text{-}19)$$

差模频率 f_{DM} 则分布在共模频率的两侧边带，差模电流不仅在相地间流动，还会在相间流动。当对采集到的电压与漏电流波形使用傅里叶变换，可以分离得到很多差模频率。如图 10-27 所示，为某三相变频电机 A 相 U_{ag} 进行 FFT 后某频段的频谱图，峰值所在的频率都属于当前频段的 f_{DM}。

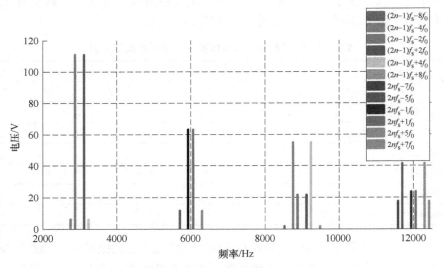

图 10-27　某电机 A 相局部差模电压分布

这些频率分布看似没有规律，但实际都是严格按照计算公式分布的。常用的差模频率计算公式如下，共模频率奇次谐波边带采用一套公式（10-20），差模频率采用另一套公式（10-21）。式（10-20）仅体现了分布在共模频率两边第一边带的差模频率，但实际上还有其他一系列差模频率也可以用来进行等效绝缘计算，它们的分布见表 10-5 所示。

$$f_{DM} = (2n-1)f_s \pm 2f_0, n = 1,2,3\cdots \qquad (10\text{-}20)$$

$$f_{DM} = 2nf_s \pm f_0, n = 1,2,3\cdots \qquad (10\text{-}21)$$

表 10-5　CM 谐波边带的 DM 频率分布

	左 4	左 3	左 2	左 1	f_{CM}	右 1	右 2	右 3	右 4
奇次	$-10f_0$	$-8f_0$	$-4f_0$	$-2f_0$	$(2n-1)f_{CM}$	$2f_0$	$4f_0$	$8f_0$	$10f_0$
偶次	$-11f_0$	$-7f_0$	$-5f_0$	$-f_0$	$2nf_{CM}$	f_0	$5f_0$	$7f_0$	$11f_0$

以下进行所有的等效绝缘分析计算都要提前确定一个差模频率，然后将计算公式中所有的电压电流量都在该频率上进行提取。注意不能将不同频率的分量代入到同一个公式中计算，否则计算结果将失去意义。

（2）共模与差模等效绝缘电容的计算

普通的电动机未采用 PWM 驱动，它们的绝缘层中可能也存在某些 CM 和 DM 分量，但因为来源的不确定，所以无法实现有效分离。变频电机采用 PWM 驱动，CM、DM 分量来源明确，可以通过 PWM 中电力电子器件开关频率 f_s 与当前工作频率 f_0 通过计算实现区分，具体的区分方法在之前已经介绍。

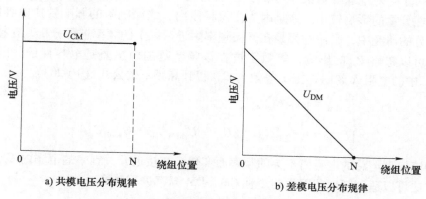

a) 共模电压分布规律　　　　　b) 差模电压分布规律

图 10-28　共模电压与差模电压在绕组中的分布

如图 10-28 所示，电机绕组中的共模与差模电压分布规律是不同的，相同频率下，共模电压在绕组处处相等，而差模电压则会逐渐下降，直到绕组末端趋于 0。这里仍以 A 相为例，分析这种不同的分布规律对于计算公式会造成什么样的影响。原始漏电流分量解析式如下，其中，$\dot{I}_{alR}$ 代表漏电流中的阻性成分，$\dot{I}_{alC}$ 代表容性成分。

$$\dot{I}_{al} = \dot{I}_{alR} + \dot{I}_{alC} = \frac{1}{2}\left[\left(\frac{\dot{U}_{ag}}{R_{ag}} + \frac{\dot{U}_{ab}}{R_{ab}} + \frac{\dot{U}_{ac}}{R_{ac}}\right) + j\omega(\dot{U}_{ag}C_{ag} + \dot{U}_{ab}C_{ab} + \dot{U}_{ac}C_{ac})\right] \quad (10\text{-}22)$$

公式中的 1/2，是因为在等效绝缘测算过程中，用来体现 R_{eq} 和 C_{eq} 所用的是绕组平均电压，式（10-22）是在默认电压逐渐衰减时的表达形式。但在图 10-29 中，CM 电压在绕组中处处相等，所以对于 CM 频率下的公式，应同时考虑两个基本条件：

1）CM 漏电流不会在相间流动；

2）CM 电压不会随绕组衰减。

依据条件更改后的式（10-23）如下：

$$\dot{I}_{alCM} = \dot{I}_{alRCM} + \dot{I}_{alCCM} = \frac{\dot{U}_{agCM}}{R_{ag}} + j\omega\dot{U}_{agCM}C_{ag} \quad (10\text{-}23)$$

而对于 DM 频率下的公式应同时考虑：

1）DM 漏电流不仅在相间流动，还会在相地流动；

2）DM 电压会随绕组衰减。

故解析式（10-24）与原始式（10-22）基本一致：

$$\dot{I}_{alDM} = \dot{I}_{alRDM} + \dot{I}_{alCDM}$$

$$= \frac{1}{2}\left[\left(\frac{\dot{U}_{agDM}}{R_{ag}} + \frac{\dot{U}_{abDM}}{R_{ab}} + \frac{\dot{U}_{acDM}}{R_{ac}}\right) + j\omega(\dot{U}_{agDM}C_{ag} + \dot{U}_{abDM}C_{ab} + \dot{U}_{acDM}C_{ac})\right] \quad （10\text{-}24）$$

可以将公式中对应绝缘的电阻和电容用导纳形式（10-25）表示：

$$\begin{cases} \dot{I}_{alCM} = \dot{U}_{agCM}Y_{ag} \\ \dot{I}_{alDM} = \frac{1}{2}(\dot{U}_{agDM}Y_{ag} + \dot{U}_{abDM}Y_{ab} + \dot{U}_{acDM}Y_{ac}) \end{cases} \quad （10\text{-}25）$$

在前面对于等效绝缘参数的推导部分，漏电流中的电阻性分量对于计算结果的影响较大，而电容性分量的影响较小。这是因为在低频段内，绝缘电阻的影响要比电容的影响大。但是在本部分的研究中，采用的都是在开关频率附近及以上的频率进行分析，在接近开关频率的范围内可以忽略 R_{eq} 的影响，等效阻抗在该频率范围内主要是电容性的。因此可以将式（10-25）中的电阻 R 忽略，把 Y 等效为 C，得到高频下的公式（10-26）。

$$\begin{cases} \dot{I}_{alCM} = j\omega_{CM}\dot{U}_{agCM}C_{ag} \\ \dot{I}_{alDM} = \frac{1}{2}j\omega_{DM}(\dot{U}_{agDM}C_{ag} + \dot{U}_{abDM}C_{ab} + \dot{U}_{acDM}C_{ac}) \end{cases} \quad （10\text{-}26）$$

又因为该模型汇总的电容值不会随频率而变化，在接近开关频率的范围内 C_{eq} 是恒定的，因此，该方法可以适用频率范围内的多种 CM、DM 频率进行计算。

（1）GW 绝缘的计算

前面提到了 CM 电压仅导致 GW 绝缘泄漏电流 $\dot{I}_{alCM}$，因此 CM 电压仅作用在主绝缘上。如图 10-29 所示，$\dot{I}_{alCM}$ 只在相地回路之间形成回路。因此只需要将同一 CM 频率下的漏电流分量和对地电压 $\dot{U}_{agCM}$ 通过频谱分析导出，即可以通过以下公式计算出 C_{ag}。

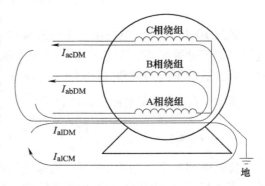

$$\dot{I}_{alCM} = j\omega_{CM}\dot{U}_{agCM}C_{ag} \quad （10\text{-}27）$$

$$C_{ag} = \frac{|\dot{I}_{alCM}|}{|\omega_{CM}\dot{U}_{agCM}|} \quad （10\text{-}28）$$

图 10-29　A 相共模与差模漏电流的回路

（2）PP 绝缘计算

因为在前一步通过 CM 计算已获得 C_{ag} 的数值，只需要通过 DM 方程计算 C_{ab} 与 C_{ac} 即可。如图 10-29 所示，差模漏电流有在相地间流动的成分 $\dot{I}_{alDM}$，还有在相间流动的成分 $\dot{I}_{abDM}$ 与 $\dot{I}_{acDM}$，所以在提取分量时，需要同时对漏电流、三相电压中的差模分量进行分离。这里采用将实部虚部分离，分别形成 2 个方程，共同求解 C_{ab} 与 C_{ac} 的思路。

$$\dot{I}_{\mathrm{alDM}} = \frac{1}{2}\mathrm{j}\omega_{\mathrm{DM}}(\dot{U}_{\mathrm{agDM}}C_{\mathrm{ag}} + \dot{U}_{\mathrm{abDM}}C_{\mathrm{ab}} + \dot{U}_{\mathrm{acDM}}C_{\mathrm{ac}}) \tag{10-29}$$

对差模漏电流方程式（10-29）进行移项，可得方程最终形式（10-31）：

$$\frac{2\dot{I}_{\mathrm{alDM}}}{\mathrm{j}\omega_{\mathrm{DM}}} = (\dot{U}_{\mathrm{agDM}}C_{\mathrm{ag}} + \dot{U}_{\mathrm{abDM}}C_{\mathrm{ab}} + \dot{U}_{\mathrm{acDM}}C_{\mathrm{ac}}) \tag{10-30}$$

$$\frac{2\dot{I}_{\mathrm{alDM}}}{\mathrm{j}\omega_{\mathrm{DM}}} - \dot{U}_{\mathrm{agDM}}C_{\mathrm{ag}} = \dot{U}_{\mathrm{abDM}}C_{\mathrm{ab}} + \dot{U}_{\mathrm{acDM}}C_{\mathrm{ac}} \tag{10-31}$$

由于方程由相量组成，所以通过方程两边的实部相等与虚部相等可以同时分离出两个方程，从而构成差模计算方程组（10-32），求解得到两个相间等效绝缘电容[见式(10-33)]。

$$\begin{cases} \mathrm{Re}\left(\dfrac{2\dot{I}_{\mathrm{alDM}}}{\mathrm{j}\omega_{\mathrm{DM}}} - \dot{U}_{\mathrm{agDM}}C_{\mathrm{ag}}\right) = \mathrm{Re}(\dot{U}_{\mathrm{abDM}})C_{\mathrm{ab}} + \mathrm{Re}(\dot{U}_{\mathrm{acDM}})C_{\mathrm{ac}} \\[3mm] \mathrm{Im}\left(\dfrac{2\dot{I}_{\mathrm{alDM}}}{\mathrm{j}\omega_{\mathrm{DM}}} - \dot{U}_{\mathrm{agDM}}C_{\mathrm{ag}}\right) = \mathrm{Im}(\dot{U}_{\mathrm{abDM}})C_{\mathrm{ab}} + \mathrm{Im}(\dot{U}_{\mathrm{acDM}})C_{\mathrm{ac}} \end{cases} \tag{10-32}$$

$$\begin{cases} C_{\mathrm{ab}} = \dfrac{\mathrm{Im}(\dot{U}_{\mathrm{acDM}})}{\mathrm{Re}(\dot{U}_{\mathrm{abDM}})\mathrm{Im}(\dot{U}_{\mathrm{acDM}}) - \mathrm{Re}(\dot{U}_{\mathrm{acDM}})\mathrm{Im}(\dot{U}_{\mathrm{abDM}})}\mathrm{Re}\left(\dfrac{2\dot{I}_{\mathrm{alDM}}}{\mathrm{j}\omega_{\mathrm{DM}}} - \dot{U}_{\mathrm{agDM}}C_{\mathrm{ag}}\right) - \\[4mm] \qquad \dfrac{\mathrm{Re}(\dot{U}_{\mathrm{acDM}})}{\mathrm{Re}(\dot{U}_{\mathrm{abDM}})\mathrm{Im}(\dot{U}_{\mathrm{acDM}}) - \mathrm{Re}(\dot{U}_{\mathrm{acDM}})\mathrm{Im}(\dot{U}_{\mathrm{abDM}})}\mathrm{Im}\left(\dfrac{2\dot{I}_{\mathrm{alDM}}}{\mathrm{j}\omega_{\mathrm{DM}}} - \dot{U}_{\mathrm{agDM}}C_{\mathrm{ag}}\right) \\[4mm] C_{\mathrm{ac}} = -\dfrac{\mathrm{Im}(\dot{U}_{\mathrm{abDM}})}{\mathrm{Re}(\dot{U}_{\mathrm{abDM}})\mathrm{Im}(\dot{U}_{\mathrm{acDM}}) - \mathrm{Re}(\dot{U}_{\mathrm{acDM}})\mathrm{Im}(\dot{U}_{\mathrm{abDM}})}\mathrm{Re}\left(\dfrac{2\dot{I}_{\mathrm{alDM}}}{\mathrm{j}\omega_{\mathrm{DM}}} - \dot{U}_{\mathrm{agDM}}C_{\mathrm{ag}}\right) + \\[4mm] \qquad \dfrac{\mathrm{Re}(\dot{U}_{\mathrm{abDM}})}{\mathrm{Re}(\dot{U}_{\mathrm{abDM}})\mathrm{Im}(\dot{U}_{\mathrm{acDM}}) - \mathrm{Re}(\dot{U}_{\mathrm{acDM}})\mathrm{Im}(\dot{U}_{\mathrm{abDM}})}\mathrm{Im}\left(\dfrac{2\dot{I}_{\mathrm{alDM}}}{\mathrm{j}\omega_{\mathrm{DM}}} - \dot{U}_{\mathrm{agDM}}C_{\mathrm{ag}}\right) \end{cases} \tag{10-33}$$

对于计算出的这两个等效绝缘电容 C_{ab} 与 C_{ac}，并不讨论它实际表示的意义，因为所有的绝缘计算实质上都是一种等效计算，重要的是通过观察等效绝缘参数随故障的变化规律来进行故障类型的判别。但也并不意味着它们就没有参考价值，只是由于每个电机的内部结构和材料组成会有些许差异，计算出的等效绝缘电容也可能不尽相同，所以并不需要去规定一个健康状况下的统一值。

（3）故障定位

原方法最先是针对变频电机进行绝缘在线监测提出的，目的在于期望得出主绝缘和相间绝缘分别的参数值。这种方法存在两个问题，首先，将最后得出的 1 组 GW 绝缘和 PP 绝缘数值直接当做该相和相间的绝缘参数，未完全理解参数真正有效的表述意义。实际上无论通过什么方法，利用漏电流和三相电压计算得出的绝缘参数其实均为"等效值"，具体意义不明确。

由于目前被测设备内部已经发生的具体的故障以及精确分布是未知的，绝缘等效计算的时间零点在开机后第一次检测。在第一次检测之前发生的故障，如果没有出厂参数的话，就只能得到一组等效的值。所以当有一组"C的健康值"作为参考时,与"故障后的值C'"相减获得的"变化量ΔC"才是真正具有故障诊断意义的部分;如果没有健康值作为参考,就只能将开机后第一次检测结果作为参考,来监测和诊断接下来发生的故障。

其次,原方法在计算 PP 绝缘参数的时候,直接将式(10-26)中第一个共模漏电流方程计算得到的共模等效绝缘电容C_{agCM}代入到了差模频率构成的第二个方程中进行计算,来代替C_{agDM}。

$$\dot{I}_{a1DM} + \Delta \dot{I}_{a1DM} \neq \frac{1}{2} j\omega_{DM} \left[\dot{U}_{agDM}(C_{ag} + \Delta C_{ag}) + \dot{U}_{abDM}C_{ab} + \dot{U}_{acDM}C_{ac} \right] \tag{10-34}$$

但实际上这种计算方法是会产生误差的,原因仍来源于图 10-31 中展示的电机绕组中的共模电压与差模电压分布规律差异。

共模电压在电机绕组中处处相等,不会随绕组位置x产生变化;绕组中任意位置x的电压$\dot{U}_{xCM}$与绕组入端电压$\dot{U}_{0CM}$之间的关系如式(10-35)所示。

$$\dot{U}_{xCM} = \dot{U}_{0CM} \tag{10-35}$$

而差模电压则会随绕组呈线性衰减,绕组中任意位置x的电压$\dot{U}_{xCM}$与绕组入端电压$\dot{U}_{0CM}$之间的关系如式(10-36)所示。

$$\dot{U}_{xDM} = \left(1 - \frac{x}{N}\right) \dot{U}_{0DM} \tag{10-36}$$

采用了这种分布规律的差异可以建立起一种故障定位计算方法[见式(10-37)],通过某相相电压$\dot{U}_0$和漏电流$\dot{I}_1$中的共模信号($\dot{I}_{1CM}$与$\dot{U}_{0CM}$)与差模信号($\dot{I}_{1DM}$与$\dot{U}_{0DM}$),计算得到该相共模与差模绝缘电容C_{eqCM}与C_{eqDM}的等效值。

$$\begin{cases} \dot{I}_{1CM} = j\omega_{CM}C_{eqCM}\dot{U}_{0CM} \\ \dot{I}_{1CM} = j\omega_{DM}C_{eqDM}\dot{U}_{0DM} \end{cases} \tag{10-37}$$

在实际计算中,使用的$\dot{U}_0$是通过电压探头在绕组入端测得的相电压,以及通过电流探头测得的该相漏电流$\dot{I}_1$。假设绕组某处发生了对地绝缘故障,由式(10-35)体现的共模电压在绕组中处处相等的规律,故障点处的电压$\dot{U}_{xCM}$与实际测量和公式计算所使用的绕组入端电压$\dot{U}_{0CM}$一致。当使用式(10-38)$\dot{I}'_{1CM}$表示故障发生后的共模漏电流分量时,与故障前相比,故障电容ΔC引起的漏电流的变化$\Delta \dot{I}_{1CM}$可以用入端电压计算[见式(10-39)]。

$$\dot{I}'_{1CM} = j\omega_{CM}U_{0CM} + \Delta \dot{I}_{1CM} \tag{10-38}$$

$$\Delta \dot{I}_{1CM} = j\omega_{CM}\Delta C_{CM}\dot{U}_{0CM} = j\omega_{CM}\Delta C_{CM}\dot{U}_{xCM} \tag{10-39}$$

通过式(10-37)计算得到的C_{eqCM},为$\dot{U}_{0CM}$与$\dot{I}_{1CM}$这个固定组合表示的 A 相共模等效绝缘电容。如式(10-40)所示,用C'_{eqCM}代表故障发生时的等效绝缘电容值,故障时的值相比于健康值会产生变化,变化量ΔC_{eq}即为故障电容值ΔC。

$$\dot{I}'_{1CM} = j\omega_{CM}C'_{eqCM}\dot{U}_{0CM} = j\omega_{CM}(C_{eqCM} + \Delta C)\dot{U}_{0CM} \tag{10-40}$$

$$\Delta C_{CM} = \Delta C \tag{10-41}$$

但是由于差模电压在绕组中分布呈衰减趋势,就会导致故障点处的电压值$\dot{U}_{xDM}$不同于

绕组端部电压 $\dot{U}_{0DM}$，此时通过原绕组端部电压无法实现对漏电流变化量的表达。想精确表达故障引起的漏电流变化，就必须使用故障点处的差模电压除以当前阻抗，假设绕组长度为 N，故障点处为 x，那么 x 处的差模电压为

$$\dot{U}_{xDM} = \left(1 - \frac{x}{N}\right) \dot{U}_{0DM} \tag{10-42}$$

故障电容在该点引起的漏电流变化量 ΔI_{DM} 实际为

$$\Delta \dot{I}_{DM} = j\omega_{DM}\Delta C \dot{U}_{xDM} = \left(1 - \frac{x}{N}\right)\omega_{DM}\Delta C \dot{U}_{0DM} \tag{10-43}$$

因此利用端电压计算的 C_{eqDM} 的变化量可以通过下式理解：

$$\dot{I}'_{1DM} = j\omega_{DM}C_{eqDM}\dot{U}_{0DM} + j\left(1 - \frac{x}{N}\right)\omega_{DM}\Delta C \dot{U}_{xDM}$$
$$= \omega_{DM}\left[C_{eqDM} + \left(1 - \frac{x}{N}\right)\Delta C\right]\dot{U}_{0DM} \tag{10-44}$$

因此当故障发生时，使用 U_{0DM} 与 I_{1DM} 这个固定组合计算得到的专属 ΔC_{eqDM} 的变化量为

$$\Delta C_{eqDM} = \left(1 - \frac{x}{N}\right)\Delta C \tag{10-45}$$

由此可见，当使用共模等效绝缘电容和差模等效绝缘电容来反应故障造成的变化量时，两个变化量会出现差异。

$$\begin{cases} \Delta C_{eqCM} = \Delta C \\ \Delta C_{eqDM} = \left(1 - \frac{x}{N}\right)\Delta C \end{cases} \tag{10-46}$$

可以观察到，共模变化量与差模变化量在数值上呈倍数关系，而这个系数仅与当前故障点在绕组中所在的位置有关。因此，想实现故障定位，需要对当前采集到的漏电流与相电压波形进行 FFT，提取对应相的共模差模分量后计算得到该相的共模等效绝缘电容与差模等效绝缘电容，故障前的变化量进行比对，得到式（10-46）中的共模与差模变化量，最后代入到故障定位式（10-47）中，即可得到故障点位置 x。

$$x = N\left(1 - \frac{\Delta C_{DM}}{\Delta C_{CM}}\right) \tag{10-47}$$

第11章

中压岸电技术概述

11

11.1 岸电技术概述

岸电技术是指允许装有特殊设备的船舶在泊位期间接入码头陆地侧的电网，从岸上获得其水泵、通信、通风、照明和其他设施所需的电力，从而关闭自身的柴油发动机，减少废气的排放量。其中，岸上电源供电系统称为船舶岸电系统。

船舶岸电系统主要由3部分组成：岸上供电系统、船岸交互系统和船舶受电系统。船舶岸电系统示意图如图11-1所示。

岸上供电系统将电力从高压变电站供应到靠近船舶的连接点，即码头岸电接电箱，完成电压等级变换、变频、与船舶受电系统不停电切换等功能。船岸交互系统主要指电缆连接装置，

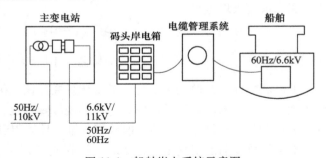

图11-1　船舶岸电系统示意图

连接岸上连接点及船上受电装置；电缆连接装置必须满足快速连接和易存储的要求，不使用时可存放在船上、岸上或者驳船上。船舶受电系统在船上原有配电系统的基础上固定安装岸电受电系统，包括电缆绞车、船上变压器和相关电气管理系统等。

由于传统船舶电力系统以交流电制为主，船舶电站发电机的电压等级可分为高压和低压两种。高压船舶电站电压等级为11kV、6.6kV（60Hz），低压船舶电站电压等级为400V（50Hz）或440V（60Hz）。根据岸电电源与船舶用电电源电压等级的不同，交流岸电系统主要有低压岸电/低压船舶供电方案、高压岸电/低压船舶供电方案、高压岸电/高压船舶供电方案。

11.1.1 船舶供电方案

1. 低压岸电/低压船舶供电方案

低压岸电/低压船舶供电方案示意图如图11-2所示。34.5kV的网电经变电站降压至6.6kV，接到码头埋地式岸电接电箱。因港口空间有限，对于配电电压为440V的船舶，

6.6kV 降压至 440V 的变压器和电缆卷车被安装在移动驳船上，靠港船舶经由驳船连接岸电。该方案的优点是无须对码头进行改造，配置简单；缺点是：因低压船舶不易安放变电箱，该设备需置于驳船，从而造成连接困难，且由于低压供电，需要使用多根电缆连接，每次船舶到港后安装与拆卸时间长。

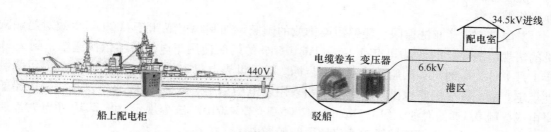

图 11-2　低压岸电/低压船舶供电方案

2. 高压岸电/低压船舶供电方案

高压岸电/低压船舶供电方案供电示意图如图 11-3 所示。电网电压经变电站降至 6~20kV，由码头岸电接电箱接岸电上船，因传输电压高，传输电缆使用 1 根高压电缆即可。上船后通过变压器降压至船舶配电电压等级向船舶供电。该方案的优点是：高压供电，使用 1 根电缆快速连接；缺点是：需要在船上安装变压器，船舶改造复杂。由于未加装变频器，当向 60Hz 船舶供电时，该岸电只能给船舶上的照明等非动力负载供电。

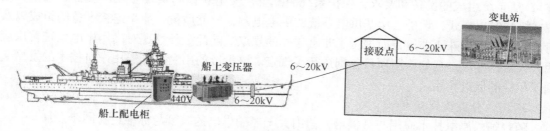

图 11-3　高压岸电/低压船舶供电方案

3. 高压岸电/高压船舶供电方案

高压岸电/高压船舶供电方案供电示意图如图 11-4 所示。电网电压经变电站降至 6~20kV，由码头岸电接电箱接岸电上船，上船后可直接切换至船舶配电系统并向船舶供电。该方案适用于对高压配电船舶进行供电，当给低压配电船舶供电时，需在岸侧或船侧加装变压器；由于未加装变频器，当向 50Hz 船舶供电时，该岸电只能给船舶上的照明等非动力负载供电。

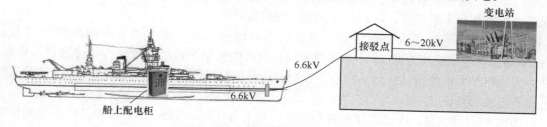

图 11-4　高压岸电/高压船舶供电方案

11.1.2 岸电政策与标准

1. 国外相关政策标准

随着各国对环境污染的重视以及船舶岸电技术的推广应用，与船舶岸电相关的政策、标准也相继出台。

美国是率先颁布法律限制船舶污染排放的国家。加利福尼亚州于 2009 年生效对船舶减排的法规，法规要求自 2014 年 1 月 1 日起，50%的船舶使用岸电并每年依次递增，到 2020 年 1 月 1 日，达到 80%的船舶使用岸电目标。目前世界上只有美国加州对船用岸电做了强制性规定。欧洲许多国家也出台了鼓励船舶采用岸电的措施。欧盟 2006 年建议港口提供船舶岸电或含硫 0.1%的燃油，《EU Directive 2005/33/EC-2010》法令规定，从 2010 年开始，船舶在靠港时以及在内河流域船舶建议使用船舶岸电。

2007 年 4 月，国际标准化组织发布了 ISO/WD299501《岸电供应标准草案》。2009 年 4 月，国际电工委员会发布公共可用规范 IEC/PAS 60092-510—2009《高压岸电联结系统》，阐明了船舶使用高压岸电系统的相关技术要求。2010 年，国际电气和电子工程师协会发布了 IEEE P1713《船岸电电气联结标准》。

2012 年，国际电工委员会、国际标准化组织、美国电气和电子工程师协会 3 家组织联合发布了国际标准 IEC/ISO/IEEE80005-1，即《在港设施第一部分：高压岸电系统一般要求》。该标准对高压岸电系统的 3 个组成部分（岸基供电系统、船岸连接系统、船舶受电系统），从系统组成的设备和要求，保护系统的配置，安全联锁的实现方式，设备、船岸等电位连接的实现方式，设备、岸基供电系统的供电电制，电能质量，船岸连接设备的组成以及对连接设备的特殊要求等方面进行了非常详尽的规定。除此之外，还对高压岸电系统首次应用和日常保养应进行的检测项目分别进行了规定。该标准的出台对于船用岸电技术的发展起到了积极的促进作用。

2. 国内相关政策标准

随着国内岸电技术应用与日俱增，国内关于船舶岸电的政策与标准也在同步发展。

2010 年 11 月 1 日发布并于 2011 年 5 月 1 日开始实施的 GB/T 25316—2010《静止式岸电装置》，是由中华人民共和国国家质量监督检验检疫总局、中国国家标准化管理委员会正式批准的首部岸电国标，该标准规定了静止式岸电装置的适用范围、规范性引用文件、术语和定义、使用条件、技术要求、安全性要求、试验方法、检验规则、标志、包装、运输、贮存，是目前规范我国岸电装置的唯一标准。该标准与中国船级社颁布的《钢质海船入级与建造规范》相互兼容。《静止式岸电装置》国家标准由青岛经济技术开发区创统科技发展有限公司申请立项并负责起草，该标准的颁布实施标志着我国船舶配套企业生产技术水平不断提升，生产行为不断规范，更加注重标准的编制和使用。

此外，交通运输部也组织制定了相关的标准规范。2011 年 5 月，中国船级社发布了《船舶高压岸电系统检验原则》。该原则为现阶段国内船舶安装岸电系统入级检测提供依据，并为国内船舶岸电的设计、产品制造、建造改造提供船基设施标准，且为安装上船的高压岸电设备检验和发证。

2019 年 5 月 5 日，交通部颁布并于同年 6 月 1 日实施的 JTS 155—2019《码头船舶岸电设施建设技术规范》和 JT/T 814—2012《港口船舶岸基供电系统技术条件》，主要是针对船舶岸电系统的岸基部分进行的一般性的规定，并提出"新建集装箱码头、干散货码头、邮轮码头和客滚轮码头，应在工程项目规划、设计和建设中包含码头船舶岸电设施内容"的强制要求。总之，规定较为宽泛，但具体的工程实施难以做到有章可循。2012 年 7 月，交通运输部还发布了 JT/T 815—2012《港口船舶岸基供电系统操作技术规程》，尝试对船舶岸电系统日常运营管理从工作流程和应履行的手续等方面进行了规定，该标准以连云港船舶岸电系统的操作规程为基础，对其他岸电结构具有一定的参照意义。

11.2　中压岸电系统及其连接与接地技术

为了推进港口城市绿色可持续发展，国家对靠港船舶使用岸电的强制性政策规定，加之中压直流舰船综合电力系统技术的成熟和推广应用，中压直流岸电技术的需求日益显著，给目前的交流岸电系统带来了新的挑战。目前主流的船舶为低压交流供电，其岸电系统也采用的是低压交流电制。但是随着各型船舶功能的不断增强、用电设备不断增多，中压船舶必将成为未来船舶的主要趋势。以采用舰船综合电力系统的舰船为例，舰船综合电力系统代表着舰船动力系统未来的发展方向，其输配电分系统就采用的是中压直流配电网络。与之适应的岸电系统可采取新型的岸电形式——中压直流岸电系统，通过该系统可以直接给舰船供电，满足舰船的训练、维护和日常用电需求。伴随着大功率电力电子器件的出现，高压大功率整流装置在直流输配电领域的成功应用，为中压直流岸电技术的发展提供了借鉴意义。

由于中压直流岸电技术仍处于探索和研究阶段，在系统设计和规划阶段，船岸连接系统、接地方式等大量工作需要开展。

11.2.1　中压岸电系统的主要拓扑

1. 典型中压直流岸电系统

靠泊期间，船舶负载主要包括阻感性负载、电动机负载和直流负载。为保证岸电供应，设计典型中压直流岸电系统及其陪试系统的结构框图如图 11-5 所示。10kV 交流电经过变压器降压得到交流电，经过 AC-DC 变换装置整流成为直流电。中压直流母线电压经过 DC-DC 变换装置得到某一电压等级的直流电，为负载直流母线供电。其中，AC-DC 变换装置主电路采用三电平 PWM 整流桥的结构，控制方面最常采用的是电流矢量控制方法。负载主要包括阻感性负载、电动机负载和直流负载，其中有部分为整流桥带直流负载与阻感性负载并联。

2. 典型中压交流岸电系统

中压交流岸电系统包括：配电分系统、变压稳压分系统、滤波分系统、辅助分系统。配电分系统包括：高压交流配电装置；变压稳压分系统包括：有载调压变压器、无功功率补偿装置；滤波分系统包括：有源电力滤波装置；辅助分系统包括：连接电缆、电缆插座、岸电箱、接地电阻柜等。

10kV 市电由高压配电装置进入有载调压变压器，经有载调压变压器降压后，输出到码头中压接电箱，形成交流母线。在低压侧设置无功功率补偿装置，提高交流电网功率因数以及稳定电压，同时设置有源电力滤波装置，以减少电网谐波。具体示意图如图 11-6 所示。

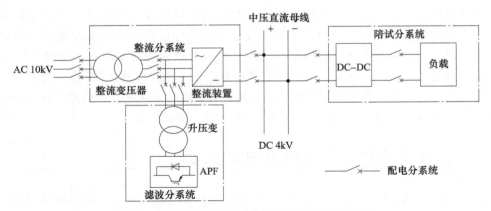

图 11-5 中压直流岸电系统及其陪试系统示意图

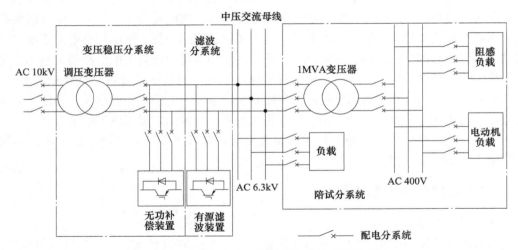

图 11-6 中压交流岸电系统及其试验系统示意图

11.2.2 中压光电复合缆

电线电缆是传输电（磁）能、传递信息、实现电磁能转换和构成自动化控制线路的基础产品。

作为保障岸电系统与船舶的岸-船电力供应接入的线缆是连接码头与舰艇的纽带，是保障岸-船电力供应和信息通信的关键环节，是实现岸电系统对船舶稳定供电以及岸上与船舶进行有线通信的主要依托，是岸-船电力供应接入系统研究的主要内容之一。采用一根集成的复合线缆代替各种多路连接线缆，解决插接路数多、连接操作困难等问题，可以提高船舶遂行紧急任务的能力。在中压岸电系统中，主要采用中压岸电电缆。

光纤复合中压电缆是额定电压 6~35kV 供电系统用中压智能复合电缆。光纤复合中压电缆包括缆芯、缆芯包带层及外护套，缆芯内具有电力传输导线和阻水填充物，每根电力传输导线由在导体外依次包覆导体屏蔽层、绝缘层、绝缘屏蔽层、金属屏蔽层构成，在缆芯内，设有由内设光纤的松套管以及在松套管外依次包覆非金属加强层、护套层而构成的光纤通信单元，在缆芯包带层与外护套之间依次设有内护套、钢带铠装层。光纤复合中压电缆主要用于场变至箱变之间的电力和信息传输，中间接续是关键。光纤复合中压电缆中间接续兼顾电缆和光缆的接续工艺，方便光纤预留、引出、接续、密封，可实现光电分离。根据实际用途，光电复合缆可以分为管道型、架空型、直埋型、室内布线型、特殊用途型等多种类型。一般管道型、架空型、直埋型、室内布线型光电复合缆主要用于室外，可以为通信室外宏站提供电力输送和信号传输；室内布线型光电复合缆则主要应用于室内，为通信室内分布站提供电力输送和信号传输；而特殊类型光电复合光缆中，应用最广的则是海底光电复合缆，其主要用在海底光缆项目中。

以 6.3kV 中压光电复合线缆的设计如下：

1）导体结构设计：电缆的柔软性和耐弯曲曲挠能力主要取决于电缆的结构，而在电缆结构中，导电线芯的结构又起着至关重要的作用。为了使导电线芯柔软、耐弯曲、耐曲挠，具有较高的导电率，将导体设计成细单丝束股、复合绞的结构。具体工艺如下：

① 导体采用单丝直径 ≤0.20mm 的镀锡软圆铜线；

② 导体中股线绞向与复绞时绞向相同，减小导体绞合节距，增加导体绞合压力，实现导体的紧压成型，以控制局部放电性能，减少电树枝的形成，提高电缆的使用寿命；

③ 在单丝抗拉强度不变的情况下提高单丝的伸长率，进而提高导体的耐弯曲性能。

2）绝缘厚度设计：绝缘厚度可以根据电缆的最大工作电压和绝缘材料的平均击穿场强计算。

计算公式如下：

$$\Delta i = \frac{U_{\text{om}}}{G_{\text{L}}} k_1 k_2 k_3 \tag{11-1}$$

式中　Δi——绝缘厚度（mm）；

　　　U_{om}——最大工作线电压（kV）；

　　　k_1——击穿强度的温度系数，取值 1.1；

　　　k_2——老化系数，取值 4；

　　　k_3——不定因数影响引入的安全系数，取值 1.1；

　　　G_{L}——绝缘材料击穿强度（MV/m）。

根据电缆额定电压等级 6/10kV；故电缆的最大工作线电压 U_{om} 为 12kV。

高压乙丙橡胶的平均击穿场强为 26MV/m，将数值代入上述公式中，计算得出的绝缘厚度 Δi 为 2.1mm。

计算绝缘厚度与 IEC 60092-354《船舶电气设备》标准对应的电压等级绝缘厚度进行对比，对比如表 11-1 所示。

表 11-1　计算与标准绝缘厚度对比

项目	计算得出的厚度/mm	IEC 60092-354 标准对应的电压等级绝缘厚度/mm
绝缘厚度	2.1	3.4

由表 11-1 对比看出，根据最大工作电压下采用平均场强公式计算的绝缘厚度远低于 IEC 60092-354 标准对应的电压等级绝缘厚度，考虑到电缆在制造及使用过程中，不可避免地受到机械力的作用，如拉伸、压、弯、扭、剪切等力的作用，所以必须有一定的绝缘厚度来满

足机械力的要求。

结合加工工艺水平的因素和现场使用环境因素，最终决定绝缘厚度为 2.5mm。这样既满足了电缆的电压需求和机械受力要求，同时也满足电缆外径小、重量轻、方便操作的要求。

3）绝缘屏蔽设计：绝缘屏蔽采用半导电棉布带+镀锡铜丝编织层的组合屏蔽。半导电棉布带与绝缘接触性好，可以减少气隙及其产生的游离放电，均化电场；绝缘外的金属编织层，对绝缘有一定保护作用。由于此电缆为移动电缆，运行过程中有时可能因某些因素产生泄漏电流，因此采用镀锡铜丝编织屏蔽并经可靠接地后，可以提高系统安全性。

4）缆芯结构设计：缆芯中心采用鞍形橡皮条填充，有效避免电缆在弯曲收放过程中交流主电缆绝缘线芯受力变形；缆芯外围缝隙不采用独立填充材料，不进行包带缠绕，直接用护套材料挤压填充，使护套兼具填充作用，这样增加电缆整体的密实性，提高电缆使用寿命。

根据复合缆动力线芯、地线芯、控制线芯组、光缆的工艺外径，计算得出鞍形橡皮条的宽度为 3.0mm，高度为 18.3mm。鞍形橡皮条填充如图 11-7 所示。

5）复合加强型护套结构设计：中压复合岸电电缆用于为停泊靠岸的舰船提供电能，需要反复地收放，所以要承受较大的轴向拉力；在内护套上编织一层高抗拉强度的芳纶纱，然后外护套紧密挤包在内护套和芳纶纱编织层上，形成一个整体，可以显著提高电缆的轴向拉断力、径向侧压力和表面耐磨损性能。

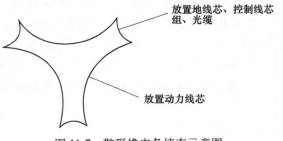

图 11-7　鞍形橡皮条填充示意图

放置地线芯、控制线芯组、光缆

放置动力线芯

6）电缆结构尺寸：某一中压复合岸电电缆结构的实际尺寸如表 11-2 所示。

表 11-2　某一中压复合岸电电缆结构实际尺寸

序号	结构名称	性能参数
1	型号	AFKEFR/DA　6/10kV
2	规格	$3×120+1×70+7×1.5+6×(62.5/125)$
3	绝缘层平均厚度	$120mm^2$：3.0mm $1.5mm^2$：0.8mm
4	绝缘层最小厚度	$120mm^2$：2.75mm $1.5mm^2$：0.72mm
5	护套层平均厚度	7.0mm
6	护套层最小厚度	6.85mm
7	电缆平均外径	70.5mm

7）材料选用

① 导体：金属的导电性能用电导率或电导率的倒数——电阻率来表示。根据欧姆定律，对于某线性导体，在温度不变时，其电阻与导体电流方向上的长度成正比，与导体电流方向垂直的截面积成反比。即

$$R = \rho \frac{L}{S} \tag{11-2}$$

式中　S——导体的截面积（mm^2）；

　　　L——导体的长度（m）；

　　　R——导体的电阻（Ω）；

　　　ρ——导体的电阻率（$\Omega \cdot mm^2/m$）。

在电线电缆制造技术中，为比较金属的电阻大小，常用电阻率的相对值表示，即国际电工委员会（IEC）规定，在温度 20℃ 时，密度为 8.89g/cm³、长度 1m、截面积为 1mm²，导体电阻为 0.017241Ω 时，软铜的电导率为 100% IACS（国际退火铜标准的英文缩写）。其他各种导电金属盒合金百分电导率常以其电阻率与国际退火铜的标准电阻率的百分比值表示，即

$$\%IACS = \frac{0.017241}{\rho_{20}} \times 100\% \tag{11-3}$$

因此，可选用优质的、含铜量高达 99.99%、电导率高达 103% IACS 的无氧铜杆拉制铜线，在导体截面积不变的情况下，能够有效地降低导体直流电阻，提高线芯的导电性能，从而提高电缆的通流能力。

② 绝缘：电缆的电气绝缘性是通过绝缘材料体现的，因此选用公司自主研制的高强度、高电气性能、吸水性小的三元乙丙橡皮混合物绝缘材料，该绝缘材料的主要性能指标见表 11-3。

表 11-3　绝缘材料的主要性能指标

序号	项目	单位	指标
1	老化前力学性能 —抗张强度，最小 —断裂伸长率，最小	 N/mm² %	 8.5 200
2	空气烘箱老化 温度 时间 —抗张强度变化率，最大 —断裂伸长率变化率，最大	 ℃ h % %	 135±2 168 ±30 ±30
3	热延伸 温度 时间 机械应力 载荷下最大伸长率	 ℃ min N/cm² %	 250±3 15 20 50
4	耐臭氧试验 臭氧浓度（按体积） 无开裂试验持续时间	 % h	 0.025~0.030 24

③ 护套：电缆的环境适应性、耐磨性是通过护套材料体现的，因此应选择耐磨损、耐油、高阻燃性的氯丁橡皮混合物护套材料，某一护套材料的主要性能指标见表 11-4。

表 11-4　护套材料的主要性能指标

序号	项目	单位	指标
1	老化前力学性能 —抗张强度，最小 —断裂伸长率，最小	N/mm² %	10.0 300
2	空气烘箱老化 温度 时间 —抗张强度变化率，最大 —断裂伸长率变化率，最大	℃ h % %	100±2 168 ±30 ±30
3	热延伸 温度 时间 机械应力 载荷下最大伸长率	℃ min N/cm² %	200±3 15 20 50
4	浸油试验（IRM　902） 温度 时间 —抗张强度变化率，最大 —断裂伸长率变化率，最大	℃ h % %	121±2 18 ±40 ±40
5	撕裂强度，最小	N/mm	6.1

④ 抗拉件：抗拉材料的选择既要考虑其抗拉强度，同时也要兼顾其材料对电缆整体重量的影响；我们对一些材料进行了抗拉强度和密度试验，试验结果见表 11-5。

表 11-5　材料抗拉强度试验和单位重量

序号	项目	单位	数值		
			铜丝	高强度钢丝	芳纶纱
1	抗拉强度	N/mm²	450	1700	3480
2	密度	g/cm³	8.9	7.8	1.2

试验结果表明，芳纶纱的抗拉强度是同等规格铜丝的 8 倍，是高强度钢丝的 2 倍；而它的密度仅为铜丝的 13%，钢丝的 15%；综合考量，决定选用抗拉强度高、密度小的芳纶纱作为电缆导体及内外护套之间的抗拉件。

⑤ 护套挤出模具设计：中压复合岸电电缆由于总成缆缆芯外绕制包带，因此护套挤出时容易产生偏心的现象。偏心是生产过程中最头痛的问题，生产过程中，经常会发生其他工序均满足要求，可是到了末道护套挤出工序，才发现偏心严重，护套最薄点达不到要求，最终导致整根电缆报废。出现这种情况的影响因素很多，譬如工装模具和放线装置的设计、配置不当等，在生产过程中须采取如下措施：

护套挤出模具，需对模具关键部位尺寸，如内承线、外承线、模芯定径区、模口成型区做详细设计，尤其是模套。因为电缆外形尺寸主要取决于模套，而模套主要参数包括流道及模口成型区。如何使胶料挤出时能均匀包覆在线芯表面，而且是一个规整的圆形，这就要求胶料流向模口成型区时各个点压力必须均匀一致，这对挤出电缆外型尺寸好坏起着决定性作用，压力不均匀，电缆表面就会呈现凹凸不平。

可将模芯外锥边与模套内锥边夹角设计成 8°~10°，模套承径区长度设计成 0.3~0.5 倍制品外径，并具有 2° 压力角，模芯与模套装配间距为模芯口位于模套承径区内边 0.4~0.6 倍制品外径，通过这 4 个措施以保证足够的压力，生产的电缆非常紧密、圆整。

⑥ 特殊性能验证设计

a. 弯曲性能

依据 BS ISO/IEC/IEEE 80005-1：2012《港口内公用工程接头 第 1 部分：高压岸电连接（HVSC）系统通用要求》中的弯曲试验装置开展相关测试。

测试方法：

常温下，电缆在图 11-8 所示模拟工作条件的设备上进行模拟运行试验

a）测试应包含 5000 次循环运行。

在 2500 次循环运行后，电缆旋转 180°。

b）测试设备弯曲轴的直径为 10（1±5%）D。

其中，D 为电缆样品的实际外径。

c）动力线芯的拉伸力为 15N/mm^2。

测试要求：弯曲循环运行后，测：

Ⅰ）每相导体和金属屏蔽的最大断线率，应不超过 20%；

Ⅱ）做光纤的通光性检查，光纤的最大断线率为 0；

Ⅲ）完成弯曲测试后，试样应进行局部放电测量，在 1.73U_0 下放电量不超过 10pC。

b. 冲击性能

a）试验步骤：需要准备一根长度为 800mm 的电缆，将电缆置于图 11-9 的装置中用夹钳抻直。检测中，电缆中部将承受（4.5±0.2）kg 重物从约 305mm 高度下落的冲击，并以（25±2）次冲击/min 的频率反复冲击 1000 次。为检验电缆连续性，电缆导线应通以（1±0.5）A 连续电流。电缆内 1/3 至 1/2 数量的导线应串联在一起并接入负载电路，以检查电缆内部导线短路或断路。

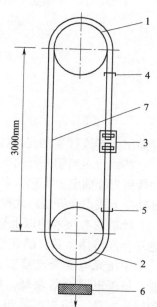

图 11-8　电缆弯曲试验设备
1—上弯曲轴　2—下弯曲轴
3—夹钳　4—上点回归
5—下点回归　6—张紧装置
7—样品运动

b）试验要求：电缆绝缘层无裂痕、裂口、裂纹或断裂，导体线芯无短路或断路（进行 3.5kV/5min 耐电压试验无击穿；导体线芯进行导通试验，无断芯）。

11.2.3　中压光电复合连接器

中压光电复合连接器用于中压岸电连接系统，具体是用来从岸上传送电力给停靠在港口的船舶。船舶上电缆端部设有插头，码头上设有岸电箱，插座安装在岸电箱上，船舶靠岸后，插头插接在插座内，实现船的岸电连接，为船舶供电。在传送电力的同时为实现船岸通信，一般会在插头尾部设置光纤插座，在岸电箱上设置光纤连接器，光纤连接器上连接有一

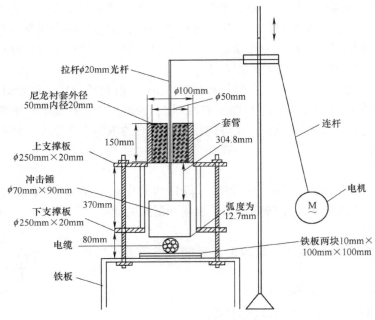

图 11-9　电缆冲击试验设备

段伸出光纤连接器的光纤线。

　　然而，对船舶进行输电和通信时，需先将插头和插座插合后，再将光纤连接器上的光纤线插接到光纤插座上实现船岸通信；电力输送和通信完成后，需再分次从插座上拔掉插头，从光纤插座上拔出光纤线。此种方式的船岸通电和通信方式，在操作时需插拔两次，操作繁琐。

　　针对现有技术的以上缺陷的改进需求，设计了一种插头插座组件及充电装置——中压光电复合连接器，其目的在于提高输电和通信的操作效率。

　　中压光电复合连接器包括插头插座组件及充电装置，属于电器设备领域。插头插座组件包括插头本体和插座本体。插头本体包括插头壳体、绝缘柱、多个导电部、通信插座或者通信插头，绝缘柱插装在插头壳体中，多个导电部、通信插座或者通信插头均插装在绝缘柱中。插座本体包括插座壳体、母芯、多个导电凹槽、通信插头或者通信插座，母芯插装在插座壳体中，多个导电凹槽、通信插头或者通信插座头均位于母芯上，各导电部插装在相对应的导电凹槽，以实现电连接，通信插座中插装有多个第一光纤接头，通信插头中插装有多个第二光纤接头。中压光电复合连接器插头插座组件在充电、通信操作仅需操作一次，操作效率高。其示意图如图 11-10 所示。

　　1. 导体材料的选择

　　在连接器制造技术中，为比较金属的电阻大小，常用电阻率的相对值表示，即国际电工

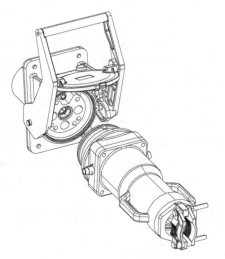

图 11-10　中压光电复合连接器示意图

委员会（IEC）规定，在温度 20℃时，密度为 $8.89g/cm^3$、长度 1m、截面积为 $1mm^2$，根据式（11-2），导体电阻为 0.017241Ω 时，纯铜的电导率为 100%IACS（国际退火铜标准的英文缩写），黄铜的电导率为 98%IACS。其他各种导电金属盒合金百分电导率常以其电阻率与国际退火铜的标准电阻率的百分比表示，如式（11-3）所示。

作为连接部分的插销插套部分，采用含铜 62%～68% 的合金来做，既能满足好的导电性，也能保持足够的刚性、耐磨性，增加插合的使用寿命。而作为接线端子的部分，考虑和电缆连接时使用冷压接的方式（冷压接端的使用空间小，能极大地减少整个插头插座的体积），采用 T2 的纯铜来做，纯铜具有优异的延展性，可以保证在冷压接时，避免端子开裂。

2. 绝缘材料的选择

低压交流连接器的电气强度试验电压为 2500V，为降低产品的成本，采用了阻燃增强尼龙 66 的材料来做绝缘件，阻燃增强尼龙 66 的介电强度大于 17kV/mm，绝缘厚度大于 1mm 就可以满足使用要求。

中压交直流连接器的 1min 额定短时耐受电压为 20kV，额定冲击耐受电压为 60kV（交流）和 40kV（直流）。所以采用了耐电压等级更高的特氟龙来做绝缘件，特氟龙的介电强度为 25～40kV/mm，绝缘壁厚超过 2.5mm 就可以满足使用要求，同时特氟龙具有很好的耐温性，正常使用温度为 -190～260℃，短时耐温可以达到 300℃。

3. 导体结构设计

插头插座的接插件部分的导体为易损耗部件，考虑到维修的便捷性，所以插头插座的接插件部分采用了分体式设计。端头部分和接线端子通过螺纹连接。当端头部分因长久使用，无法满足使用要求或受到损伤时，可以从前端通过工具拧下，更换新的端头，而不需要剪断电缆重新接线。即节省了维修的时间，也节约维修的成本。

端头和接线端子通过螺纹连接的同时，采用了锥面接触，可以不增加外形尺寸的基础上增加接触的面积，从而提高导电率，减少接触电阻，减少温升，如图 11-11 中 1。

4. 电气间隙和爬电距离设计

中压交直流连接器在使用或不使

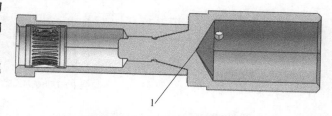

图 11-11　端头和接线端子连接图

用时，都应具有 IP66 的防护等级，内部使用环境污染为相对无污染，或仅有干燥的非导电性污染。依据 GB/T5582—1993《高压电力设备外绝缘污秽等级》第 4.1 表 1 中规定，公称爬电比距为不低于 16mm。所以中压交流连接器的爬电距离不小于 6.3×16mm＝96mm，中压直流连接器的爬电距离不小于 4×16mm＝64mm。

11.2.4　中压岸电系统的接地连接形式

配电系统接地形式分为 TN、TT、IT 三大类，系统特性以符号表示，字母含义：第一个字母表示电源与地的关系。T 表示在某一点上牢固接地，I 表示所有带电零件与地绝缘或某一点经阻抗接地。第二个字母表示电气设备外壳与地的关系。T 表示外壳牢固地接地，且与电源接地无关，N 表示外壳牢固地接到系统接地点。其后的字母表示电网中中性线与保护线的组合方式。C 表示中线与保护线是合一的（PEN 线），S 表示中性线与保护线是分开的。

　　船舶停靠泊位后，由码头岸电配电系统供电，整个船舶对于码头低压配电系统来讲就是一个电气装置或是一座陆地上的建筑，该装置或建筑从岸电配电箱引接的三相电源采用三相三线电缆，码头变电所中变压器中性点的接地方式、船体与码头上设置的接地柱之间的连接方式，决定了船舶由岸电供电的低压配电系统接地方式。岸电系统 IT 接地方式如图 11-12 所示，岸电

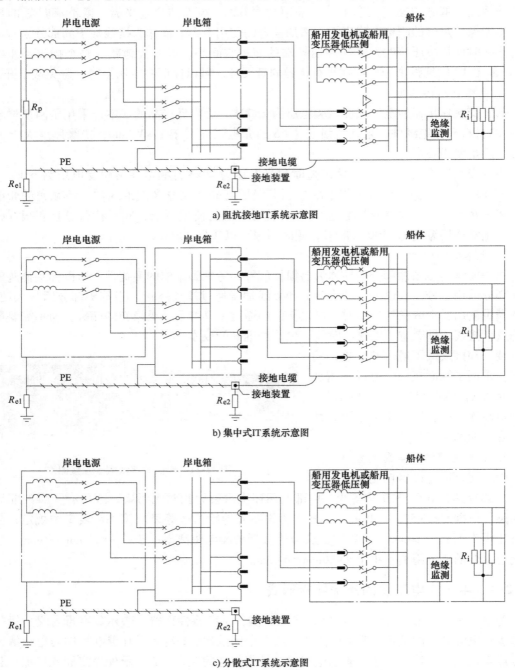

图 11-12　船舶岸电系统 IT 接地方式示意图

系统 TN-S（整个系统的中性线与保护线分开时称为 TN-S 系统）接地方式如图 11-13 所示。

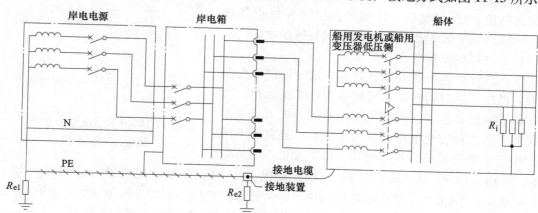

图 11-13 船舶岸电系统 TN-S 接地方式示意图

为保证人身和设备的安全，岸电系统应设置完整的接地系统。所有的电气设备和机座、开关装置、接电箱外壳、变压器中性点、配电盘、电缆桥架、配线装置、照明器、箱、金属管道等均接地。对于高、低压设备（如变压器、变频器、开关装置等）的接地线尺寸，根据设备的电压等级及其最大单相接地故障短路电流来确定。所有电气设备正常不带电的金属外壳、金属管线、电缆金属外皮、变压器中性点均需可靠接地。当电气设备直接固定在金属结构上并有可靠接触时，可以不必另设电气接地。单个低压电气设备的接地支线应采用铜导线，最小截面积为：明设裸铜导线 $4mm^2$；绝缘导线 $1.5mm^2$。接地线与设备的连接应有防锈措施，应保证接地可靠。电气设备保护接地和机体的防雷接地采用共同接地体，其接地电阻应小于 1Ω。接地电阻要求如下：

1）高压设备接地：10Ω 及以下；

2）低压线路重复接地：10Ω 及以下；

3）变压器中性点接地：4Ω 及以下；

4）防雷保护接地：10Ω 及以下；

5）管道和设备静电接地：100Ω 及以下；

6）变压器中性点接地、设备保护接地与防雷接地共用接地装置时，接地电阻在 1.0Ω 及以下；

7）弱电接地单设，接地电阻 1Ω 及以下；

8）接地材料：接地体采用铜棒，铜棒采用 $\phi16mm\times2500mm$，接地线采用多股裸铜线，截面积不小于 $25mm^2$，埋深为距地 $0.8m$ 以下，电气设备接地通过接地母线与支线相连。接地材料尺寸：埋地时，钢不小于 $160mm^2$；地上明敷，钢不小于 $100mm^2$；铜不小于 $16mm^2$。

1. 典型中压直流岸电系统的接地连接

对于 DC 4kV 中压直流舰船的岸电系统，一般采用两极三线供电系统，即 $\pm2kV$ DC+N（零线）的接线方式，在零线和船体之间配置有专用的接地电阻 R_0。考虑单级（2kVDC）短路时，通过接地电阻 R_0 的电流小于 10A，故 $R_0>200\Omega$。当舰船靠岸接入中压直流岸电系统后，舰船原有接地装置 R_0 可以退出运行，因此 $\pm2kVDC$ 岸电系统须配置专用接地电阻 R_0，并与舰船地做有效连接。同时，中压直流岸电系统应配置过电流、过/欠电压、接地电流监测和保护等功能。中压直流岸电系统接地方式如图 11-14 所示。

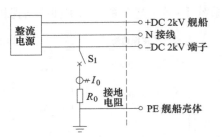

图 11-14　中压直流岸电系统接地方式示意图

（1）故障电流标准

发电机对单相接地故障电流有一定的限制，在要求发电机在一定时间内带单相接地故障继续运行，而定子铁心的叠片也不会出现烧损问题的前提下，我国学者对于发电机安全电流做过大量试验，确定了不同额定电压发电机的安全接地电流：6kV 及以下为 4A；10kV 为 3A；13.8～15.75kV 为 2A；18kV 及以上为 1A。该项研究成果已分别列入 DL/T 620—2016《交流电气装置的过电压保护和绝缘配合》与 GB 14285—2016《继电保护和安全自动装置技术规程》。而变压器的绕组结构与发电机类似，同样可以参照此标准。

根据分析可知，当忽略数量级较小的线路阻抗后，可得交流单相接地故障电流的表达式以及其需满足的条件为

$$i_{\mathrm{g}} = \frac{U_{\mathrm{m}} + \Delta u}{\left(R_{\mathrm{n}} + \dfrac{R_{\mathrm{ac}}}{3} \right) \dfrac{R_{\mathrm{n}}}{3} R_{\mathrm{z}}} \leqslant 4\mathrm{A} \tag{11-4}$$

式中　i_{g}——故障电流的有效值；

　　　U_{m}——相电压峰值；

　　　Δu——相电压直流偏置 $\Delta u = U_{\mathrm{m}}$；

　　　R_{ac}——直流负载阻抗的交流等效阻抗。

为了使接地电阻值能够满足系统的所有工况，取 $R_{\mathrm{ac}} = 0$，即系统大电容负载情况，此时接地电阻值需满足条件：

$$\frac{R_{\mathrm{n}}}{4} R_{\mathrm{z}} \geqslant \frac{|U_{\mathrm{m}}|}{2\sqrt{2}} \tag{11-5}$$

（2）过电压标准

为了抑制系统分布电容上的自由电荷的积累，从而使弧光过电压抑制在 2.5 倍以内，因此接地电阻需满足以下条件：

$$R_{\mathrm{n}} R_{\mathrm{z}} \leqslant \left| \frac{1}{10 C_0 f} \right| \tag{11-6}$$

式中　R_{n}——交流变压器绕组中性点接地电阻；

　　　R_{z}——直流整流器中点接地电阻；

　　　C_0——变压器单相分布电容；

　　　f——系统额定频率。

在满足式（11-4）、式（11-5）和抑制直流侧过电压的基础上，提出了系统交流侧中性点不接地，且直流侧在整流桥中点经电阻接地的接地方式。直流侧接地电阻 R_{z} 需满足条件：

$$\frac{|U_{\mathrm{m}}|}{4} \leqslant R_{\mathrm{z}} \leqslant \left| \frac{1}{10 C_0 f} \right| \tag{11-7}$$

当直流侧整流桥中点接地电阻 R_z 在这个范围内，既可以有效抑制弧光过电压的倍数，也可以将故障电流限制在允许范围内；同时由于交流侧不接地，故障下不会因零序电压的不平衡而产生直流过电压。

结合中压直流岸电系统的具体参数，交流相电压峰值 $U_m = 1217V$，单相对地分布电容 $C_0 = 0.01\mu F$，系统额定频率 $f = 100Hz$。将其代入到式（11-5）中计算得

$$305\Omega \leqslant R_z \leqslant 2000\Omega \tag{11-8}$$

根据计算结果，推荐将整流桥中点接地电阻 R_z 取 400Ω，不仅能有效抑制接地时所产生的弧光过电压，还能使故障电流降低到一个安全水平。

（3）绝缘监测技术

为使直流绝缘电阻测量不受接地电阻影响，需对传统的三电压法进行改进，通过采集接地电阻 R_0 上的电流，来排除该接地点对监测的影响。

在直流电网中点存在接地电阻的情况下，该系统的简化图如图 11-15 所示：

其中，r_1、r_2 为直流正、负母线的对地绝缘电阻，R 为测量电阻，R_0 则为系统中点的接地电阻。

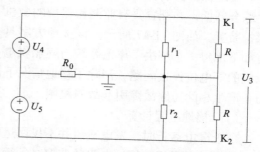

图 11-15　直流系统中点电阻接地简化图

分别闭、合开关 K_1 与 K_2，得到固定电阻 R 上的电压分别为 U_1、U_2，如图 11-16 所示。

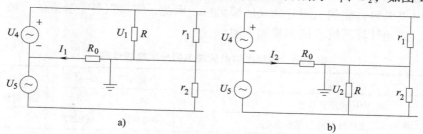

图 11-16　分别闭合 K_1、K_2 所得系统简化图

运用基尔霍夫定理，可得

$$\begin{cases} \dfrac{U_2}{R} + \dfrac{U_2}{r} = \dfrac{U_3 - U_2}{r_1} + \dfrac{U_5 - U_2}{R_0} \\[3mm] \dfrac{U_1}{r_1} + \dfrac{U_1}{R} = \dfrac{U_3 - U_1}{r_2} + \dfrac{U_4 - U_1}{R_0} \end{cases} \tag{11-9}$$

其中，U_4、U_5 分别为正极对地电压和负极对地电压，U_3 为直流总电压。

在式（11-9）中代入所测接地电阻电流 I_1、I_2，可以分别得到关于 r_1、r_2 的一元一次方程，解出结果得：

$$r_1 = \frac{[U_1U_2 - (U_3 - U_2)(U_3 - U_1)]RR_0}{(U_2 - I_2R_0)(U_3R - U_1R - U_2R) - U_3U_2R_0}$$

$$r_2 = \frac{[U_1U_2 - (U_3 - U_2)(U_3 - U_1)]RR_0}{(U_1 + I_1R_0)(U_3R - U_2R - U_1R) - U_3U_1R_0} \tag{11-10}$$

因此，可得到直流电网对地总的绝缘电阻为 $R_x = r_1 // r_2$。

2. 典型中压交流岸电系统接地连接

针对具有可外接的中压接地端口的舰船，岸电系统配置中压接地装置，接地装置安装在交流电源的输出侧，接地装置由变压器和接地电阻组成。接地电阻的接地端子与舰船接地端口之间由一条专用中压电缆连接。接地保护运行策略采用 U_0 和接地电流 I_0 综合判据，并配置具有监测和保护的微机保护装置，如图 11-17 所示。该接地方案具有如下优势：①解决了岸电系统与舰船供电系统的等电位连接问题，消除了接地情况下的跨步电压。②减小了单相接地情况下的电流，防止产生相间短路故障引起故障跳闸。

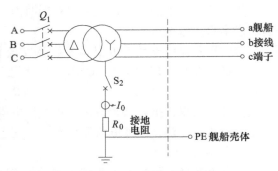

图 11-17　中压交流系统接地方式示意图

（1）接地电阻计算

由于岸电运行时，发电机组并不投网运行，对于船上电力网络缺少接地点，因此岸上必须设置接地电阻柜，接地电阻的选取必须满足至少 2 个条件：①接地电阻的选取应保证产生的接地故障电流可以触发船上的保护整定值；②接地电阻的阻值选取引起的系统弧光过电压水平不应超过系统相电压的 4.2 倍（即 $2U_n + 3000V$），以避免击穿设备绝缘。

由于岸电供电时，船舶电网分独立区域运行，因此，需要对各个独立的区域计算各自的对地电容值，进而计算系统容抗和接地电阻。

表 11-6　各岸电供电区域单相分部电容计算

项目	区域1	区域2	备注
中压变压器数量	4	4	含岸上变压器
单台中压变压器对地分部电容/μF	0.0292	0.0292	经验公式
变压器总对地电容/μF	0.1168	0.1168	
岸上固定敷设电缆长度/m（3×240）	200	200	
岸上固定敷设电缆对地分部电容参数/（μF/km）	0.3439	0.3439	
岸上固定敷设电缆对地分部电容/（μF）	0.06878	0.06878	
岸电电缆长度/m（3×95）	300	300	
岸电电缆对地分部电容参数/（μF/km）	0.463	0.463	
岸电电缆对地分部电容/（μF/km）	0.1389	0.1389	
船上固定敷设中压电缆长度/m（3×95）	1950	930	
船上固定敷设中压电缆对地分部电容参数/（μF/km）	0.3	0.3	
船上固定敷设中压电缆对地分部电容/μF	0.585	0.279	
系统总单相对地分部电容/μF	0.90948	0.60348	

根据以上数据，首先计算各区域的对地电容的容抗：

$$X_{C1} = \frac{1}{3\omega C_0} \approx 1166\Omega$$

$$X_{C2} = \frac{1}{3\omega C_0} \approx 1758\Omega \tag{11-11}$$

则系统在发生单相接地故障时，故障电容电流为（取发电机额定电压 $U_e = 6300V$）

$$I_{C1} = \frac{U_e}{\sqrt{3}X_{C1}} \approx 3.12A$$

$$I_{C2} = \frac{U_e}{\sqrt{3}X_{C2}} \approx 2.07A \tag{11-12}$$

然后根据系统总故障电流不小于 11.08A，计算系统需要的最大接地电阻值，即

$$I_{R1} = \sqrt{11.08^2 - I_{C1}^2} \approx 10.63A$$
$$I_{R2} = \sqrt{11.08^2 - I_{C2}^2} \approx 10.88A \tag{11-13}$$

对应电阻值为

$$R_{ng1} = \frac{U_e}{\sqrt{3}I_{R1}} \approx 342\Omega$$

$$R_{ng2} = \frac{U_e}{\sqrt{3}I_{R2}} \approx 334\Omega \tag{11-14}$$

（2）接地电阻校核

根据上面计算结果，接地电阻柜的电流至少应在 10.63~10.88A 之间，为统一起见，避免设计多个型号的接地电阻柜，因此建议统一按照最大电流原则，向上取正选取 11A 作为接地电阻柜额定电流。下面，针对 11A 额定电流，校核系统的弧光过电压水平，见表 11-7。

表 11-7　发电机中性点电阻阻值与弧光过电压的关系

对比方案		区域 1			区域 2		
中性点电阻电流/A	中性点电阻/Ω	系统容抗/Ω	X_{en}/R_n	过电压倍数	系统容抗/Ω	X_{en}/R_n	过电压倍数
7	520	1166	2.24	<2.3	1758	3.38	<2.3
10	364	1166	3.20	<2.3	1758	4.83	<2.3
11	330	1166	3.53	<2.3	1758	5.33	<2.3
16	227	1166	5.14	<2.3	1758	7.74	<2.3

根据上表计算得出的结论，可以看到选择 11A 作为接地电阻的额定电流，既可以满足在故障时，系统的总对地故障电流大于系统保护整定值的 3 倍，即 11.08A，同时系统的弧光过电压倍数限值满足 4.2 倍的要求，此时接地电阻的阻值为 330Ω。考虑到实际工作中，舰艇本身的阻值与负载接入阻值均为变化值，故岸电系统接地电阻按照可变电阻设定，范围为 330~1212Ω。因此，推荐岸上接地电阻柜的指标如表 11-8 所示。

表 11-8 接地电阻柜技术参数

项 目	指 标
额定电压	3.637kV
额定频率	50Hz
电阻值	330~1212Ω
额定发热电流	11A
额定时间	10s/h

（3）绝缘监测

根据绝缘监测所采用电气信号的不同，绝缘监测方法可分为利用系统本身故障信号和系统外加注入信号法两大类，利用系统本身故障信号是最传统的绝缘监测方法，它包括利用故障信号稳态分量法和暂态分量法两种，适用于故障前后系统本身电气信号发生变化的线路。目前，低压交流绝缘监测装置主要是利用注入信号法测量系统绝缘电阻，但该方法仅适用于

中性点不接地系统。对于中性点经电阻接地的系统，由于中性点电阻的存在，注入信号法的测量范围变小，只在绝缘电阻与中性点电阻可比拟时才能准确测量。为避免中性点接地电阻对系统绝缘电阻测量的不利影响，针对中性点高阻接地系统的实际应用，拟基于系统零序电压分量来实现绝缘电阻在线测量。这一技术的核心在于实时检测系统零序电压的变化，实时计算系统绝缘电阻。

中性点高阻接地系统等效模型如图 11-18 所示，其中 $\dot{U}_a$、$\dot{U}_b$、$\dot{U}_c$ 为中压变压器二次侧相电压，

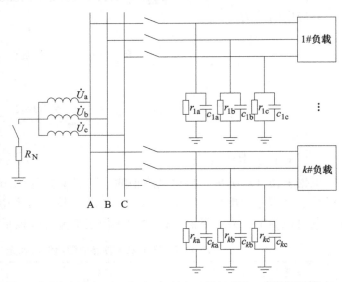

图 11-18 中性点高阻接地系统各负载支路对地参数等效模型

可知 $|\dot{U}_a| = |\dot{U}_b| = |\dot{U}_c|$。假定系统一共有 n 条负载支路，令：

$$C_a = \sum_{i=1}^{n} c_{ia}, C_b = \sum_{i=1}^{n} c_{ib}, C_c = \sum_{i=1}^{n} c_{ic}$$

$$\frac{1}{r_a} = \sum_{i=1}^{n} \frac{1}{r_{ia}}, \frac{1}{r_b} = \sum_{i=1}^{n} \frac{1}{r_{ib}}, \frac{1}{r_c} = \sum_{i=1}^{n} \frac{1}{r_{ic}}$$

可以看出绝缘电阻为各相对地电阻的并联值，有 $R_x = r_a /\!/ r_b /\!/ r_c$。推导得出中性点对地电压的表达式为

$$\dot{U}_{NN'} = \frac{\dot{U}_a\left(j\omega C_a + \dfrac{1}{r_a}\right) + \dot{U}_b\left(j\omega C_b + \dfrac{1}{r_b}\right) + \dot{U}_c\left(j\omega C_c + \dfrac{1}{r_c}\right)}{-\dfrac{1}{R_N} - \left(\dfrac{1}{r_a} + \dfrac{1}{r_b} + \dfrac{1}{r_c}\right) - j\omega(C_a + C_b + C_c)} \tag{11-15}$$

假定 A 相发生绝缘故障，则有 $r_b >> r_a$，$r_c >> r_a$，上式可化简为

$$\dot{U}_{NN'} = -\frac{\dfrac{\dot{U}_a}{r_a} + j\omega(C_a\dot{U}_a + C_b\dot{U}_b + C_c\dot{U}_c)}{\dfrac{1}{R_N} + \dfrac{1}{r_a} + j\omega C_\Sigma} \tag{11-16}$$

其中，$C_\Sigma = C_a + C_b + C_c$。

该方法不受系统不平衡零序电压和中性点接地电阻的影响，可以避免中性点接地电阻对系统绝缘电阻测量的不利影响，具有工程实用价值。

11.3　岸电技术应用现状

11.3.1　国内岸电技术应用现状

国内港口的船舶岸电技术研究尚处于起步阶段，2009 年以来国内已有多个港口建立船用岸电试点性工程。

2009 年青岛港招商局国际集装箱码头有限公司首先完成了 5000t 级内贸支线集装箱码头船舶岸电改造，因该系统只针对内河船只，因此应用面较窄；2010 年 3 月，上海港外高桥二期集装箱码头运行移动式岸基船用变频变压供电系统，其主要是针对集装箱船舶；2010 年 10 月，连云港港口首次将高压船用岸电系统应用于"中韩之星"邮轮；2011 年 11 月—2012 年 1 月，招商国际蛇口集装箱码头先后安装了低压岸电系统与高压岸电系统；目前福建港、宁波港、天津港等国内一些港口码头也正在进行船舶岸电系统的建设和试验。国内主要应用岸电技术的码头如表 11-9 所示。

表 11-9　国内主要应用岸电技术的码头

港口	电压等级	供电频率	供电容量
连云港	高压 6.6kV	50/60Hz	2MVA
上海外高桥码头	低压 440V	50/60Hz	2MVA
青岛港招商局	低压 380V	50Hz	131.6kVA
蛇口集装箱码头	低压 440V 高压 6.6kV	50/60Hz	5MVA

1. 上海港方案

上海港于 2010 年 3 月 22 日在外高桥二期集装箱码头进行了为集装箱班轮提供岸电的尝试（输入 10kV/50Hz，输出为 440V/60Hz）。

上海港外高桥二期集装箱码头的岸电系统，采用的是低压岸电/低压船舶供电方案，并涉及变频技术，该方案采用的是移动式岸电电站，变压与变频主体结构装载在集装箱内，方便港口搬运移动，且可放置于岸边或者船舶上。电网的 10kV/50Hz 的三相交流电压先经变压器变压到岸电电源工作电压，然后经岸电电源由 50Hz 变为 60Hz，再降压到 460V/60Hz，最后将 9 根电缆连接到船上，其供电方案示意图如图 11-19 所示。

该岸电供电系统主体结构采用港口标准配置集装箱形式，便于港口吊运设备搬运移动，

由于高低压配电、柔性连接配置要求，电源主体分为主移动舱和副移动舱两部分，如图 11-20 所示。变压和变频装置、高压电缆卷筒安装在主移动舱上，低压电缆卷筒安装在副移动舱上，两个移动舱都可置于码头前沿。

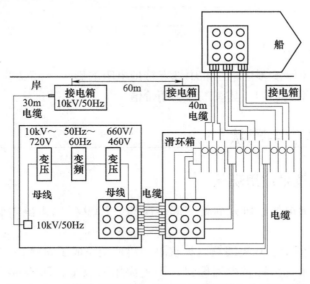

图 11-19　上海港低压岸电/低压船舶变频供电方案示意图

a) 主移动舱

b) 副移动舱

图 11-20　电源主体设备

系统基本功能如下：

1）从装有高压电缆卷筒的主移动舱中，引出一根带有快速接头的电缆连接 10kV 的岸电接电箱，电缆最大长度为 30m。

2）主移动舱为 40ft（1ft＝0.3048m）的集装箱，提供连接 9 个 450V/60Hz 快速接头的插座箱。

3）副移动舱为 20ft 的标准集装箱，配 3 个低压电缆卷筒，每个卷筒进线和出线各 3 根电缆，进线和出线的端头都装有快速插头，输入端连接主移动舱，输出端连接船上的受电箱。输出电缆长度为 40m，供电缆用吊车吊入船舶。

4）配置其他满足设备在港口露天环境下正常使用的辅助功能。

系统的基本工作原理如下：

1）10kV/50Hz 网电进入后，先进入主移动舱内高压开关柜，由高压开关柜控制高压的通断。

2）10kV/50Hz 网电经高压变压器降压至 720V/50Hz。高压变压器为三绕组变压器，其中一套绕组作为一次绕组，另外两套绕组作为二次绕组，向变频装置输出功率。高压绕组是三角形接法，二次绕组一个是星形接法且中心点引出，另一个是三角形接法，互差 30°电角度，这种电路可以把整流电路的脉冲数由 6 脉冲提高到 12 脉冲，两个整流桥产生的 5、7、17、19……次谐波相互抵消。

3）720V/50Hz 进入低压开关柜，控制低压输出通断。720V/50Hz 进入岸电电源柜的整流柜、逆变柜进行整流、逆变，将 720V/50Hz 变频为 460V/60Hz 方波，再经正弦波滤波器滤波成正弦波，最后输出到隔离变压器，变频部分采集输出 460V/60Hz 正弦波形成闭环控制，控制电压频率稳定。

该岸电方案的优点在于使用较为灵活，且无需码头提供额外电气设施。缺点是连接和移动不方便。

2. 连云港方案

连云港码头采用高压岸电/低压船舶的供电方案。输入侧接 10kV/50Hz 电网电源，经岸上变频电源变频，输出侧为 6.6kV/60Hz。将变频后的高压电送至码头前沿的高压接线箱内，同时在船舶上安装配套的固定变压器。其工作示意图如图 11-21 所示。

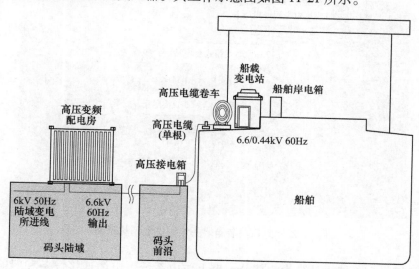

图 11-21　连云港高压岸电/低压船舶供电方案示意图

连云港岸电方案为高压上船模式，这样可以将电缆的数量减少为一根，而且直径较小。该方案也称为"高压变频数字化船用岸电系统"，它由 3 部分设备组成：

1）岸上的变压变频稳压稳频装置；

2）船上的船载变电站（包括高压电缆卷筒）；

3）在码头前沿的插接头电箱。

连云港岸电方案的优点是：

1）不间断供电，在操作过程中自动将船和岸上的负荷转移，不需要在并入与解列时断电。

2）安装便捷，操作简单，首先由船港双方签订使用岸电协议，然后是船舶靠港之后，由地面操作人员按照规程将电缆接入码头前沿的高压接电箱，接好之后，船上岸电操作屏可以自动得到一个"岸电可用"的信号。然后按下"接入岸电"开关，则岸电自动调压、自动变频、自动调整后并网、自动转移船岸负载后脱开辅机，之后仅需将辅机关闭即可。

3）全自动数字控制，船岸无线以太网通信，实现船岸实时监测、实时控制、自动电压跟踪、自动调整、自动稳压等功能。

4）可以实现一个变频电源为多船供电。

5）采用一根高压电缆上船，由于是采用 6.6kV 电压传输，所以一根电缆就可满足 3~4MW 的电力需求。

6）可靠性高，除了安全保护设置之外，还通过了 CCS 要求的短路电流计算，使得全船的岸电系统有了安全保障。

该岸电方案的缺点是：船舶需要改造，必须通过船舶所加入的国家的船级社认可。

3. 蛇口港方案

蛇口集装箱码头有限公司（SCT）在港 5#~9# 泊位建设码头船用供电系统，其系统平面图如图 11-22 所示。

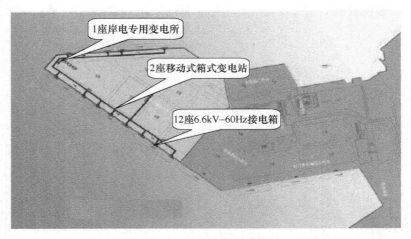

图 11-22　蛇口集装箱码头船用供电系统平面

蛇口港船用供电系统设计分为 3 部分：岸上供电系统、电缆连接设备和船舶受电系统。蛇口码头主要停靠船舶的供电频率为 60Hz，配电电压有 6.6kV 和 440V 两种。码头岸电电源考虑两种电压等级，以满足不同船舶的需求。

（1）6.6kV 高压船舶供电

在码头后方设置一座岸电专用变电所，在码头前沿岸桥高压坑内安装 6.6kV/60Hz 高压接电箱。每个岸电箱采用一路高压专用电缆，引自岸电变电所，船岸之间连接电缆由船舶引下至岸电箱，如图 11-23 所示。

（2）440V 低压船舶供电

在码头前沿设置 2 座移动式箱式变电站，箱变电源引自新安装的 6.6kV 高压岸电箱，箱

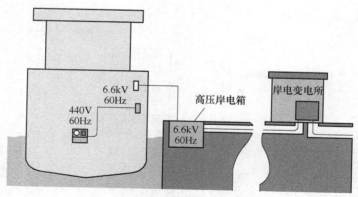

图 11-23　蛇口港高压船舶供电方案示意图

变出线引接至靠泊船舶，实现船舶供电，如图 11-24 所示。

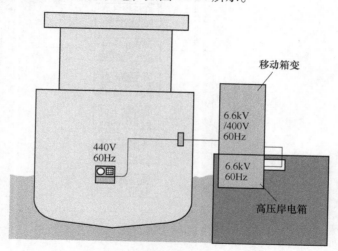

图 11-24　蛇口港低压船舶供电方案示意图

（3）供电系统

供电系统框架如图 11-25 所示。

（4）船岸设备连接技术

船岸设备连接采用柔性连接和快速连接技术。由于码头潮位落差变化和海风大浪影响引起船舶摇摆，使船舶与码头连接的电缆受到牵扯，易发生断裂漏电事故，危及操作人员安全，因此，船岸设备连接需要采用柔性连接方式，船岸低压供电电缆连接可采用横矩弹簧式电缆卷筒，用以控制多根多组粗电缆进行柔性自动收放；船岸高压供电电缆可采用手动电缆卷筒方式，接电收放线缆，确保接电安全可靠。

由于到港大型船舶用电功率大，船舶用电为短时断续工作制，且一般接电器件重量较大，采用国标标准快速软接触的插头插座，实现快速连接，提高岸电系统与船电系统并网的效率。电缆插头和上级保护开关之间设置连锁保护，当插头插座正确连接就位后，上级保护开关方可合闸供电；当插头故障或并联插头出现较大不平衡电流时，自动切断上级保护开关，确保用电安全。

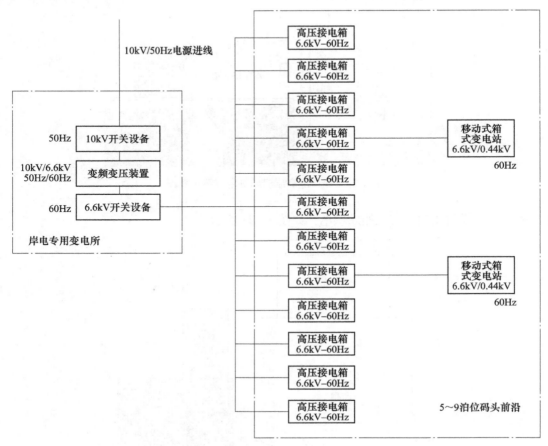

图 11-25　供电系统

（5）负荷计算

主要用电负荷为靠港船舶，为三级负荷。负荷计算按满足 1 艘 8530 标箱高压集装箱船型（4530kW-6.6kV/60Hz）或同时 2 艘 5600 标箱以下低压集装箱船型（2000kW-0.44kV/60Hz）的使用需求进行计算，如表 11-10 所示。

表 11-10　负荷计算

名称	装机容量/kW	有功功率/kW	无功功率/kvar	视在功率/kVA
8530TEU 高压集装箱船型	4530	4530	2194	5033
5600TEU 以下低压集装箱船型	4000	4000	2479	4182

10kV 进线开关选用 10kV/1250A 的真空开关，主母线规格为 TMY-80mm×8mm，进线电缆根据计算电流和敷设路由为 YJV_{22}-8.7/15kV-3×300mm²。

（6）电气设备选择

岸电变电所电气设备包括：10kV 开关设备共配置 3 台，选用直流电源操作的金属铠装型手车式开关柜，高压侧配电回路以真空断路器作为过电流、速断保护；6.6kV 开关设备共配置 12 台，选用直流电源操作的金属铠装型手车式开关柜，高压侧配电回路以真空断路器作为过电流、速断保护；变频变压装置共配置 1 台，选用高压变频装置，输入电源为 10kV/50Hz，经过输入降压、逆变、滤波和输出升压环节变换为三相 6.6kV/60Hz 的稳频稳压高质量电源；港口大功率供电设备安全防护要求很高，10kV 侧进线采用真空断路器，6.6kV 侧进线和馈线采用真空断路器，断路器采用电动操作；10kV 侧和 6.6kV 侧继电保护装置采用微机综保装置，具备过电流、短路速断、过电压、过载、缺相等保护功能，确保人员和设备安全。

岸电移动式箱式变电站电气设备包括：10kV 开关设备共配置 4 台，选用 SF$_6$ 全密闭全绝缘环网柜；0.44kV 开关设备共配置 8 台，选用抽出式开关柜；6.6kV 侧进线采用负荷开关模块，变压器馈线采用真空断路器模块，断路器采用电动操作；6.6kV 侧继电保护装置选用集监控和保护为一体的微机综合数字式监控继电保护装置；0.44kV 断路器选用框架断路器和塑壳断路器，具备过电流、短路速断、过电压、过载、缺相等保护功能，确保人员和设备安全；室外整体设备要求适应高温、高湿、高腐蚀性及大负荷冲击等恶劣使用环境，防护等级要求达到 IP55。

（7）节能减排

采用船用供电技术以后，可以通过相对清洁的电能替代传统的重油，直接减少了废气排放量，减少了大气污染物对区域大气环境的影响程度。采用船舶岸电供电后，可以节约 3.0t 标煤/艘次，船舶停港期间，使用岸电供电比自发供电节能效果是显著的。采用岸电供电技术有效地做到节能减排，改善区域环境，具有良好的环境效益和社会效益。

该方案的优势在于岸电供电系统的电源可提供两种电压等级：6.6kV 和 440V，以满足不同船舶的需求；采用柔性连接和快速连接技术，减少断裂漏电事故，提高了系统可靠性。

11.3.2　国外岸电技术应用现状

为适应各国船只到港，供电与用电制式的匹配是船舶岸电系统需要重点解决的问题之一，国外船舶配电电压包括低压配电和高压配电两种，低压配电为 440/400V，高压配电为 6.6/6kV。目前，国外已有岸电项目都以直供电为主。

1989 年，位于瑞典首都斯德哥尔摩的哥德堡港采用了 400V 低压连接系统的岸电电源供给滚装轮渡使用，船用岸电技术第一次得到实际应用。2000 年哥德堡港又率先在渡船码头设计安装了高压岸电系统。此项技术使得船舶靠港期间污染物排放减少了 94%~97%，在欧盟引起了广泛关注。随后欧盟的主要港口，如荷兰鹿特丹港、比利时安特卫普港等集装箱码头，以及泽布勒赫港、哥德堡港等客滚或渡船码头也陆续应用了岸电技术。

2001 年，美国朱诺港首次将岸电技术应用在豪华邮轮码头；2004 年，美国洛杉矶港将其应用在集装箱码头 100 号集装箱泊位上，并计划在 2014 给所有集装箱码头安装岸电设施；2009 年，美国长滩港首次将其应用在油码头。据不完全统计，截止到 2013 年，全世界使用岸电技术的港口有 30 多家，而岸电的应用也从最初的滚装和集装箱及邮轮码头，扩展到了油码头与天然气码头等，如图 11-26 所示。国外主要应用岸电技术的码头见表 11-11 所示。

图 11-26　某港口接入岸电后环境明显改善

表 11-11　国外主要应用岸电技术的码头

港口	电压等级	供电频率/Hz	应用码头类型
哥德堡港	高压 6.6/10kV 低压 400V	50	邮轮码头、客滚或渡船码头
吕贝克港	高压 6.6kV	50	客滚或渡船码头
洛杉矶港	高压 6.6/11kV	60	集装箱码头、邮轮码头和杂货码头
长滩港	高压 6.6kV 低压 480V	60	集装箱码头和油码头
西雅图港	高压 6.6/11kV	60	邮轮码头

1. 美国洛杉矶港

替换航海电力系统（Alternative Maritime Power Supply，AMP），是减少废气排放计划的研究成果之一。美国加州洛杉矶港口沿岸地区的空气因受到港口内散发的废气污染，质量渐差，而且有日益恶化的趋势，存在严重影响该区域居民生活质量的问题。因此洛杉矶市长于 2001 年 10 月针对此状况宣布一项彻底清新空气计划，称为港口废气"无净值增长（no-net increase）"，此计划系以 2001 年港口所排放废气总量为基准，规划抑制港口内废气量的增长，以防止空气质量将随着港口营运的增长而继续恶化。

洛杉矶港口当局为达到上述"无净值增长"的目标，联合政府相关部门、学术机构及相关业界携手合作进行一连串包括港口内污染源统计和分析、港口规章的检讨修订以及减少废气排放的控制措施规划等研究计划。

根据港口污染源的统计和分析评估显示，因停泊港口船只多为货柜轮，耗用电量高，其所排放废气为港内主要污染源之一。每艘 18 万吨级货柜轮在停泊期间排出约 1t NO_x 气体，对空气质量造成很大的危害。因此，若船舶在停泊时能以较低污染的岸电取代船上发电机系统供应船上所需的电力，则由于船上发电机群的停止运转，将可大量减少废气和微粒物质的排放。

AMP 的作业方式在船舶产业界又称为"冷铁（cold ironing）"方式，这一方式已有效应用在朱诺港等以邮轮为服务对象的港口以及长岛等以拖船和内海船只为服务对象的港口。其中，为停泊的货轮提供岸电服务，洛杉矶港口在世界上属于首创。游轮、冷藏集装箱船等在港口停泊的时候尤其需要使用大量的电力。船舶停靠码头期间，因主辅机开启会排放 CO_2、NO_x、SO_x。利用电网电力代替柴油机发电，可以大大减少污染气体排放，并同时节省大量燃料。目前，美国环境保护局正在制定新的大型远洋运输船排放标准，这些标准将对采用低硫燃油的 3 类柴油机排放标准进行修改。

截止到 2011 年，洛杉矶港计划共有 15 个泊位供船舶插接岸电，投资约 1.8 亿美元的预算，用于港口和邻近长滩港基础设施建设，加州空气资源委员会也正在考虑强制性要求所有港口使用岸电。

美国洛杉矶港采用低压岸电/低压船舶的供电方案，电网电压经变电站降压至 6.6kV，并接到码头岸电接电箱。因港口空间有限，6.6kV 到 440V 变电箱安装在移动驳船上，船舶经由驳船上 9 根电缆连接岸电，其供电方案如图 11-27 所示。

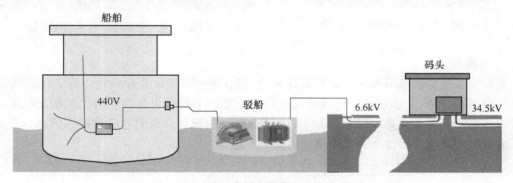

图 11-27　美国洛杉矶港供电方案示意图

中海集团"新扬州"号船使用了洛杉矶港岸电系统，如图 11-28～图 11-31 所示。

图 11-28　中海"新扬州"号船采用岸基电源动力

图 11-29　中海货柜船"新扬州"号接驳岸电

"新扬州"号船岸电供电数据如下：

1）主机功率为 3560kW，辅机功率为 2450kW。

2）主要负载：空调、主排水泵、主排油泵、照明、风机等。

3）供电需求：1100kW（如果供电能力为 2000kW，可以满足所有船只），目前，辅机每天用 7t 380#渣油。

4）技术数据：供电 440V/60Hz、三相三线制，保证相序；主开关为 4000A，9 个插头同时使用，每个插头装有分路开关。

图 11-30　岸基电源的码头接线装置

图 11-31　岸基电源的岸电配电箱

2. 美国长滩港

美国长滩港集装箱码头采用的是高压岸电/高压船舶/60Hz 直接供电方案，电网电压经变电站降至 6~20kV，由码头岸电接电箱接岸电上船，上船后可直接切换至船舶配电系统并向船舶供电。该供电方案如图 11-32 所示。该方案适用于对高压配电船舶进行供电，若要给低压配电船舶供电，需在岸侧或船侧加装降压变压器。

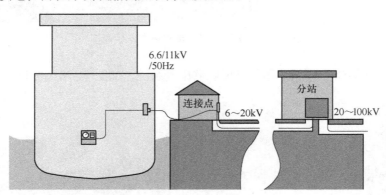

图 11-32　美国长滩港岸电供电方案示意图

3. 瑞典哥德堡港

瑞典哥德堡港采取高压岸电/低压船舶/50Hz 直接供电方案。电网电压经变电站降至 6~20kV，由码头岸电接电箱将岸电上船，因传输电压高，传输电缆使用 1 根高压电缆即可。上船后通过变压器降压至船舶配电电压等级后向船舶供电。其供电方案如图 11-33 所示。

通过分析国内外各大港口码头岸基高压供电和低压供电方式的技术特征，比较各种岸电技术的先进性、适应性和应用优缺点，对比分析见表 11-12。

通过表 11-12 的比较分析，美国洛杉矶港、哥德堡港以及一些运河中的小港口都进行了岸电上船的尝试，我国的部分港口也进行了该项工作。但是由于国外的方案没有变频功能，所以对我国是不适用的。上海港采用了变频技术功能，供电需要 9 根低压电缆，操作起来比较复杂；连云港也采用了变频技术，可以提供 6.6kV 和 440V 两种电压。对于配电电压为

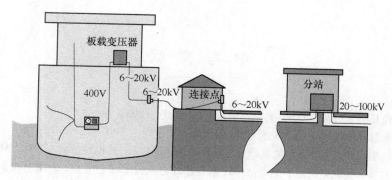

图 11-33　瑞典哥德堡岸电供电方案示意图

6.6kV/11kV 的高压船舶，高压岸电虽然是较方便的方式，但国际上大多数船舶为 440V 低压，变频低压供电方式应用更广泛，60Hz/50Hz 任意选择的变频岸电能适应更多的船舶供电，并具有较高的技术性能和可操作性，工程技术含量更高，应用推广前景广阔。

表 11-12　各国岸电方案对比分析

岸电技术 比较项	低压变频岸电 50Hz/60Hz （上海港）	低压岸电 60Hz 直接供电 （洛杉矶港）	中压岸电 50/60Hz 直供电 （连云港）	中高压岸电对低压 船舶 50Hz 直供电 （哥德堡港）	中高压岸电 60Hz 直供电 （长滩港）
岸电电压	450V	450V	6.6kV	10kV	6.6kV
船舶配电电压	450V	450V	6.6kV/440V	400V	6.6kV/450V
港口电网频率	50Hz	60Hz	50Hz	50Hz	60Hz
供电频率	60Hz/50Hz	60Hz	60Hz/50Hz	50Hz	60Hz
功率	2.0MVA	2.5MVA	2.0MVA	2.5MVA	7.5MVA
岸电接入方式	港方提供电缆	港方提供电缆	船方提供电缆	港方提供电缆	船方提供电缆
供电效率	好	好	很好	好	好
供电操作性	9 根低压电缆，复杂	多根电缆，水上高压低压双向接线，复杂	一根高压电缆，快速	一根电缆，快速	电缆较少
船舶改造复杂性	基本无	需另配泵船	由船方配备船载变电站	需在船上安装变压器	一般
空气污染	无	无	无	无	无

综上所述，岸电技术因节能环保受到世界各国的广泛关注和大力推广应用，采用中高压等级供电有利于减少连接电缆数量，便捷船舶进出港，已成为船舶岸电领域的发展趋势。

参 考 文 献

［1］赵智大 . 高电压技术 ［M］. 2 版 . 北京：中国电力出版社，2006.

［2］从培天 . 中国脉冲功率科技进展简述 ［J］. 强激光与粒子束，2020，32（2）：2-12.

［3］曾嵘，周旋，王泽众，等 . 国际防雷研究进展及前沿述评 ［J］. 高电压技术，2015，41（1）：1-13.

［4］郑大勇，张品佳 . 交流电机定子绝缘故障诊断与在线监测技术综述 ［J］. 中国电机工程学报，2019，39（2）：395-406.